U0257027

阜陽職業技術學院

安徽省高水平高职教材

安徽省地方技能型高水平大学项目建设成果

数控技术专业系列教材编委会

主　　任　张道远　田　莉

副 主 任　杨　辉　慕　灿　王子彬

委　　员　万海鑫　张朝国　许光彬　王　宣

刘志达　张宣升　张　伟　钱永辉

刘青山　尚连勇　黄东宇

特邀委员　王子彬（安徽临泉智创精机有限公司）

靳培军（阜阳华峰精密轴承有限公司）

李　宁（淮海技师学院）

朱卫胜（阜阳技师学院）

曾　海（阜阳市第一高级职业中学）

安徽省高水平高职教材
普通高等学校数控类精品教材

数控车床编程与操作

第2版

主　　编　许光彬
副主编　杨　辉　钱永辉
编写人员（以姓氏笔画为序）
史颍杰　许光彬　李　克
杨　辉　钱永辉

中国科学技术大学出版社

内 容 简 介

本书以FANUC-0i系统为基础，以工作过程为导向，以典型工作任务为载体，从易到难，以完成"任务"所需的理论知识和实操技能为重点，介绍了数控车床的基础知识及基本操作、编程方法与编程技巧、数控车削加工工艺，重点培养学生数控车削的编程与加工技能、创新能力以及综合职业能力。全书共设10个项目，包括数控车床基础知识、数控车床编程指令、数控车床基本操作、数控车削加工工艺、简单轴类零件加工、切断及槽类零件加工、复杂轴类零件加工、孔套类零件加工、螺纹加工、非圆曲面零件加工。

本书可作为高职高专机电一体化技术专业、数控技术专业以及模具设计与制造专业的教学用书，也可作为中等职业学校教学和技术工人培训的教材，并可供机械制造业有关工程技术人员参考使用或作为自学用书。

图书在版编目(CIP)数据

数控车床编程与操作/许光彬主编. —2版. —合肥：中国科学技术大学出版社，2021.3
ISBN 978-7-312-05097-8

Ⅰ. 数… Ⅱ. 许… Ⅲ. ①数控机床—车床—程序设计—高等职业教育—教材 ②数控机床—车床—操作—高等职业教育—教材 Ⅳ. TG519.1

中国版本图书馆CIP数据核字(2020)第239910号

数控车床编程与操作
SHUKONG CHECHUANG BIANCHENG YU CAOZUO

出版 中国科学技术大学出版社
安徽省合肥市金寨路96号，230026
http://press.ustc.edu.cn
https://zgkxjsdxcbs.tmall.com
印刷 安徽省瑞隆印务有限公司
发行 中国科学技术大学出版社
经销 全国新华书店
开本 787 mm×1092 mm 1/16
印张 18.25
字数 467千
版次 2014年11月第1版 2021年3月第2版
印次 2021年3月第2次印刷
定价 50.00元

总　　序

盛　鹏

（阜阳职业技术学院院长）

职业院校最重要的功能是向社会输送人才，学校对于服务区域经济和社会发展的重要性和贡献度，是通过毕业生在社会各个领域所取得的成就来体现的。

阜阳职业技术学院从1998年改制为职业院校以来，迅速成为享有较高声誉的职业学院之一，主要就是因为她培养了一大批德才兼备的优秀毕业生。他们敦品励行、技强业精，为区域经济和社会发展做出了巨大贡献，为阜阳职业技术学院赢得了“国家骨干高职院校”的美誉。阜阳职业技术学院已培养出4万多名毕业生，有的成为企业家，有的成为职业教育者，还有更多的人成为企业生产管理一线的技术人员，他们都是区域经济和社会发展的中坚力量。

阜阳职业技术学院2012年被列为“国家百所骨干高职院校”建设单位，2015年被列为安徽省首批“地方技能型高水平大学”建设单位，2019年入围教育部首批“1+X证书”制度试点院校。学校通过校企合作，推行了计划双纲、管理双轨、教育“双师”、效益双赢，人才共育、过程共管、成果共享、责任共担的“四双四共”运行机制。在建设中，不断组织校企专家对建设成果进行总结与凝练，取得了一系列教学改革成果。

我院数控技术专业是国家重点建设专业，拥有中央财政支持的国家级数控实训基地。为巩固“地方技能型高水平大学”建设成果，我们组织一线教师及行业企业专家修订了先前出版的“国家骨干高职院校建设项目成果丛书”。修订后的丛书结合SP-CDIO人才培养模式，把构思(Conceive)、设计(Design)、实施(Implement)、运作(Operate)等过程与企业真实案例相结合，体现出专业技术技能(Skill)培养、职业素养(Professionalism)形成与企业典型工作过程相结合的特点。经过同志们的通力合作，并得到合作企业的大力支持，这套丛书于2020年6月起陆续完稿。我觉得这项工作很有意义，期望这些成果在职业教育的教学改革中发挥引领与示范作用。

成绩属于过去，辉煌需待开创。在学校未来的发展中，我们将依然牢牢把握育人是学校的第一要务，在坚守优良传统的基础上，不断改革创新，提高教育教学质量，加强学生工匠精神的培养与提升，培育更多更好的技术技能人才，为区域经济和社会发展做出更大贡献。

我希望丛书中的每一本书，都能更好地促进学生对职业技能的掌握，希望这套丛书越编越好，为广大师生所喜爱。

是为序。

2020 年 6 月

前　言

2019年国务院印发了《国务院关于印发国家职业教育改革实施方案的通知》,提出高等职业院校必须把培养学生的能力放在突出地位,据此本书编者总结高水平大学建设经验,结合原书在实际应用中的反馈,对第1版教材进行了修订。

本书以FANUC-0i系统为基础,以SP-CDIO项目教学流程为主线,以典型工作案例为载体,以完成“项目任务”所需的理论知识和实操技能为重点,介绍了数控车床的基础知识及基本操作、编程方法与编程技巧、数控车削加工工艺,重点培养学生数控车床编程与加工技能,提高其创新能力及综合职业素养。全书共设10个项目,包括数控车床基础知识、数控车床编程指令、数控车床基本操作、数控车削加工工艺、简单轴类零件加工、切断及槽类零件加工、复杂轴类零件加工、孔套类零件加工、螺纹加工、非圆曲面零件加工。

本书为现代学徒制试点教材,可作为高职高专数控技术专业、模具设计及制造专业、机电一体化技术专业的教学用书,也可作为中等职业学校教学和技术工人培训的教材,并可供机械制造工程技术人员参考使用或作为自学用书。

本书具有以下特色:

(1) 在编写结构上“由浅入深”“由易到难”。“任务目标”是完成“工作任务”所应实现的知识、技能目标;“任务描述”是完成“工作任务”的基本内容与要求;“知识与技能”重点培养学生完成一个完整工作任务所需的能力;“任务实施”实现知识与技能的综合应用。通过上述结构安排有针对性地培养学生的技术技能。

(2) 注重教学过程的实践性、开放性和职业性,体现了“学习内容就是工作,通过工作实现学习”的职业教育课程的本质特征。坚持以就业为导向,将数控加工工艺和程序编制相互融合,体现了“教—学—做”一体化的项目式教学特色,学生边学习理论,边实践操作,提升了学习效果。

(3) 例题详实,图文并茂,通俗易懂,实用性强,适用面广,所介绍的数控系统和数控车床都是在企业中广泛应用的，每个“项目”后附有思考题或编程练习题，供读者编程实践。

本书由阜阳职业技术学院许光彬主编。许光彬编写了项目1、2、3、6，阜阳职业技术学院钱永辉编写了项目4、5，阜阳职业技术学院杨辉编写了项目7、8，阜阳丰成机械有限公司史颖杰编写了项目9，阜阳市科技情报研究所李克编写了项目10。全书由许光彬统稿。在编写过程中，安徽开乐汽车制造有限公司、阜阳丰成机械有限公司等企业给予了大力支持，在此表示衷心感谢。

由于时间仓促，加上编者水平和经验有限，书中存在错误和不妥之处在所难免，恳请读者批评指正，以尽早修订完善。

编　者

目　　录

项目1　数控车床基础知识

随着科学技术和社会生产的迅速发展，机械产品日趋复杂，对机械产品的质量和生产率的要求也越来越高。在航天、造船、军工和计算机等行业中，零件精度高、形状复杂、批量小、改动频繁、加工困难，生产效率低、劳动强度大，且质量难以保证。机械加工工艺过程自动化是适应上述发展特点的最重要手段。

为了解决上述问题，一种灵活、通用、高精度、高效率的"柔性"自动化生产设备——数控机床在这种情况下应运而生。目前数控技术已逐渐普及，数控机床在工业生产中得到了广泛应用，已成为机床自动化的一个重要发展方向。数控车床是使用最广泛的数控机床之一，主要用于轴类、套类及盘类等零件的内外圆柱(锥)面、端面、球面以及螺纹的加工，并能进行切槽、钻孔、扩孔、铰孔及镗孔等，如图1.1所示。为了更好地操作数控车床，应先学好数控车床的基本知识。

图1.1　数控车削加工零件图

任务1.1　认识数控车床

数控车床又称CNC车床，即使用计算机数字技术控制的车床，是目前使用极为广泛的数控机床之一，大约占数控机床总数的25%。数控车床是一种高精度、高效率的自动化机床，也是使用数量最多的数控机床。数控车床将编制完成的加工程序输送到数控系统中，由数控系统通过X、Z坐标轴伺服电机控制车床进给运动部件的动作顺序、位移和进给速度，再配合主轴的转速和转向，即可加工出各种形状不同的轴类和盘类等回转体零件。

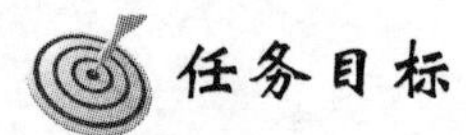

任务目标

知识目标

- 了解数控机床的产生和发展过程；
- 掌握数控机床结构、特点、分类与应用；
- 了解典型数控系统。

能力目标

- 理解数控机床的组成及加工原理。

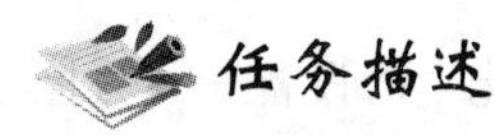

任务描述

图 1.2 为数控车床结构外形图。通过对数控车床结构示意图的介绍，使学生回忆起之前其他课程知识，理解数控机床的产生与发展过程、工作原理、结构组成与特点以及用途。

图 1.2　数控车床结构外形图

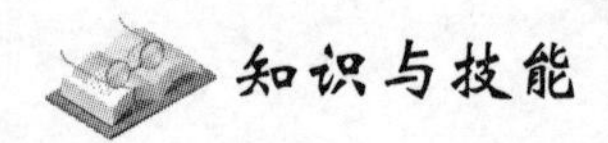

知识与技能

1.1.1　数控机床的产生和发展过程

1. 数控机床的产生和发展过程

数控（Numerical Control，NC）机床，顾名思义，是一类由数字程序控制的机床，将事先编好的程序输入到机床的专用计算机中，由计算机指挥机床各坐标轴的伺服电机控制机床各运动部件的先后动作、速度和位移量，并与选定的主轴转速相配合，从而加工出各种不同的工件。数控机床种类较多，如数控车床、数控铣床、加工中心、数控电火花机床、数控线切割机床等。

1948 年，美国帕森斯（Parsons）公司在研制加工直升机叶片轮廓检查用样板的机床时，首先提出了数控机床的设想，在麻省理工学院的协助下，世界上第一台数控机床样机——数控铣床于 1952 年试制成功。其后又经过 3 年时间的改进和自动程序编制的研究，数控机床进入实用阶段，市场上出现了商品化数控机床。1958年，美国卡耐&特雷克(Keaney & Trecker)公司在世界上首先研制成功带有自动换刀装置的加工中心。

数控机床共经历了五代：现今的数控机床就是在20世纪70年代发展起来的一种新型数控技术装置。

<table>
<tr><td>第一代：电子管、继电器式</td><td rowspan="3">硬件数控</td><td rowspan="5">硬、软件数控</td></tr>
<tr><td>第二代：晶体管分立元件式</td></tr>
<tr><td>第三代：集成电路式</td></tr>
<tr><td>第四代：小型机数控</td><td rowspan="2">软件数控</td></tr>
<tr><td>第五代：微处理器数控(1974年)</td></tr>
</table>

2. 我国数控机床的发展概况

我国于1958年开始研制数控机床，到60年代末70年代初，简易的数控机床已在生产中广泛使用。它们以单板机作为控制核心，多以数码管作为显示器，用步进电动机作为执行元件。80年代初，由于引进了国外先进的数控技术，我国的数控机床在质量和性能上都有了很大的提高。它们具有完备的手动操作面板和友好的人机界面，可以配直流或交流伺服驱动，实现半闭环或闭环的控制，能对2～4轴进行联动控制，具有刀库管理功能和丰富的逻辑控制功能。90年代，我国开始向高档数控机床方向发展。一些高档数控攻关项目通过国家鉴定并陆续在工程上得到应用。航天Ⅰ型、华中Ⅰ型、华中-2000型等高性能数控系统，实现了高速、高精度和高效经济的加工效果，可以完成高复杂度的五坐标曲面实时插补控制，能够加工出高复杂度的整体叶轮及复杂刀具。

3. 数控机床的发展趋势

数控机床总的发展趋势是高速化、高精度化、高可靠性、多功能、复合化、智能化和开放式结构，主要方向是研制开发软、硬件都具有开发式结构的智能化、全功能通用数控装置。

(1) 高速化与高精度化

数控机床的高速化需要新的数控系统、高速电主轴和高速伺服进给驱动，以及机床结构的优化和轻量化。高速加工不仅需要设备本身性能良好，还需要机床、刀具、刀柄、夹具、数控编程技术，以及人员素质的整体良好配合。数控机床的定位精度已进入亚微米时代，在未来几年，精密化与高速化、智能化和微型化将是新一代机床的典型特点。

(2) 复合化

复合化包括工序复合化和功能复合化。工件在一台设备上一次装夹后，通过自动换刀等各种过程，可完成多种工序和表面的加工。通过工艺过程集成，一次装夹就可以完成一个零件加工的全部过程。由于减少了装夹次数，从而提高了加工精度，易于保证过程的高可靠性和实现零缺陷生产。

(3) 智能化

随着人工智能技术的不断发展，以及适应制造业生产高度柔性化、自动化的需要，数控设备中引入了以下几种技术：自适应控制、专家系统、故障自诊断功能、智能化交流伺服驱动装置。

(4) 高柔性化

柔性是指数控设备具有适应加工对象变化的能力。今天的数控机床对加工对象的变化有很强的适应能力，并在提高单机柔性化的同时，朝着单元柔性化和系统柔性化方向发展。

(5) 小型化

蓬勃发展的机电一体化技术为CNC装置的小型化提供了条件，可以将机、电装置糅合为一体。

(6) 开放式体系结构

新一代的数控系统体系结构向开放式系统方向发展。很多数控系统开发厂家根据个人计算机所具有的开放性、低成本、高可靠性、软硬件资源丰富等特点，开发出了基于PC的CNC。

4. 先进制造技术简介

随着数控加工技术、网络控制技术、信息技术的发展，目前已经出现了计算机直接数控系统(DNC)、柔性制造单元(FMC)和柔性制造系统(FMS)及计算机集成制造系统(CIMS)，这些都是以数控机床为基础的自动化生产系统。

(1) 计算机直接数控系统(DNC)

DNC是用一台中央计算机直接控制和管理一群数控设备进行零件加工或装配的系统，因此也称为计算机群控系统。在DNC系统中，各台数控机床有各自独立的数控系统，并与中央计算机组成计算机网络，实现分级控制管理。中央计算机不仅用于编制零件的程序以控制数控机床的加工过程，而且能控制工件与刀具的输送，同时还具有生产管理、工况监控及刀具寿命管理等能力，形成了一条由计算机控制的数控机床自动生产线。

(2) 柔性制造单元(FMC)和柔性制造系统(FMS)

FMC由加工中心(MC)与工件自动交换装置(AWC)组成，同时，数控系统还增加了自动检测与工况自动监控等功能，如工件尺寸测量补偿、刀具损坏和寿命监控等。柔性制造单元既可作为组成柔性制造系统的基础，也可用作独立的自动化加工设备。

FMS是在DNC基础上发展起来的一种高度自动化加工生产线，由数控机床、物料和工具自动搬运设备、产品零件自动传输设备、自动检测和试验设备等组成。这些设备及控制分别组成了加工系统、物流系统和中央管理系统。

(3) 计算机集成制造系统(CIMS)

CIMS的核心是一个公用的数据库，对信息资源进行存储与管理，并与各个计算机系统进行通信。在此基础上，需要有3个计算机系统：一是进行产品设计与工艺设计的计算机辅助设计与计算机辅助制造系统，即CAD/CAM；二是计算机辅助生产计划与计算机生产控制系统，即CAP/CAC，此系统对加工过程进行计划、调度与控制，FMS是这个系统的主体；三是计算机工厂自动系统，它可以实现产品的自动装配与测试、材料的自动运输与处理等。

1.1.2　数控车床的特点

1. 适应性强，降低加工成本

适应性强是数控车床最突出的优点，当零件形状发生变化时，只需输入新的程序就能自动完成新零件的加工，不必用凸轮、靠模、样板或其他模具等专用工艺装备，也不需改变机械部分和控制部分的硬件。这为解决复杂结构零件的单件、中小批量生产以及试制新产品提供了极大的便利，大大缩短了更换机床硬件的技术准备时间，降低了加工成本。

2. 适合加工复杂型面的零件

由于数控车床能实现两轴或两轴以上的联动，所以能完成复杂型面零件的加工，特别是可用数学方程式和坐标点表示的复杂形状的零件。

3. 加工精度高,质量稳定

现代数控车床工作台的移动当量达到了0.000 1～0.01 mm,而且具有反向间隙及丝杠螺距误差补偿功能,定位精度高,加工精度由过去的±0.01 mm提高到±0.005 mm,甚至更高。

数控车床是按编程指令进行加工的,避免了操作者人为产生的误差,提高了同一批次零件生产的一致性,产品合格率高且加工质量稳定。数控车床加工所用刀具主要是各类车刀及钻头、镗刀、铰刀等。加工精度可达IT5～IT6,表面粗糙度 *Ra* 可达1.6 μm或更高。

4. 生产效率高

在数控车床上可以采用较大的切削用量,有效地节省了机动工时。还有自动调速、自动换刀和其他辅助操作自动化等功能,使辅助时间大为缩短,而且一般不需工序间的检验与测量,数控车床的加工时间利用率高达90%,而普通车床仅为30%～50%。所以,数控车床比普通车床的生产率高3～4倍,甚至更高。

5. 工序集中,一机多用

数控车床特别是车削中心,在一次装夹的情况下,几乎可以完成零件的全部加工工作。一台数控车床可以代替数台普通车床。这样可以减少装夹误差,节约工序之间的运输、测量和装夹等辅助时间,还可以节省车间的占地面积,带来较高的经济效益。

6. 自动化程度高,劳动强度低

数控车床加工过程是按输入的程序自动完成的,操作者只需起始对刀、装卸工件、更换刀具,在加工过程中,主要是观察和监督车床运行。操作者不需要进行繁重的重复手工操作,因此大大地降低了劳动强度。

7. 有利于新产品研制和改型

数控车床加工不需要重新设计工装,只要修改加工程序,就可以进行新产品研制及改型,因而大大缩短了新产品研制开发周期,为产品的改良、改型提供了捷径。

8. 价格较高且调试和维修较复杂

数控车床是一种技术含量高的设备,价格较高,需要具有较高技术水平的人员来操作和维修。

各种机床的使用范围如图1.3所示,各种机床的加工批量与成本的关系如图1.4所示。

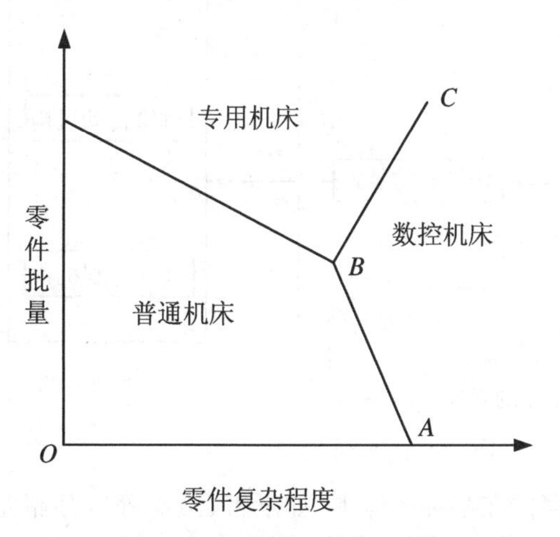

图1.3 各种机床的使用范围

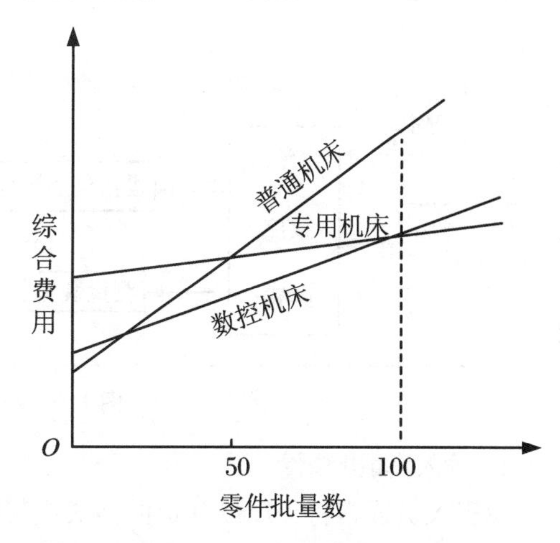

图1.4 各种机床的加工批量与成本的关系

1.1.3 数控车床的结构与组成

数控车床一般由输入/输出装置、数控装置、伺服系统、位置检测装置和车床本体组成。现代数控车床的数控系统都采用了模块化结构，伺服系统中的伺服单元和驱动装置为数控系统的一个子系统，输入/输出装置为数控系统的一个功能模块，所以现代观点认为，数控车床主要由计算机数控系统和数控车床本体组成，具体结构如图 1.5 与图 1.6 所示。

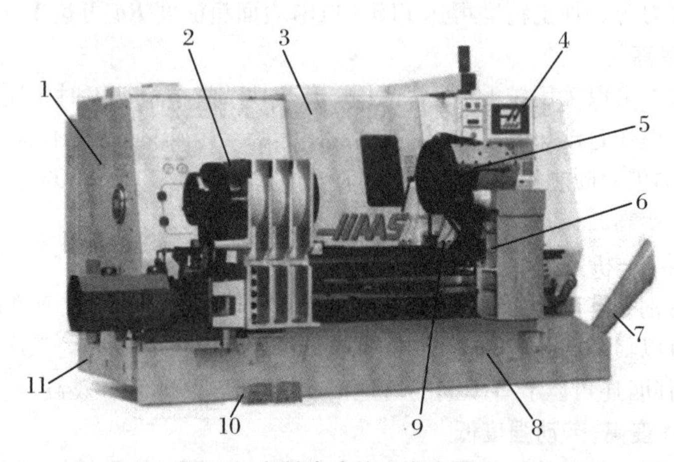

图 1.5 数控车床的组成结构

1. 电气箱； 2. 主轴箱； 3. 机床防护门； 4. 操作面板； 5. 回转刀架； 6. 尾座； 7. 排屑器； 8. 冷却液箱； 9. 滑板； 10. 卡盘踏板开关； 11. 床身

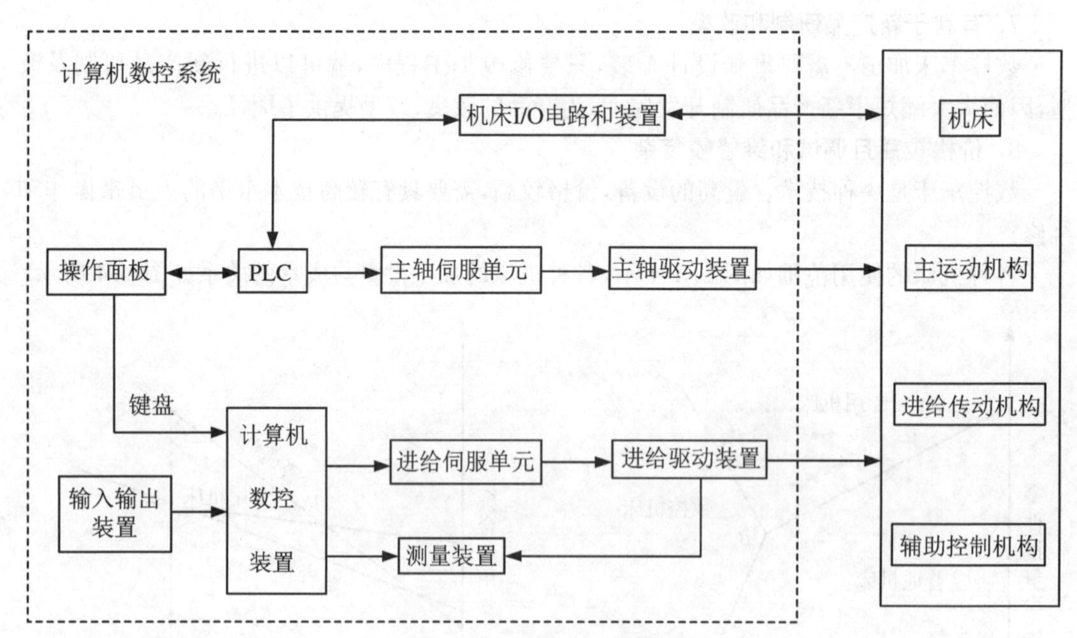

图 1.6 数控车床的组成

1. 输入/输出装置

编程人员通常将程序以一定的格式或代码存储在某种载体上（如纸带、磁盘等），存储介质上记载的加工信息需要通过输入装置传送给机床数控系统，内存中的数控加工程序可以通过输出装置传送到存储介质上。输入/输出装置主要有纸带阅读机、软盘驱动器、RS232串行通信等。

2. 数控装置

数控装置是数控车床的核心，一般由输入接口、控制器、运算器和输出接口组成。它对接收到的数控程序进行编译、数学运算和逻辑处理，然后输出各种信号到输出接口上。数控装置是数控机床实现自动加工的核心，由CPU、存储器、控制器、PLC、各类输入/输出接口等组成，主要控制对象是位置、角度、速度等机械量，以及温度、压力等物理量。

3. 伺服系统

伺服系统的作用是把来自数控装置的脉冲信号转换成机床移动部件的运动。它接收数控装置输出的各种信号，经过分配、放大和转换，驱动各运动部件完成零件的切削加工。伺服精度和动态响应是影响数控车床的加工精度、表面质量和生产率的重要因素之一。

4. 位置检测装置

位置检测装置根据系统要求不断测定运动部件的位置或速度，并转换成电信号传输到数控装置中，数控装置将接收的信号与目标信号进行比较、运算，不断对驱动系统进行补偿控制，保证运动部件的运动精度。

5. 车床主体

车床主体是加工运动的实际机械机构，主要包括主运动机构、进给运动机构和支承部件（如床身、立柱）等。数控车床机械传动机构与普通车床相比已大大简化，除了部分主轴箱内的齿轮传动保留外，摒弃了挂轮箱、进给箱、溜板箱和绝大部分的传动机构。

(1) 主运动机构。主运动机构包括主轴部件和主轴驱动。主运动的最高与最低转速、转速范围、传递功率和动力特性，决定了数控车床的切削效率和加工工艺能力。

(2) 进给运动机构。进给运动机构包括引导和支承执行部件的导轨、丝杠螺母副等。它的精度、灵敏度和稳定性，将直接影响工件的加工精度。

(3) 床身。数控车床的床身除了采用传统的铸造床身外，也可采用加强钢筋板或钢板焊接结构，以减轻其结构重量，提高其刚度。

(4) 导轨。数控车床上的运动部件都是沿着它的床身、立柱、横梁等部件上的导轨运行的，导轨起支承和导向作用。目前数控车床上的导轨类型主要有滑动导轨、滚动导轨和静压导轨。

(5) 刀架。刀架是数控车床普遍采用的一种简单的换刀装置。刀架的结构形式如图1.7所示。

6. 辅助装置

辅助装置是指数控车床上的一些配套部件，如液压、气压装置，润滑系统，自动排屑装置等。

数控车床相对于普通车床的区别如下：

(1) 简化了主轴箱，无进给箱、挂轮架、溜板箱、光杠、丝杠；

(2) 主轴无级变速或分段式无级变速；

(3) 主运动、进给运动传动链简短；

(4) 主运动的动力来源于主轴电机，每个进给运动方向各有一台伺服电机；

(5) 多采用滚珠丝杆。

(a) 四工位刀架

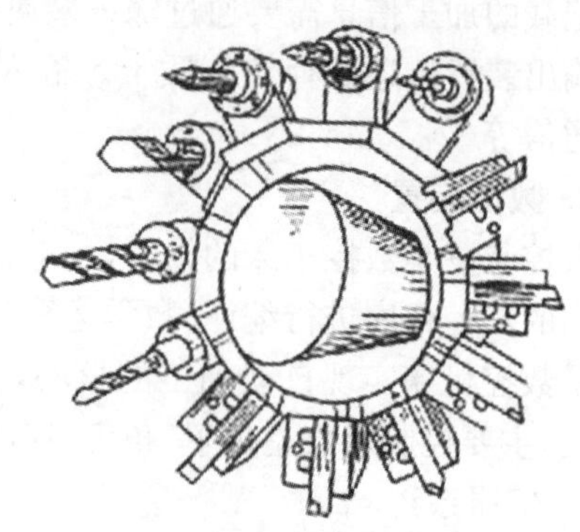

(b) 转塔式刀架

图 1.7　数控车床刀架的结构形式

数控车床采用与卧式车床相类似的型号表示，由字母和数字组成，如 CKA6140，其含义分别为：

C——类代号，如钻床 Z、磨床 M、铣床 X、镗床 T 等。

K——通用特性代号，如数控 K、简式 J、高精度 G、轻型 Q 等。

A——结构特性代号，如 A、D、E 等。

6——组别代号，落地及卧式车床组。

1——系别代号，卧式车床系。

40——主要参数，指床身上最大工件回转直径的 1/10。

1.1.4　数控车床的分类

1. 按车床主轴位置分类

(1) 立式数控车床

如图 1.8(a)所示，车床主轴垂直于水平面，并有一个直径较大、供装夹工件用的圆形工作台。这类机床主要用于加工径向尺寸大、轴向尺寸相对较小的大型复杂零件。

(2) 卧式数控车床

如图 1.8(b)所示，数控车床主轴轴线处于水平位置，其床身和导轨有多种布局形式，是应用最广泛的数控车床。卧式数控车床又分为数控水平导轨卧式车床和数控倾斜导轨卧式

(a) 立式数控车床

(b) 卧式数控车床

图 1.8　立式、卧式数控车床

车床。倾斜导轨结构可以使车床具有更大的刚性，并易于排除切屑。

根据卧式数控车床床身和导轨相对于水平面位置的不同，数控车床的布局通常有4种形式：

① 水平床身。如图1.9(a)所示，水平床身的工艺性好，便于导轨面的加工。水平床身上配有水平放置的刀架，可以提高刀架的运动精度。但水平床身下部空间小，排屑困难。

② 水平床身斜导轨。如图1.9(b)所示，这种布局形式一方面具有水平床身工艺好的特点，另一方面机床宽度尺寸较水平配置导轨的要小，且排屑容易。

③ 斜床身。如图1.9(c)所示，斜床身的导轨倾斜角分别为30°、45°、60°和75°等。它具有排屑容易、操作方便、机床占地面积小、外形美观等优点，但大的倾斜角度使导轨的导向性和受力变差，因此只在中小型车床中运用较为普遍。

④ 立床身。如图1.9(d)所示，从排屑的角度看，立床身布局最好，切屑自由落下，不易损伤导轨面，导轨的维护和防护比较简单，但机床的精度不如前3种布局形式，所以运用较少。

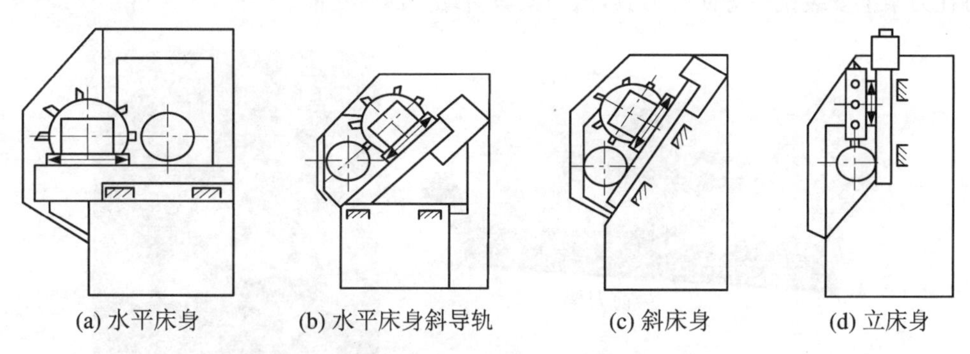
(a) 水平床身　(b) 水平床身斜导轨　(c) 斜床身　(d) 立床身

图1.9　数控车床床身、导轨与水平面的相对位置

2．按加工零件的基本类型分类

(1) 卡盘式数控车床

这类车床未设置尾座，适合车削盘类(含短轴类)零件。其夹紧方式多为电动或液动控制，卡盘结构多具有可调卡爪或不淬火卡爪(即软卡爪)。

(2) 顶尖式数控车床

这类数控车床配置有普通尾座或数控尾座，适合车削较长的轴类零件及直径不太大的盘、套类零件。

3．按数控系统的功能分类

(1) 经济型数控车床(简易数控车床)

如图1.10(a)所示，经济型数控车床以配置经济型数控系统为特征，常用于开环或半闭环伺服系统控制，这类机床结构简单，价格低廉，无刀尖圆弧半径自动补偿和恒线速度切削等功能。加工精度较低，功能较简单，机械部分多为在普通车床基础上改进的。

(2) 全功能型数控车床

如图1.10(b)所示，全功能型数控车床主轴一般采用能调速的直流或交流主轴控制单元来驱动，采用伺服电机进给，半闭环或闭环控制，数控系统功能多，这类机床具有高刚度、高精度和高效率等特点，具有刀尖圆弧半径自动补偿、恒线速、倒角、固定循环、螺纹切削、图形显示、用户宏程序等功能，加工能力强，适宜于精度高、形状复杂、循环周期长、品种多变的单件或中小批量零件的加工。

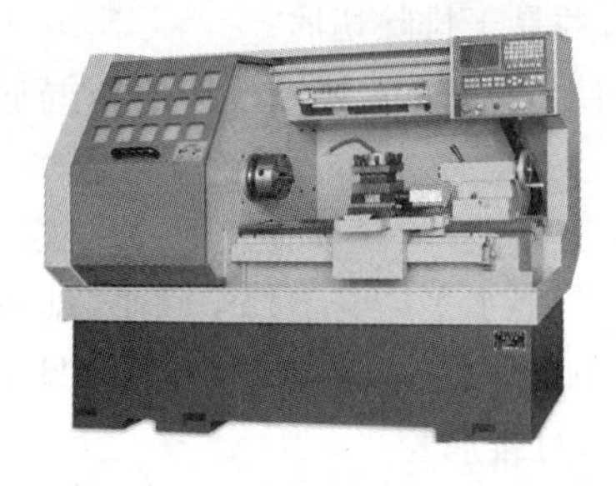
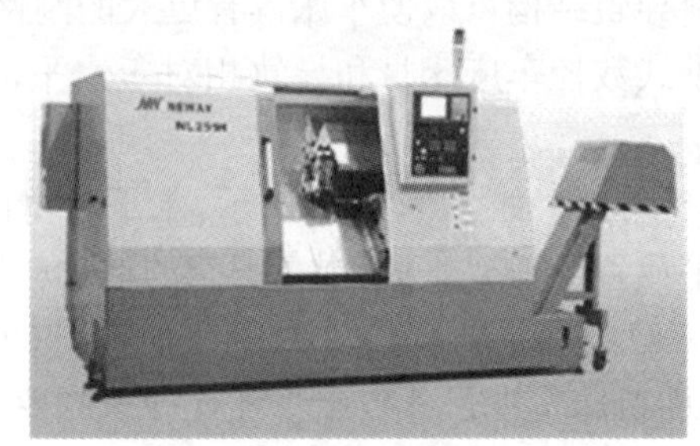

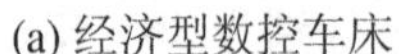
(a) 经济型数控车床　　(b) 全功能型数控车床

图 1.10　经济型数控车床和全功能型数控车床

(3) 车削中心

如图 1.11 所示，车削中心除了具有数控车削加工功能外，还配备了动力刀架(图 1.12)，并可在刀架上安装铣刀等回转刀具，该刀架具备动力回转功能。

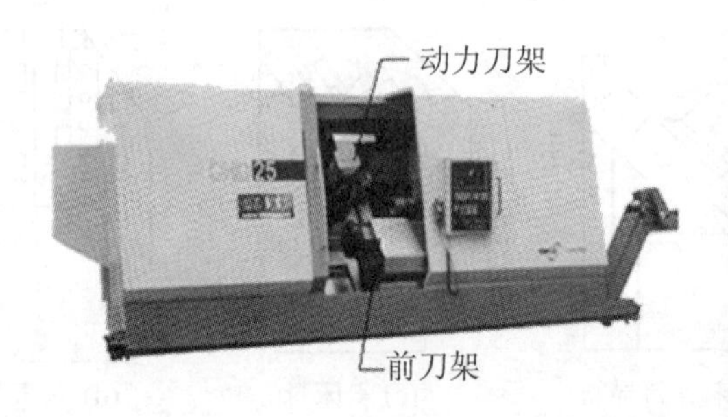

(a) 车削中心　　(b) 车削中心内部

图 1.11　车削中心

(4) FMC 车床

如图 1.13 所示，FMC 车床是一个由数控车床、机器人等构成的柔性加工单元。它除了具备车削中心的功能外，还能实现工件搬运、装卸自动化和加工调整准备自动化。

图 1.12　动力刀架

图 1.13　FMC 车床

4. 按伺服系统的控制原理分类

(1) 开环控制数控车床

如图 1.14 所示，开环控制数控车床不配备位置检测装置，也不将位移的实际值反馈回去与指令值进行比较修正，控制信号的流程是单向的，使用步进电动机作为执行元件。数控装置每发出一个指令脉冲，经驱动电路功率放大后，就驱动步进电动机旋转一个角度，再由传动机构带动工作台移动。该系统的精度取决于步进电机的步距精度和工作频率以及传动机构的传动精度，因此难以实现高精度加工。优点：结构简单，控制方便，成本较低，调试维修方便。适用范围：对精度、速度要求不太高的经济型、中小型数控系统。如经济型数控车床多采用此种控制方式。

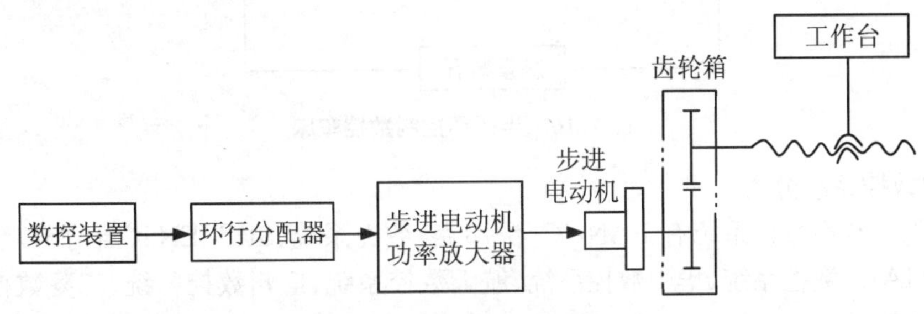

图1.14　开环控制数控车床

(2) 闭环控制数控车床

如图1.15所示，安装在工作台上的位置检测装置把工作台的实际位移量转变为电量，并反馈到控制器同指令信号相比较，得到的差值经过放大和变换，最后驱动工作台向减少误差的方向移动，直到差值为零。该系统的精度取决于测量装置的精度，消除了放大和传动部分的误差(丝杠螺母副和齿轮传动副)的直接影响。缺点：系统较复杂，调试和维修较困难，对检测元件要求较高，调试安装较为复杂，价格较高。适用范围：大型或比较精密的数控设备。

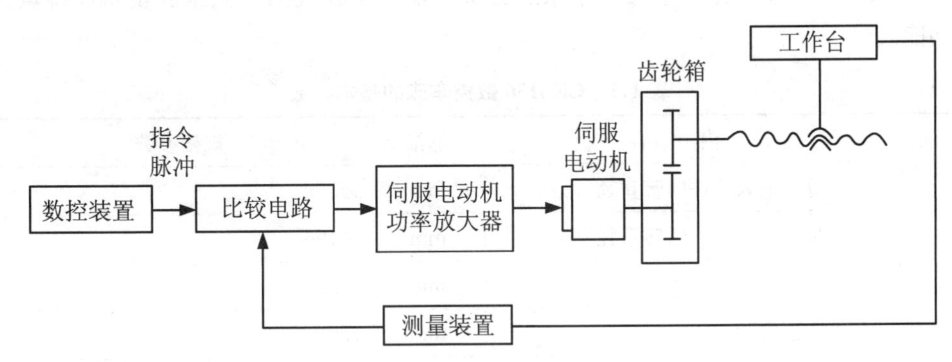

图1.15　闭环控制数控车床

(3) 半闭环控制数控车床

如图1.16所示，半闭环控制系统与闭环控制系统的不同之处仅在于将检测元件装在传动链的旋转部位(伺服电动机轴端或丝杠轴端)，它检测得到的不是工作台的实际位移量，而是与位移量有关的旋转轴的转角量。该伺服系统控制精度比开环伺服系统高，比闭环伺服系统低。这种系统的丝杠螺母副、齿轮传动副等传动装置未包含在反馈系统中，故其精度没有全闭环系统高。但如果选择精度较高的滚珠丝杠，并消除齿轮副的间隙，再配以具有螺距误差和反向间隙补偿功能的数控装置，还是能够达到较高的加工精度。特点：精度比闭环差，但系统结构简单，便于调整，检测元件价格低，系统稳定性好，故得到了广泛应用。适用范围：中小型数控机床。

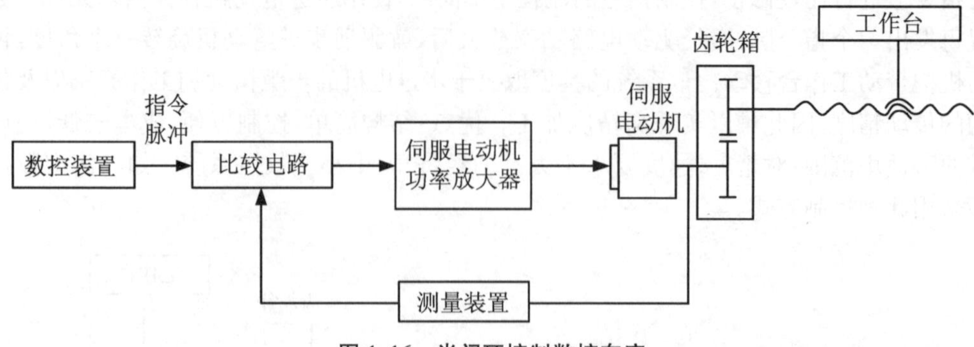

图 1.16　半闭环控制数控车床

5. 按数控系统分类

目前工厂常用数控系统有 FANUC(法那克)数控系统、SIEMENS(西门子)数控系统、HEIDENHAIN 数控系统、华中数控系统、航天数控系统、广州数控系统、三菱数控系统等。每一种数控系统又有多种型号,如 FANUC 系统从 0i 到 23i,SIEMENS 系统从 SINUMERIK 802S、802C 到 802D、810D、840D 等。不同数控系统指令各不相同,即使同一系统不同型号,其数控指令也略有差别,使用时应以数控系统说明书指令为准。我国数控产品以华中数控、航天数控为代表,已实现高性能数控系统产业化。本书以 FANUC 数控系统为主来介绍数控车削编程。

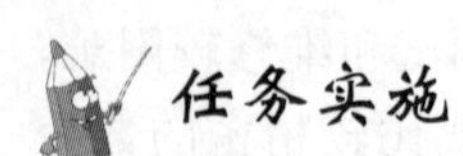

任务实施

1. 教师带领学生实地了解数控车床的类型与基本参数(表 1.1)、组成及布局特点、操作面板功能。

表 1.1　CK6136 数控车床的基本参数

项目	内　　容	单位	规格参数
能力	床身上最大工件回转直径	mm	∅360
	滑板上最大工件回转直径	mm	∅196
	最大工件车削直径	mm	∅220
	机床顶尖距	mm	750
主轴	主轴转速范围	r/min	75～2 000
	主轴电机		变频调速
	主轴头/主轴通孔直径	mm	A2-6/∅52
	主轴孔锥度	MT	莫氏 6 号
	主轴电机功率	kW	5.5
	主轴最大输出扭矩	N·m	44
	卡盘规格	mm	手动三爪 ∅200

续表

项目	内　　容	单位	规格参数
进给	X、Z 快速移动速度	mm/min	X:8 Z:10
	X、Z 进给电机扭矩	N·m	X:4 Z:4
	驱动单元		HSV-16 全数字交流伺服
	驱动电机		交流伺服电机
	定位精度	mm	X:0.03 Z:0.04
	重复定位精度	mm	X:0.012 Z:0.016
	最大行程	mm	X:200 Z:640
刀架	刀架形式		电动四方、前置
	车刀规格	mm	20
尾架	尾架形式		手动
	套筒直径/行程	mm	∅60/95
	套筒内孔锥度	MT	莫氏 4 号
其他	机床占地面积(长×宽)	mm	2 395×1 253
	机床净重	kg	1 600
	数控系统		华中世纪星 HNC-21T

2. 观察(图 1.17)数控车床的主要技术参数、主传动及部件的结构、进给传动及部件的结构与原理。

(a) 丝杠传动

(b) 主轴、导轨

图 1.17　数控车床的结构

从总体上看,数控车床并没有脱离普通车床的机械结构形式,仍由床身、主轴箱、刀架、进给系统、液压系统、冷却系统、润滑系统等部分组成。数控机床可以完成对各类回转体工件内、外轮廓的加工,如圆柱、圆锥、圆弧和各种螺纹等,并能进行切槽及钻、扩和铰孔等工作。数控车床进给系统与普通车床有根本的区别,它没有传统的进给箱和交换齿轮架,而是直接用伺服电机通过滚珠丝杠驱动溜板和刀架,实现进给运动,因而进给系统的结构大为简化。数控车床也有螺纹加工的功能,由数控系统保证其主轴旋转与刀架进给运动之间的关系。在数控车床的主轴中安装有脉冲编码器,主轴的运动通过同步带 1∶1 传送至脉冲编码器。主轴旋转时,脉冲编码器发出检测脉冲信号给数控系统,使主轴电机与刀架的进给保持"主轴转一圈,刀架沿 Z 轮前进一个导程"的关系。

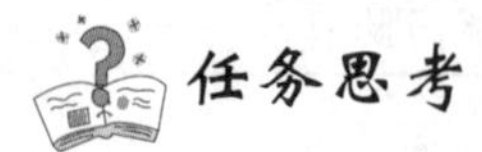

任务思考

1. 数控车床由哪几个部分组成?
2. 目前工厂中常用数控系统有哪些?
3. 数控车床的加工特点有哪些?
4. 数控车床的加工内容有哪些?
5. 未来的数控技术会发展到什么程度?

任务 1.2　数控机床坐标系

数控机床工作时,机床的动作是由数控装置来控制的,为了确定数控机床上的成形运动和辅助运动,必须先确定机床上运动的位移和运动的方向,这就需要通过坐标系来实现,这个坐标系被称为机床坐标系。机床坐标系是最原始的坐标系,其余的坐标系都由此坐标系延伸而来。没有坐标系,就无法编写工件程序,无法进行精度调整甚至装配,原因就是没有了定义,没有了参照。为了简化编程方法和保证程序的通用性,使用中对数控机床的坐标和方向的命名制定了统一的标准。国际标准统一规定:数控机床的坐标系为刀具相对于工件的进给运动坐标系。我国 JB 3051—82 标准也作了相应的规定,因此各种数控机床均采用标准坐标系。

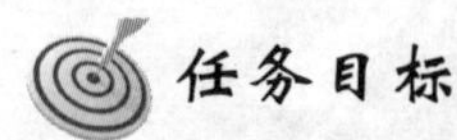

任务目标

知识目标

- 掌握机床原点、工件原点及机床参考点的区别;
- 掌握数控机床坐标系、工件坐标系的坐标轴及方向的确定方法。

能力目标

- 能判别各类数控机床的坐标轴及方向。

任务描述

如图 1.18 所示,观察与分析数控机床坐标系、工件坐标系的位置,掌握数控机床坐标系、工件坐标系的坐标轴位置及方向的判断方法。

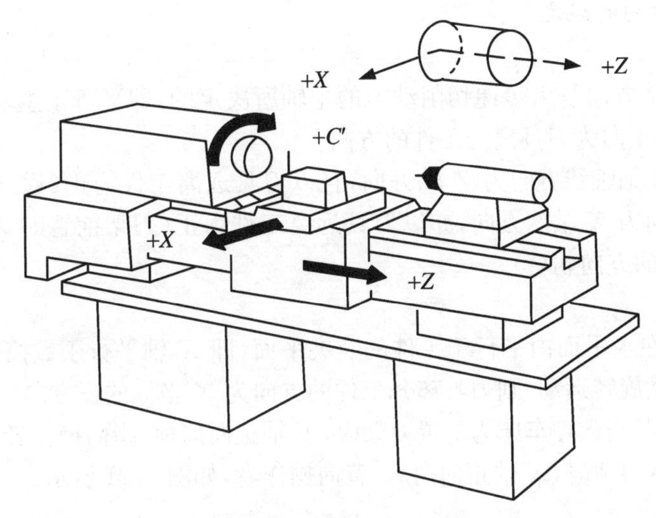

图1.18　数控机床坐标系

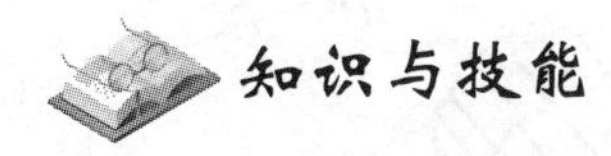

1.2.1　机床坐标系

1. 数控机床的坐标系与运动方向的规定

机床坐标系：数控机床安装调试时便设定有固定坐标系，并设有固定的坐标原点——机床原点（又称机械原点）。

(1) 建立坐标系的基本原则

① 数控机床的进给运动是相对的，有的是刀具相对于工件运动（如车床），有的是工件相对于刀具运动（如铣床）。始终假定工件静止，刀具相对于工件移动，并规定刀具远离工件的运动方向为坐标轴的正方向。

② 坐标系采用右手笛卡儿直角坐标系。如图1.19所示，大拇指的方向为 X 轴的正方向，食指指向为 Y 轴的正方向，中指指向为 Z 轴的正方向。在确定了 X、Y、Z 轴的基础上，根据右手螺旋法则，可以很方便地确定出 A、B、C 3个旋转坐标的方向。

③ 坐标系中的各个坐标轴与机床的主要导轨平行。

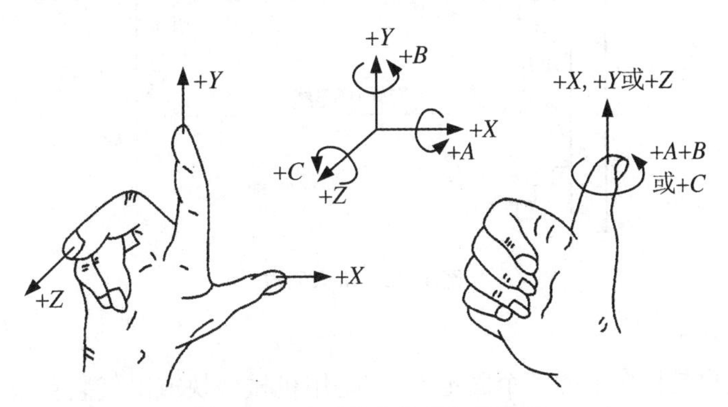

图1.19　右手笛卡儿直角坐标系

(2) 坐标轴方向的规定

① Z 坐标：

Z 坐标的运动方向是由传递切削动力的主轴所决定的，即平行于主轴轴线的坐标轴为 Z 坐标，Z 坐标的正向为刀具离开工件的方向。

数控车床的主轴轴线方向为 Z 轴方向，且以刀具远离工件为正(远离卡盘的方向)；垂直主轴方向的方向为 X 轴的方向，亦以刀具远离工件为正(刀架前置时 X 轴的方向朝前，刀架后置时 X 轴的方向朝后)。

② X 坐标：

X 坐标一般在水平面内平行于工件的装夹平面，即 X 轴平行于数控车床的横向导轨。数控车床的工件做旋转运动，则刀具离开工件的方向为 X 坐标的正方向。

依据以上原则，当数控车床为前置刀架时，X 轴正向向前，指向操作者，如图 1.20 所示；当数控车床为后置刀架时，X 轴正向向后，背向操作者，如图 1.21 所示。

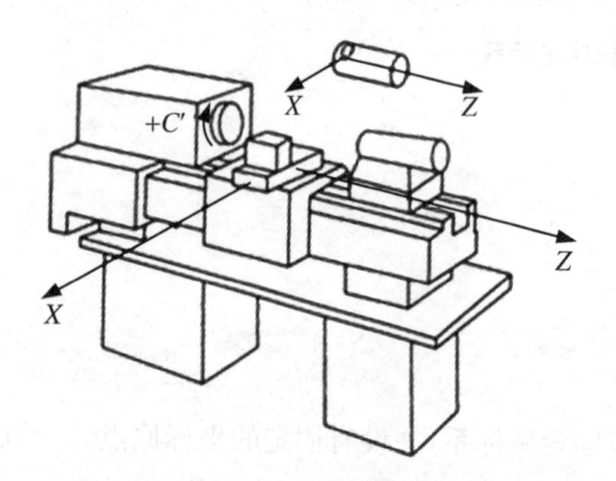

图 1.20　数控车床前置刀架时的坐标系

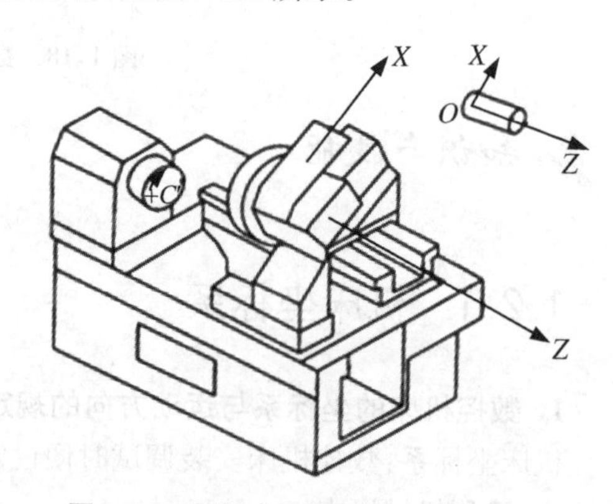

图 1.21　数控车床后置刀架时的坐标系

(3) 机床原点

机床原点即机床坐标系的原点，是机床上的一个固定点，其位置是由机床设计和制造单位确定的，原则上不允许用户改变。数控车床的机床原点一般为主轴回转中心与卡盘后端面的交点，如图 1.22 所示。机床坐标系是以机床原点为坐标系原点建立起来的 ZOX 直角坐标系。

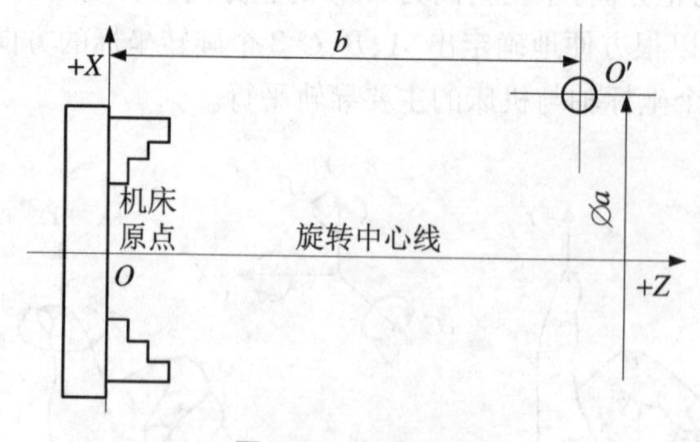

图 1.22　机床原点

(4) 机床参考点

机床参考点也是机床上的一个固定点，它是用机械挡块或电气装置来限制刀架移动的极限位置，它与机床坐标系原点有着准确的位置关系。数控装置上电时并不知道机床原点，主要作用是用来给机床坐标系一个定位。机床参考点的位置是由机床制造厂家在每个进给轴上用限位开关精确调整好的，是一个固定位置点，其坐标值已输入数控系统中。因此机床参考点对机床原点的坐标是一个已知数。

数控车床在开机后首先要进行回参考点(也称回零点)操作。数控车床的参考点一般位于行程的正极限点上，如图1.23所示。通常机床通过返回参考点的操作来找到机械原点，所以，开机后、加工前首先要进行返回参考点的操作。

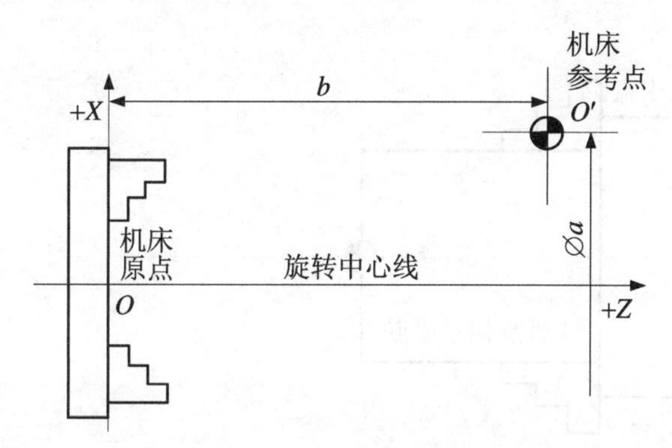

图1.23　机床参考点

回参考点的作用：

① 建立机床坐标系；

② 消除由于漂移、变形等造成的误差，通过回参考点可以使机床的工作台回到准确位置，消除误差。

(5) 工件坐标系

数控车床加工时，工件可以通过卡盘夹持于机床坐标系下的任意位置。批量加工零件时，由于每次装夹的位置有区别，每次都得测量工件右端面与机床原点的 Z 向距离，所以零件轮廓的各个基点的坐标值是变化的，这样一来在机床坐标系下编程就很不方便。所以编程人员在编写零件加工程序时通常要另外选择一个工件坐标系，即根据零件图形的特点和尺寸标注的情况，为了方便计算出编程的坐标值而建立坐标系，也称编程坐标系，程序中的坐标值均以工件坐标系为依据。

工件坐标系的原点可由编程人员根据具体情况确定，一般设在图样的设计基准或工艺基准处。根据数控车床的特点，工件坐标系原点通常设在工件左、右端面的中心或卡盘前端面的中心。编程原点应尽量选择在零件的设计基准或工艺基准上，工件坐标系的坐标轴方向必须与机床坐标系的坐标轴方向彼此平行，方向一致。如图1.24所示。

【注意】 *注意机床坐标系与工件坐标系的区别，注意机床原点、机床参考点和工件坐标系原点的区别。*

工件坐标系的原点选择要尽量满足编程简单、尺寸换算少、引起的加工误差小等条件，一般情况下以坐标式尺寸标注的零件，编程原点应选在尺寸标注的基准点；选择工件零点时，最好把工件零点放在能够方便地将工件图的尺寸转换成坐标值的地方。工件零点的一般选用原则如下：

① 工件零点选在工件图样的尺寸基准上，这样可以直接用图纸标注的尺寸，作为编程

点的坐标值,减少计算工作量;

② 能使工件方便地装夹、测量和检验;

③ 工件零点尽量选在尺寸精度较高的工件表面上,这样可以提高工件的加工精度和同一批零件的一致性。

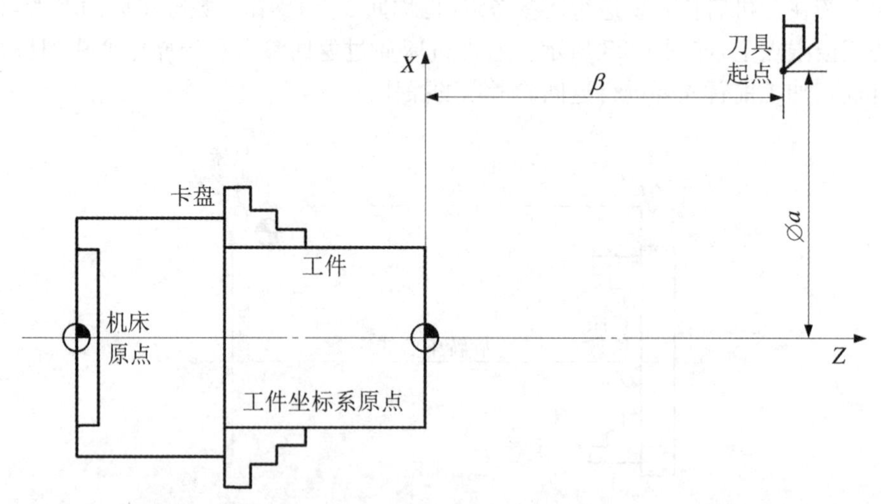

图 1.24 工件原点和工件坐标系

(6) 工件坐标系的建立

要建立工件坐标系就需要对刀,对刀的目的是确定程序原点在机床坐标系中的位置,对刀点可以设在零件、夹具或机床上,对刀时应使对刀点与刀位点重合。

① 刀位点:用于确定刀具在机床上的位置的刀具上的特定点。车刀的刀位点为刀尖或刀尖圆弧中心。数控车床常用车刀刀位点,如图 1.25 所示。

② 对刀点:在数控机床上加工零件时,刀具相对于工件运动的起点,又称起刀点或程序起点。

③ 换刀点:加工过程中需要换刀时刀具的相对位置点。换刀点往往设在工件、夹具的外部,以能顺利换刀,不碰撞工件、夹具及其他部件为准。

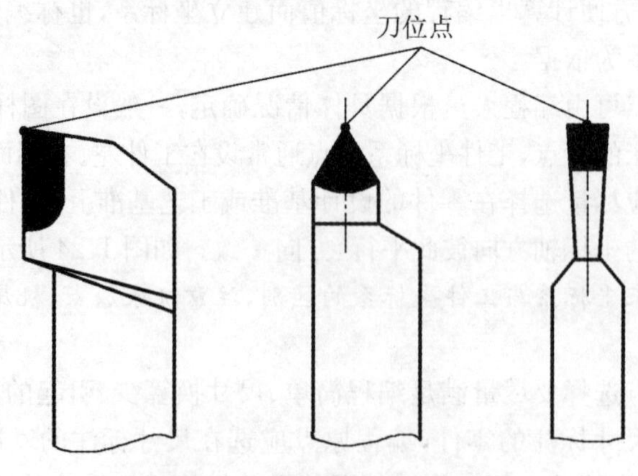

图 1.25 尖形车刀的刀位点

1.2.2　机床坐标系与工件坐标系的关系

工件坐标系是编程人员在零件图上建立的坐标系，当工件装夹到机床上后，工件坐标系即处于机床坐标系的某个确定位置，但数控机床系统并无它的相关位置信息。从理论上讲，机床数控系统只要知道工件坐标系原点在机床坐标系中的位置，即可将工件坐标系与机床坐标系关联起来，从而在机床坐标系中设定出工件坐标系。机床坐标系与工件坐标系的对应坐标轴一般相互平行，方向也相同，只是原点不同。如图1.26所示，工件原点与机床原点间的距离称为工件原点偏置，加工时这个偏置值需预先输入到数控系统中。FANUC-0i系统常采用可设定零点偏置命令(G54、G55)等建立工件坐标系。机床原点间各坐标的偏置量事先确定，测量后将其数值输入到机床可设定零点偏置寄存器中。G54、G55等可存放多个不同的工件零点，加工时在程序中采用相应的可设定零点偏置指令G54、G55等直接调用相应偏置寄存器中存储的偏置量，即可建立起工件坐标系，如图1.27所示。

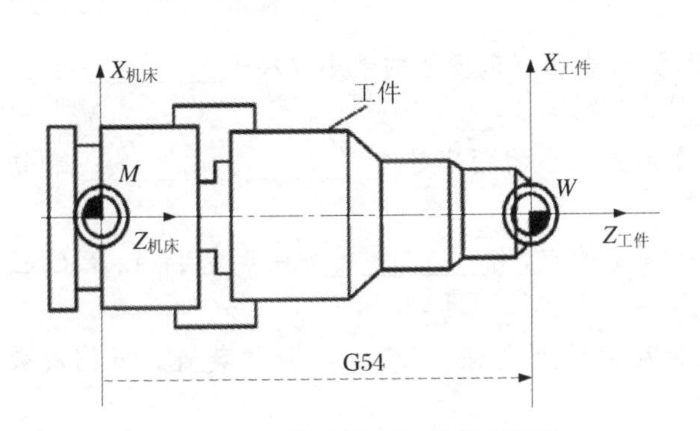

图1.26　工件坐标系与机床坐标系

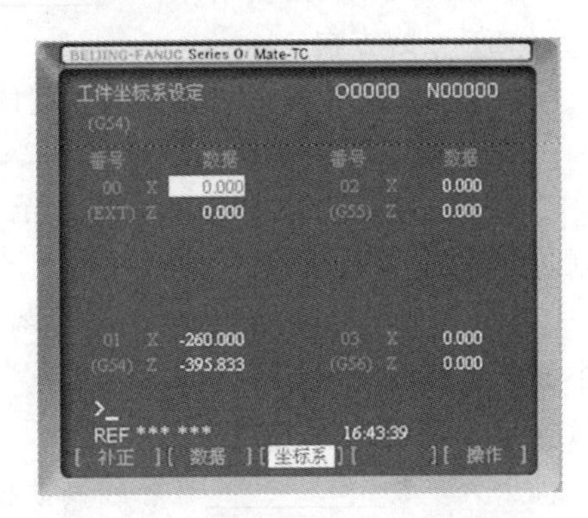

图1.27　G54建立工件坐标系界面

任务实施

了解数控车床坐标方向判定方法及回零操作。图1.28为数控车床坐标系的确定方法，使用右手定则判断数控车床坐标轴方向，使用右手螺旋定则判断卡盘的正反转方向。对于前置刀架，*X*轴垂直于卡盘轴线并且正方向指向操作者(后置刀架背向操作者)，*Z*轴轴线与卡盘轴线重合，正向指向右。从尾座看去卡盘逆时针旋转为正转，符合右手螺旋定则。

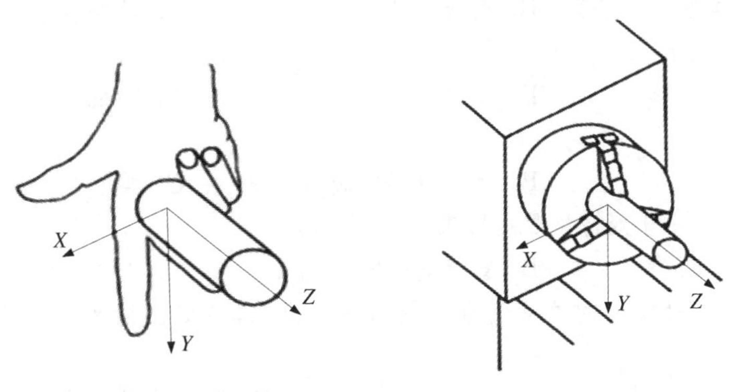

图1.28　数控车床坐标系的确定

任务思考

1. 请描述数控机床坐标系的确定原则。
2. 叙述坐标系及运动方向的规定原则，知道如何建立工件坐标系。
3. 解释机床原点、机床参考点、机床坐标系、工件坐标系的含义。
4. 什么是工件坐标系？什么是工件原点？工件坐标系与机床坐标系有什么关系？

项目练习题

一、填空题

1. 数控机床坐标系采用__________坐标系。其中坐标轴移动的正方向是远离__________的方向。

2. 在材质、精车余量和刀具一定的情况下，表面粗糙度值的大小取决于__________。

3. __________是数控机床的核心。

4. 切削用量三要素影响切削力的程度由大到小的顺序是__________、__________和切削速度。

5. __________是指机床上设置的一个固定的点，用__________方法规定了 A、B、C 三个旋转坐标的方向。

6. 开环控制数控机床是指这类机床移动部件上没有__________反馈装置。低档次数控机床大多数__________开环控制数控机床。

7. 轴类零件的编程原点应选在__________或左端面。

二、选择题

1. 数控机床在确定坐标系时，考虑刀具与工件之间的运动关系，采用______原则。

A. 假设刀具运动，工件静止　　B. 假设工件运动，刀具静止

C. 视具体情况而定

2. 车削时，车刀的纵向移动或横向移动是______。

A. 主运动　　B. 进给运动　　C. 切削运动

3. 数控机床的核心装置是______。

A. 机床本体　　B. 伺服系统　　C. 数控装置

4. 数控机床适于______生产。

A. 大型零件　　B. 小型零件　　C. 小批复杂零件

5. FMS 是指______。

A. 直接数字控制　　B. 计算机集成制造系统　　C. 柔性制造系统

6. ______主要用于经济型数控机床的进给驱动。

A. 步进电动机　　B. 直流伺服电动机　　C. 交流伺服电动机

7. 对于配有设计完善的位置伺服系统的数控机床，其定位精度和加工精度主要取决于______。

A. 机床机械结构的精度　　B. 驱动装置的精度

C. 位置检测元器件的精度

8. 数控闭环伺服系统的速度反馈装置装在______。

A. 工作台丝杠上　　B. 伺服电动机主轴上　　C. 工作台上

9. 数控机床开机时,一般要进行回参考点操作,其目的是______。

A. 建立机床坐标系　　B. 建立工件坐标系　　C. 建立局部坐标系

10. 数控机床不适合加工的零件为______。

A. 单品种大批量的零件　　B. 需要频繁改型的零件

C. 贵重不允许报废的关键零件　　D. 几何形状复杂的零件

11. 控制精度最高的伺服系统是______。

A. 开环系统　　B. 闭环系统　　C. 半闭环系统

12. 对多品种、中小批量生产的精度要求较高的零件,下列最适合加工的机床是______。

A. 通用机床　　B. 专用机床　　C. 专门化机床　　D. 数控机床

13. 第一台数控机床是______年生产出来的。

A. 1950　　B. 1952　　C. 1954　　D. 1958

14. 闭环伺服系统工程使用的执行元件是______。

A. 直流伺服电动机　　B. 交流伺服电动机

C. 步进电动机　　D. 电液脉冲马达

15. 闭环进给伺服系统与半闭环进给伺服系统的主要区别在于______。

A. 位置控制器　　B. 检测单元

C. 伺服单元　　D. 控制对象

三、判断题

1. 检测装置是数控机床必不可少的装置。（　）

2. 数控机床的坐标系采用右手笛卡儿坐标,在确定具体坐标时,先定 X 轴,再根据右手法则定 Z 轴。（　）

3. 数控机床的加工精度比普通机床高,这是因为数控机床的传动链较普通机床的传动链长。（　）

4. 刀具远离工件的运动方向为坐标的正方向。（　）

5. 数控机床坐标轴一般采用右手定则来确定。（　）

6. 数控机床既可以自动加工,也可以手动加工。（　）

7. 同一工件,无论用数控机床加工还是用普通机床加工,其工序都一样。（　）

8. 驱动装置是数控机床的控制核心。（　）

9. 数控机床的伺服系统由伺服驱动和伺服执行两个部分组成。（　）

10. 闭环数控系统是不带反馈装置的控制系统。（　）

11. 加工中心必须配备动力刀架。（　）

12. 在编程时,不论何种机床,都假定工件静止,刀具相对于工件移动。（　）

13. 开环数控系统具有价格低廉、工作稳定、调试方便、维修简单的优点。（　）

14. 立式车床由于工件及工作台的重力,因而不能长期保证机床精度。（　）

15. 机械零点是机床调试和加工时十分重要的基准点,由操作者设置。（　）

四、简答题

1. 数控车床有哪些特点?
2. 开环、闭环和半闭环系统各有什么特点?
3. 在数控机床加工中,应考虑建立哪些坐标系?它们之间有什么关系?
4. 数控车床为什么要进行回参考点操作?

项目2　数控车床编程指令

在数控车床上加工零件时，首先要根据零件图，按规定的代码及程序格式，将加工零件的全部工艺过程、工艺参数等以数字信息的形式，存贮到控制介质上，然后输入到数控装置中，数控装置再将输入的信息进行运算处理后，转换成驱动伺服机构的指令信号，最后由伺服机构控制机床的各种动作，自动加工出零件。编程过程主要包括分析零件图纸、工艺处理、数学处理、编写零件程序、程序校验。

任务2.1　数控车床编程基本知识

数控车床之所以能加工出各种不同形状、尺寸和精度的零件，是因为编制了不同的数控加工程序。编程就是将加工零件的加工顺序、刀具运动轨迹的尺寸数据、工艺参数（主运动和进给运动速度、切削深度等）以及辅助操纵（换刀、主轴正反转、冷却液开关、刀具夹紧、松开等）等加工信息，用规定的文字、数字、符号等组成的代码，按一定的格式编写成加工程序。本任务通过分析 FANUC-0i 系统数控车床的加工程序结构，熟悉数控车床编程的方法与特点。

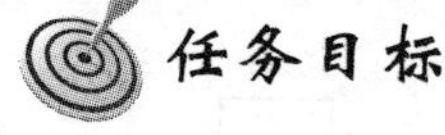

知识目标

- 了解加工程序的组成与数控编程的基本步骤；
- 数控车床的编程方法与特点。

能力目标

- 掌握节点、基点的含义及其数学处理方法。

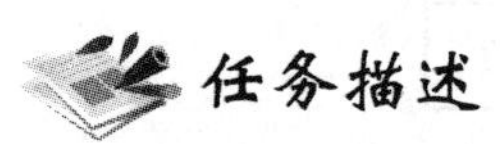

如图2.1所示，台阶销轴零件图轮廓由 A，B，C，D，E，F 等各点构成，控制各点的轨迹即可把工件加工出来，试分析各个点的绝对坐标轴值与增量坐标值。

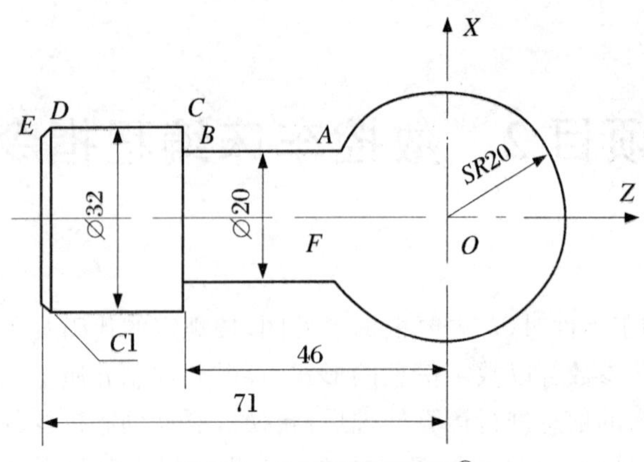

图 2.1　台阶销轴零件图①

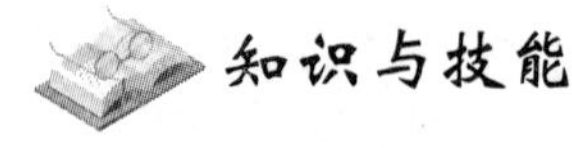
知识与技能

2.1.1　数控编程的方法

1. 手工编程与自动编程

目前数控程序编制的方法主要有手工编程和自动编程两种。

(1) 手工编程：是指利用一般的计算工具，通过各种数学方法，人工进行刀具轨迹的计算，并进行指令编程的方法。手工编程从工艺分析、数值计算到程序的校验、试切、修改，均由人工完成，编程过程如图 2.2 所示。当零件形状不十分复杂或数控程序不太长时，采用手工编程比较方便、经济。这种方法较简单，是机床操作人员必须掌握的基本技能。

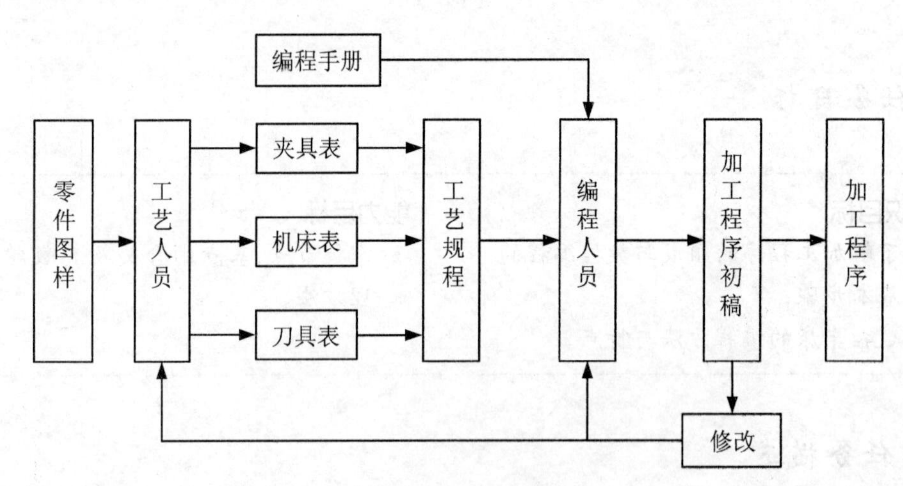

图 2.2　手工编程

(2) 自动编程：是指编程工作的大部分或全部由计算机完成的零件编程。计算机辅助编程是以零件 CAD 模型为基础的一种加工工艺规划及数控编程为一体的自动编程方法。CAD/CAM 软件采用人机交互方式进行零件几何建模，对车床刀具进行定义和选择，确定

① 参考工程实际，本书的图及相关表格中省略长度单位 mm、表面粗糙度单位 μm。

刀具相对于零件的运动方式、切削参数、自动生成刀具轨迹，再经过后置处理，最后按照数控车床的数控系统要求生成数控加工程序。自动编程已被广泛应用，编程效率高，程序质量好。

2. 米制与英制编程

数控车床使用的长度单位量纲有米制和英制两种，由专用的指令代码设定长度单位量纲，如FANUC-0i系统用G20表示使用英制单位量纲，G21表示使用米制单位量纲。一般情况下FANUC-0i系统用毫米单位且末尾要写小数点，否则系统认为是微米单位，如：$X = 524.0$ mm，$Z = 36.0$ mm，若没有小数点则认为 $X = 524$ μm，$Z = 36$ μm。小数点编程：在本系统中输入的任何坐标字（包括 X，Z，I，K，U，W，R 等）在其数值后均须加小数点。即 $X100$ 须记作 $X100.0$。否则系统认为所输坐标字数值为 100×0.001 mm＝0.1 mm。这一点容易出错，一定要注意。

【注意】

① G21为缺省值。

② G20或G21代码必须在程序开始设定坐标系之前在一个单独的程序段中指定。

③ 通电时的G代码与断电前的G代码相同。

3. 直径编程与半径编程

数控车床有直径编程和半径编程两种方法。前一种方法把 X 坐标值表示为回转零件的直径值，称为直径编程，由于图纸上都用直径表示零件的回转尺寸，用这种方法编程比较方便，X 坐标值与回转零件直径尺寸保持一致，不需要进行尺寸换算。后一种方法把 X 坐标值表示为回转零件的半径值，称为半径编程，这种表示方法符合直角坐标系的表示方法。考虑使用上的便利性，采用直径编程的方法居多。

4. 车床的前置刀架与后置刀架

数控车床刀架布置有两种形式：前置刀架和后置刀架。前置刀架位于 Z 轴的前面，与传统卧式车床刀架的布置形式一样，刀架导轨为水平导轨，使用四工位电动刀架，如图2.3(a)所示；后置刀架位于 Z 轴的后面，刀架的导轨位置与正平面倾斜，这样的结构形式便于观察刀具的切削过程、切屑容易排除、后置空间大，可以设计更多工位的刀架，一般全功能的数控车床都设计为后置刀架，如图2.3(b)所示。

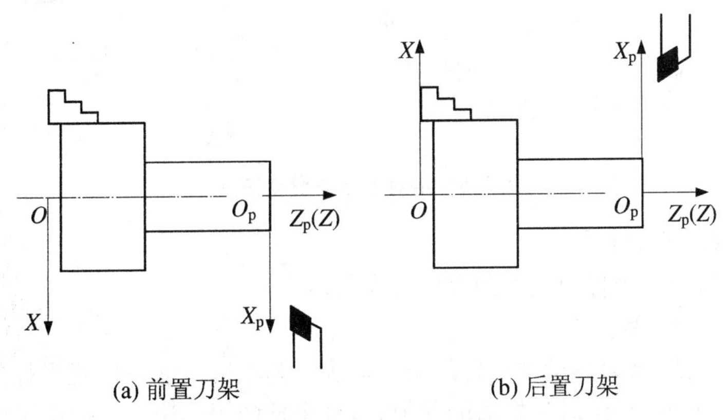

图2.3　数控车床的前置刀架与后置刀架

5. 数控机床的初始状态

所谓数控机床的初始状态是指数控机床通电后具有的状态，也称为数控系统内部默认的状态，一般设定以绝对坐标方式编程、使用米制长度单位量纲、取消刀具补偿、主轴和切削液泵停止工作等状态作为数控机床的初始状态。

(1) 初态

指运行加工程序之前的系统编程状态，即机器里面已设置好的、一开机就进入的状态，例如：G99，G00，G40。

(2) 模态

一种连续有效的指令。它指相应字段的值一经设置，以后一直有效，直到被同组指令取代。设置之后，如果是同一组的也可以使用相同的功能，而不必再输入该字段。

例如：N30 G90 G01 X32 Z－0 F80；

N40 X30；

…；

N… G02 X30 Z－30 R5 F50；

N… G01 Z－30 F30；

G90 与 G01 是模态，相同指令时可以省略不写。

6. 绝对编程与增量编程

如图 2.4 所示，编程坐标分为绝对坐标（X，Z）、相对坐标（U，W）和混合坐标（X/Z，U/W）。

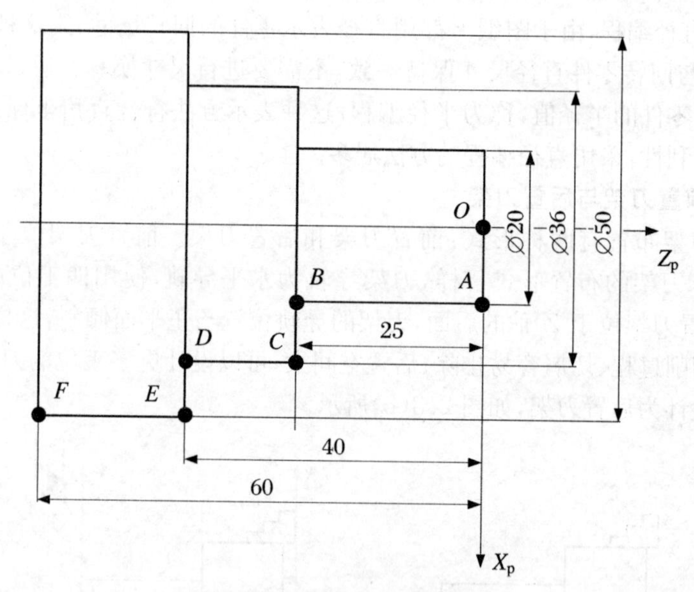

图 2.4　绝对坐标与增量坐标

(1) 绝对坐标（X，Z）

各点坐标参数以到坐标原点的距离作为参数值。

(2) 相对坐标（U，W）

增量坐标表示法：将刀具运动位置的坐标值表示为相对于前一位置坐标的增量，即为目标点绝对坐标值与当前点绝对坐标值的差值，这种坐标的表示法也称为相对坐标表示法。

(3) 混合坐标（X/Z，U/W）

绝对坐标和相对坐标同时使用，即在同一个程序段中，可使用 X 或 U，Z 或 W。

绝对坐标（假设 O 点为坐标原点）：

O(X0, Z0)

A(X20,Z0)　　B(X20,Z－25)

C(X36,Z－25)　　D(X36,Z－40)

E(X50,Z－40)　　F(X50,Z－60)

相对坐标(假设 O 点为坐标原点):

O(X0, Z0)

A(U20,W0)　　B(U0,W－25)

C(U16,W0)　　D(U0,W－15)

E(U14,W0)　　F(U0,W－20)

混合坐标(假设 O 点为坐标原点):

O(X0, Z0)

A(X20,W0)或(U20,Z0)　　B(X20,W－25)或(U0,Z－25)

C(X36,W0)或(U16,Z－25)　　D(X36,W－15)或(U0,Z－40)

E(X50,W0)或(U14,Z－25)　　F(X50,W－20)或(U0,Z－60)

2.1.2　数控编程的步骤与程序结构

1. 程序编制的步骤

数控编程中手工编程一般分为以下几个步骤,如图 2.5 所示。

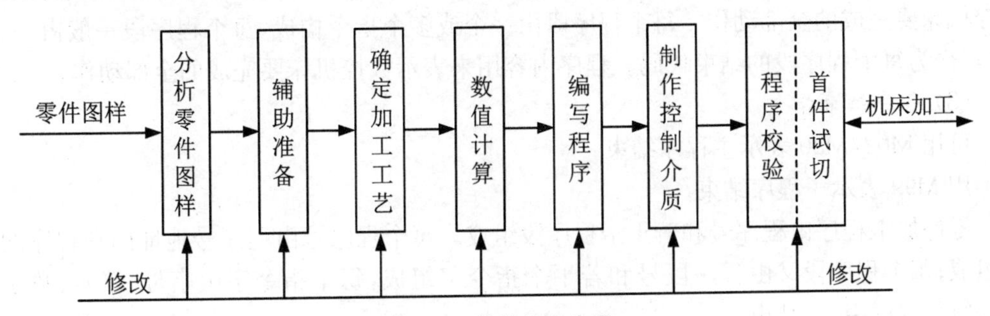

图 2.5　数控编程步骤

(1) 分析零件图样和辅助准备

首先应正确分析零件图,确定零件的加工部位,根据零件的技术要求,分析加工零件的形状、基准面、尺寸公差和粗糙度的要求,还有加工面的种类、零件的材料、热处理等其他技术要求。做好辅助准备。

(2) 确定加工工艺过程

在分析零件图的基础上,确定加工工序、加工路线、装夹方法,选择刀具、工装及切削用量等工艺参数。同时充分利用数控机床的指令功能的特点,简化程序,优化加工路线,充分发挥机床的效能。

(3) 数值计算

根据已确定的加工路线和零件的加工公差的要求,计算编程时需要的数据。数据计算的复杂程度取决于零件的复杂程度和数控系统的功能。

(4) 编写程序

根据数控系统具有的功能指令代码和程序段格式,编写加工程序。必要时还应该填写数控加工工序卡片、数控刀具卡片等有关的工艺文件。

(5) 制作控制介质

就是首先把编写好的程序单上的内容记录在控制介质上,然后通过数控机床的输入装置,将控制介质上的数控加工程序输入到机床的数控装置中。

(6) 程序校验和首件试切

为了保证零件加工的正确性,数控加工程序必须经过校验和试切才能用于正式加工。一般通过图形显示和动态模拟功能或空进给校验等方法检查机床的运动轨迹与动作的正确性。

2. 数控程序的结构

一个完整的零件程序应包含程序号、程序内容、程序结束指令三个部分。

(1) 程序号

程序号位于程序的开头,为区别存储器中的程序,每个程序都要有编号。

在FANUC-0i系统中:以O开头,O+4位数。FANUC系统程序号是O××××。××××是四位正整数,可以从0000到9999。如O2255。程序号一般要求单列一段且不需要段号。

(2) 程序内容

由若干程序段组成,每个程序段占一行。程序内容主体是由若干个程序段组成的,表示数控机床要完成的全部动作。每个程序段由一个或多个指令构成,每个程序段一般占一行,用";"作为每个程序段的结束代码。程序内容用来表示数控机床要完成的全部动作。

(3) 程序结束指令

可用M02/M30表示主程序结束。

用M99表示子程序结束。

零件加工程序由程序号和若干个程序段组成。每个程序号由程序号地址码和程序的编号组成;每个程序段又由程序段号和若干个指令字组成,每个指令字由字母、符号、数字组成。每段程序由";"结束。

如:

```
程序号 ──→ O0100
程序段 ──→ N0010   G91   G01   Z-7   F60;  ┐
           N0020   G04   X5;                │
           N0030   G00   Z-07;              ├─ 程序内容
             ⋮                              │
           N0070   M02 — 程序结束           ┘
```

3. 程序段格式

一个零件程序由若干个程序段组成,一个程序段由一个或若干个指令字组成,一个指令字又由一个地址符和数值组成。

当一个程序段由多个指令字组成时,一般采用如下格式:

N_G_X_Z_F_S_T_M_;

如:N10 G01 X50 Y50 Z5 F200 S800 T01 M03;

N10 程序段号位于程序段首,由 N+(1～4)位正整数组成;其作用是:对程序段进行检索、校对和修改,可以作为条件转向的目标,可进行复归操作,即加工可从程序的中间开始。

【注意】 程序运行不是按程序段号顺序执行,而是按排列顺序执行。

准备功能(G)——G 代码是用来规定刀具和工件的相对运动轨迹、机床坐标系、坐标平面、刀具补偿及坐标偏置等多种加工操作的。X,Z 坐标值用于确定机床上刀具运动终点的坐标位置。

进给功能(F)——用于指定切削的进给速度。

主轴功能(S)——用于指定主轴转速,单位为 r/min。

刀具功能(T)——在数控车床中,一般为 T+4 位数字。数字前两位为刀具号,后两位为刀补号。如:T0202。

辅助功能(M)——用于控制零件程序的走向,如 M00\M01\M02\M30\M98\M99 等;用于机床各种辅助功能的开关动作,如 M03\M04\M05\M06\M08\M09 等。

2.1.3　程序编制中的数学处理

1. 基点

如图 2.6 所示,基点是指构成零件轮廓的各相邻几何要素的交点或切点,如两条直线的交点、直线与圆弧的交点或切点等。当刀具路径规划好后,需要知道刀具路径上各直线和圆弧要素点的坐标数据,才能进行编程。基点坐标值一般根据零件图样给出的形状、尺寸和公差直接通过数学方法(如解析几何法、三角函数法)计算。

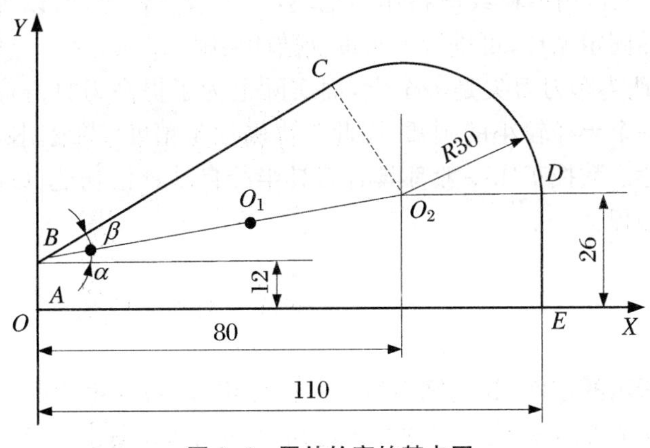

图 2.6　零件轮廓的基点图

2. 节点

数控系统一般只能做直线插补和圆弧插补的切削运动。如果工件轮廓是非圆曲线,数控系统就无法直接实现插补,只能用直线段或圆弧段去逼近非圆曲线。逼近线段与被加工曲线的交点称为节点。当被加工零件轮廓形状与机床的插补功能不一致时,如果在只有直线和圆弧插补功能的数控机床上加工椭圆、双曲线等,或者用一系列坐标点表示列表曲线时,要用直线或圆弧去逼近被加工曲线(拟合),通常拟合方法有直线逼近法、圆弧逼近法。这时,逼近线段与被加工曲线的交点就称为节点,如图 2.7 所示。

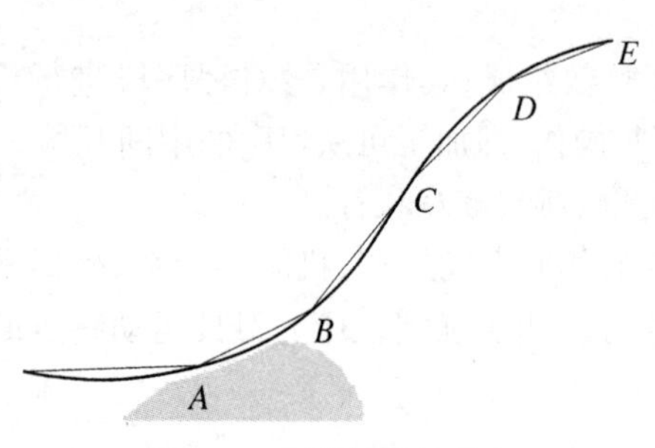

图 2.7　零件轮廓的节点

3. 中值尺寸

图纸中给的数值尺寸需要处理为编程尺寸，以便在加工中更好地保证加工精度。例如，一外圆直径尺寸$\varnothing 56_{-0.03}^{0}$ mm，如果按基本尺寸$\varnothing$56 mm 作为编程尺寸进行编程，考虑到车削外圆尺寸时刀具的磨损及让刀变形，实际加工尺寸肯定会偏大。因此，必须按平均尺寸确定编程尺寸。编程时通常需要将公差尺寸进行转换，使其公差带对称布置，方法是分别取两极限尺寸 56 mm 和 55.97 mm，求出平均值 55.985 mm，得到编程尺寸，也就是中值尺寸。这样，我们可以把尺寸$\varnothing 56_{-0.03}^{0}$ mm 换算成$\varnothing 55.985 \pm 0.015$ mm。

2.1.4　数控车床的编程特点

数控车床的编程有如下特点：

(1) 在一个程序段中，根据图样上标注的尺寸，可以采用绝对值编程、增量值编程或两者混合编程。

(2) 由于被加工零件的径向尺寸在图样上和测量时都是以直径值表示的，所以用绝对值编程时，X 以直径值表示；用增量值编程时，以径向实际位移量的二倍值表示，并附上方向符号(正向可以省略)。

(3) 为提高工件的径向尺寸精度，X 向的脉冲当量取 Z 向的一半。

(4) 由于车削加工常用棒料或锻料作为毛坯，加工余量较大，所以为简化编程，数控装置常具备不同形式的固定循环，可进行多次重复循环切削。

(5) 编程时，常认为车刀刀尖是一个点，而实际上为了提高刀具寿命和工件表面质量，车刀刀尖常被磨成一个半径较小的圆弧，因此为提高加工精度，当编制圆头刀程序时，需要对刀具半径进行补偿。数控车床一般都具有刀具半径自动补偿功能(G41，G42)，这时可直接按工件轮廓尺寸编程。

任务实施

加工如图 2.8 所示的零件，其轮廓由直线和圆弧组成，数控编程时，必须要知道圆弧的圆心和基点 B，C，D，E 的坐标值。由图 2.8 可知，欲求坐标，先建立坐标系 XOY，基点 B，C，D，E 的坐标通过图中尺寸很容易得到，基点 A 的坐标需要通过平面解析几何方法列方程联立求解。手工计算基点和节点往往比较麻烦，所以最好在 CAD 上求出。

方程如下：

$$\begin{cases} x^2 + z^2 = 20^2 \\ x = 10 \end{cases} \tag{2.1}$$

联立求得 $A(-17.321,10)$。

也可以使用勾股定理来计算 A 点的 Z 向坐标，根据图形，因为 $OF^2 = AO^2 - AF^2$，所以 $OF = \sqrt{20^2 - 10^2} = 17.321$，求得 $A(-17.321,10)$。

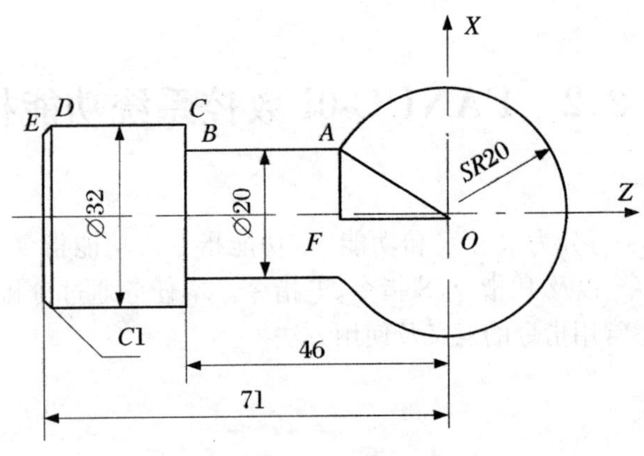

图 2.8　基点的计算

因此，根据上述条件可以得到各点的坐标。

绝对坐标(假设 O 点为坐标原点)：

O(X0, Z0)	A(X20,Z-17.321)	B(X20,Z-46)
C(X32,Z-46)	D(X32,Z-70)	E(X30,Z-71)

相对坐标(假设 O 点为坐标原点)：

O(X0, Z0)	A(U20,W-17.321)	B(U0,W-28.679)
C(U12,W0)	D(U0,W-24)	E(U-2,W-1)

任务思考

1. 简述数控车床编程的特点。

2. 简述数控车削程序编制的步骤。

3. 什么是基点？什么是节点？

4. 何谓绝对坐标和增量坐标？

5. 如图 2.9 所示，台阶轴的轮廓由各个基点(A,B,C,D,E,F,G,H,I)连接而成，计算各个基点的坐标值。

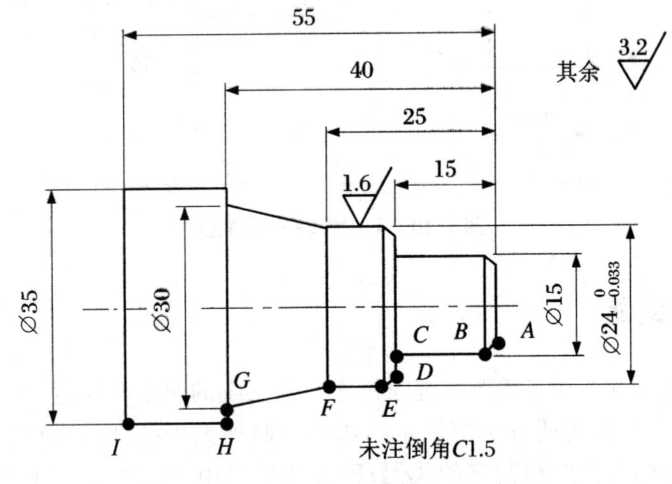

图 2.9　台阶轴

任务 2.2 FANUC-0i 数控系统功能指令

程序段中的指令字可分为尺寸字和功能字(功能指令),功能指令可分为:准备功能 G 指令、辅助功能 M 指令,以及 F 指令、S 指令、T 指令。本任务通过分析 FANUC-0i 系统数控常用功能指令,熟悉常用指令的意义及使用方法。

任务目标

知识目标

- 了解常用指令的意义及使用方法。

能力目标

- 掌握常用指令的含义及其使用方法;
- 会使用基本功能指令编写零件精加工轮廓程序。

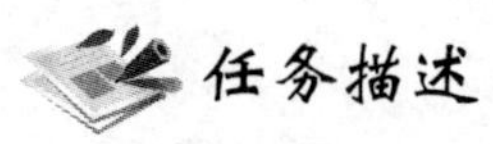

任务描述

如图 2.10 所示,外轮廓表面已完成粗车,右端面已车平,根据图纸要求编写精加工程序。毛坯规格为∅45 mm×100 mm,材料为 45#钢。

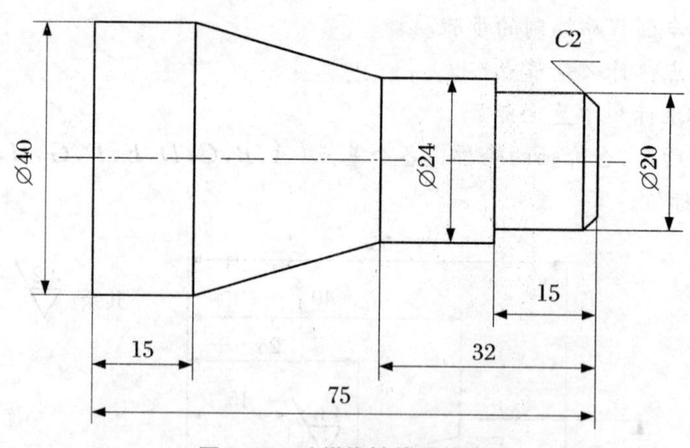

图 2.10 阶梯锥轴的零件图

知识与技能

数控编程的规则和格式必须严格遵守机床数控系统的要求和规范,否则机床就无法工作。目前,国际上广泛采用两种标准规定的代码编制加工程序,即 ISO 代码和 EIA 代码。ISO 代码是由国际标准化组织制定的代码;EIA 代码是由美国电子工业学会制定的代码。

我国制定的 JB 3208—1983 代码标准与国际标准等效。

2.2.1　G 准备功能

准备功能 G 指令又称 G 代码，由地址 G 和其后的 2 位数字组成，范围为 G00～G99。有模态 G 功能与非模态 G 功能之分。该指令的作用是指定数控机床的加工方式，为数控装置的辅助运算、刀补运算、固定循环等做好准备。国际上使用 G 代码的标准化程度较低，只有若干个指令在各类数控系统中基本相同。即使系统相同，不同厂家生产的机床也不完全相同。因此，必须严格按照具体机床的编程说明书进行编程。G 指令通常位于程序段中尺寸字之前。系统常用的准备功能 G 指令见表 2.1。

表 2.1　FANUC-0i Mate-TC 功能

G 指令	组别	功　能	程序格式及说明
▲G00	01	快速点定位	G00 X(U)_ Z(W)_;
G01		直线插补	G01 X(U)_ Z(W)_ F_;
G02		顺时针圆弧插补	G02(G03) X(U)_ Z(W)_ R_ F_;
G03		逆时针圆弧插补	G02(G03) X(U)_ Z(W)_ I_ K_ F_;
G04	01		G04 X_; 或 G04 U_;或 G04 P_;
G20	06	英制输入	G20;
G21		米制输入	G21;
G27	00	返回参考点检查	G27 X_ Z_;
G28		返回参考点	G28 X_ Z_;
G30		返回第 2、3、4 参考点	G30 P3 X_ Z_; 或 G30 P4 X_ Z_;
G32	01	螺纹切削	G32 X_ Z_ F_;(F 为导程)
G34		变螺距螺纹切削	G34 X_ Z_ F_ K_;
▲G40	07	刀尖半径补偿取消	G40 G00 X(U)_ Z(W)_;
G41		刀尖半径左补偿	G41 G01 X(U)_ Z(W)_ F_;
G42		刀尖半径右补偿	G42 G01 X(U)_ Z(W)_ F_;
G50	00	坐标系设定或主轴最大速度设定	G50 X_ Z_;或 G50 S_;
G52		局部坐标系设定	G52 X_ Z_;
G53		选择机床坐标系	G53 X_ Z_;

续表

G 指令	组别	功　能	程序格式及说明
▲G54	14	选择工件坐标系 1	G54；
G55		选择工件坐标系 2	G55；
G56		选择工件坐标系 3	G56；
G57		选择工件坐标系 4	G57；
G58		选择工件坐标系 5	G58；
G59		选择工件坐标系 6	G59；
G65	00	宏程序调用	G65 P— L—〈自变量指定〉；
G66	12	宏程序模态调用	G66 P— L—〈自变量指定〉；
▲G67		宏程序模态调用取消	G67；
G70	00	精车循环	G70 P— Q—；
G71		粗车循环	G71 U— R—； G71 P— Q— U— W— F—；
G72		端面粗车复合循环	G72 W— R—； G72 P— Q— U— W— F—；
G73		多重车削循环	G73 U— W— R—； G73 P— Q— U— W— F—；
G74		端面深孔钻削循环	G74 R—； G74 X(U)— Z(W)— P— Q— R— F—；
G75	00	外径/内径钻孔循环	G75 R—； G75 X(U)— Z(W)— P— Q— R— F—；
G76		螺纹切削复合循环	G76 P— Q— R—； G76 X(U)— Z(W)— R— P— Q— F—；
G90	01	外径/内径切削循环	G90 X(U)— Z(W)— F—； G90 X(U)— Z(W)— R— F—；
G92		螺纹切削复合循环	G92 X(U)— Z(W)— F—； G92 X(U)— Z(W)— R— F—；
G94		端面切削循环	G94 X(U)— Z(W)— F—； G94 X(U)— Z(W)— R— F—；
G96	02	恒线速度控制	G96 S—；
▲G97		取消恒线速度控制	G97 S—；

续表

G 指令	组别	功　能	程序格式及说明
G98	05	每分钟进给	G98 F＿；
▲G99		每转进给	G99 F＿；

注：① 标▲的为开机默认指令。

② 00 组 G 指令都是非模态指令。

③ 不同组的 G 指令能够在同一程序段中指定。如果同一程序段中指定了同组 G 指令，则最后指定的 G 指令有效。

④ G 指令按组号显示，对于表中没有列出的功能指令，请参阅有关厂家的编程说明书。

1. 模态 G 功能

一组可相互注销的 G 功能，执行后则一直有效，直到被同组的 G 功能注销为止。如：G00/G01/G02/G03，G90/G91 等。

```
O1122
N10   S600   T0101   M03；
N20   G90    G00     X16    Z2
N30   G01    X18     Z-2    F0.2；
N40   Z-20；
N50   X50；
N60   G00    X100    Z100；
N70   S300   T0202；
N80   G00    X35     Z-20；
N90   G01    X16     F0.1；
N100  G04    X2；
N110  G01    X50     F0.5；
N120  G00    X100    Z100；
N130  M30；
```

N20 程序段中，G90，G00 都是续效代码，但它们不属于同一组，故可编在同一程序段中；N30 中出现 G01，同组中的 G00 失效，G90 不属于同一组，所以继续有效；N30～N50 程序段的功能程序段相同，因 G01 是续效代码，继续有效，不必重写。

2. 非模态 G 功能

只在所规定的程序段中有效，程序段结束时被注销。如 N100 G04 等。

2.2.2　常用 G 准备功能编程指令

1. G00 快速点定位

指令格式：G00 X(U) Z(W)；

指令功能：命令刀具快速从当前点移动到目标点位置。

说明如下：

(1) X，Z 后面的数值为目标点在工件坐标系中的坐标；U，W 为目标点相对于起点增量坐标。

(2) G00不用F指定移动速度，由生产厂家或机床系统参数设定；可由面板上的快速修调按钮修正。

(3) G00运动是空行程，不能进行切削加工，一般用于加工前快速定位和加工后快速退刀。

(4) G00为模态功能，属于模态代码，下一指令为G00时可以省略，可由G01,G02,G03等指令注销。

(5) G00运动轨迹有直线和折线两种，如图2.11所示。在执行G00指令时，由于各轴以各自速度移动，不能保证各轴同时到达终点，因而联动直线轴的合成轨迹不一定是直线。要注意刀具和工件之间不要发生干涉，忽略这一点，就容易发生碰撞，而在快速状态下的碰撞更加危险。运行G00指令时应注意刀具是否在安全区域内，避免刀具与工件、顶尖碰撞。

如图2.12所示，刀具从A点($X100.0$,$Z100.0$)快速定位至B点，程序段如下：

绝对坐标方式:G00 X20 Z2;

增量坐标方式:G00 U－80 W－98;

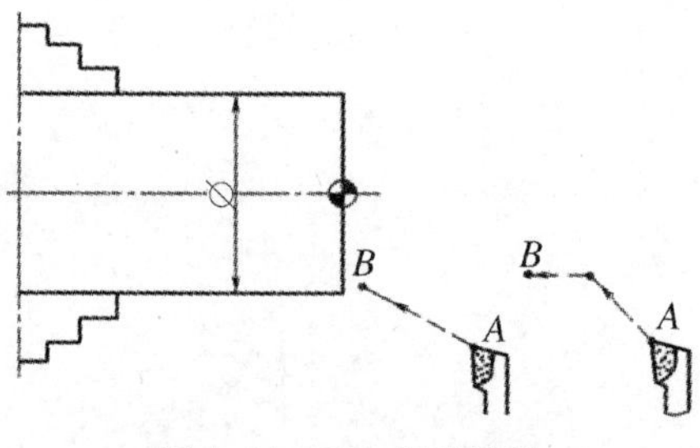

图2.11　G00运动轨迹

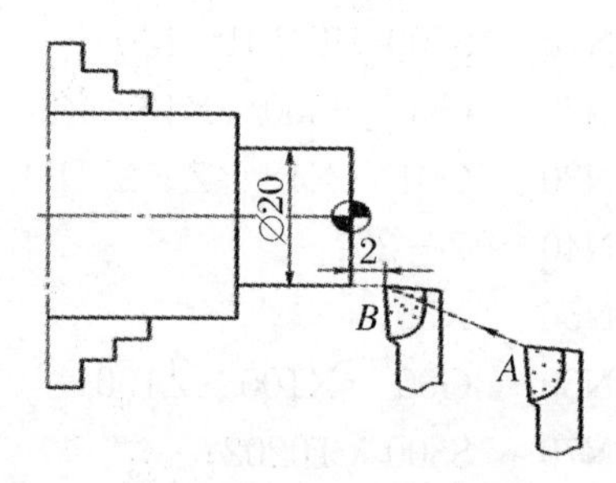

图2.12　G00编程示例

2. G01直线插补

指令格式:G01 X(U) Z(W) F_;

指令功能:命令刀具以一定的进给速度从当前位置沿直线移动到目标点位置。F指定的进给速度一直有效，直到指定新值。因此，不必对每个程序段都指定F,如果程序开始没有指令F代码。G01指令适用于加工内外圆柱面、内外圆锥面、切槽、切断及倒角等。G01指令可以简化写成G1。

说明：

(1) X,Z后面的数值为目标点在工件坐标系中的坐标；U,W为目标点相对于起点的增量坐标。

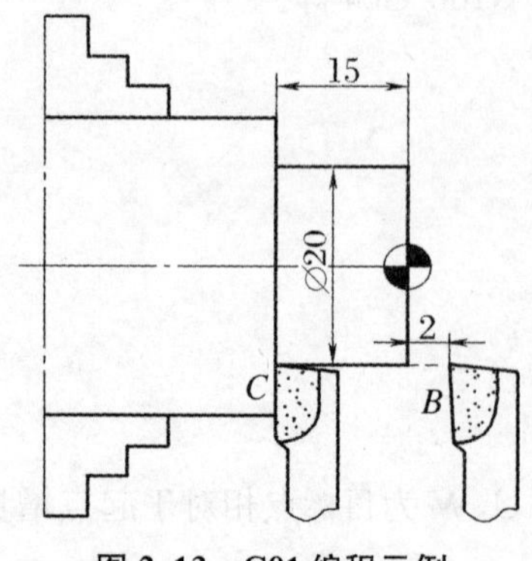

图2.13　G01编程示例

(2) F是切削进给率或进给速度，单位为mm/r或mm/min,取决于该指令前面程序段的设置。每转进给(mm/r)可以用G99指令，一般数控车床系统默认为每转进给；每分钟进给(mm/min)用G98指令。G99和G98都是模态代码，两者可以互相注销。

(3) G01为模态功能，可由G00,G02,G03等指令注销。G01的移动速度可以通过面板上的进给倍数旋钮进行调整。G01为模态指令，下一指令为G01时可以省略。

如图2.13所示，刀具从B点直线切削到达C点，程序如下：

绝对坐标方式：G01 X20 Z－15 F0.2；

增量坐标方式：G01 U0 W－17 F0.2；

3．圆弧插补指令(G02/G03)

圆弧插补指令使刀具在指定的平面内按给定进给速度 F 切削加工圆弧轮廓。

(1) 编程格式

圆弧插补指令编程格式如下：

G02 X(U)__ Z(W)__ R__ F__；

G03 X(U)__ Z(W)__ R__ F__；

(2) G02，G03 判断

圆弧插补分为顺时针圆弧插补和逆时针圆弧插补，G02 是顺时针圆弧插补指令，G03 是逆时针圆弧插补指令。圆弧插补顺、逆时针的判断方法是从垂直圆弧所在的平面（*ZX* 平面）的坐标轴正向看圆弧回转方向。如图 2.14 所示。

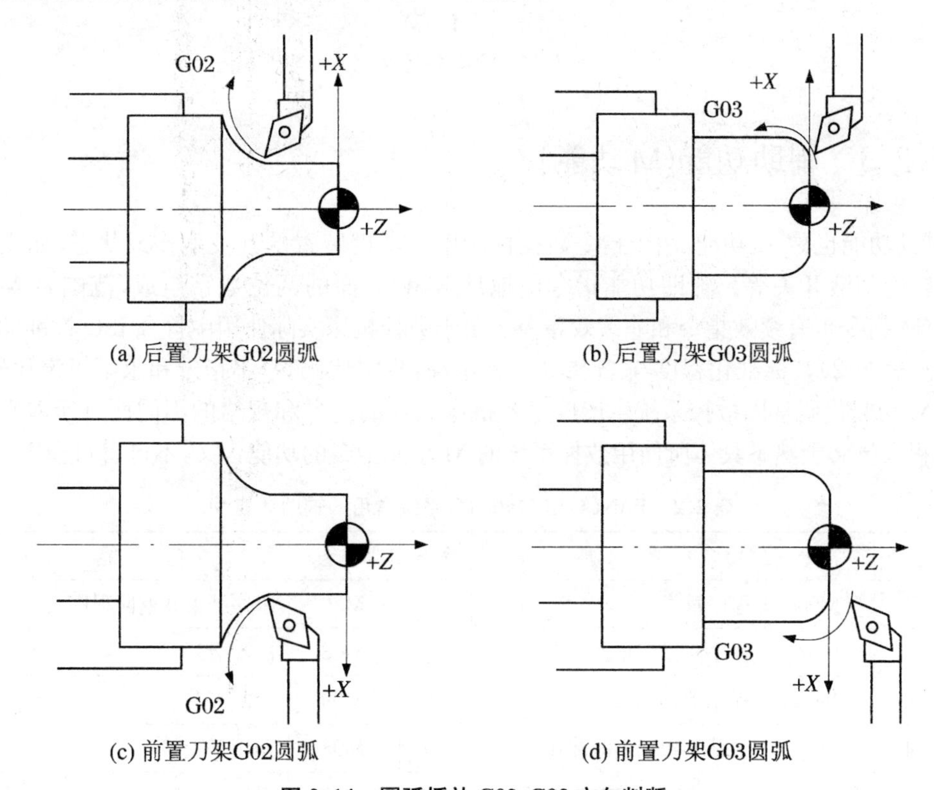

(a) 后置刀架G02圆弧　(b) 后置刀架G03圆弧

(c) 前置刀架G02圆弧　(d) 前置刀架G03圆弧

图 2.14　圆弧插补 G02，G03 方向判断

(3) 参数说明

采用绝对坐标编程时，*X*，*Z* 的值为圆弧的终点坐标；采用增量坐标编程时，*U*，*W* 的值为圆弧的终点相对起点的增量值（等于圆弧的终点坐标减去起点的坐标）。*R* 是圆弧的半径，*R* 既可以取正值，也可以取负值。当圆弧所对应的圆心角小于或等于 180°时，*R* 取正值；当圆弧所对应的圆心角大于 180°时，*R* 取负值。

如图 2.15 所示，刀具从 *A* 点沿着圆弧到 *B* 点再到达 *C* 点，程序如下：

绝对坐标方式：G03 X40 Z－15 R25 F0.2；

G02 X40 Z－45 R25；

增量坐标方式：G03 U－10 W－15 R25 F0.2；

G02 U0 W－30 R25；

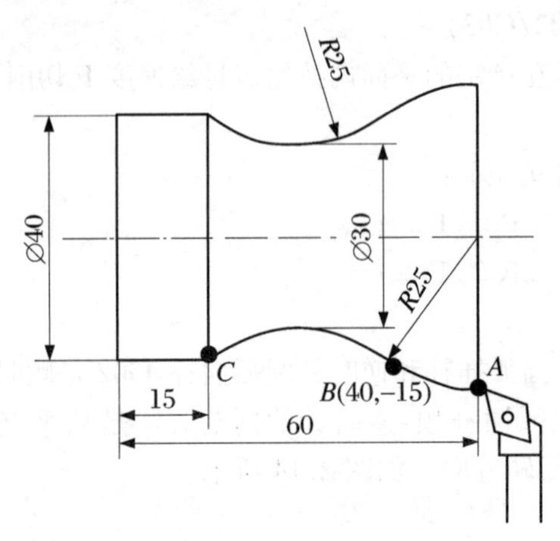

图 2.15　G02，G03 示例

2.2.3　辅助功能（M 功能）

辅助功能也称 M 功能，用于指令数控机床中的辅助装置的开关动作或状态，如主轴的正反转、冷却液开关等。辅助功能指令由地址 M 和后面的两位数字组成，范围是 M00～M99。M 指令也有续效指令和非续效指令。由于数控机床实际使用中符合 ISO 标准的这种地址符（表 2.2）其标准化程度与 G 指令一样不高，指定代码少，不指定和永不指定代码多，因此，M 功能代码常因数控系统生产厂家及机床结构的差异和规格的不同而有所差别。因此，编程人员必须熟悉具体所使用数控系统的 M 功能指令的功能含义，不可盲目套用。

表 2.2　FANUC-0i Mate-TC 系统常用的辅助功能 M

序号	指令	功　能	序号	指令	功　能
1	M00	程序暂停	7	M30	程序结束并返回程序头
2	M01	程序选择停止	8	M08	冷却液开
3	M02	程序结束	9	M09	冷却液关
4	M03	主轴顺时针方向旋转	10	M98	调用子程序
5	M04	主轴逆时针方向旋转	11	M99	返回主程序
6	M05	主轴停止			

1. 程序停止指令（M00）

M00 实际上是暂停指令。程序运行停止后，模态信息全部被保存，利用机床的“启动”键，可使机床继续运转。该指令经常用于加工过程中测量工件的尺寸、工件调头、手动变速等固定操作。

2. 选择停止指令（M01）

该指令的作用和 M00 相似，但它必须是在预先按下操作面板上的“选择停止”按钮并执行到 M01 指令的情况下，才会停止执行程序。如果不按下“选择停止”按钮，则 M01 指令无效，程序继续执行。该指令常用于工件关键性尺寸的停机抽样检查等，当检查完毕后，按"启动"键可继续执行后续程序。

3. 程序结束指令(M02)

当全部程序结束后，用此指令可使主轴、进给及切削液全部停止，使机床复位，加工结束。M02程序结束指令执行后，机床显示屏的执行光标不返回到程序开始段。

4. 主轴有关的指令(M03,M04,M05)

M03表示主轴正转，M04表示主轴反转。所谓主轴正转，是从主轴向 Z 轴正向看，主轴顺时针转动；而反转时，观察到的转向则相反。M05为主轴停止，它是在该程序段其他指令执行完后才执行的。

5. 切削液有关的指令(M07,M08,M09)

M07,M08为切削液开，M09为切削液关。

6. 程序结束指令(M30)

M30与M02基本相同，但M30执行光标能自动返回程序起始位置，为加工下一个工件做好准备。不同的数控系统，M02,M30解释不一致。

7. 子程序调用、结束(M98,M99)

M98表示调用子程序，格式为：M98　P××××××××(P代表即将调用的子程序名)。

M99表示子程序结束。

2.2.4　刀具功能(T功能)

刀具功能也称为T功能，用于指令加工中所用刀具号及自动补偿编组号的地址字，其自动补偿内容主要指刀具的刀位偏差及刀具半径补偿。

在数控车床中，其地址符T的后续数字由4位数组成，前2位为刀具号，后2位为刀具补偿的编组号，同时为刀尖圆弧半径补偿的编组号。例如：T0203表示将02号车刀转到切削位置，并执行第3组刀具补偿值。我们在使用刀具功能时，为了方便，尽可能使刀号和刀偏号一致，如：T0202。取消刀具补偿的格式一般为：T××00。

在一个程序段中只能一个T指令有效，在程序段中出现两个或两个以上的T指令时，最后一个T指令有效。

说明：

(1) 前两位数字表示刀具号，刀具号与刀盘上的刀位号相对应；

(2) 后两位数字表示刀具补偿号，刀具补偿包括形状补偿(刀偏)和磨损补偿；

(3) 刀号与刀补号不必对应；

(4) 每把刀加工结束后，必须取消刀补，即T指令必须配对使用。

数控车床进行零件加工时，通常需要多个工序、使用多把刀具，编写加工程序时各刀具的外形尺寸、安装位置通常是不确定的，在加工过程中有时需要重新安装刀具。刀具使用一段时间后也会因为磨损使刀尖的实际位置发生变化，如果随时根据每一把刀具与零件的相对位置来编写、修改加工程序，加工程序的编写和修改工作将会非常繁琐。

本系统的刀具功能(T指令)具有刀具自动交换和刀具长度补偿两个作用，可控制4～8刀位的自动刀架在加工过程中实现换刀，并对刀具的实际位置偏差进行调整。

2.2.5　主轴功能(S 功能)

主轴功能又称为 S 功能，是指定主轴转速的指令，它由地址 S 及其后面的数字构成。编程格式为 S～，S 后面的数字表示主轴旋转速度，单位为 r/min。对具有无级调速功能的数控机床，用地址 S 及其后面的数字直接指令轴的转数(r/min)。S 功能可借助主轴倍率开关进行修调。例如：S1200 表示主轴恒定转速为 1 200 r/min。

在具有恒线速功能的机床上，S 功能指令还有如下作用。

1. 最高转速限制

编程格式：G50 S～；

S 后面的数字表示的是最高转速(r/min)。例如：G50 S3000；表示最高转速限制为 3 000 r/min。

2. 恒线速控制

编程格式：G96 S～；

S 后面的数字表示的是恒定的线速度(m/min)。例如：G96 S150；表示切削点线速度控制在 150 m/min。

3. 恒线速取消

编程格式：G97 S～；

S 后面的数字表示恒线速度控制取消后的主轴转速，如 S 未指定，将保留 G96 的最终值。例如：G97 S300；表示恒线速控制取消后主轴转速为 300 r/min。

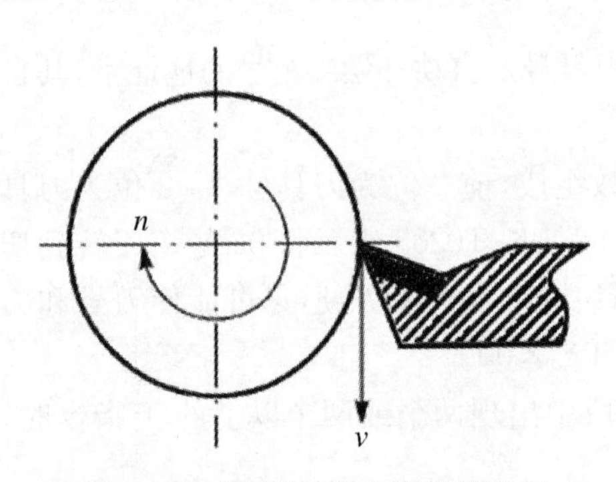

图 2.16　主轴转速与切削速度关系

如图 2.16 所示，根据相关知识可以推导出主轴转速与工件切削线速度的关系：

$$S = 1\,000V/(\pi D) \qquad (2.2)$$

式中：S——主轴转速(r/min)；

V——切削速度(m/min)；

D——工件加工表面直径(mm)。

用恒线速度进行编程时，由式(2.2)可知，当刀具切削直径较小或切端面靠近工件中心时，其转速会升得很高，为防止事故的出现，数控系统采用 G50 来限制其最高转速。其指令格式为：G50 S～；(如 G50 S2800；表示主轴的最高转速为 2 800 r/min)。

2.2.6　进给功能(F 功能)

进给功能也称 F 功能，在切削零件时，用以指定切削进给速度，其进给的方式可以分为每分钟进给和每转进给两种。

1. 每分钟进给

每分钟进给即刀具每分钟走的距离，单位为 mm/min，必须通过 G98 指令来指定。每分钟进给与主轴转速大小无关，其进给速度不随主轴转速的变化而变化。

例如：G01 G98 Z－60 F100；表示进给速度为 100 mm/min。

2. 每转进给

每转进给即主轴每转一圈，刀具向进给方向移动的距离，单位为mm/r。每转进给方式可以通过G99指令来指定。一般数控车床系统默认为"每转进给"方式。

例如：G01 G99 2－60 F0.2；表示数控车床主轴每转一圈，刀具向进给方向移动0.2 mm。与普通车床的走刀量概念完全相同，其进行的速度随主轴的变化而变化。

对于数控车床，当主轴的速度很低时，会产生进给波动，一般用"每转进给"方式（G99）较为方便。

需要注意的是，G98，G99皆为模态代码，一旦指定，它就一直有效，直到被另外一个代码（G98或G99）取代。这点务必注意。

3. 两者换算关系

$$f(\text{mm/r}) = V_f(\text{mm/min})/n \quad 或 \quad V_f(\text{mm/min}) = nf(\text{mm/r})$$

式中：n——主轴转速（r/min）；

V_f——进给速度（mm/min）；

f——进给量（mm/r）。

例如，当主轴转速 $n=500$ r/min时，如果进给量 $f=0.2$ mm/r，则进给速度 $V_f=0.2\times500=100$ (mm/min)，两者具有相同效果。编程指令为：G99 G01X＿Z＿F0.2；或G98 G01X＿Z＿F100；。

任务实施

如图2.17所示，首先计算各节点的坐标，根据功能指令可以编写精加工程序。参考程序见表2.3。

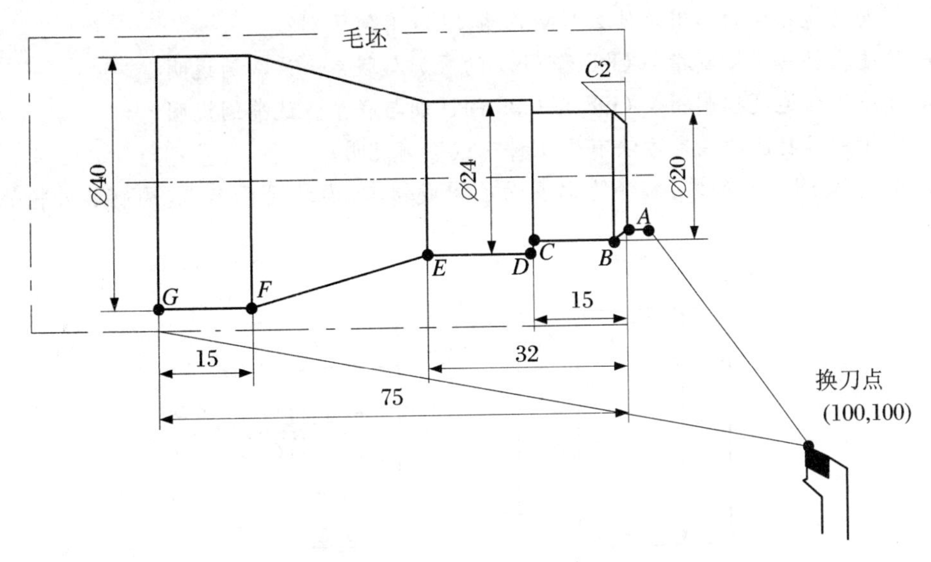

图2.17　阶梯锥轴加工示意图

表 2.3　参考程序

O0001	程序名	O0001	程序名
G00 G40 G99 G97	程序初始化	X24	车削∅24 mm 端面 $C-D$
M03 S800	启动主轴,800 r/min	Z−32	车削∅24 mm 外圆 $D-E$
M08	切削液开	X40 Z−60	车削锥面 $E-F$
T0101	调用 1 号刀与刀补	W−15	车削∅20 mm 外圆 $F-G$
G00 X100 Z100	快速定位	X45	退刀
X16 Z3	快速定位至工件附近	G97 S300	取消恒线速,转速 300～800 r/min
G01 Z0 F0.1	进给至倒角起点	G00 X100 Z100	快速退刀
G50 S2000	限制最高转速 2 000 r/min	T0100	取消 1 号刀
G96 S100	设定恒线速 100 m/min	M09	切削液关
G01 X20 W−2	车削倒角 $A-B$	M05	主轴停
Z−15	车削∅20 mm 外圆 $B-C$	M30	程序结束

任务思考

1. 简述手工编程与自动编程的区别以及适用范围。
2. 一个完整的零件程序应包括哪三部分?
3. 何谓模态指令与非模态指令?在进行数控编程时有何不同?
4. 辅助功能指令的作用是什么?M02 和 M30 有何区别?
5. 简述主轴转速控制指令 G96 和 G97 的区别与联系。试举例说明。
6. 简述进给速度控制指令 G98 与 G99 的区别与联系。试举例说明。
7. 常用刀具功能的指定方法有哪几种?试举例说明。
8. 如图 2.18 所示的零件,外轮廓表面已完成粗车,右端面已车平,编制其外轮廓精加工程序。

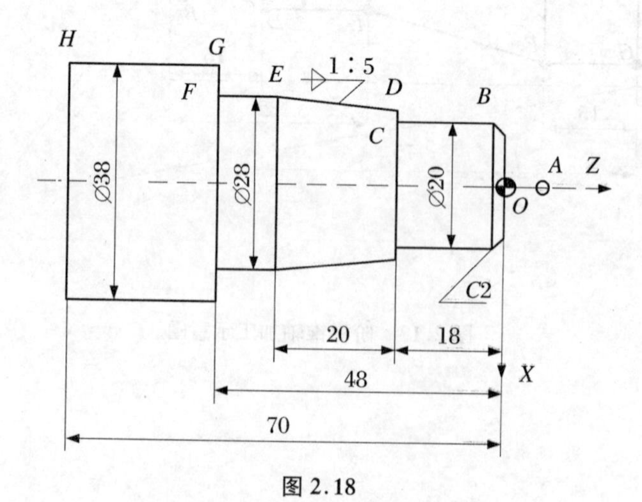

图 2.18

项目练习题

一、填空题

1. 为了降低切削温度,目前采用的主要方法是切削时冲注切削液。切削液的作用包括__________、__________、__________和清洗。

2. 在轮廓控制中,为了保证一定的精度和编程方便,通常需要有刀具__________和__________补偿功能。

3. 数控机床实现插补运算较为成熟并得到广泛应用的即__________插补和__________插补。

4. 编程时可将重复出现的程序编程__________,使用时可以由__________多次重复调用。

5. 数控车削加工中,G50 S150 表示控制主轴转速使各切削点的__________速度始终保持不变。

6. 国际上通用的数控代码是__________和__________。

7. 目前,数控加工中采用的数控编程方法主要有三种,即__________、__________和__________。

8. 一个完整的程序由__________、__________、__________组成。

9. 编程方法一般有__________、__________和__________。

10. 圆弧加工指令是指从 Y 轴负方向看的,顺时针用__________表示。

二、选择题

1. 下列关于绝对坐标方式和增量坐标方式的描述正确的是______。

A. 绝对坐标方式依赖于机床坐标系

B. 相对坐标方式依赖于机床坐标系

C. 绝对坐标方式不依赖于固定的编程原点

D. 相对坐标方式不依赖于固定的编程原点

2. 数控系统所规定的最小设定单位就是______。

A. 数控机床的运动精度　　B. 机床的加工精度

C. 脉冲当量　　D. 数控机床的传动精度

3. G02 X20 Y20 R－10 F100;所加工的一般是______。

A. 整圆　　B. 夹角≤180°的圆弧　　C. 180°＜夹角＜360°的圆弧

4. 数控车床中,转速功能字 S 可指定______。

A. mm/r　　B. r/mm　　C. mm/min

5. 下列 G 指令中______是非模态指令。

A. G00　　B. G01　　C. G04

6. 数控机床的 F 功能常用______单位。

A. m/min　　B. mm/min 或 mm/r　　C. m/r

7. 用于指令动作方式的准备功能的指令代码是______。

A. F代码　　B. G代码　　C. T代码

8. 用于机床开关指令的辅助功能的指令代码是______。

A. F代码　　B. S代码　　C. M代码

9. 辅助功能中表示无条件程序暂停的指令是______。

A. M00　　B. M01　　C. M02　　D. M30

10. 下列数控系统中______是数控车床应用的控制系统。

A. FANUC-0T　　B. FANUC-0M　　C. SIEMENS 820G

11. 数控机床主轴以800 r/min转速正转时,其指令应是______。

A. M03 S800　　B. M04 S800

12. 设G01 X30 Z6执行G91 G01 Z15后,正方向实际移动量为______。

A. 9 mm　　B. 21 mm　　C. 15 mm

13. G00的指令移动速度值是______。

A. 机床参数指定　　B. 数控程序指定　　C. 操作面板指定

14. 圆弧插补段程序中,若采用圆弧半径 R 编程,从起始点到终点存在两条圆弧线段,当______时,用 $-R$ 表示圆弧半径。

A. 圆弧小于或等于180°　　B. 圆弧大于或等于180°

C. 圆弧小于180°　　D. 圆弧大于180°

15. 进给率即______。

A. 每转进给量×每分钟转数　　B. 每转进给量/每分钟转数

C. 切深×每分钟转数　　D. 切深/每分钟转数

三、判断题

1. G01指令中,进给率(F)是沿刀具路径方向。（　）

2. 圆弧插补中,对于整圆,其起点和终点相重合,用 R 编程无法定义,所以只能用圆心坐标编程。（　）

3. 数控机床编程有绝对值和增量值编程,使用时不能将它们放在同一程序段中。（　）

4. 用数显技术改造后的机床就是数控机床。（　）

5. G代码可以分为模态G代码和非模态G代码。（　）

6. G00,G01指令都能使机床坐标轴准确到位,因此它们都是插补指令。（　）

7. 不同的数控机床可能选用不同的数控系统,但数控加工程序指令都是相同的。（　）

8. 数控机床在输入程序时,不论何种系统坐标值,不论是整数或小数,都不必加入小数点。（　）

9. 非模态指令只能在本程序段内有效。（　）

10. 顺时针圆弧插补(G02)和逆时针圆弧插补(G03)的判别方向是:沿着不在圆弧平面内的坐标轴正方向向负方向看去,顺时针方向为G02,逆时针方向为G03。（　）

11. 数控车床的特点是 Z 轴进给1 mm,零件的直径减小2 mm。（　）

12. 数控车床的刀具功能T既指定了刀具数,又指定了刀具号。（　）

13. 数控机床的编程方式有绝对编程和增量编程。（　）

14. 数控机床用恒线速度控制加工端面、锥度和圆弧时,必须限制主轴的最高转速。（　）

15. 车床的进给方式分每分钟进给和每转进给两种,一般可用G94和G95区分。（　）

16. 数控车床可以车削直线、斜线、圆弧、公制和英制螺纹、圆柱管螺纹、圆锥螺纹，但是不能车削多头螺纹。（　　）

17. 数控加工程序是由若干程序段组成的，而且一般常采用可变程序进行编程。（　　）

18. 当数控加工程序编制完成后即可进行正式加工。（　　）

19. 同组模态 G 代码可以放在一个程序段中，而且与顺序无关。（　　）

20. G01 的进给速率，除 F 值指定外，亦可在操作面板调整旋钮变换。（　　）

四、简答题

1. 数控加工编程的主要内容有哪些？

2. 在 G02/G03 指令中，采用圆弧半径编程与圆心坐标编程有何不同之处？

3. 简述 G00 与 G01 程序段的主要区别。

五、编程题

1. 如图 2.19 所示的手柄零件，外轮廓表面已完成粗车，右端面已车平，编制其外轮廓精加工程序（除去槽）。

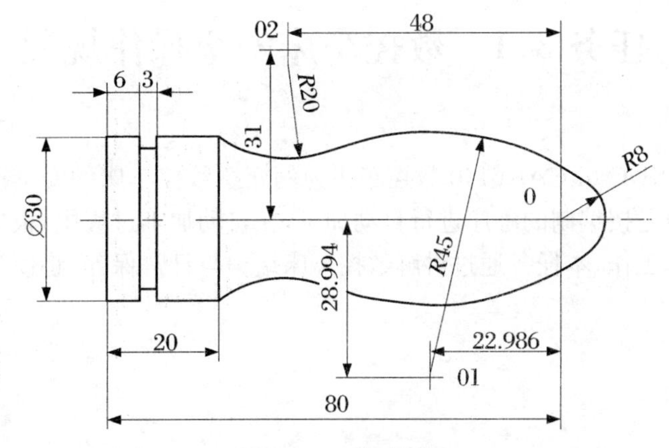

图 2.19　手柄零件

2. 如图 2.20 所示的小轴零件，外轮廓表面已完成粗车，右端面已车平，编制其外轮廓精加工程序。

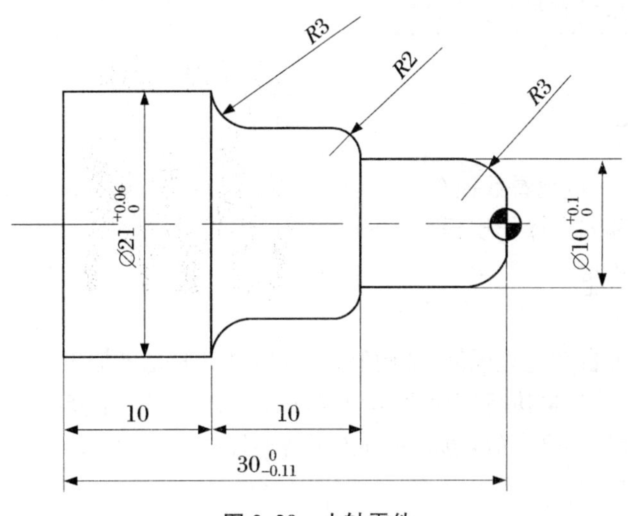

图 2.20　小轴零件

项目3　数控车床基本操作

数控车床操作面板由 CRT/MDI 操作面板和用户操作键盘组成。只要数控系统相同，CRT/MDI 操作面板就都是相同的，对于用户操作键盘，由于生产厂家不同而有所不同，主要是在按钮和旋钮设置方面有所不同。本项目以沈阳机床厂生产的 FANUC-0i CAK6140 数控车床为例，介绍数控车床的安全操作规程以及数控车床操作面板、机床控制面板的操作过程。

任务3.1　数控车床安全操作规程

本任务以 FANUC-0i CAK6140 数控车床为例介绍数控车床的安全操作规程。数控机床的主要工作内容是按编制的程序进行自动加工，在自动加工过程中，根据实际情况也需要进行一些实际操作工作，本任务通过讲解数控车床结构与日常保养，将使学习者掌握数控车床安全生产规程。

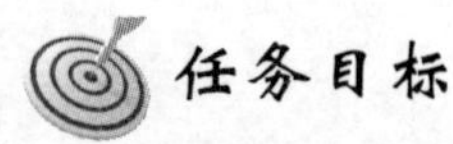

任务目标

知识目标

- 掌握文明生产和安全操作技术等内容；
- 掌握数控车床操作规程。

能力目标

- 掌握数控车床操作规程。

任务描述

如图 3.1 所示，通过观看数控车床安全操作规程与日常保养图片、视频，现场演示与讲解数控车床的结构和安全操作规程。

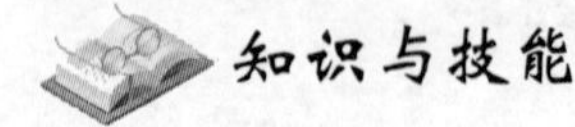

知识与技能

数控车床是一种自动化程度高、结构复杂、价格昂贵的先进加工设备。数控机床的操作者要做到文明生产，并严格执行安全操作规程，以保证操作者、维修人员的安全以及设备的安全，避免发生意外的伤害事故，也能使机床保持良好的运行状态。

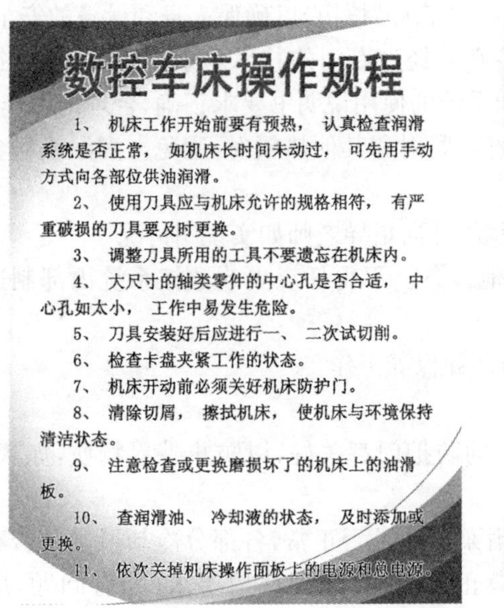

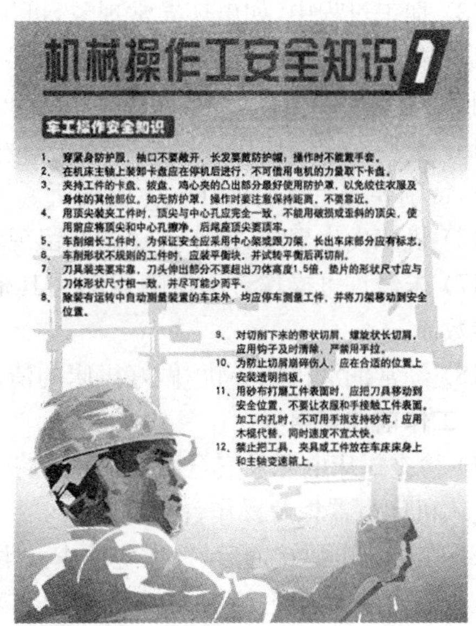

图3.1　数控车床安全操作规程

3.1.1　安全操作流程

1. 安全操作注意事项

(1) 工作时请穿好工作服、安全鞋，戴好工作帽及防护镜。不允许戴手套操作机床，不得戴领带操作机床。女生操作机床时应将长发盘起并戴工作帽。

(2) 学生必须在教师的指导下操作机床。如需要多人共同完成时，应注意相互间的协调一致，防止误操作对他人或自己造成伤害。

(3) 电器柜内部及操作台内部有中、高压终端，不得用手及其他导电物质触摸，也不得随意打开电器柜及操作柜。不得用湿手、油手触摸电控元件、开关、按钮。

(4) 不要在机床周围放置障碍物，工作空间应保持足够大。水和油落在地面上会带来危险，工作场地应保持整洁，过道应保持通畅，毛坯和零件应堆放整齐。

(5) 不允许采用压缩空气清洗机床、电器柜及CNC单元。

(6) 更换保险丝时一定要先切断电源，并且用相同规格的保险丝更换。

(7) 不要敲击、拍打电器柜及操作台，因为里面装有电器系统及控制元件，敲击、拍打可能引起错误的报警和事故发生。

(8) 不要随意改变机床参数及电器元件的设定值。

(9) 不要在机床旁边打闹、拥挤，防止发生事故。

(10) 机床开动时要关好防护门，程序正常运行中严禁开启防护罩门，防止铁屑及工件飞出伤人。

(11) 数控车床的开机、关机顺序，一定要按照机床说明书的规定操作。加工程序必须经过严格检验方可进行操作运行。

(12) 手动对刀时，应注意选择合适的进给速度；手动换刀时，刀架距工件要有足够的转位距离，不至于发生碰撞。

(13) 加工过程中,如出现异常现象,可按下“急停”按钮,以确保人身和设备的安全。

(14) 数控系统的编程、操作和维修人员必须经过专门的技术培训,熟悉所用数控车床的使用环境、条件和工作参数,严格按机床和系统的使用说明书要求正确、合理地操作机床。

(15) 数控车床的使用环境要避免光的直接照射和其他热辐射,避免太潮湿或粉尘过多的场所,特别要避免有腐蚀性气体的场所。

(16) 机床发生事故,操作者注意保留现场,并向指导老师如实说明情况。

(17) 未经许可操作者不得随意动用其他设备。不得任意更改数控系统内部制造厂设定的参数。

(18) 经常润滑机床导轨,做好机床的清洁和保养工作。

2. 工作前注意事项

(1) 检查机床电源及安全状态。把所有的防护门都关好,以防止外界物质,如灰尘、铁屑等进入机床电器柜及操作台内部。

(2) 在机床电源接通后,每次应检查润滑泵工作是否正常,各部分冷却风扇是否正常工作。检查润滑油和齿轮箱内的油量情况,校正刀具,并达到使用要求,如有问题,应及时维修。

(3) 机床发生故障时,一般操作顺序为:按下急停按钮,关闭系统电源开关,最后关闭总电源开关。此操作顺序也适用于正常情况下的停机操作。在机床发生紧急情况时应按下“急停”按钮。

(4) 调整程序时的注意事项:使用正确的刀具,严格检查机床原点、刀具参数是否正常。在机床停机时进行刀具调整,确认刀具在换刀过程中不要和其他部位发生碰撞。

3. 工作过程中的安全注意事项

(1) 机床启动前,一定要将工件夹紧,特别注意开机时扳手不能留在卡盘或夹头上。机床导轨及运动部件上禁止放置工件及工、量、刃具。工、量、刃具应放于附近的安全位置,做到整齐有序。

(2) 机床加工过程中,不能接触运动的主轴和工件,不得将头、手伸向运动的部件,否则可能引发严重事故。

(3) 禁止用手接触刀尖和切屑或用嘴吹切屑,切屑必须要用铁钩子或毛刷来清理。

(4) 机床开动前,必须关好机床防护门。时刻牢记“急停”按钮的位置及电源总开关位置,并时刻做好操作它们的准备,以防发生重大事故。

(5) 严禁使用无柄锉刀打光工件;在用砂布打光工件时,要用“手夹”等工具,以防绞伤。

(6) 设置卡盘运转时,应让卡盘装夹工件,负载运转。禁止卡爪张开过大或空载运行。空载运行时容易使卡盘松懈,导致卡爪飞出伤人。

(7) 车床运转中,操作者不得离开岗位,发现机床异常现象应立即停车。完成一项加工任务后暂时离开机床时,应关闭系统及机床电源。

(8) 机床出现故障时,应立即停车和关闭机床电源,并报告指导教师或维修人员,勿带故障操作或擅自处理。

4. 工作完成后的注意事项

(1) 完成操作后,要使机床停止工作时,先按下急停按钮,然后关闭系统电源开关,最后关闭机床电源开关。

(2) 严禁使用化学试剂擦拭机床操作面板及CNC操作面板,以免引起化学反应;特别是显示屏,不得用任何化学试剂擦拭。

(3) 完成工作、关闭机床后,应清洁和擦拭机床,打扫环境卫生,整理工件口。

(4) 如果长时间不工作,应7天给机床送一次电,使电器元件及数控系统得电运行2～3小时,以驱赶电器柜及操作台内部的潮湿空气以及为电池充电。

3.1.2　数控车床日常维护及保养

数控机床机、电、液集于一身,是一种自动化程度较高的机床,为充分发挥机床的价值,必须做好安全检查和日常维护及保养。

1. 每日检查要点

(1) 接通电源前的检查

① 检查机床的防护门、电柜门等是否关闭。

② 检查冷却液、液压油、润滑油的油量是否充足。

③ 检查所选择的液压卡盘的夹持方向是否正确。

④ 检查工具、量具等是否已准备好。

⑤ 检查切削槽内的切屑是否已清理干净。

(2) 接通电源后的检查

① 检查操作面板上的指示灯是否正常,各按钮、开关是否处于正确位置。显示屏上是否有报警显示,若有问题应及时予以处理。

② 检查液压装置的压力表指数是否在所要求的范围内。

③ 检查各控制箱的冷却风扇是否正常运转。

④ 检查刀具是否正确夹紧在刀架上,回转刀架是否可靠夹紧,刀具是否有损伤。

⑤ 若机床带有导套、夹簧,应确认其调整是否合适。

(3) 机床运转后的检查

① 运转中,检查主轴、滑板处是否有异常噪音。

② 检查有无异常现象。

2. 月检查要点

(1) 检查主轴的运转情况。主轴以最高转速一半左右的转速旋转30 min,用手触摸壳体部分,若感觉温和即为正常。

(2) 检查 X,Z 轴的滚珠丝杠。若有污垢,应清理干净;若表面干燥,应涂润滑脂。

(3) 检查 X,Z 轴行程限位开关、各急停开关动作是否正常。可用手按压行程开关的滑动轮,若有超程报警显示,说明限位开关正常。同时清洁各接近开关。

(4) 检查回转刀架的润滑状态是否良好。

(5) 检查导套装置:

① 检查导套内孔状况,看是否有裂纹、毛刺。若有问题,予以整修。

② 检查并清理导套前面盖帽内的切屑。

(6) 检查并清理冷却液槽内的切屑。

(7) 检查液压装置:

① 检查压力表的工作状态。通过调整液压泵的压力,检查压力表的指针是否工作正常。

② 检查液压管路是否有损坏,各管接头是否有松动或漏油现象。

(8) 检查润滑装置:

① 检查润滑泵的排油量是否符合要求。

② 检查润滑油管路是否损坏,管接头是否有松动、漏油现象。

3. 六个月检查要点

(1) 检查主轴:

① 检查主轴孔的振摆。将千分表探头伸入卡盘套筒的内壁,然后轻轻地将主轴旋转一周,指针的摆动量小于出厂时精度检查表的允许值即可。

② 检查主轴传动皮带的张力及磨损情况。

③ 检查编码盘用的同步皮带的张力及磨损情况。

(2) 检查刀架。主要看换刀时其换位动作的连贯性,以刀架夹紧、松开时无冲击为好。

(3) 检查导套装置。用手沿轴向拉导套,检查其间隙是否过大。

(4) 检查润滑泵装置浮子开关的动作状况。可用润滑泵装置抽出润滑油,看浮子落至警戒线以下时,是否有报警指示以判断浮子开关的好坏。

(5) 检查各插头、插座、电缆、各继电器的触点是否接触良好;检查各印刷电路板是否干净;检查主电源变压器、各电机的绝缘电阻(应在 1 MΩ 以上)。

(6) 检查断电后保存机床参数、工作程序用后备电池的电压值,视情况予以更换。

3.1.3 车床开机和关机注意事项

1. 开机

合上机床总电源开关。电源开关打到"ON"位置接通电源,确认 CRT 画面上显示的内容,进一步确认驱动器风扇是否正常转动。

【注意】 接通电源的同时,请不要按面板上的按键。

在 LCD 显示以前,不要按 CRT/MDI 面板上的按键。因为此时面板按键还用于维修和特殊操作,按下有可能会引起意外。

2. 关机

确认机械的可动部分全部停止,先断开 CNC 电源后,才能切断机床电源。

3.1.4 机床的暂停和急停

(1) 按下暂停后,机床呈下列状态:

① 机床在移动时,进给减速停止。

② 在执行暂停中,休止暂停。

③ 执行 M,S,T 的动作后,停止。

按自动循环启动键后,程序继续执行。

(2) 一按急停按钮,机床就被锁住,电机的电源被切断,在解除之前,要消除机床异常因素。旋转急停按钮后解除锁定。

3.1.5　数控车床操作常见故障

(1) 学生按照老师所讲授的步骤进行机床安全操作。

(2) 数控车床常见的操作故障：

① 防护门未关，机床不能运转。

② 机床未回零。

③ 主轴转速超过最高转速限定值。

④ 程序内未设置F或S值。

⑤ 进给修调或主轴修调开关设为空挡。

⑥ 回零时离零点太近或回零速度太快，引起超程。

⑦ 程序中G00位置超过限定值。

⑧ 刀具补偿测量设置错误。

⑨ 刀具换刀位置不正确(离工件太近)。

⑩ G40撤销不当，引起刀具切入已加工表面。

⑪ 程序中使用了非法代码。

⑫ 刀具半径补偿方向弄错。

⑬ 切入、切出方式不当。

⑭ 切削用量太大。

⑮ 刀具钝化。

⑯ 工件材质不均匀，引起振动。

⑰ 机床被锁定(工作台不动)。

⑱ 工件未夹紧。

⑲ 对刀位置不正确，工件坐标系设置错误。

⑳ 使用了不合理的G功能指令。

㉑ 机床处于报警状态。

㉒ 断电后或报过警的机床，没有重新回零。

任务实施

同学们现场了解机床的结构(系统包括：主轴传动机构、进给传动机构、刀架、床身、辅助装置等部分)。通过观看数控机床安全操作规程与日常保养视频，熟悉安全操作规程，熟悉安全文明操作与劳动保护相关内容；熟悉车床系统基本结构及工具、夹具、量具的使用方法；根据说明书完成数控机床的定期和不定期维护保养。

任务思考

1. 对数控车工工作的认识和体会。

2. 遵守数控实习各项规章制度的意义。

3. 文明生产和遵守安全操作规程的意义。

任务3.2　FANUC-0i数控车床操作

如图3.2所示，以沈阳机床厂的FANUC-0i CAK6140数控车床面板为例介绍数控车床的操作。数控车床的主要工作是按编制的程序进行自动加工，但在自动加工前，要通过手动操作来进行一些准备工作，如回零、手动、手轮、程序的编辑和手动调整工作等。

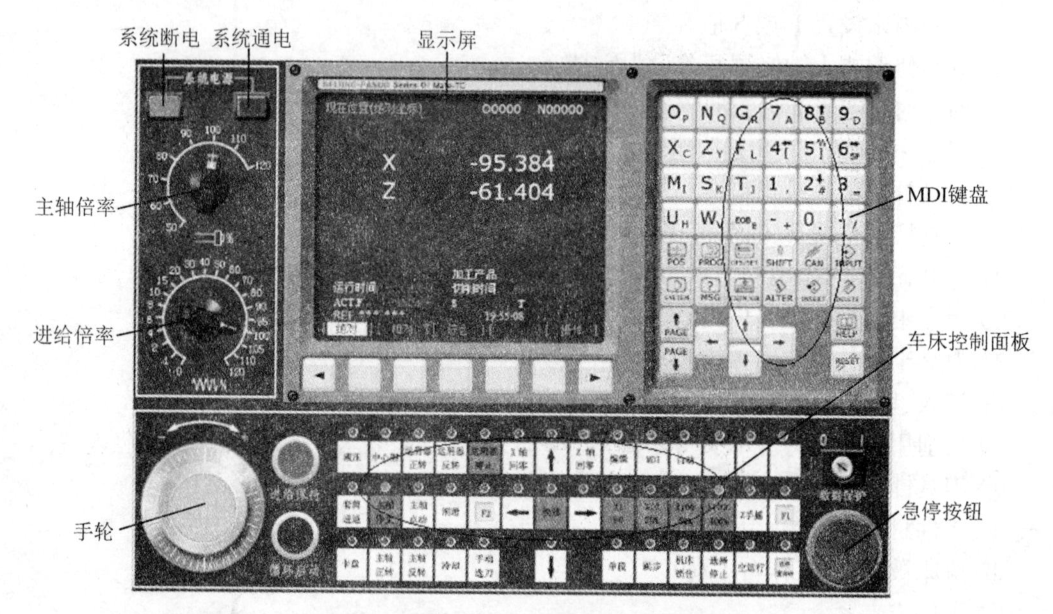

图3.2　FANUC-0i CAK6140数控车床面板

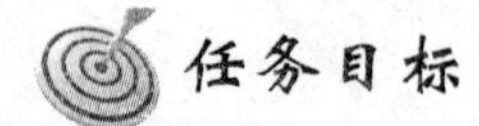

任务目标

知识目标

- 了解启动和停止车床的操作规程；
- 理解操作面板上的常用功能键(如：回零、手动、MDI、自动)的含义。

能力目标

- 掌握面板操作方法，完成回零、手动、MDI、手轮、自动等；
- 掌握面板输入和编辑加工程序。

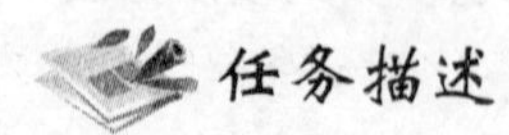

任务描述

如图3.3所示，台阶轴的毛坯为∅50 mm，采用手动或者手轮方式操作数控车床，练习加工出尺寸合格的工件。

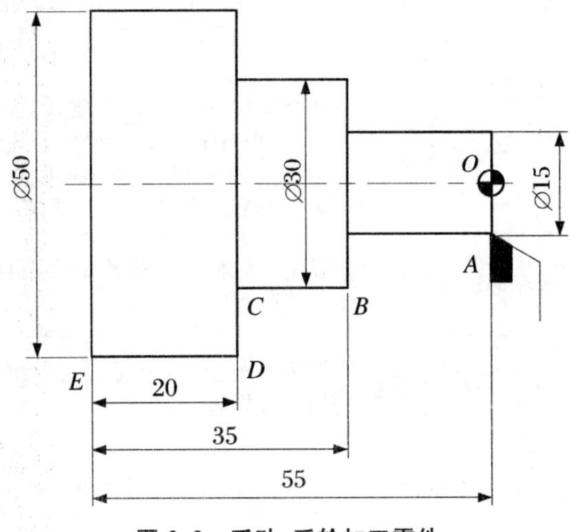

图 3.3　手动、手轮加工零件

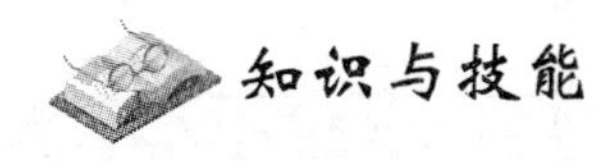

3.2.1　数控车床操作面板

1. FANUC-0i 系统车床 MDI 操作面板

数控系统的操作面板如图 3.4 所示，操作面板按键功能见表 3.1。

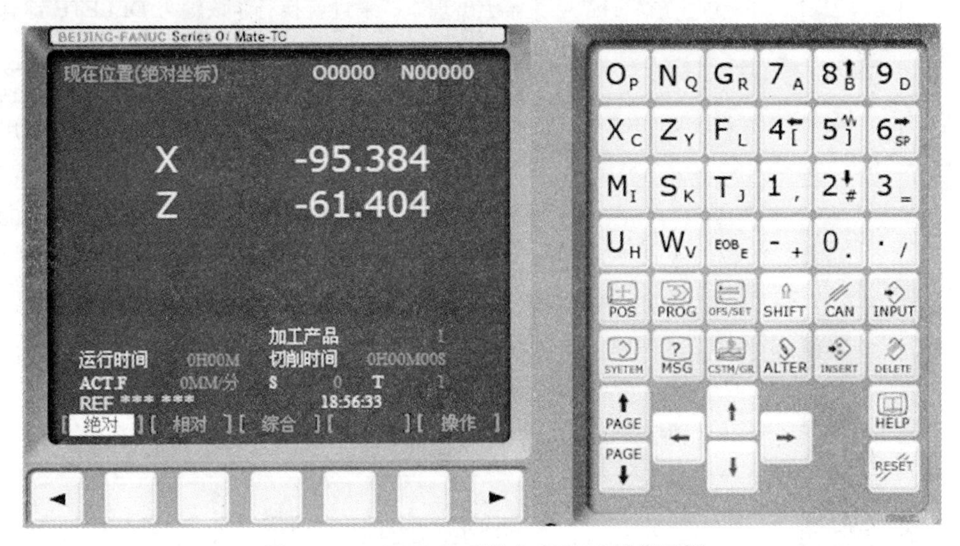

图 3.4　FANUC-0i 系统车床 MDI 操作面板

表 3.1　FANUC-0i 系统车床 MDI 操作面板按键功能

按　键		名　称	按键功能
功能键	 POS	位置显示键	按下此键，屏幕显示位置，位置显示有 3 种方式：绝对坐标、相对坐标、综合坐标。其中，综合坐标包括绝对坐标、相对坐标、机械坐标以及剩余进给等 4 项内容，可用 PAGE 按钮或软键选择
	 PROG	程序显示与编辑键	显示与编辑数控程序，还要配合其他键才能进行编程和修改程序
	 OFFSET SETTING	刀具参数设置键	按第一次进入坐标系设置界面，按第二次进入刀具补偿参数界面
	 SYSTEM	系统参数键	按下此键，显示系统参数
	 MESSAGE	信息键	显示信息，如“报警”等
	 CUSTOM GRAPH	图形参数设置键	图形参数设置或图形模拟显示
编辑键	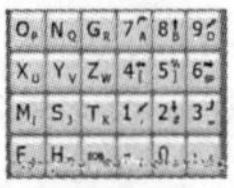 O N G 7 8 9 X Y Z 4 5 6 M S T 1 2 3 F H	数字字母键	输入数字或字母，与上挡键配合输入右下角对应字符
	 EOB E	回车换行键	用于结束一行程序的输入。在编程时按该键会在屏幕上出现“；”来进行换行。该键与 DELETE 键合用，可以将一行内容删除
	 SHIFT	换挡键	在键盘上的某些键具有两个功能。按下换挡〈SHIFT〉键可以在这两个功能之间进行切换。利用该键可以进行字母切换
	 CAN	取消键	消除输入区内的数据，如当键入 G54 G90 G00 X100.09 后，按下取消键，字母 9 就被删除并显示：G54 G90 G00 X100.0 的形式
	 ALTER	替换键	用输入的数据替换光标所在的数据
	 INSERT	插入键	把输入区域中的数据插入到当前光标之后的位置
	 DELETE	删除键	删除光标所在的数据，删除一个或全部程序
	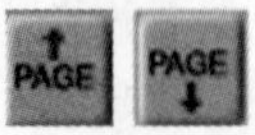 ↑PAGE　PAGE↓	翻页键	向上或向下翻页
	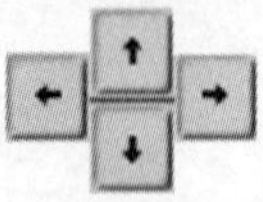 ↑ ← → ↓	光标移动键	向上、向下、向左、向右移动光标

续表

按键		名称	按键功能
其他键	HELP	帮助键	显示系统帮助界面
	RESET	复位键	按下该键具备以下功能： ① 可以使 CNC 复位(光标返回到程序首端)。 ② 取消机床报警。 ③ 使机床自动中断,停止运行。 ④ MDI 方式下编辑的程序清除,等等

2. FANUC-0i 系统车床控制面板

如图 3.5 所示,FANUC-0i 系统沈阳机床厂 CAK6140 车床标准操作面板位于窗口的右下侧,主要用于控制机床运行状态,操作面板功能见表 3.2。

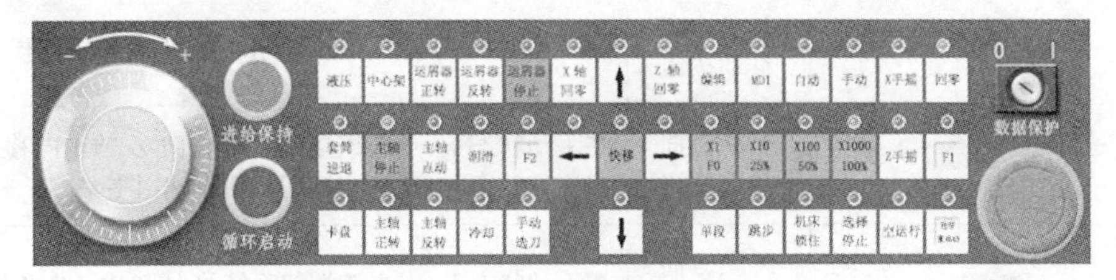

图 3.5　FANUC-0i 系统车床控制面板

表 3.2　操作面板功能表

按钮	名称	功能说明
回零	回原点	机床处于回零模式；机床必须首先执行回零操作,然后才可以运行
自动	自动运行	按下此按钮,系统进入自动加工模式
编辑	编辑	按下此按钮,系统进入程序编辑状态,用于直接通过操作面板输入数控程序和编辑程序
MDI	MDI	按下此按钮,系统进入 MDI 模式,手动输入并执行指令
单段	单节	按下此按钮,运行程序时每次执行一条数控指令
选择停止	选择性停止	按下此按钮,“M01”代码有效
机床锁住	机械锁定	锁定机床
空运行	空运行	机床进入空运行状态
	进给保持	程序运行暂停,在程序运行过程中,按下此按钮则运行暂停。按“循环启动”则恢复运行

续表

按　钮	名　称	功能说明
	循环启动	程序运行开始;系统处于“自动运行”或“MDI”位置时按下有效,其余模式下按下无效
手动	手动	机床处于手动模式,可以手动连续移动
	手动脉冲	机床处于手轮控制模式
X 手摇	X 轴选择	按下该按钮机床的 X 轴在手摇状态下
Z 手摇	Z 轴选择	按下该按钮机床的 Z 轴在手摇状态下
	X 正方向移动按钮	在手动状态下,点击该按钮系统将向 X 轴正向移动。在回零状态时,点击该按钮将 X 轴回零
	X 负方向移动按钮	在手动状态下,点击该按钮系统将向 X 轴负向移动
	X 正方向移动按钮	在手动状态下,点击该按钮系统将向 Z 轴正向移动。在回零状态时,点击该按钮将所选轴回零
	X 负方向移动按钮	在手动状态下,点击该按钮系统将向 Z 轴负向移动
快移	快速按钮	按下该按钮,机床处于手动快速状态
主轴正转 主轴反转 主轴停止	主轴控制按钮	从左至右分别为:正转、停止、反转
	主轴倍率选择旋钮	调节主轴旋转倍率,实际转速 = 设定转速 × 主轴倍率。主轴倍率范围为 50%～120%
	进给倍率	调节进给倍率,实际进给速度 = 设定进给速度 × 进给倍率。刀架进给倍率范围为 0%～120%
	急停按钮	按下急停按钮,使机床移动立即停止,并且所有的输出都会关闭,如主轴的转动等
X1 F0 / X10 25% / X100 50% / X1000 100%	手轮、快速进给倍率旋钮	手轮模式每格刻度为一步的距离。×1 为 1/1 000 mm,×10 为 10/1 000 mm,×100 为 100/1 000 mm,×1 000为 1 000/1 000 mm;0%、25%、50%、100%为快速倍率,含义同进给倍率
X 轴回零	X 轴回零	在回零状态时,该轴回零后对应的灯点亮
Z 轴回零	Z 轴回零	在回零状态时,该轴回零后对应的灯点亮

续表

按　　钮	名　　称	功能说明
冷却	切削液开关	在手动或加工中按下此键,切削液打开,再按一次关闭
手动选刀	手动换刀	在手动方式下每按一次该键,刀架转动一个刀位到加工位置
	手轮	将光标移至此旋钮上后,通过点击鼠标的左键或右键来转动手轮
启动	启动	启动控制系统
停止	关闭	关闭控制系统
0　1 数据保护	数据保护	钥匙拨到0位置程序数据不能编辑,在1位置可以编辑修改

3. 软键

要显示一个更详细的屏幕,可以在按下功能键后按软键(图3.6)。最左侧带有向左箭头的软键为菜单返回键,最右侧带有向右箭头的软键为菜单继续键。根据不同的画面,软键有不同的功能,软键的功能显示在屏幕的底部。按下面板上的功能键之后,属于所选功能一章的软键就显示出来了,如图3.6中为[绝对]、[相对]、[综合]、[操作]所对应的章节选择软键。按下所选的章节选择软键,则所选章节的屏幕就会显示出来。如果有关的目标章节的屏幕没有显示出来,可按下菜单继续键进行查找;当所需的目标章节屏幕显示出来后,按下[操作]所对应的软键,就可以显示出要操作的屏幕菜单;如要重新显示每个章节选择软键,按下菜单返回键即可。后面所介绍的软键有的机床未汉化,且不是完整的英文单词,操作人员应当谨慎处理!

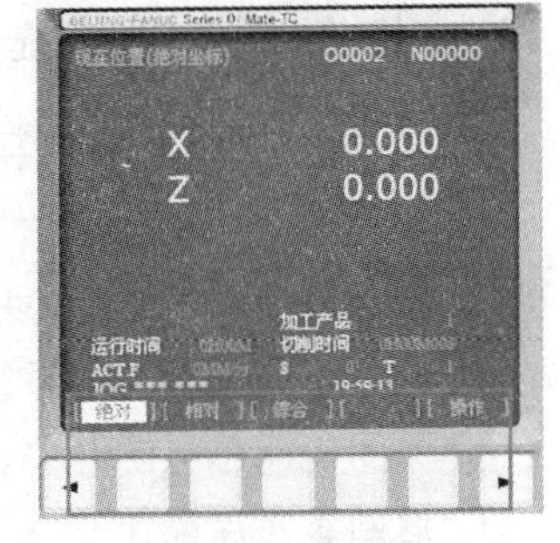

图3.6　软键操作

3.2.2　FANUC-0i数控车床基本操作

以下介绍6种操作方式的选择键,用于选择机床的6种操作方式。在任何情况下,只能选择一种操作方式,选择后被选择的方式指示灯亮。

1. 开关机操作

(1) 开机

① 打开机床电源开关(一般在数控机床后侧),接通机床电源。

② 按下机床面板上的系统通电按钮,系统上电,显示屏上显示初始页面,系统进入自检查状态。

③ 旋转释放急停按钮，按复位键解除报警。系统进入待机状态，可以进行操作。

【注意】 如果开机后机床报警，检查急停按钮是否打开或超程。如果超程，则一直按下超程解除键，同时用手摇方式向超程相反的方向摇动刀架，并离开参考点一定距离，报警即可解除。

(2) 超程解除

当机床移动轴超出机床参数内设置的软件限位范围，或当输入的程序或数超过行程限位范围时，在CRT/MDI显示器上将显示超程报警。此时用手动JOG操作机床，将刀具向安全的方向移动，然后按下复位键，解除报警。

在X,Z伺服轴行程的两端各有一个极限开关，作用是防止伺服机构碰撞而损坏。每当伺服机构碰到行程极限开关时，就会出现超程报警。这时机床不能进行正常操作。解除超程状态，可进行如下操作：

① 选择手动方式，向相反方向移动X轴或Z轴，使刀架离开一段距离。

② 超程报警解除后，重新进行回参考点操作。

(3) 急停

在机床的操作面板上有一个红色蘑菇头形状的急停按钮，如果发生危险情况，立即按下急停按钮，机床全部动作停止并且复位，该按钮同时自锁，当险情或故障排除后，将该按钮顺时针旋转适当角度即可复位。

① 在数控车床的运行过程中，当遇到危险或紧急情况时迅速按下急停按钮，数控系统立即进入急停状态，伺服系统及主轴立即停止工作。

② 故障排除后，释放急停按钮，解除急停状态，机床重新进行回参考点操作。

(4) 关机

① 首先按下急停按钮，以减少电流对系统硬件的冲击。

② 按下机床面板上的系统断电按钮，系统断电。

③ 关闭机床总电源开关。

2. 返回参考点操作

正常开机后，首先应完成返回参考点操作。因为机床断电后就失去对各坐标轴位置的记忆，所以接通电源后，必须让各坐标轴返回参考点。

① 按下回零键，然后按住“方向键⬇”，刀架向X正方向移动，显示屏上坐标参数显示变化。X轴回零指示灯亮，表明该轴已回到参考点。

② X回零指示灯亮后，按住“方向键➡”，刀架向Z正方向移动，显示屏上坐标参数显示变化。Z轴回零指示灯亮，表明该轴已回到参考点。

③ 回参考点后，方可进行其他操作。

【注意】

① 不回参考点，机床会发生意料不到的运动，从而发生碰撞及伤害事故。机床重新开机后必须立即进行回参考点操作。在进行机床锁住、图形演示、机床空运行以及急停操作后，也必须进行重回参考点操作。

② 为保证安全，回参考点时，必须先回X轴，再回Z轴；否则可能导致刀架电机与尾座发生碰撞事故。

③ 回参考点操作前，应使刀架位于减速开关和负限位开关之间。数控机床参考点就在行程正极限位置内侧附近。如果在回参考点时，机床已经在参考点附近，则必须先手动移动机床远离参考点，再进行回参考点的操作；否则，就会引发超程报警。

3. 手动操作方式

按下手动操作方式键，该键的指示灯亮，机床进入手动操作方式。在这种方式下可以实现所有手动功能的操作，如主轴的手动操作、手动选刀、冷却液开关、X 轴及 Z 轴的点动等。

(1) 手动移动刀架操作

在程序运行期间，可以随时利用这个开关对程序中给定的进给速度进行调整，以达到最佳的切削效果。调节范围为0%～120%，但进给倍率开关正常不能放在零位。在[手动]方式中，可以使刀架连续或点动运行。

① 按[手动]键，进入手动运行方式。分别按“↑↓→←”键，可以使刀架按相应的方向运动。运动速度大小可以通过进给倍率开关调节。

② 如果同时按住快移开关，再分别按下“↑↓→←”键，则刀架快速运动。转动手轮则刀架移动。

【注意】 手动移动刀架操作时，注意刀架的运动位置，防止与工件或者尾座发生碰撞。

(2) 手动主轴旋转

该系统数控车床开机以后，已经通过 MDI 方式使主轴旋转后，可以使用手动方式操作主轴旋转。

① 按下[手动]键，再分别按[主轴正转]、[主轴反转]、[主轴停止]键，主轴分别正向转动、反向转动、主轴停止，显示屏上显示主轴转速值。主轴实际转速可以使用主轴倍率开关调节(50%～150%)。

② 按下红色[急停按钮]键，或者按下复位键[RESET]，则机床主轴、进给、程序运行以及其他动作都停止，系统处于复位状态，主轴停止转动。

(3) 快速进给倍率控制

快速进给倍率有 F0、25%、50%、100% 四挡。可对下面的快速进给速度提供 25%、50%、100%的倍率或者 F0 值。

① G00 快速进给。

② 固定循环中的快速进给。

③ G28 时的快速进给。

④ 手动快速进给。

⑤ 手动回零的快速进给。

【注意】 在主轴旋转操作前，一定要检查，确保工件已经夹紧，将卡盘扳手拿离卡盘，活动部件以及防护门上不要放工、量具，关好防护门。主轴正反转切换时要注意先停止再切换。

(4) 手动换刀、切削液开关

按下[手动]键，再按[手动选刀]键，刀架转动一个刀位，继续按此键，直到选择的刀具转到合适位置。在手动方式下按[冷却]键，切削液打开，再按一下切削液关闭。

【注意】 在换刀操作前，一定要检查刀具是否处于安全位置，防止刀具与工件以及尾座、顶尖等发生碰撞。硬质合金刀具在切削中途不能打开切削液，否则刀片易产生裂纹。

4. 手摇进给方式

按下[X 摇]、[Z 摇]脉冲键，相应键的指示灯亮，机床处于手摇脉冲进给操作方式。操作者可以使用手轮（手摇脉冲发生器）控制刀架前后或左右移动。其摇动速度可随意调节，非常适合于近距离对刀等操作。

其基本步骤如下：

① 选择手轮进给轴（*X* 轴或 *Z* 轴）。

② 根据需要选择手摇脉冲倍率×1、×10、×100、×1 000 中的一个按钮，被选的倍率指示灯亮，这样手轮每刻度当量值就得以确定。手摇脉冲倍率×1、×10、×100、×1 000 对应值分别是 0.001 mm、0.01 mm 和 0.1 mm、1 mm。

③ 顺时针或逆时针方向摇手轮。用手摇手轮时动作要轻柔，并注意观察刀架的运动位置。当需要微动时，不要转动手柄，应该通过转动手轮外圈控制运动速度。

5. MDI 方式

MDI 方式也叫手动数据输入方式。它具有从 MDI 操作面板输入一个程序段的指令并执行该程序段的功能。常在主轴运转、换刀、对刀等操作中使用该方式。

其操作步骤如下：

① 按[MDI]键，键指示灯亮，进入 MDI 操作方式。

② 按[PROG]键进入程序页面，CRT 显示"O0000"程序名。

③ 通过 CNC 字符键盘输入数据的指令字，在显示屏右半部分将显示出所输入的指令字。

④ 待全部指令字输入完毕后，按循环启动键，该键指示灯亮，程序进入执行状态，执行完毕后，指示灯灭，程序指令随之删除。

【注意】 MDI 方式中的程序不能存储，当机床方式转换、机床断电时内容消失。程序输入应在编辑方式下进行。

例如，主轴正转，选 1 号刀，操作如下。

① 在 MDI 方式下，输入"M03 S300 T0101"显示屏上显示输入的程序段：

O0000；

M03 S300；

T0101；

② 注意刀具是否在安全位置。按[循环启动]键，此时主轴正转，转速为 300 r/min，并换刀。

③ 按下红色[急停按钮]键，或者按下复位[RESET]键，主轴停止转动。

6. 编辑（EDIT）方式

编辑方式是输入、修改、删除、查询、检索工件加工程序的操作方式。在输入、修改、删除程序操作前，将程序保护开关打开。

（1）新建程序

① 按[编辑]键，进入编辑方式。

② 按[PROG]键，输入新程序名，如"01234"，按[INSERT]插入键，屏幕显示输入的程序

名。按EOB键后再按INSERT键,屏幕显示分段并自动生成段号,依次输入程序。

③ 用CAN键可以取消输入的字符;按DELETE键可以删除输入的内容;按ALTER键可以替换原来的内容,编辑的位置通过光标移动。

【注意】 输入的程序名如果与机床系统已有的程序名重复,则打开此程序。

(2) 选择一个程序

按程序号搜索。

① 选择自动或者编辑模式。

② 按PROG键,数控屏幕上显示程式画面,屏幕下方出现软键[程式]、[DIR]。默认进入的是程式画面,也可以按[DIR]键进入DIR画面即加工程序名列表界面,输入字母“O”。

③ 输入数字“0001”。

④ 按软键[O检索]或用光标↓移动键可以调出程序,开始搜索;找到后,“0001”显示在屏幕右上角程序号位置。

【注意】 输入的程序名如果与机床系统已有的程序名重复,则打开此程序。

(3) 删除一个程序

① 选择编辑模式。

② 按PROG键,再按屏幕下方软键DIR显示程序列表。

③ 输入要删除的程序的号码:“00001”。

④ 按DELETE键,“00001”程序被删除。

(4) 删除全部程序

① 选择编辑模式。

② 按PROG键,再按屏幕下方软键DIR显示程序列表。

③ 输入要删除的程序的号码:“0～9999”。

④ 按DELETE键,系统内全部程序被删除。

(5) 搜索一个指定的代码

一个指定的代码可以是一个字母或一个完整的代码。如“N0010”,“M”,“F”,“G03”等。搜索应在当前程序内进行。操作步骤如下:

① 在自动或编辑模式。

② 按PROG键。

③ 选择一个NC程序。

④ 输入需要搜索的字母或代码,如“M”,“F”,“G03”。

⑤ 按[BG-EDT][O检索][检索↓][检索↑][REWIND]中的[检索↓],开始在当前程序中搜索。

(6) 编辑NC程序(删除、插入、替换操作)

① 置于编辑模式。

② 选择PROG。

③ 输入被编辑的NC程序名如“00001”,按INSERT键即可编辑。

④ 按PAGE键翻页，用⬇或⬆移动光标，用鼠标点击数字/字母键，数据被输入到输入域。CAN键用于删除输入域内的数据。

⑤ 按DELETE键，删除光标所在的代码。

⑥ 按INSERT键，把输入区的内容插入到光标所在代码后面。

⑦ 按ALTER键，把输入区的内容替代光标所在的代码。

7. 自动方式

自动操作方式是按照程序的指令控制机床连续自动加工的操作方式。自动操作方式所执行的程序在循环启动前已装入数控系统的存储器内，所以这种方式又称为存储程序操作方式。其基本步骤如下。

① 按自动操作方式键，选择自动操作方式。

② 选择要执行的程序如“01234”后，按光标⬇调出程序。

③ 按下循环启动键，自动加工开始。程序执行完毕，循环启动指示灯灭，加工循环结束。

(1) 循环启动与进给暂停

① 循环启动键在自动操作方式和手动数据输入方式(MDI)下都用它启动程序的执行。在程序执行期间，其指示灯亮。

② 进给暂停键在自动操作和MDI方式下，在程序执行期间按下此键，其指示灯亮，程序执行被暂停。再按下循环启动键后，进给暂停键指示灯灭，程序继续执行。

(2) 机床锁紧操作

按下此键，键的指示灯亮，机床锁紧状态有效。再按一次，键的指示灯灭，机床锁紧状态解除。在机床锁紧状态下，手动方式的各轴移动操作(点动、手摇进给)只能是位置显示值变化，而机床各轴不动，但主轴、冷却、刀架照常工作。在机床锁紧状态下，自动和MDI方式下的程序照常运行，位置显示值变化，而机床各轴不动，但主轴、冷却、刀架照常工作。

(3) 试运行(空运行)操作

试运行操作是在不切削的条件下试验、检查新输入的工件加工程序的操作。为了缩短调试时间，在试运行期间进给速率被系统强制设置为最大值。其操作步骤如下：

① 选择自动方式，调出要试验的程序。

② 按下试运行键，键上指示灯亮，机床试运行状态有效。

③ 按下循环启动键，该键指示灯亮，试运行操作开始执行。

【注意】 程序校验还可以在空运行状态下进行，但检查的内容与机床锁紧方式是有区别的。机床锁紧运行主要用于检查程序编制是否正确，程序有无编写格式错误等；而机床空运行主要用于检查刀具轨迹是否与要求相符。另外，在实际应用中通常还加上图形显示功能，在屏幕上绘出刀具的运动轨迹，对程序的校验非常有用。

(4) 程序段任选跳步操作

按下此键，键的指示灯亮，程序段任选跳步功能有效。再按一次，键的指示灯灭，程序段任选跳步功能无效。在自动操作方式下程序段任选跳步功能有效期间，凡在程序段号N前冠有“/”符号(删节符号)的程序段，将被全部跳过不执行。但在程序段任选跳步功能无效期间,所有的程序段全部照常执行。

其用途是:在程序中编写若干特殊的程序段(如试切、测量、对刀等),程序段号N前冠"/"符号,使用此程序段跳过功能可以控制机床有选择地执行这些程序段。

(5) 单程序段操作

在自动方式下,按下此操作键,键的指示灯亮,单程序段功能有效。再按一下此键,其指示灯灭,单程序段功能撤销。在自动方式下单程序段功能有效期间,每按一次循环启动键,仅执行一段程序,执行完就停止,再按下循环启动键,又执行下一段程序。在程序连续运行期间允许切换单程序段功能键。

它主要用于测试程序。可根据实际情况,同时运行机床锁紧、程序段跳过功能的组合。

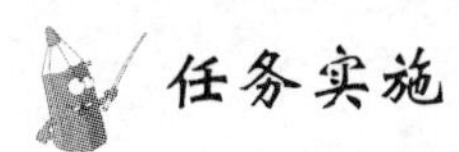

任务实施

图3.7所示为阶梯轴外圆的手动、手轮加工图纸尺寸,加工步骤如下。

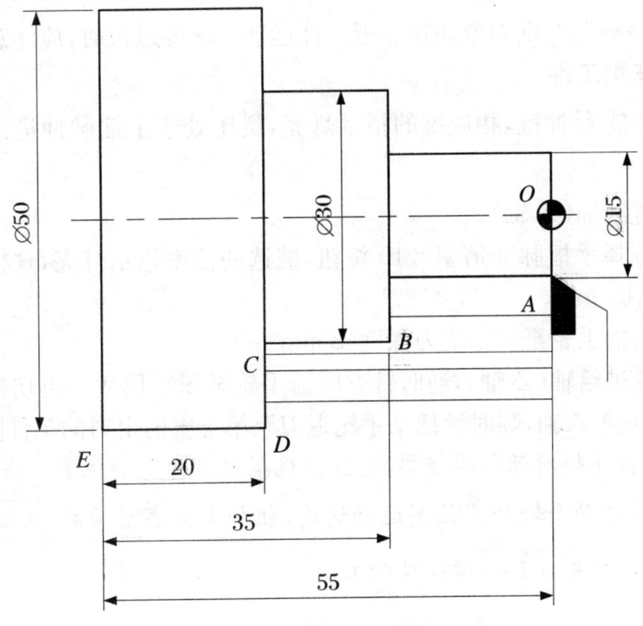

图3.7　手动、手轮车削外圆示意图

1. 装夹刀具与工件

在三爪卡盘上装夹⌀50 mm工件毛坯,伸出距离卡盘约60 mm,并注意找正;在刀架上安装90°外圆车刀,保证刀杆与工件轴线垂直。

2. 开机

① 打开机床电源开关(一般在数控机床后侧),接通机床电源。

② 按下机床面板上的系统通电按钮,系统上电,显示屏上显示初始页面,系统进入自检状态。

③ 旋转释放急停按钮,按复位键解除报警。系统进入待机状态后,可以进行操作。

3. 返回参考点

① 按下[回零]键,然后按住"方向键⬇",刀架向 X 正方向移动,显示屏上坐标参数显示

变化。X 轴回零指示灯亮，表明该轴已回到参考点。

② X 回零指示灯亮后，按住“方向键➡”，刀架向 Z 正方向移动，显示屏上坐标参数显示变化。Z 轴回零指示灯亮，表明该轴已回到参考点。

4. 启动主轴

① 按[MDI]键，键指示灯亮，进入 MDI 操作方式。

② 按[PROG]键进入程序页面，CRT 显示“O0000”程序名。

③ 通过 CNC 字符键盘输入数据的指令字，在显示屏右半部分将显示出所输入 M03 S300 T0101 的指令字。注意刀具是否处于安全位置。按[循环启动]键，此时主轴正转，转速为 300 r/min，并换刀。

5. 手动移动刀架

按[手动]键，进入手动运行方式。分别按“⬆⬇➡⬅”键，可以使刀架按相应的方向运动，使刀架靠近工件附近。运动速度大小可以通过进给倍率开关调节。也可先按住[快移]开关，再分别按下“⬆⬇➡⬅”键，则刀架快速靠近工件运动。速度过快时，应注意避免碰撞。

6. 手摇进给车削工件

按下[X 摇]、[Z 摇]脉冲键，相应键的指示灯亮，机床处于手摇脉冲进给操作方式。其基本步骤如下：

① 选择手轮进给轴（X 轴）。

② 根据需要选择手摇脉冲倍率×10 按钮，被选的倍率指示灯亮，这样手轮每刻度当量值就得以确定为 0.01 mm。

③ 顺时针方向摇手轮至一个吃刀深度（3 mm 左右）。

④ 再选择手轮进给轴（Z 轴），逆时针方向摇手轮至图纸尺寸。再切换 X 轴，逆时针退刀至合适位置，再切换 Z 轴，顺时针摇动手轮退刀至第一次的定刀的工件附近。

【注意】 用手摇手轮时动作要轻柔，并注意观察刀架的运动位置。当需要微动时，不要转动手柄，应该通过转动手轮外圈控制运动速度，粗加工完成后要按[主轴停止]按键使主轴停止转动，测量后再按[主轴正转]键继续加工。

任务思考

1. 熟悉 FANUC-0i 系统数控车床面板各个按钮的含义。
2. 机床的开启、运行、停止有哪些注意事项？
3. 急停机床主要有哪些方法？
4. 手动操作机床的主要内容有哪些？机床“回零”的主要作用是什么？
5. MDI 运行的作用主要有哪些？怎样操作？

任务3.3　数控车床对刀操作

在数控加工中应首先确定零件的加工原点，以建立准确的工件坐标系，同时还要考虑不同刀具尺寸对加工的影响，这些都需要通过对刀来解决。对刀就是在机床上确定刀补值，以建立工件坐标系原点的过程，对刀准确与否，直接影响加工零件的精度；对刀方法的选择，将影响对数控车床的操作。

任务目标

知识目标

- 了解对刀基本知识与对刀过程；
- 了解刀补参数设定过程。

能力目标

- 掌握设置刀具参数的方法与过程；
- 掌握刀具工件的安装与找正及对刀方法。

任务描述

如图3.8所示，轴的毛坯为∅35 mm，采用手动或者手轮方式操作数控车床，练习对刀操作，把工件坐标原点设置在工件右端面中心。T01为外圆90°车刀。

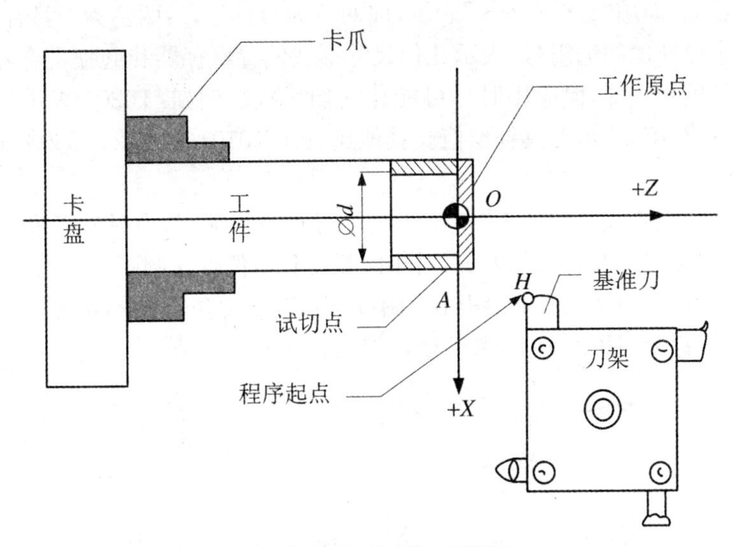

图3.8　试切法对刀示意图

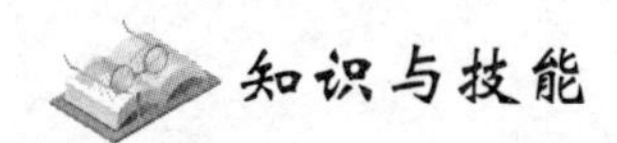

3.3.1　数控车床对刀的基本概念

数控程序中所有的坐标数据都是在编程坐标系中确立的，而编程是按刀尖的运动轨迹来编写的，想要加工出一个零件，就需要知道刀尖在编程坐标系中的位置。编程坐标系与机床坐标系之间的关系通过对刀来实现。通过对刀操作，计算出刀偏量后输入到数控系统中，建立工件坐标系（编程坐标系），使得在对工件进行切削时保证刀具刀位点坐标一致，这个过程就是对刀。对刀的实质就是测量出每把刀具的刀位点与工件坐标系原点重合时在机床坐标系中的坐标值。

1. 常用的对刀方式

试切对刀是最根本的对刀方法，常用 G50、G54 和 T 功能对刀三种方式。采用 G50 指令构建各类车刀的刀位点建立坐标系时，对刀操作即是测定某一位置处刀具刀位点相对于工件原点的距离。采用 G54 指令建立工件坐标系时，先测定出欲设置的工件原点在机床坐标系中的坐标（即相对于机床原点的偏置值），并把该偏置值预置在为 G54 设置的寄存器中。在现代机床中，更多的机床直接通过 T 指令来构建工件坐标系，即直接将工件零点在机床坐标系中的坐标值设置到刀偏地址寄存器中，对于使用多把刀具的情形，因各刀具装夹的长短不同，采用 T 指令可以为每把刀具建立统一的坐标系。

2. 刀具功能对刀方式

刀具功能也称 T 功能，作为指令用于加工中所用刀具号及自动补偿编组号的地址字，其自动补偿内容主要指刀具的刀位偏差及刀具半径补偿。在数控车床中，其地址符 T 的后续数字由 4 位数组成，即用“T××××”表示，前两位为刀具号，后两位为刀具补偿编组号。同时为刀尖圆弧半径补偿的编组号，表示几何尺寸形状偏置寄存器和磨损寄存器的编号，它们不一定要与刀具编号一样，但应用时尽可能让它们一致。例如：T0203 表示将 02 号车刀转到切削位置，并执行第 03 组刀具补偿值。其他还有如 T0101，T0202，T0303，T0404 等。

3. 刀位点

刀位点是指在编制程序和加工时，用于表示刀具的特征点，也是对刀和加工的基准点。对于尖形刀具，刀位点一般为刀具刀尖，对于圆弧刀具刀位点在圆弧的圆心。图 3.9 所示为常见车刀具的刀位点。其中图（a）、图（b）、图（f）中，刀具刀位点并不在刀具上，而是刀具外的一个点，我们可称为假想的刀尖，其位置由对刀方法和刀具特点决定。

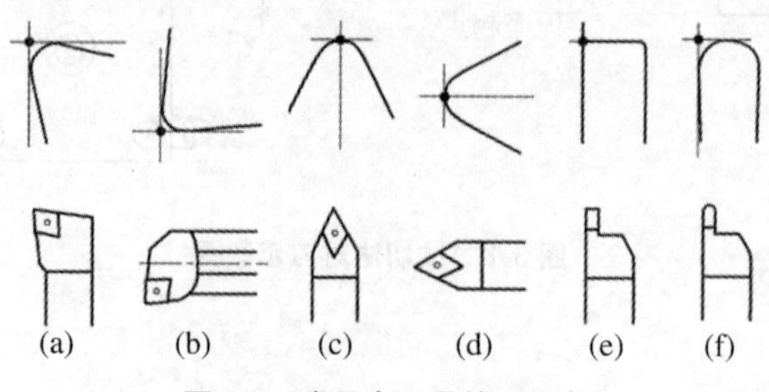

图 3.9　常见车刀具的刀位点

4．刀具补偿

刀具补偿包括刀具偏置(几何)补偿、刀具磨耗补偿、刀尖圆弧半径补偿。刀具补偿界面如图3.10所示。由于刀具的几何形状和安装位置不同产生的刀具补偿称为刀具偏置补偿，系统界面为“形状”。由刀尖磨损产生的刀具补偿称为刀具磨耗补偿，系统界面为“磨耗”。

BEIJING-FANUC Series 0i Mate-TC

刀具补正/几何　　O0000　N00000

番号	X	Z	R	T
G 001	-145.365	0.000	0.000	3
G 002	0.000	0.000	0.000	3
G 003	0.000	0.000	0.000	3
G 004	-220.000	140.000	0.000	3
G 005	-232.000	140.000	0.000	3
G 006	0.000	0.000	0.000	3
G 007	-242.000	140.000	0.000	3
G 008	-238.464	139.000	0.000	3

现在位置(相对坐标)

U　-114.665　W　-54.046

>_

REF *** ***　　17:12:23

[No检索][测量][C.输入][+输入][输入]

图3.10　刀具补偿界面

3.3.2　数控车床试切法对刀

1．试切削对刀法对刀

如图3.11所示，假设刀架在外圆刀所处位置换上切割刀，虽然刀架没有移动，刀具的坐标位置也没有发生变化，但两把刀尖不在同一位置上，如果不消除这种换刀后产生的刀尖位

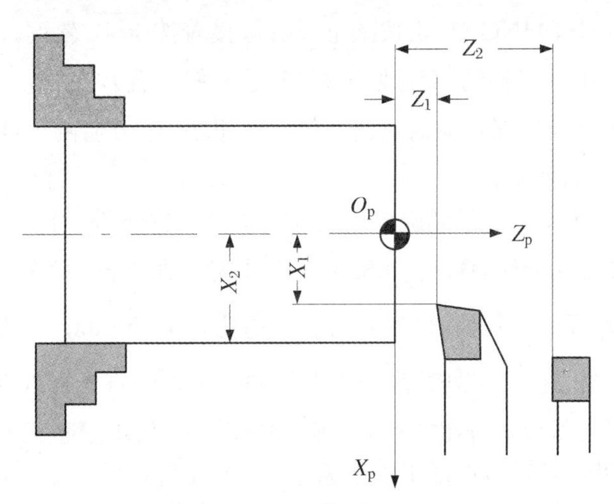

图3.11　数控车床对刀原理

置误差，势必造成换刀后的切削加工误差。根据对刀原理，数控系统记录了换刀后产生的刀尖位置误差 ΔX，ΔZ，如果用刀具位置补偿的方法确定换刀后的刀尖坐标位置，这样就能保证刀具对工件的切削加工精度。

换刀后刀尖位置误差的计算：

$$\Delta X = X_1 - X_2, \quad \Delta Z = Z_1 - Z_2$$

2. 外圆刀试切法对刀

① 机床开机，回参考点操作。

② 在三爪自定心卡盘上装夹∅35 mm 的工件毛坯，在刀架的 1 号刀位装夹 90°外圆车刀，2 号刀位装夹切槽刀，3 号刀位装夹 60°螺纹车刀。按一定的规律装夹刀具，便于选刀和使用。装夹刀具时要使刀尖与工件回转中心等高，刀具装正。

③ 在 MDI 方式下，输入程序“M03 S300 T0101;”，再按[循环启动]键使主轴正转，转速为 300 r/min，选 T0101 号外圆车刀；也可手动选刀。

【注意】 即使开机时刀架上已经是 01 号刀，也要重新选择一次，使系统确认刀具。

④ 如图 3.12(a)所示，在手摇方式下，转动手轮手柄使刀具切削工件右端面并切平。如果工件为钢料，一次切削背吃刀量不要太大。手摇刀架使刀具在 X 方向退出(注意不要在 Z 方向上有移动)。

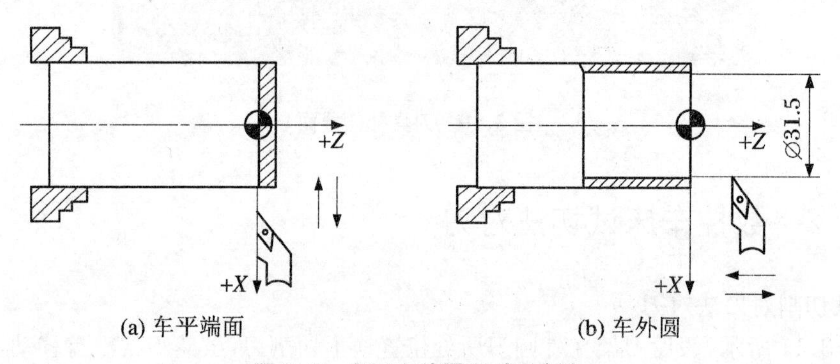

图 3.12 T0101 外圆刀对刀方法

⑤ 按[OFFSET SETTING]键，再按[补正]软键，接着按[形状]软键，进入刀具补偿页面。将光标放在番号 G001 行刀补的 Z 刀偏值栏(1 号刀偏位置)，在“>_”位置输入“Z0.0”按[测量]键，刀具“Z”的补偿值即自动输入到几何形状里，Z 轴方向的工件坐标零点就在工件右端面上，如图 3.13(a)所示。

⑥ 如图 3.12(b)所示，主轴继续旋转，手摇刀具切削工件外圆。手摇刀架使刀具在 Z 方向退出(注意不要在 X 方向上移动)，按[RESET]复位键或主轴停止键停车。用游标卡尺或千分尺测量工件被切处外圆的直径值，例如测得直径值为∅31.5 mm。按[OFFSET SETTING]键，再按[补正]软键，接着按[形状]软键，进入刀具补偿页面。将光标放在番号 G001 行刀补的 X 刀偏值栏(1 号刀偏位置)，在“>_”位置输入“X31.5”按测量键，刀具“X”的补偿值即自动输入到几何形状里。X 轴方向的工件坐标零点就在工件回转中心上，如图 3.13(b)所示。通过对刀操作，工件坐标系 X 轴和 Z 轴的零点就在工件右端面的回转中心上。

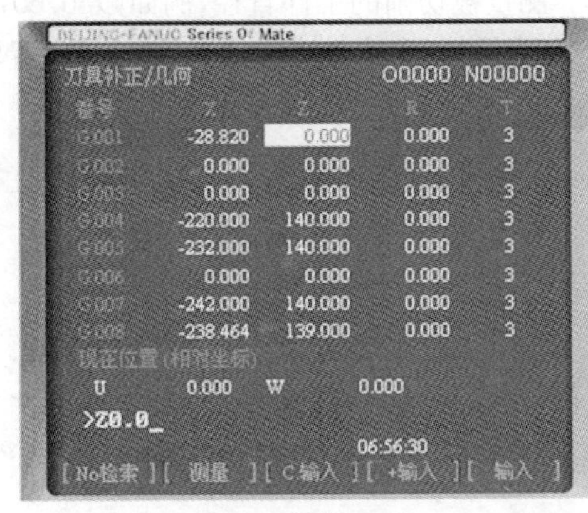

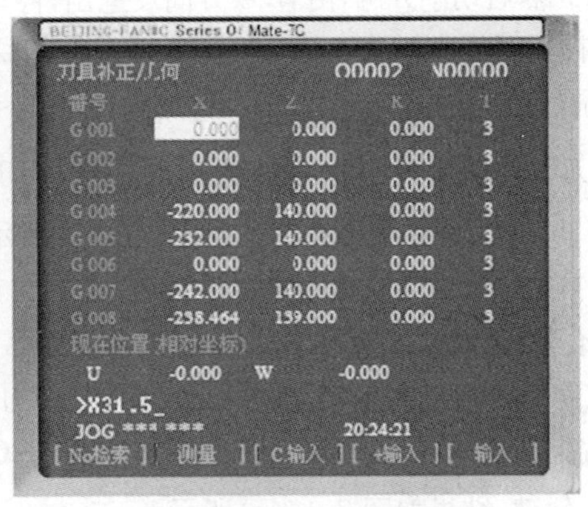

(a) Z向刀具补偿界面　　　　(b) X向刀具补偿界面

图 3.13　X,Z 向刀具补偿界面

⑦ 检查对刀。

对完刀后,在自动方式下(用单段方式)运行下面程序:检查对刀准确性,检查外圆刀尖是否在∅31.5 mm 的边缘上,见表 3.3。

表 3.3

O0002	程序名
M03 S500 T0101	主轴正转,转速为 500 r/min,选择 T0101 外圆刀
G00 X40 Z4	刀具快速移动到指定点
G01 X31.5 Z0 F0.2	以 0.2 mm/r 的进给速度直线移动到指定点
G00 X50 Z100	刀尖快速移动到指定点
M30	程序结束

3. 切槽刀试切法对刀

① 在外圆刀对刀完成后,接着[手动]方式下按[主轴正转]键使主轴重新转动,换"T0202"切槽刀。注意换刀时的安全位置,防止刀具与工件碰撞。在手摇方式下,手摇切刀纵向刚好接触工件的端面(此时发出摩擦声响,注意要使切刀左刀尖刚好接触到工件的上次被切平的端面上。以接触法对刀)。将光标放在番号 G002 行刀补的 Z 刀偏值栏(2 号刀偏位置),在"〉_"位置输入"Z0.0"按[测量]软键,结果如图 3.14(a)所示。

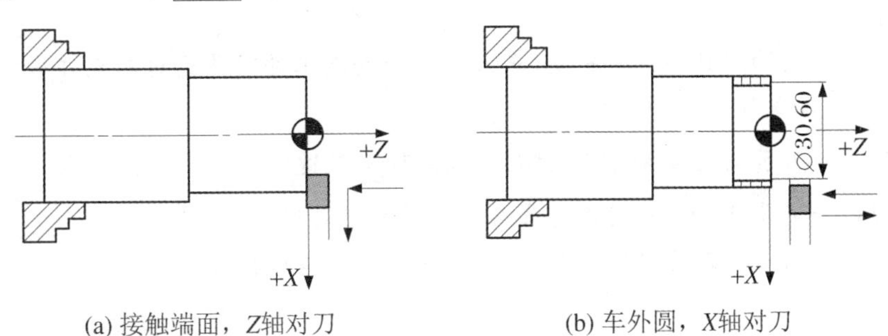

(a) 接触端面,Z轴对刀　　　　(b) 车外圆,X轴对刀

图 3.14　T0202 切槽刀对刀

② 然后切削外圆,沿着 Z 方向反退出,停车。测量被切削的工件直径,例如∅30.60 mm,在刀补页面将光标放在番号 G002 行刀补的 X 刀偏值栏(2 号刀偏位置),在"〉_"位置输入"X30.60",按[测量]软键,"T0202"对刀完毕。T0202 切槽刀在 X 轴对刀时,也可以用"接触法对刀",使切槽刀刚好接触到上次外圆刀切削的外圆表面,然后输入上次测得的直径值"X31.5",按[测量]软键,结果如图 3.14(b)所示。

③ 检查对刀:参考外圆刀对刀检验。

4. 螺纹刀试切法对刀

① 重新启动主轴转动,换"T0303"螺纹刀。用观察法移动螺纹刀使刀尖对准工件右端面,按上述方法在刀补页面将光标放在番号 G003 行,在刀补 Z 刀偏值栏中输入"Z0",按[测量]软键,结果如图 3.15(a)所示。

② 移动螺纹刀用"接触法对刀"使刀尖刚好接触到上次被切削的工件外圆表面,然后在对刀页面将光标放在番号 G003 行,在刀补 X 刀偏值栏中输入上次测得的直径值"X30.60",按下圆软键。"T0303"对刀完毕,结果如图 3.15(b)所示。

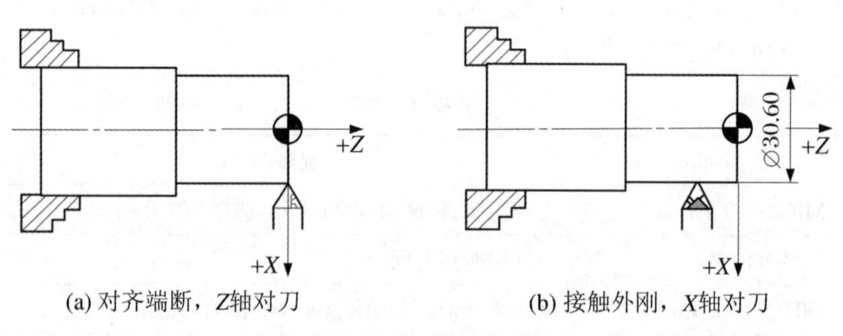

(a) 对齐端断,Z轴对刀　　(b) 接触外刚,X轴对刀

图 3.15　T0303 螺纹刀对刀

③ 检查对刀:参考外圆刀。

当重新装夹工件或更换工件时,在 Z 轴上由于工件右端面装夹的位置发生了变化,因此 Z 轴必须重新对刀。由于三爪自定心卡盘具有自定心功能,X 轴的零点在工件回转中心线上没有变化,所以 X 轴不必重新对刀。但是,如果重新装夹刀具,则必须在 X 轴和 Z 轴上重新对刀。刀具补偿刀偏栏里 X 和 Z 的数值,有的为正,有的为负,数值大小也不一致。此数值是数控系统计算出来的,它与具体的车床以及车床原点、参考点的位置有关。在某个车床上,不同的数值表示刀架中心在车床坐标系中的坐标位置,从而也间接地反映了刀尖在车床坐标系中的位置。

【注意】

① 用手摇手轮切削时动作要轻柔,车刀接近和切削工件时要通过转动手轮外圈控制运动速度。可以选择较小的手轮倍率。

② 必须在对刀页面里按[补正]软键后,再按[形状]软键。

③ 对刀时一定要选择刀具的刀补号与补偿页面中的刀补番号一致。

④ 加工前所需要的刀具要依次全部对好,防止遗忘造成撞刀。

3.3.3　修改刀具补偿参数

从理论上说,通过试切、测量、计算得到的对刀数据应是准确的,但实际上由于机床的定位精度、重复定位精度、工件材料变形、操作方式等多种因素的影响,使得手动试切法对刀的对刀精度不高。要想提高加工精度可以通过修改刀偏值或磨耗值来实现。

1. 修改刀偏值

以一把刀 T0101 外圆车刀为例。用试切法对刀 T0101,然后编写加工程序并自动运行:

```
O1212;
M03   S500    T0101;
G00   X30     24;
G01   Z-10   F0.2;
G00   X50     Z100;
M30;
```

自动加工后,理论上加工的外圆直径∅30 mm,用千分尺测量工件外圆直径∅30.20 mm。也就是说实际的外圆直径比理论值大了 0.20 mm。由于实际值比理论值在直径上大了 0.20 mm,要想消除误差,必须使刀尖向 X 轴负方向移动 0.20 mm,才能使实际值和理论值相符。方法是通过修改刀偏值来修正,过程如下:将光标移动到 01 号刀偏 X 栏里,输入"-0.20",按 +输入 软键,这时 X 的刀偏值被修改。然后再加工,再进行测量,按同样操作步骤进行修改,直到误差消除为止,如图 3.16 所示。

BEIJING-FANUC Series 0i Mate-TC

刀具补正/几何　　O0000　N00000

番号	X	Z	R	T
G001	-145.365	0.000	0.000	3
G002	0.000	0.000	0.000	3
G003	0.000	0.000	0.000	3
G004	-220.000	140.000	0.000	3
G005	-232.000	140.000	0.000	3
G006	0.000	0.000	0.000	3
G007	-242.000	140.000	0.000	3
G008	-238.464	139.000	0.000	3

现在位置(相对坐标)
U　-114.665　W　-54.046
>-0.2_
REF *** ***　17:07:17
[No检索][测量][C.输入][+输入][输入]

(a) 刀偏设置界面

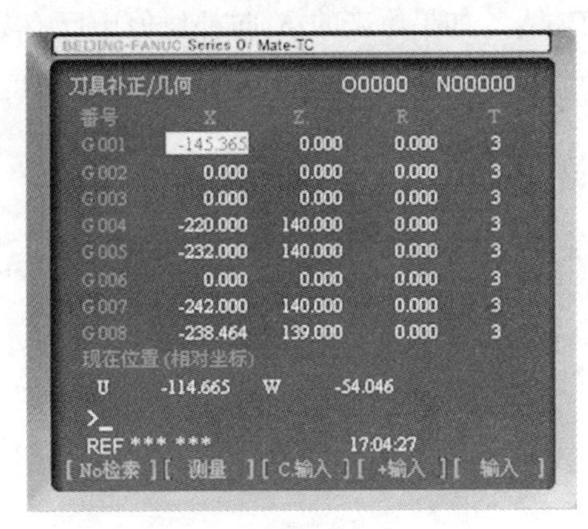

(b) 刀偏输入界面

图 3.16　修改刀偏值

2. 修改磨耗值

当刀具出现磨损或更换刀片后,可以对刀具进行磨损设置,刀具磨损设置界面如图 3.17(a)所示。当刀具磨损后或工件加工尺寸有误差时,只要修改"刀具磨损设置"界面中的数值即可。对刀误差也可以修改磨耗值来消除误差,操作方法分为以下两种:

① 当番号 X,Z 向原数值是 0 的情况:例如,工件外圆直径加工尺寸应为 40 mm,如果实际加工后测得尺寸为 40.08 mm,尺寸偏大 0.08 mm,按 OFFSET SETTING 键,再按

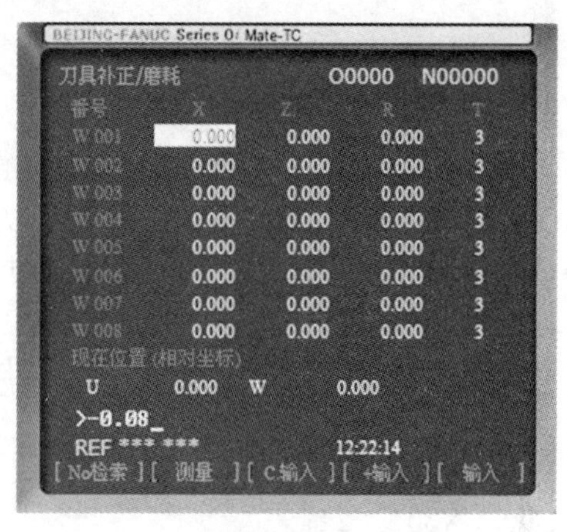

(a) 刀具磨损设置界面　　(b) 刀具磨损输入界面

图 3.17　修改磨耗值

补正软键，接着按磨耗软键，进入刀具补偿页面，在刀具磨损设置页面所对应刀具补偿号——如 1 号刀具一般番号 W001 中的 X 向补偿值内输入“－0.08”，再按输入键或者INPUT键，如图 3.17(b)所示。如果实际加工后测得尺寸为∅39.93 mm，尺寸偏小 0.07 mm，则在刀具磨损设置页面所对应刀具补偿号——如 1 号刀具一般番号 W001 中的 X 向补偿值内输入“0.07”，再按输入键或者INPUT键。

② 当番号 X，Z 向原数值不是 0 的情况：需要在原来数值的基础上进行累加，把累加后的数值输入。如果原来的 X 向补偿值中已有数值为“0.06”，则输入的数值为“－0.02”(或“0.13”)，再按输入键或者INPUT键。当长度方向(Z 向)尺寸有偏差时，修改方法与 X 向相同。

任务实施

1. 现场演示对刀步骤与注意事项。
2. 学生分组练习外圆刀的对刀方法，对刀操作是每位学生必须掌握的技能。
3. 教师检查分组小组对刀操作情况，对照评分标准，教师检查、学生互查。

任务思考

1. 数控车床操作流程一般分为哪几步?
2. 什么是刀位点? 什么是对刀? 对刀的目的是什么?
3. 怎样设定刀尖半径补偿值? 怎样检验对刀的正确性?
4. 如何修改刀偏值、磨耗值? 在什么时候修改最好?
5. 以右偏刀、螺纹刀、切槽刀为例简述试切法对刀过程。

任务 3.4　刀尖圆弧半径补偿

刀具几何补偿是指在加工中考虑刀具的几何形状，从而使刀具刀尖轨迹沿着编程中的加工轨迹运动。数控车床中的刀具补偿分为刀具半径补偿和刀具位置补偿。在上一任务中介绍了刀具位置补偿，在此，介绍刀具半径补偿的方法。

任务目标

知识目标

- 了解刀具补偿的概念和种类；
- 正确使用刀具补偿号；
- 正确使用刀具半径补偿指令。

能力目标

- 能将刀具补偿功能运用到实际加工中，并达到尺寸要求；
- 掌握刀具的几何补偿和刀尖圆弧半径补偿操作方法。

任务描述

图 3.18 所示为轮廓精车，考虑刀尖圆弧半径补偿，编写其程序。

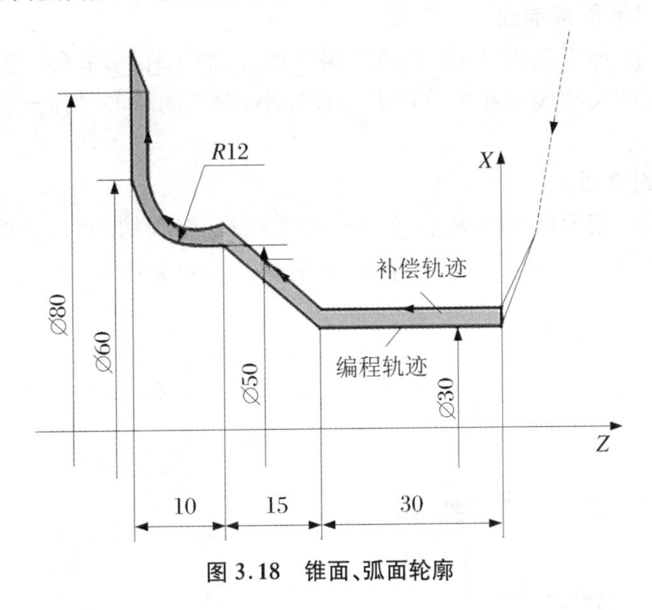

图 3.18　锥面、弧面轮廓

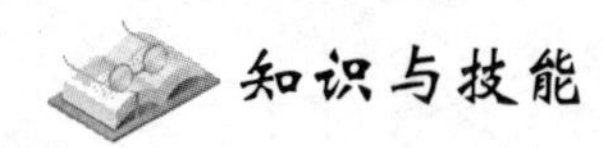

3.4.1 刀具半径补偿的目的

实际上车刀的刀尖由于磨损、刀尖强度要求等原因总会有一个小圆弧(车刀不可能是绝对尖的)，但是，编程是根据理论刀尖(假想刀尖)A来进行计算的，如图3.19所示。车削时，假想的刀尖A并不是刀刃圆弧上的一点，这样在加工圆锥面和圆弧面时，会造成切削加工不到位或切削过量的现象，产生加工表面的形状误差。在理想状态下，一般将尖头车刀的刀位点假想成一个点，该点即为理想刀尖，在试切对刀时也是以理想刀尖进行的。但实际上车刀不是一个理想点，而是一段圆弧。

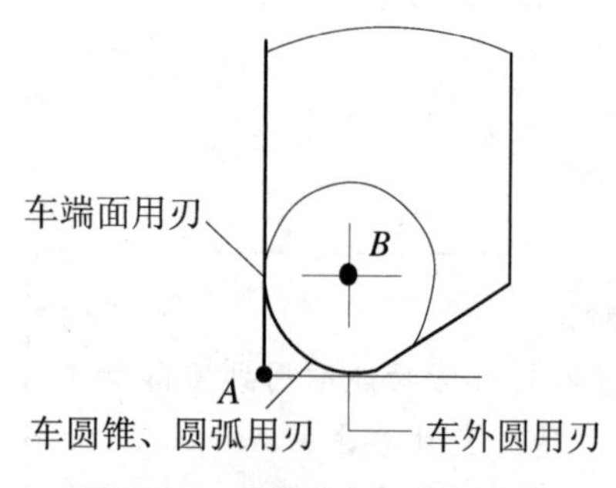

图3.19　假想刀尖与实际刀尖

由于圆弧车刀的对刀位点为理论刀尖A点，为了确保工件的轮廓形状，加工时不允许刀具刀尖圆弧运动轨迹与被加工工件轮廓重合，而应与工件轮廓偏移一个半径值，这个偏移称为刀具圆弧半径补偿。数控加工编程时只要按工件实际轮廓编程，通过数控系统指令补偿一个刀尖圆弧半径即可达到修正目的。

3.4.2 数控圆弧车刀刀尖加工误差分析

1. 车削加工台阶面或端面

如图3.20所示，加工端面时PB与进给路线重合，加工外圆时PA与进给路线重合，所以对加工零件表面的尺寸误差和形位误差影响较小，但端面中心和阶台拐角处会产生残留误差。

2. 车削加工圆锥面

如图3.21所示，用假想刀尖P点按照轮廓线P_3P_4编程切削时，必然产生阴影区域的残留误差。设刀尖圆弧半径为r，锥角为a，利用三角函数关系可求得X和Z方向产生的误差：

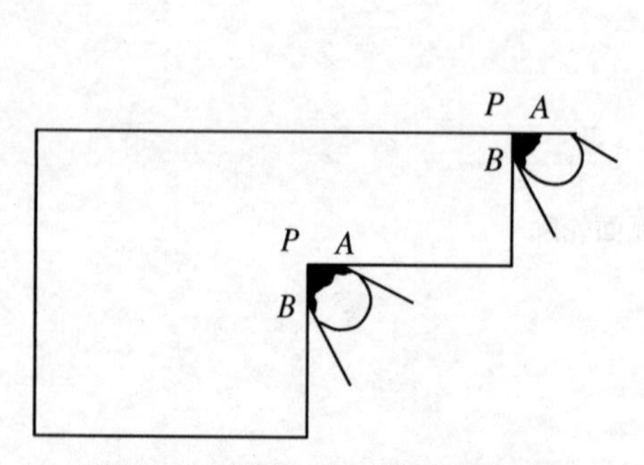

图3.20　车削台阶面或端面的误差

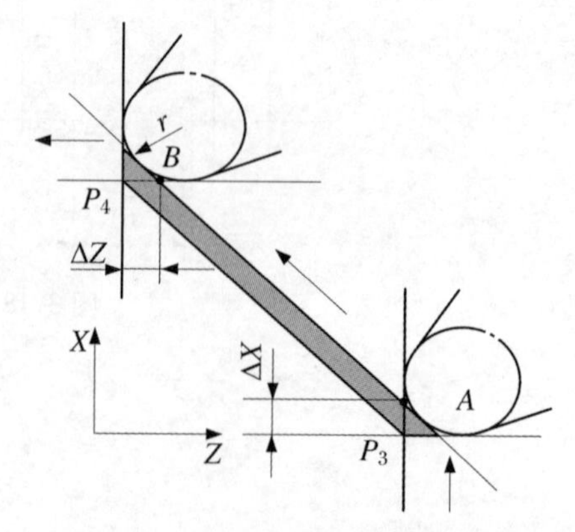

图3.21　车削圆锥的误差

$$\Delta X = r(1 - \cos a) \tag{3.1}$$

$$\Delta Z = r(1 - \tan a/2) \tag{3.2}$$

$$\Delta = r(\sqrt{2} - 1) \tag{3.3}$$

由式(3.1)、式(3.2)可知锥面起点 X、Z 坐标的偏差以及锥面结束处 Z 坐标的偏差。由式(3.3)可以看出尺寸偏差值和刀尖半径成正比，对于跨象限加工圆弧会造成一个象限欠切、另一象限过切的现象。因此，车削圆锥面对圆锥锥度不产生影响，但对圆锥大小端会产生尺寸误差，若车削外圆锥面，尺寸会偏大；若车削内圆锥面，尺寸会偏小。

3. 车削圆弧

图3.22(a)为加工1/4凸圆弧，实际刀尖轨迹为实线圆弧，半径为 R。理论刀尖轨迹为虚线圆弧，半径为 $R+r$。图3.22(b)为凹圆弧加工情况，实际刀尖轨迹为实线圆弧，半径为 R，理论刀尖轨迹为虚线圆弧，半径为 $R-r$。因此，车削加工凸圆弧时，加工后的实际圆弧半径比理论值偏小；车削加工凹圆弧时，加工后的实际圆弧半径比理论值偏大，实线圆弧与虚线圆弧之间的区域为加工误差。

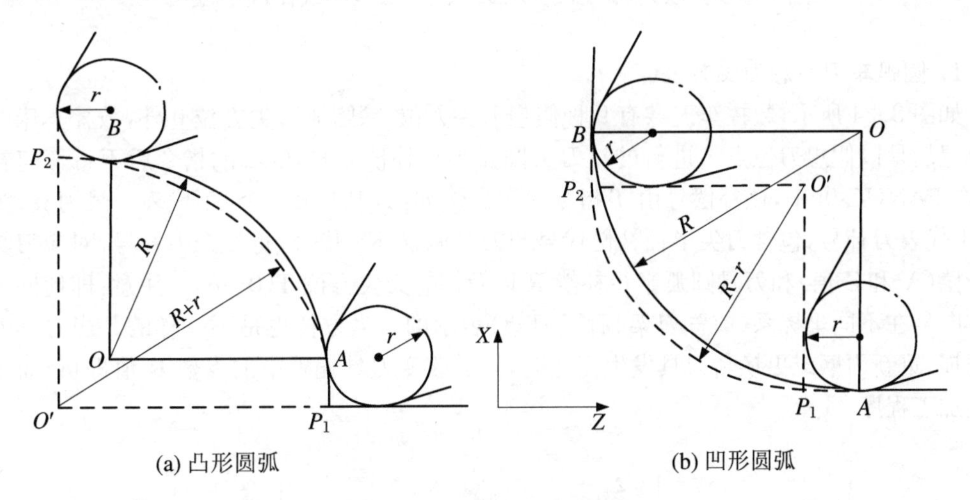

图3.22　车削圆弧面的误差

3.4.3　刀尖半径补偿指令及其偏置方向判断

刀尖圆弧半径补偿是通过G41，G42，G40指令及假想刀尖方位T指令指定的刀补号来建立和取消半径补偿的。G41左补偿，G42右补偿，G40取消补偿。常见数控系统中G40，G41，G42指令为模态指令；G40为默认值；G41，G42方向判断：根据右手定则，逆着第三根轴的正方向（数控车床为 Y 轴负向）看去，当刀具位于零件轮廓左边时称左补偿(G41)，当刀具位于零件轮廓右边时称右补偿(G42)。图3.23(a)为后置刀架G41，G42补偿方位判断；图3.23(b)为前置刀架G41，G42补偿方位判断。

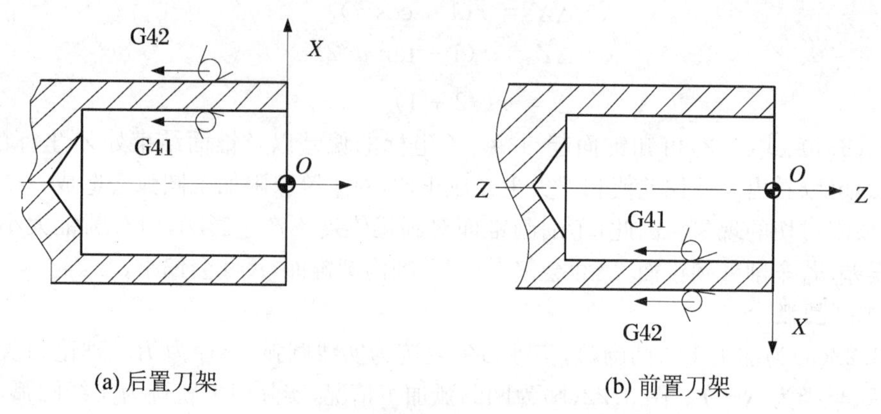

图 3.23　刀具半径补偿方向判断

3.4.4　圆弧车刀假想刀尖方位及补偿参数的设定

1. 圆弧车刀假想刀尖方位

如图 3.24 所示,数控车刀共有 9 种假想刀尖方位,除圆弧刀尖方位 0 外,数控车床的对刀位置均是以假想刀位点来进行的。刀尖圆弧半径补偿 G41,G42 的指令后不带任何补偿号,在 FANUC-0i 中,该补偿号由 T 指令指定。例如:T0101 第一个 01 代表一号刀具,第二个 01 代表刀补号,包含刀尖半径补偿代号与刀具偏置补偿代号,每一个刀补号,对应刀具位置补偿(X 和 Z 值)和刀具圆弧半径补偿 R 以及假想刀尖方位 T(0～8)。注意:即使同一刀尖方向号在不同坐标系(前置刀架、后置刀架)表示的刀尖方位也是不一样的。当刀具刀尖因磨损、重新刃磨或更换新刀具发生变化时,只需改变刀具偏置中的参数 R 值即可,而不需修改加工程序。

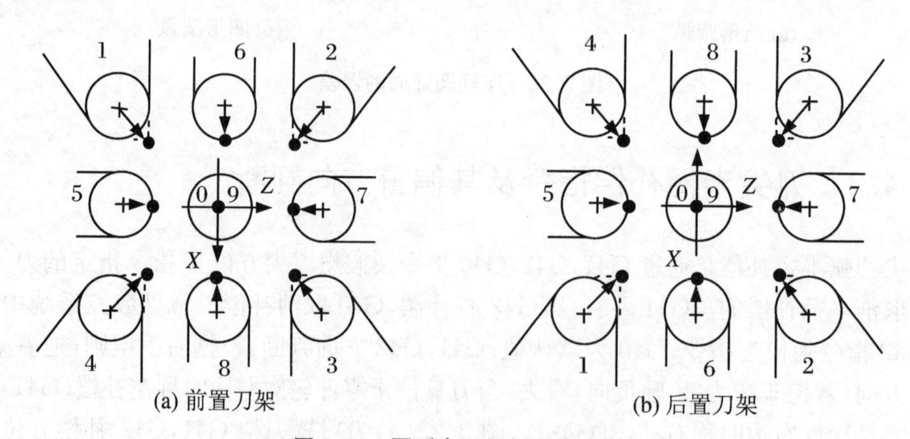

图 3.24　圆弧车刀假想刀尖方位

● 代表刀具刀位点 A,+ 代表刀尖圆弧圆心 O

2. 刀尖圆弧半径补偿参数设置

如图 3.25 所示,其设置方法如下:

① 移动光标键选择与刀具补偿号对应的刀具半径参数。若 1 号外圆刀选用 1 号补偿号,则将光标移到番号“G001”行的 R 参数位置,例如,键入“0.3”后按 INPUT 键。

② 移动光标键选择与刀具补偿号对应的刀沿位置号参数。如1号刀，则将光标移到番号“G001”行的T参数位置，键入“3”后按 INPUT 键。

③ 用同样的方法设置2号刀和3号刀的刀尖圆弧半径补偿参数，刀尖圆弧半径值分别是0.5 mm和1 mm，刀沿位置号分别是“8”和“2”。

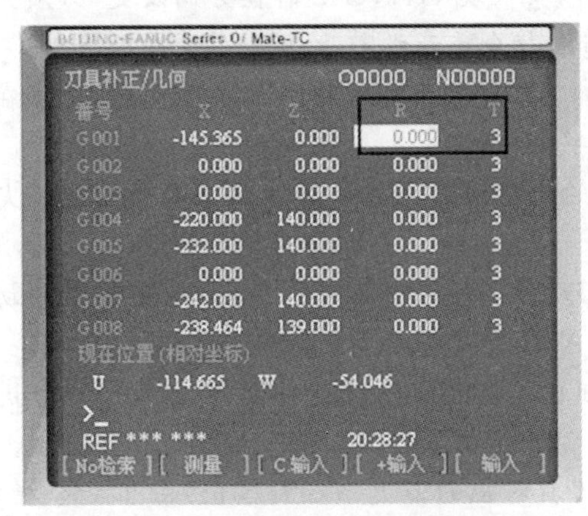

(a) 刀尖半径补偿设置界面

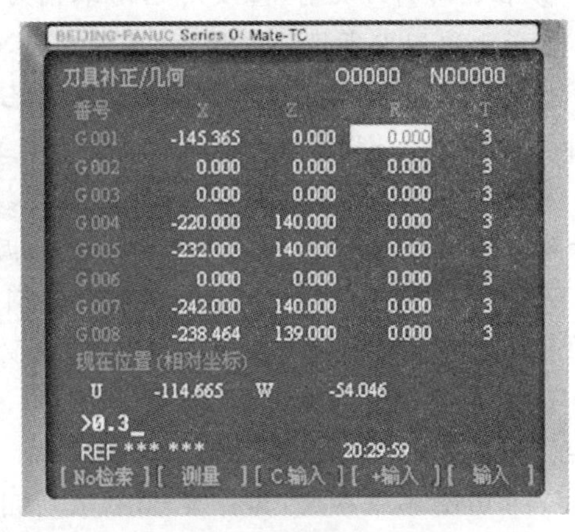

(b) 刀尖半径补偿输入界面

图 3.25　刀尖圆弧半径补偿参数设置

3.4.5　刀尖圆弧半径补偿过程

1. 指令格式

G40　G00(G01)　X__ Z__;

G41　G00(G01)　X__ Z__;

G42　G00(G01)　X__ Z__;

2. 刀具半径补偿的过程

刀具半径补偿的过程分为3步，如图3.26所示。

① 刀补的建立。刀具中心从与编程轨迹重合过渡到与编程轨迹偏离一个偏置量的过程。

② 刀补的执行。执行有G41，G42指令的程序段后，刀具中心始终与编程轨迹相距一个偏置量。

③ 刀补的取消。刀具离开工件，刀具中心轨迹要过渡到与编程重合的过程。

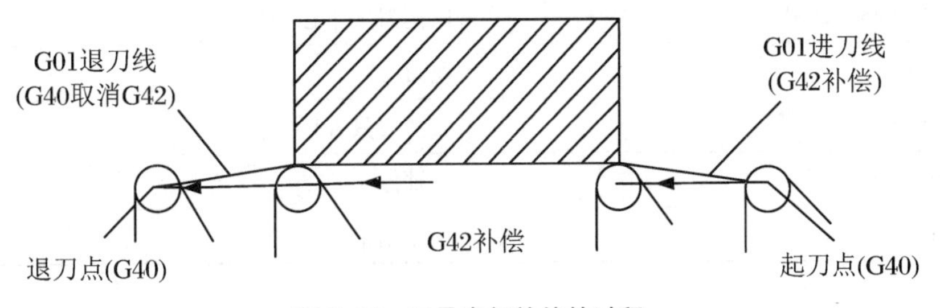

图 3.26　刀具半径补偿的过程

【注意】

① G40,G41,G42 只能同 G00,G01 结合编程,不允许同 G02,G03 等其他指令结合编程,在编入 G40,G41,G42 的 G00 与 G01 前后两个程序段中 X,Z 至少有一值变化,否则会报警。

② 在调用新刀具前,必须用 G40 取消刀补,要实现 G41,G42 补偿方向改变,必须先用 G40 撤销上次刀尖半径补偿状态,再用 G41,G42 指令重新设定,否则补偿会叠加出错。

③ 在使用 G40 前,刀具必须已经离开已加工工件表面。当加工圆锥、圆弧时,必须在精车圆锥或圆弧上一程序段中用 G00,G01 建立半径补偿。

④ 在使用 G41,G42 时,在刀具补偿参数的假想刀尖方位处填入该刀具的假想刀尖方位号码 T(0~8),以作为刀尖半径补偿之依据。

⑤ 建立刀尖半径补偿后,在 Z 轴的切削移动量必须大于其刀尖半径值;在 X 轴的切削移动量必须大于两倍的刀尖半径值,这是因为 X 轴是用直径值表示的。

⑥ 在车削固定循环(G71,G72,G73)中,粗加工过程中不进行补偿,在精加工中才进行补偿。

G41,G42 不带参数,其补偿号(代表所用刀具对应的刀尖半径补偿值)由 T 指令指定。刀尖圆弧补偿号与刀具偏置补偿号对应。

任务实施

如图 3.18 所示轮廓精车,考虑刀径补偿,其程序编写如下(见表 3.4)。

表 3.4

O0003	程序名
T0101	刀补数据建立
S600 M03	启动主轴
G00 X50.0 Z5.0	快速定位
G42 G01 X30.0 Z0.0 F0.2	刀补引入
G01 Z−30.0	刀补执行
X50.0 Z−45.0	车削锥面
G02 X60.0 Z−55.0 R12.0	车削圆弧
G01 X80.0	车削端面
G40 G00 X100.0	取消刀尖半径补偿
Z10.0	退刀
T0100	取消刀具补偿
M05	主轴停
M30	程序结束

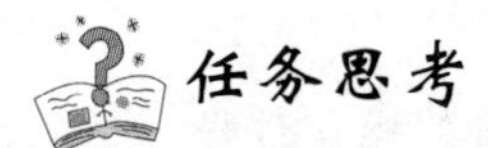

任务思考

1. 什么是刀尖圆弧半径补偿？刀尖圆弧半径补偿对加工精度有何影响？刀尖圆弧半径补偿偏置方向如何判断？为什么要用刀具半径补偿？刀具半径补偿有哪几种？指令是什么？

2. 刀具补偿有何作用？有哪些补偿指令？

4. 刀具补偿包括哪几方面内容？数控车削加工前为什么要进行刀具偏置补偿？

5. 圆弧车刀刀沿位置点共有几种？如何判断？

6. 图 3.27 所示为轮廓精车，考虑刀尖圆弧半径补偿，编写精加工程序。

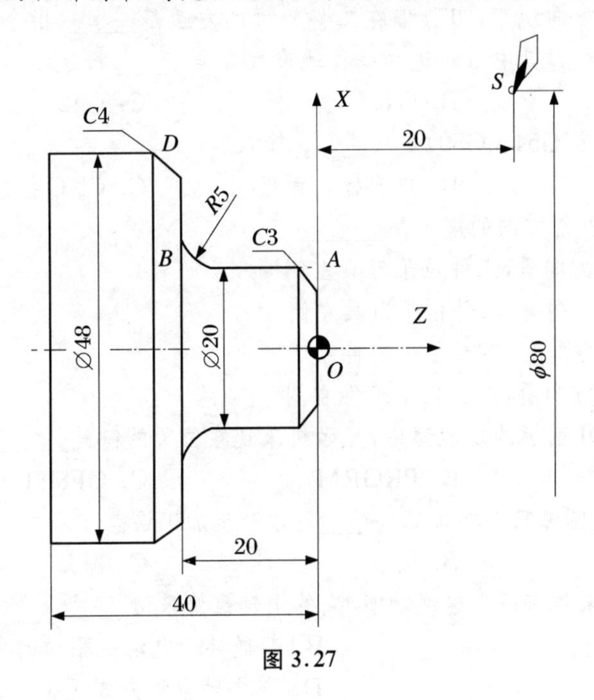

图 3.27

项目练习题

一、填空题

1. 刀具半径补偿执行过程一般可分为三步：__________、__________和__________。

2. 在轮廓控制中，为了保证一定的精度和编程方便，通常需要有刀具__________和__________补偿功能。

3. 在数控加工中，刀具刀位点相对于工件运动的轨迹称为__________路线。

4. 对刀点既是程序的__________，也是程序的__________。为了提高零件的加工精度，对刀点应尽量选在零件的__________基准或工艺基准上。

5. 编程时的数值计算，主要是计算零件的__________和__________的坐标。直线段和圆弧段的交点和切点是__________，逼近直线段或圆弧小段轮廓曲线的交点和切点是__________。

6. 对刀是指使__________点与__________点重合并确定刀具偏移量的操作过程。

7. 脉冲当量是__________。

8. 为保障人身安全，在正常情况下，电气设备的安全电压规定为__________。

9. 数控车床的自转位刀架，当手动操作换刀时，从刀盘方向观察，只允许刀盘__________换刀。

二、选择题

1. 回零操作就是使运动部件回到______。

A. 机床坐标系原点　　B. 机床的机械零点　　C. 工件坐标的原点

2. 沿刀具前进方向观察，刀具偏在工件轮廓的左边是______指令，刀具偏在工件轮廓的右边是______指令，刀具中心轨迹和编程轨迹重合是______指令。

A. G40　　B. G41　　C. G42

3. 设置零点偏置(G54－G59)是从______输入。

A. 程序段中　　B. 机床操作面板　　C. CNC 控制面板

4. 刀尖半径左补偿方向的规定是______。

A. 沿刀具运动方向看，工件位于刀具左侧

B. 沿工件运动方向看，工件位于刀具左侧

C. 沿工件运动方向看，刀具位于工件左侧

D. 沿刀具运动方向看，刀具位于工件左侧

5. 在 CRT/MDI 面板的功能键中，显示机床现在位置的键是______。

A. POS　　B. PRGRM　　C. OFSET

6. 车床上，刀尖圆弧只有在加工______时才产生加工误差。

A. 端面　　B. 圆柱　　C. 圆弧

7. 要使数控车床具有恒线速度功能，它的主轴最好采用______。

A. 交流调速主轴　　B. 普通异步电动机驱动的主轴

C. 伺服主轴　　D. 与主轴驱动方式无关

8. 下列型号中______是最大加工工件直径为∅400 mm 的数控车床的型号。

A. CJK0620　　B. CK6140　　C. XK5040

9. 编制加工程序时往往需要合适的刀具起始点，刀具的起始点就是______。

A. 程序的起始点　　B. 换刀点　　C. 编程原点　　D. 机床原点

10. 数控机床加工调试中遇到问题想停机应先停止______。

A. 冷却液　　B. 主运动　　C. 进给运动　　D. 辅助运动

11. 在数控生产技术管理中，除对操作、刀具、维修人员的管理外，还应加强对______的管理。

A. 编程人员　　B. 职能部门　　C. 采购人员　　D. 后勤人员

12. 在数控编程中，取消 3 号刀具补偿的指令为______。

A. G40　　B. G49　　C. T0000　　D. T0300

13. 数控车床在加工中为了实现对车刀刀尖磨损量的补偿，可沿假设的刀尖方向，在刀尖半径值上附加一个刀具偏移量，这称为______。

A. 刀具位置补偿　　B. 刀具半径补偿　　C. 刀具长度补偿

14. 脉冲当量是数控机床数控轴的位移量最小设定单位，在下列脉冲当量中如果选用______，则数控机床的加工精度最高。

A. 0.001 mm/脉冲　　B. 0.1 mm/脉冲

C. 0.005 mm/脉冲　　D. 0.01 mm/脉冲

15. 滚珠丝杠副消除轴向间隙的目的主要是______。

A. 减少摩擦力矩　　B. 提高使用寿命

C. 提高反向传动精度　　D. 增大驱动力矩

三、判断题

1. 在机床接通电源后，通常都要做回零操作，使刀具或工作台退离到机床参考点。（　）

2. 数控铣床加工时保持工件切削点的线速度不变的功能称为恒线速度控制。（　）

3. 按数控系统操作面板上的RESET键后就能消除报警信息。（　）

4. 无论是尖头车刀还是圆弧车刀都需要进行刀具半径补偿。（　）

5. 判断刀具左右偏移指令时，必须对着刀具前进方向判断。（　）

6. 程序段的顺序号，根据数控系统的不同，在某些系统中是可以省略的。（　）

7. 当数控机床失去对机床参考点的记忆时，必须进行返回参考点的操作。（　）

8. 车间日常工艺管理中的首要任务是组织职工学习工艺文件，进行遵守工艺纪律的宣传教育，并例行工艺纪律的检查。（　）

9. RS232 的主要作用是用于程序的自动输入。（　）

10. 数控机床为了避免运动件运动时出现爬行现象，可以通过减少运动件的摩擦来实现。（　）

11. 刀具补偿功能包括刀补的建立、刀补的执行和刀补的取消三个阶段。（　）

12. 机床参考点是数控机床上固有的机械原点，该点到机床坐标原点在进给坐标轴方向上的距离可以在机床出厂时设定。（　）

13. 两轴联动坐标数控机床只能加工平面零件轮廓，曲面轮廓零件必须是三轴坐标联动的数控机床。（　）

14. 所谓节点计算就是指计算逼近直线或圆弧段与非圆曲线的交点或切点计算。（　）

15. 机械零点是机床调试和加工时十分重要的基准点，由操作者设置。（　）

16. 数控机床与其他机床一样，当被加工的工件改变时，需要重新调整机床。（　）

17. 数控机床中 MDI 是机床诊断智能化的英文缩写。（　）

18. 数控机床在手动和自动运行中，一旦发现异常情况，应立即使用紧急停止按钮。（　）

19. 安全管理是综合考虑“物”的生产管理功能和“人”的管理，目的是生产更好的产品。（　）

四、简答题

1. 刀具补偿有何作用？有哪些补偿指令？

2. 以右偏刀、切断刀、螺纹刀为例，简述试切对刀的过程。

项目4　数控车削加工工艺

普通车削加工，是操作工人根据工艺人员制订的工艺规程加工工件，但具体工步的划分、走刀路线、切削用量的选择、刀具的选择很大程度上是由操作工人根据经验来决定的。数控机床是按照事先编好的程序来加工工件，程序中包括所有的工艺信息以及对机床的各种操作。这就要求编程人员在编程前要对加工零件进行工艺分析，并把加工零件的全部工艺过程、工艺参数、刀具参数和切削用量、位移参数等编制成程序，以数字信息的形式存储在数控系统的存储器内，以此来控制数控机床进行加工。

任务4.1　数控车削加工工艺设计

数控车床在结构及其加工工艺上都与普通车床相类似，但由于数控车床是由计算机数字信号控制的机床，其加工是通过事先编制好的加工程序来控制的，所以在工艺特点上又与普通车床有所不同。本任务着重介绍数控车床的加工工艺及其程序编制。

任务目标

知识目标

- 了解数控加工工艺的特点；
- 熟悉数控加工工艺分析包括的内容；
- 掌握数控车削加工工艺路线的确定方法。

能力目标

- 培养学生分析问题、解决问题的能力；
- 能运用所学知识合理地确定数控加工工艺方案。

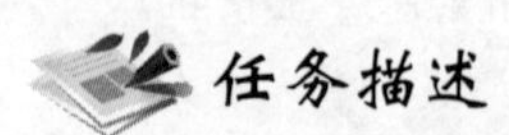

任务描述

图4.1所示的多功能曲面轴，毛坯为∅60 mm×170 mm的棒料，材料为45＃钢，单件小批量生产，分析与制订该零件的数控车削加工工艺方案。

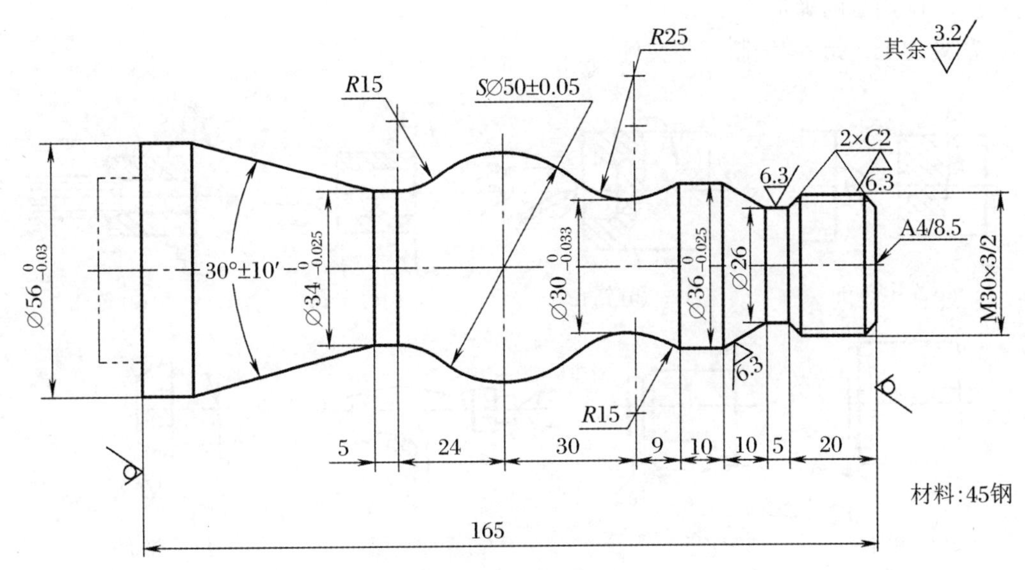

图 4.1　多功能曲面轴

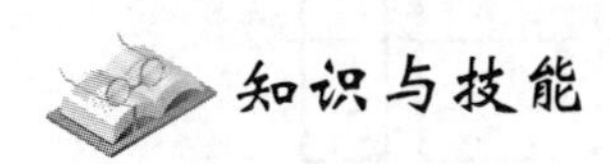

4.1.1　数控车削加工工艺的内容与特点

1. 数控车削的基本特征与加工范围

(1) 基本特征

数控车削时，工件做回转运动，刀具做直线或曲线运动，刀尖在相对工件运动的同时，切除一定的工件材料从而形成相应的工件表面。其中，工件的回转运动为切削主运动，刀具的直线或曲线运动为进给运动。

(2) 加工范围

数控车床主要用于轴类和盘类回转体零件的多工序加工，具有高精度、高效率、高柔性化等综合特点。

(3) 典型加工类别

如图 4.2 所示，数控车削加工的工艺范围，与普通车床基本相似。

2. 数控车削加工工艺的内容

数控加工工艺是指应用数控机床加工零件的方法、手段与过程。应对零件图样进行仔细的工艺分析，选择那些最适合、最需要进行数控加工的内容和工序，充分发挥数控加工的优势。数控加工工艺主要包括以下内容：

① 对零件图样进行数控加工工艺分析。

② 加工工序的划分原则。

③ 加工方案制订原则及加工线路的确定。

④ 工件的定位与装夹。

⑤ 数控刀具选用。

⑥ 切削用量的确定。

⑦ 处理工艺指令，编制工艺文件。

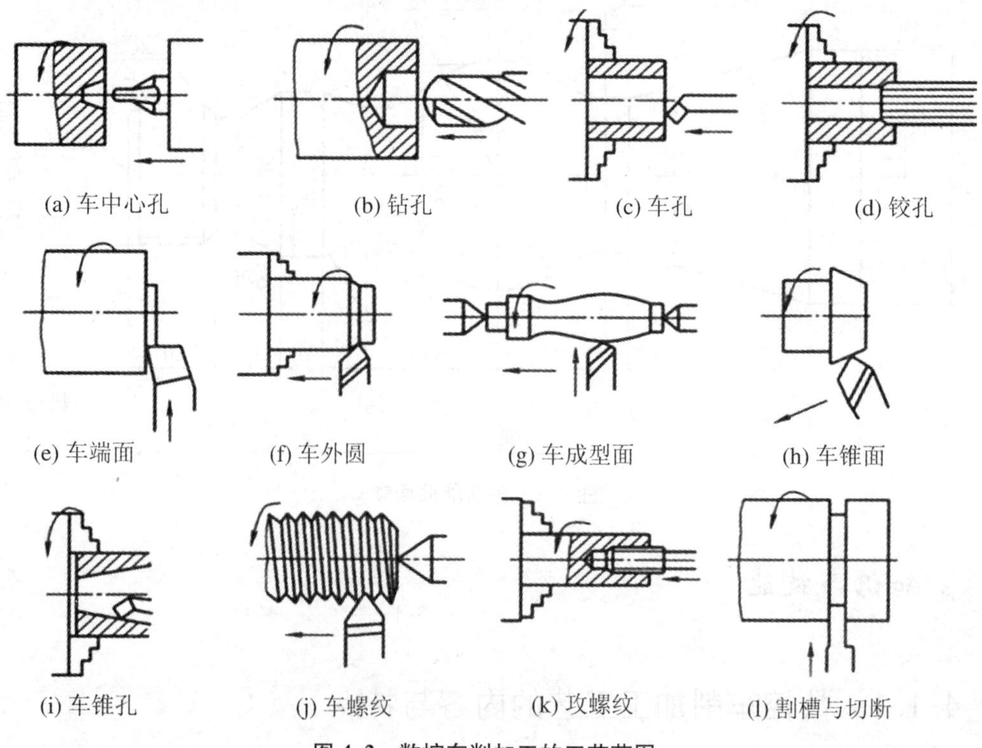

图 4.2　数控车削加工的工艺范围

3. 数控车削加工工艺的基本特点

(1) 数控加工工艺的内容十分具体

因为数控机床是按编好的程序自动加工的，所以要对零件进行工艺过程分析，拟定加工方案，确定加工线路和加工内容，选择合适的刀具和切削用量，设计合适的夹具及装夹方法做出事先设计与安排，数控加工工艺设计比普通机床显得更为重要，也更为详细。

(2) 数控加工工艺必须严密

数控加工是严格按照程序运动来加工工件的，无法在加工过程中自动调整，自适应性很差，因此在数控加工工艺设计时必须周密考虑加工过程中的数据、加工路线、刀具、切削用量的合理选择，这样就要对零件的加工从装夹到加工完毕每一工步都十分清晰，要细化每一工步的切削变化、切削用量、走刀线路等较细致的问题。

(3) 工序相对集中

就是将零件的加工集中在少数几道工序中完成，每道工序加工内容多，工艺路线短。其主要特点是：可以采用高效机床和工艺装备，生产率高；减少了设备数量以及操作工人人数和占地面积，节省人力、物力；减少了工件安装次数，利于保证表面间的位置精度；采用的工装设备结构复杂，调整维修较困难，生产准备工作量大。

4.1.2　车削加工零件工艺性分析

1. 零件结构性分析

零件的结构工艺性是指零件对加工方法的适应性，即所设计的零件结构应便于加工成型。例如，图4.3(a)所示零件，需用3把不同宽度的切槽刀切槽，如无特殊需要，显然是不合理的，若改成图4.3(b)所示结构，只需一把刀即可切出3个槽。这样既减少了刀具数量，减少占刀架刀位，又节省了换刀时间。

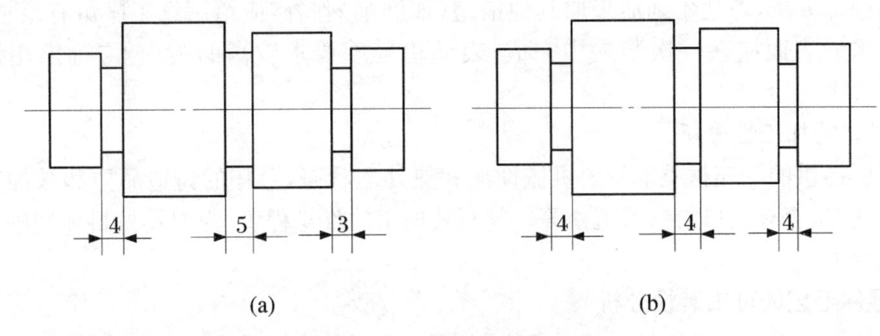

图4.3　结构工艺性示例

2. 零件图纸几何要素的分析

在程序编制中，编程人员必须充分掌握构成零件轮廓的几何要素参数及各几何要素间的关系。但由于零件设计人员在设计过程中考虑不周或被忽略，常常出现参数不全或表述不清楚等情况，如圆弧与直线、圆弧与圆弧是相切还是相交或相离。现列举一些，如图4.4所示。

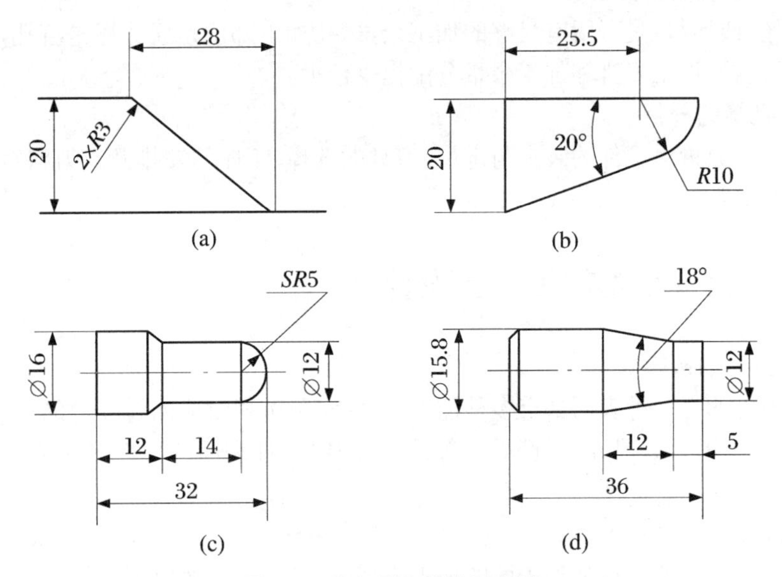

图4.4　几何要素缺陷示意图

在图4.4(a)中，两圆弧的圆心位置是不确定的，不同的理解将得到完全不同的结果。在图4.4(b)中，圆弧与斜线的关系要求为相切，但经计算后的结果却为相交割关系，而非相切。在图4.4(c)中,标注的各段长度之和不等于其总长尺寸,而且漏掉了倒角尺寸。在图4.4(d)中,圆锥体的各尺寸已经构成封闭尺寸链。

3. 零件图纸尺寸的标注分析

在数控编程中,尺寸标注应符合数控加工的特点。所有点、线、面的尺寸和位置都是以编程原点为基准的。因此,零件图样上最好直接给出坐标尺寸,或尽量以同一基准标注尺寸,这样有利于编程和协调设计基准、工艺基准、测量基准与编程零点的设置及计算。

4. 精度及技术要求分析

精度及技术要求分析的主要内容是:要求是否齐全、是否合理;本工序的数控车削精度能否达到图样要求,若达不到需采取其他措施(如磨削)弥补,应给后续工序留有余量;有位置精度要求的表面应在一次装夹中完成;表面粗糙度要求较高的表面,应确定用恒线速切削。

5. 材质的加工性分析

分析所提供的毛坯材质本身的机械性能和热处理状态,毛坯的铸造品质和被加工部位的材料硬度,是否有白口、夹砂、疏松等。判断其加工的难易程度,为刀具材料和切削用量的选择提供依据。

6. 零件毛坯的可安装性分析

分析被加工零件的毛坯是否便于定位和装夹,要不要增加工艺辅助装置,安装基准需不需要进行加工,装夹方式和装夹点的选取是否有碍刀具的运动,夹压变形是否对加工质量造成影响等。

7. 刀具运动的可行性分析

分析工件坯(或坯件)外形和内腔是否有妨碍刀具定位、运动和切削的地方,有无加工干涉现象,对有碍部位检验是否通过,为刀具运动路线的确定和程序设计提供依据。

8. 加工余量状况的分析

分析毛坯(或坯料)是否留有足够的加工余量,孔加工部位是通孔还是盲孔,有无加工干涉等,为刀具选择、加工安排和加工余量分配提供依据。

9. 加工批量的分析

零件的加工数量对工件的装夹与定位、刀具的选择、工序的安排及走刀路线的确定等都是不可忽视的参数。

4.1.3 数控车削加工工艺设计

1. 加工方法的选择

回转体零件的每一种表面都有多种加工方法,实际选择时应结合零件的加工精度、表面粗糙度、材料、结构形状、尺寸、生产类型等因素,确定零件表面的数控车削加工方法及加工方案。

(1) 外圆的加工方法

如图4.5所示。数控车削外表面的加工方案的确定,应注意以下3点。

① 加工精度为IT8～IT9级、表面粗糙度 Ra 为1.6～3.2 μm的除淬火钢以外的常用金属,可采用普通型数控车床,按粗车、半精车、精车的方案加工。

② 加工精度为IT6～IT7级、表面粗糙度 Ra 为0.2～0.63 μm的除淬火钢以外的常用

金属，可采用精密型数控车床，按粗车、半精车、精车、细车的方案加工。

③ 加工精度为IT5级、表面粗糙度 $Ra<0.2\ \mu m$ 的除淬火钢以外的常用金属，可采用高档、精密型数控车床，按粗车、半精车、精车、精密车的方案加工。

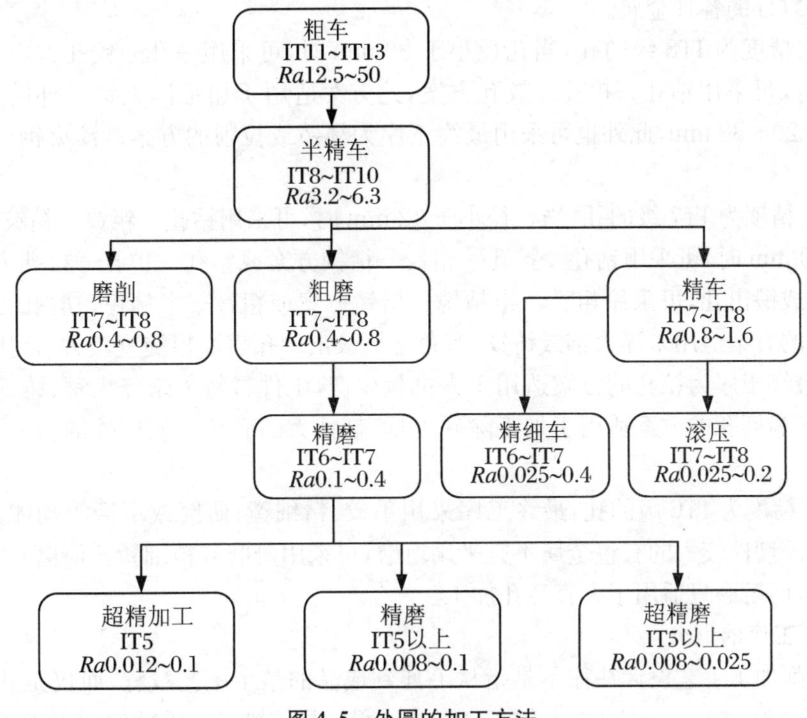

图4.5　外圆的加工方法

(2) 内孔表面的加工方法

如图4.6所示。

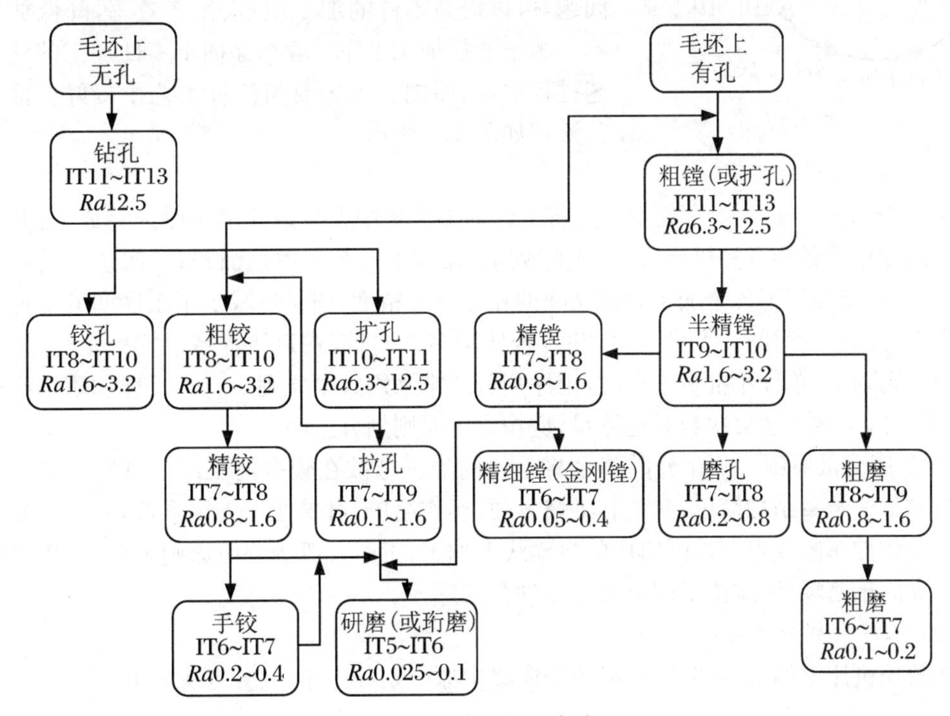

图4.6　内孔加工方法

内孔加工方法的适用范围包括以下4个方面：

① 加工精度为IT9级的孔，当孔径小于10 mm时，可采用钻孔—铰孔方案；当孔径小于30 mm时，可采用钻孔—扩孔方案；当孔径大于30 mm时，可采用钻孔—镗孔方案。工件材料为淬火钢以外的各种金属。

② 加工精度为IT8级的孔，当孔径小于20 mm时，可采用钻孔—铰孔方案；当孔径大于20 mm时，可采用钻孔—扩孔—铰孔方案，此方案适用于加工淬火钢以外的各种金属，但孔径应为20～80 mm，此外也可采用最终工序为精镗或拉削的方案。淬火钢可采用磨削加工。

③ 加工精度为IT7级的孔，当孔径小于12 mm时，可采用钻孔—粗铰—精铰方案；当孔径为12～60 mm时，可采用钻孔—扩孔—粗铰—精铰方案或钻孔—扩孔—拉孔方案。若毛坯上已铸出或锻出孔，可采用粗镗—半精镗—精镗方案或粗镗—半精镗—磨孔方案。最终工序为铰孔的方案适用未淬火钢或铸铁，有色金属铰出的孔表面粗糙度较大，常用精细镗孔替代铰孔；最终工序为拉孔的方案适用于大批量生产，工件材料为未淬火钢、铸铁和有色金属；最终工序为磨孔的方案适用于加工除硬度低、韧性大的有色金属以外的淬火钢、未淬火钢及铸铁。

④ 加工精度为IT6级的孔，最终工序采用手铰、精细镗、研磨或珩磨等均能达到，视具体情况选择。韧性较大的有色金属不宜采用珩磨，可采用研磨或精细镗。研磨对大、小直径的孔均适用，而珩磨只适用于大直径孔加工。

2. 加工工序的划分

数控车削加工工艺设计往往不是指从毛坯到成品的整个工艺过程，而仅是几道数控加工工序工艺过程的具体描述。零件的加工工序通常包括切削加工工序、热处理工序和辅助工序，合理安排好切削加工、热处理和辅助工序的顺序，并解决好工序间的衔接问题，可以提高零件的加工质量、生产效率，降低加工成本。由于数控加工工序一般都穿插于零件加工的整个工艺过程中，因而加工工艺要与流程工艺衔接好。常见工艺流程如图4.7所示。

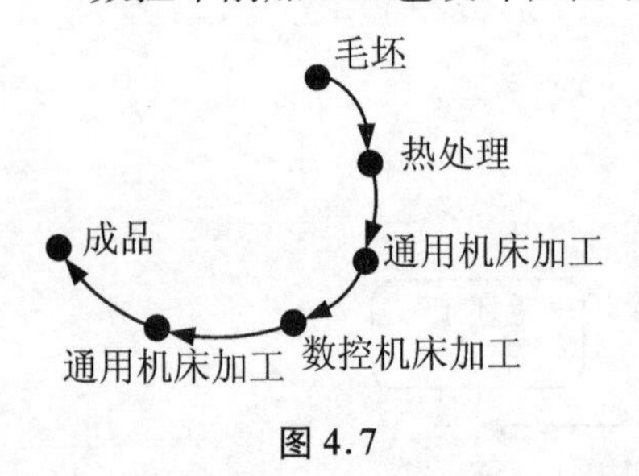

图4.7

(1) 工序的划分原则

① 工序集中原则。工序集中就是将工件的加工集中在少数几道工序内完成，有利于采用高效的专用设备和数控机床；减少机床数量、操作工人数和占地面积；一次装夹后可加工较多表面，不仅保证了各个加工表面之间的相互位置精度，同时还减少了工序间的工件运输和装夹工件的辅助时间。大批量生产时，若使用多刀架、塔式刀架等高效数控车削，工序可按集中原则划分；单件小批量生产时，工序划分通常采用集中原则。对于尺寸和质量都很大的重型零件，为减少装夹次数和运输量，应按集中原则划分工序。

② 工序分散原则。工序分散就是将工件的加工分散在较多的工序内进行。工序分散使设备和工艺装备结构简单，调整和维修方便，操作简单，对操作工人要求低，转产容易。若在经济型数控车削或组合机削组成的自动线上加工，工序一般按分散原则划分；对于刚性差且精度高的精密零件，应按工序分散原则划分工序。

(2) 工序的划分方法

在数控机床上加工的零件，一般按工序集中原则划分工序，划分方法如下。

① 按零件装夹定位方式划分。以一次安装完成的那一部分工艺过程为一道工序。由于每个零件结构的形状不同,各表面的技术要求也有所不同,因此加工时其定位方式各有差异。一般在加工外形时,以内形定位;在加工内形时,则以外形定位。这种方法适合于加工步骤较少的零件,加工完后就能达到待检状态。将位置精度要求较高的表面安排在一次安装中完成,以免多次安装所产生的安装误差影响位置精度。

② 按所用刀具划分。对于加工内容较多、结构较复杂的零件:既有回转表面也有非回转表面,既有外圆、平面也有内腔、曲面。为了减少换刀次数,减少不必要的定位误差,可在一次装夹中,尽可能地用同一把刀具加工出可能加工的所有部位,然后再换另一把刀具加工其他部位。这种工序方法适用于工件的待加工表面较多,机床连续工作时间过长(如在一个工作班内不能完成),加工程序的编制和检查难度较大等情况。

③ 按粗、精加工划分。根据零件的加工精度、刚度和变形等因素来划分工序时,可按粗、精加工分开的原则来划分工序,即先粗加工再精加工。这种工序方法适用于加工变形大,需要粗、精加工分开的零件,如薄壁件或毛坯为铸件和锻件,也适用于需要穿插热处理的零件。

④ 按加工部位划分。以完成相同型面的那一部分工艺过程为一道工序,对于加工表面多而复杂的零件,可按其结构特点将加工部位安排多道工序,如内腔、外形、曲面或平面,并将每一部分的加工作为一道工序。

(3) 加工顺序的安排

在数控车床上加工零件,安排零件车削加工顺序一般遵循下列原则。

① 先粗后精原则。如图 4.8 所示,零件各表面的加工顺序应按照先粗加工,再半精加工,最后精加工和光整加工的顺序依次进行,逐步提高表面的加工精度和减小表面粗糙度。

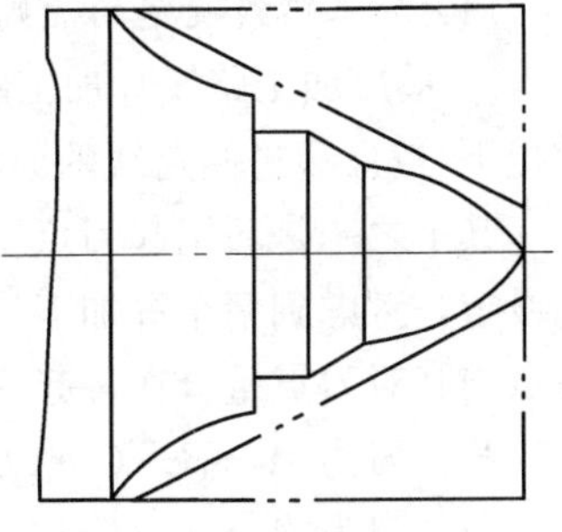

图 4.8　先粗后精示例图

② 先近后远原则。在一般情况下,通常安排离换刀点近的部位先加工,离换刀点远的部位后加工,以便于缩短刀具移动距离,减少空行程时间。在数控车削的加工中,通常安排离刀具起点近的部位先加工,离刀具起点远的部位后加工。这样可缩短刀具移动距离,减少空走刀次数,提高效率;亦有利于保证工件的刚性,改善其切削条件。例如,当加工图 4.9 所示零件时,如果按先车好∅28 mm处、再车∅26 mm 处、再车∅24 mm 处的次序安排车削,刀具车削走刀和退刀有

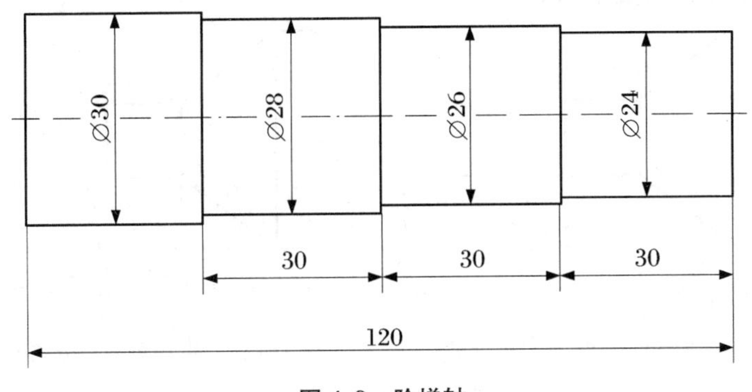

图 4.9　阶梯轴

三次往返过程，这样不仅增加了空运行时间，而且可能使台阶的外直角处产生毛刺。宜按先车∅24 mm 处，退到∅26 mm 处车削，再退刀至∅28 mm 处车削。这样，车刀在一次走刀往返中就可完成三个台阶的车削，提高了效率。

③ 内外交叉原则。对内表面和外表面均需加工的零件，安排加工顺序时，通常应先进行内外表面粗加工，后进行内外表面精加工。切不可将零件上一部分表面(外表面或内表面)加工完毕后，再加工其他表面(内表面或外表面)。

④ 刀具集中原则。同一把刀连续加工完成相应各部位后，再更换另一把刀加工零件相应的其他部位，以减少空行程和换刀时间。

⑤ 基面先行原则。用作精基准的表面，要首先加工，因为定位基准的表面越精确，装夹误差就越小。例如轴类零件加工时，先加工中心孔，再以中心孔为精基准加工外圆表面和端面。

⑥ 程序段最少原则。在数控车削的加工中，随着数控编程功能日益完善，许多仿形、循环车削的指令的车削线路是按最便捷的方式运行的。如 FANUC-0i 系统 G70，G71，G72，G73，G74，G75，G76 等指令，就大大简化了程序编制工作。

3. 加工路线的确定

刀具刀位点相对于工件的运动轨迹和方向称为加工路线，即刀具从对刀点开始运动起，直至加工结束所经过的路径，包括切削加工的路径及刀具切入、切出等切削空行程。确定进给路线的重点，在于确定粗加工及空行程的进给路线，因为精加工切削过程的进给路线基本上都是沿其零件轮廓顺序进行的。

(1) 加工路线确定的原则

① 最短加工路线。加工路线的确定必须在保证被加工零件的尺寸精度和表面质量的前提下，按最短进给路线的原则确定，以减少加工过程的执行时间，提高工作效率。

其中之一是巧用起刀点。图 4.10(a)所示为采用矩形循环方式进行粗车，其对刀点 A 的设定是考虑到精车等加工过程中更方便地换刀，故设置在离坯件较远的位置处，同时将起刀点与其对刀点重合在一起，按三刀粗车的走刀路线安排如下：

第一刀为 $A\rightarrow B\rightarrow C\rightarrow D\rightarrow A$；
第二刀为 $A\rightarrow E\rightarrow F\rightarrow G\rightarrow A$；
第三刀为 $A\rightarrow H\rightarrow I\rightarrow J\rightarrow A$。

图 4.10(b)则是巧将起刀点与对刀点分离，并设于图示 B 点位置，仍按相同的切削量进行三刀粗车，其走刀路线安排如下：

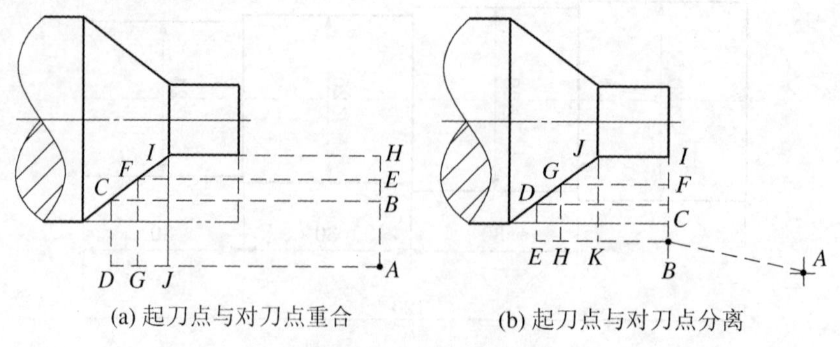

(a) 起刀点与对刀点重合　　(b) 起刀点与对刀点分离

图 4.10　巧用起刀点

起刀点与对刀点分离的空行程为 $A \rightarrow B$；

第一刀为 $B \rightarrow C \rightarrow D \rightarrow E \rightarrow B$；

第二刀为 $B \rightarrow F \rightarrow G \rightarrow H \rightarrow B$；

第三刀为 $B \rightarrow I \rightarrow J \rightarrow K \rightarrow B$。

显然，图4.10(b)所示的走刀路线短。

② 最终轮廓一次走刀完成。为保证工件轮廓表面加工后的粗糙度要求，精加工轮廓应安排在最后一次走刀中连续加工出来，在数控车削精车加工时，最后一刀的精车加工应一次走刀连续加工而成，加工刀具的进刀、退刀方向都要考虑妥当。

③ 沿切线切入、切出方向。在数控车床上进行加工时，尤其是精车时，考虑刀具的进、退刀(切入、切出)路线时，刀具的切出或切入点应在沿零件轮廓的切线上，以保证工件轮廓光滑；应避免在工件轮廓面上垂直上、下刀而划伤工件表面。否则会因切削力突然变化而造成弹性变形，致使光滑连接轮廓上产生表面划伤、形状突变或留下刀痕。

④ 加工变形小的路线。加工既有内孔又有外圆的零件时，通常应先安排加工内孔再加工外圆。这是由于加工内孔时，受刀具刚性较差影响，以及工件的刚性不足，会使其振动加大，不易控制其内表面的尺寸和表面形状的精度。如图4.6所示内孔加工，如将外表面加工好，再加工内表面，不仅装夹不方便，工件的刚性较差，而且加工内孔过程中，排屑困难，散热不良，刀杆刚性又不足，工件的尺寸精度和表面粗糙度都不易得到保证。如先将内孔加工好，利用心轴或胀力心轴装夹，既可准确实现其定位，又能准确控制尺寸精度、形状精度。

(2) 数控车削常用加工路线

① 轮廓粗车进给路线。根据最短切削进给路线的原则，兼顾工件的刚性和加工工艺性等要求，来选择确定最合理的进给路线。

图4.11给出了3种不同的轮廓粗车切削进给路线，其中图4.11(a)表示利用数控系统仿形加工循环功能(例如FANUC-0i G73)控制车刀沿着工件轮廓线进行进给的路线，此种加工路线，刀具切削总行程最长，一般只用于单件小批量生产；图4.11(b)为三角形循环(车锥法)进给路线；图4.11(c)为矩形循环进给路线(例如FANUC-0i G71)，其路线行程最短，因此在同等切削条件下的切削时间最短，刀具损耗最少。

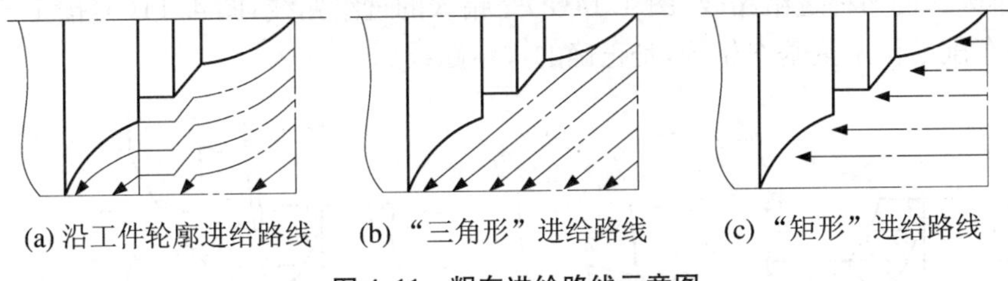

(a) 沿工件轮廓进给路线　(b) “三角形”进给路线　(c) “矩形”进给路线

图4.11　粗车进给路线示意图

② 车削圆锥的加工路线。图4.12为车削正圆锥的两种加工路线。按图4.12(a)车削圆锥时，需要计算终刀距 s。设圆锥大径为 D，小径为 d，锥长为 L，背吃刀量为 a_p，则由相似三角形可知：

$$\frac{D-d}{2L}=\frac{a_p}{s} \tag{4.1}$$

根据公式(4.1)，可计算出终刀距 s 的大小。按此加工路线车削正圆锥，刀具切削运动的距离较短，每次切深相等，但需要通过计算。

按图 4.12(a)方法车削，每次切削背吃刀量是变化的，而且切削运动的路线较长，但编程方便。

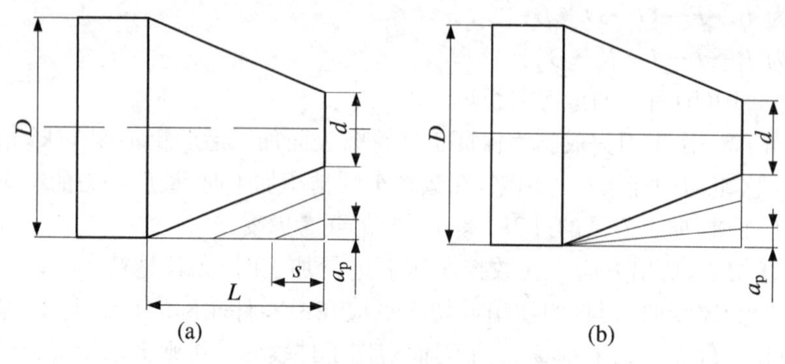

图 4.12　粗车正锥进给路线示意图

③ 车削圆弧的加工路线。在粗加工圆弧时，因其切削余量大，且不均匀，经常需要进行多刀切削。在切削过程中，可以采用多种不同的方法，现将常用方法介绍如下：

(a) 车锥法粗车圆弧。

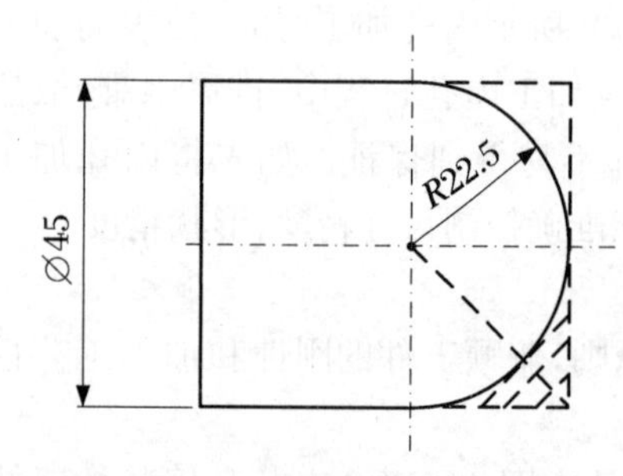

图 4.13　车锥法粗车圆弧示意图

如图 4.13 所示，车锥法粗车圆弧的切削路线，即先车削一个圆锥，再车圆弧。在采用车锥法粗车圆弧时，要注意车锥时的起点和终点的确定。若确定不好，则可能会损坏圆弧表面，也可能将余量留得过大。此方法数值计算较为繁琐，但其刀具切削路线较短。起点和终点的计算一定要准确，计算不准确则有可能产生过切，损坏圆弧表面；也可能使余量留得过大。

(b) 车矩形法粗车圆弧。

对于不超过 1/4 圆的圆弧，当圆弧半径较大时，其切削余量通常也较大，此时可采用车矩形法粗车圆弧。在采用车矩形法粗车圆弧时，关键要注意每刀切削所留的余量应尽可能保持一致，应严格控制后面的切削长度不超过前一刀的切削长度，以防崩刀。图 4.14 是车矩形法粗车圆弧的两种进给路线，图 4.14(a)是错误的进给路线，图 4.14(b)按 1→5 的顺序车削，每次车削所留余量基本相等，是正确的进给路线。

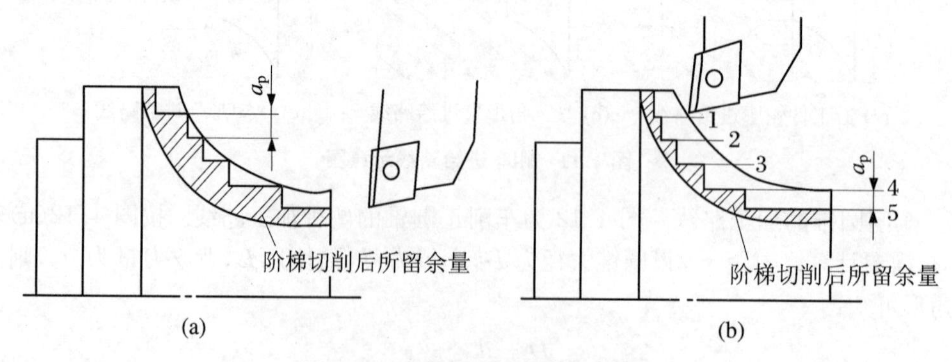

图 4.14　车矩形法粗车圆弧示意图

(c) 车圆法粗车圆弧。

采用车削不同半径的同心圆方法，每次指定背吃刀量把圆弧加工出来。这种方法数值计算比较容易,编程也比较方便。用同心圆加工圆弧采用多刀粗车圆弧,先将大部分余量切除,最后才车到所需圆弧,如图 4.15 所示。此方法的优点在于每次背吃刀量相等,数值计算简单,编程方便,所留的加工余量相等,有助于提高精加工质量。缺点是加工的空行程时间较长。加工较复杂的圆弧通常采用此类方法。

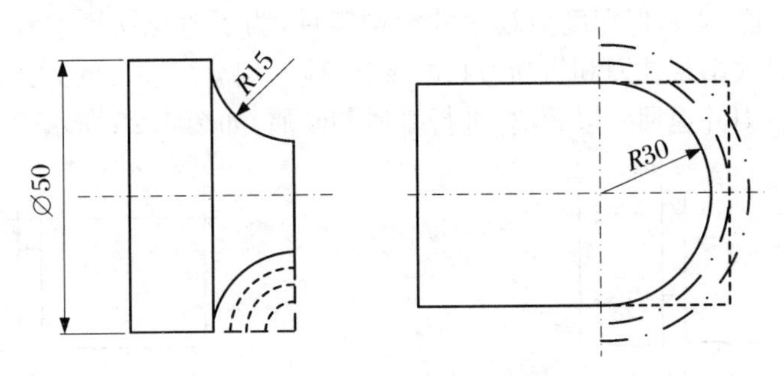

图 4.15　车圆法车圆弧示意图

(d) 分层切削法加工圆弧。

如图 4.16 所示,分层切削法车削圆弧的加工路线,可以利用子程序编程,通过调用子程序,移动圆弧逐步达到图纸最终尺寸。

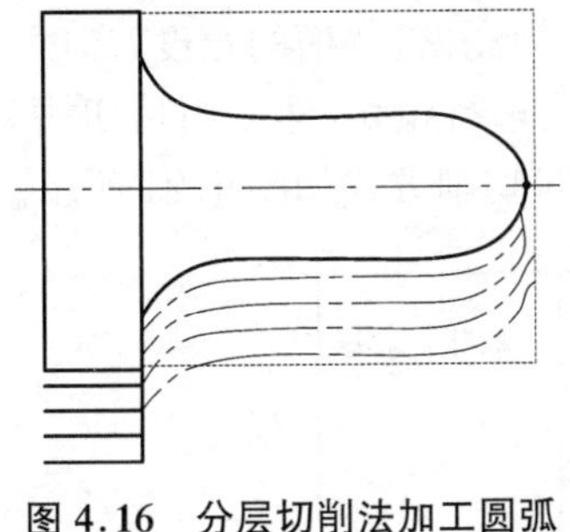

图 4.16　分层切削法加工圆弧

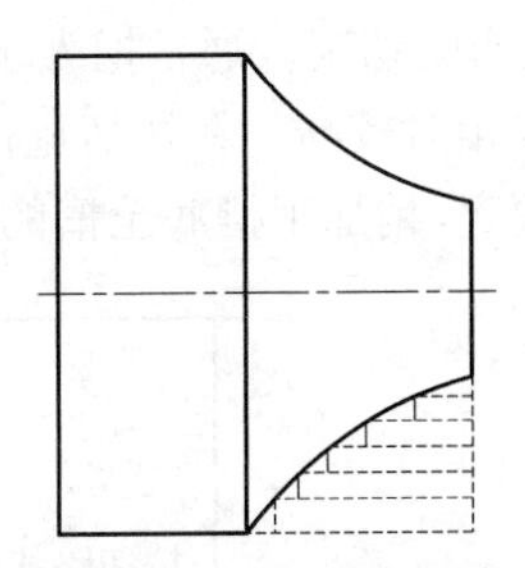

图 4.17　阶梯法加工圆弧

(e) 阶梯法加工圆弧。

图 4.17 为阶梯法车削圆弧的加工路线,用阶梯法车削后留精加工余量,最后用 G03 或 G02 指令加工出圆弧。

④ 车螺纹时的加工路线分析。在数控车床上车螺纹时,沿螺距方向的 Z 向进给应和车床主轴的转速保持严格的速率比例关系,因此应避免在进给机构加速或减速的过程中切削。为此要有加速进刀段和减速进刀段,如图 4.18 所示,δ_1 一般为 2～5 mm,δ_2 一般为 1～2 mm。

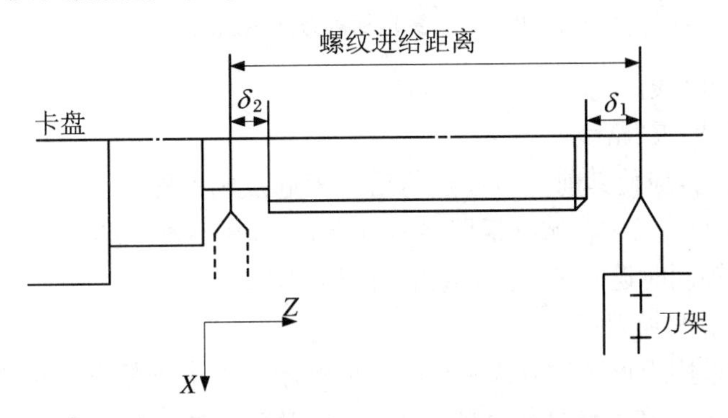

图 4.18　车螺纹时的引入距离和超越距离

⑤ 车槽加工路线分析。

(a) 对于宽度、深度值相对不大,且精度要求不高的槽,可采用与槽等宽的刀具,直接切入、一次成型的方法加工,如图 4.19 所示。刀具切入到槽底后可利用延时指令使刀具短暂停留,以修整槽底圆度,退出过程中可采用工进速度。

(b) 对于宽度值不大,但深度值较大的深槽零件,为了避免切槽过程中由于排屑不畅,使刀具前部压力过大出现扎刀和折断刀具的现象,应采用分次进刀的方式,刀具在切入工件一定深度后停止进刀并退回一段距离,进行排屑和断屑,如图 4.20 所示。

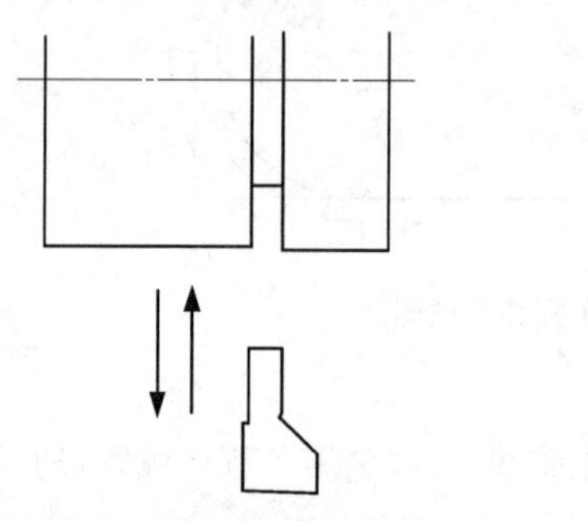

图 4.19　简单槽类零件的加工方式

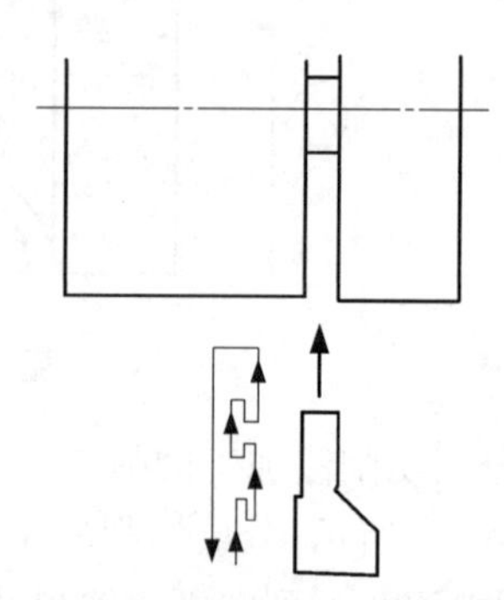

图 4.20　深槽零件的加工方式

(c) 宽槽的切削。通常把大于一个切刀宽度的槽称为宽槽,宽槽的宽度、深度的精度及面质量要求相对较高。在切削宽槽时常采用排刀的方式进行粗切,然后用精切槽刀沿槽的一侧切至槽底,精加工槽底至槽的另一侧,再沿侧面退出,切削方式如图 4.21 所示。

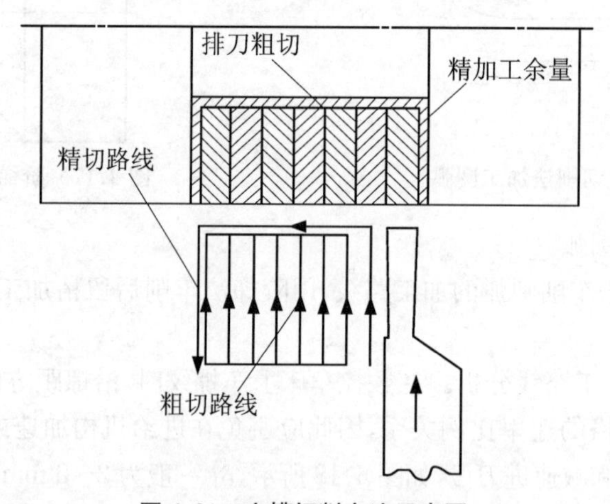

图 4.21　宽槽切削方法示意图

⑥ 空行程进给路线。

(a) 合理安排"回零"路线。

安排退刀路线时,应使其前一刀终点与后一刀起点间的距离尽量减短,或者为零,以满足进给路线为最短的要求。在选择返回参考点指令时,在不发生加工干涉现象的前提下,尽量采用 X,Z 坐标轴同时返回参考点,该指令的返回路线最短。

(b) 巧用起刀点和换刀点。

图 4.22(a)为采用矩形循环方式粗车的一般情况。考虑到精车等加工过程中换刀的方便,故将对刀点 A 设置在离坯件较远的位置处,起刀点与对刀点重合,按三刀粗车的进给路

线安排如下：

第一刀为 $A \to B \to C \to D \to A$；

第二刀为 $A \to E \to F \to G \to A$；

第三刀为 $A \to H \to I \to J \to A$。

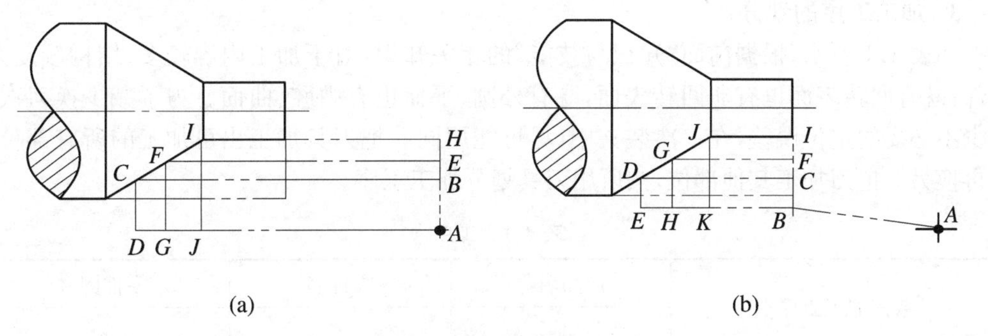

图 4.22　巧用起刀点

图 4.22(b)则是将起刀点与对刀点分离，并设于 B 点位置，仍按相同的切削用量进行三刀粗车，其进给路线安排如下：

车刀先由对刀点 A 运行至起刀点 B；

第一刀为 $B \to C \to D \to E \to B$；

第二刀为 $B \to F \to G \to H \to B$；

第三刀为 $B \to I \to J \to K \to B$。

显然，图 4.22(b)所示的进给路线短。该方法也可用在其他循环(如螺纹车削)的切削加工中。

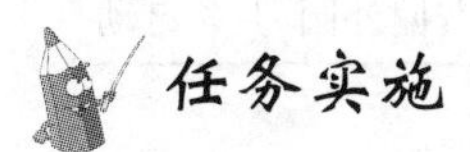

任务实施

分析如图 4.1 所示的多功能曲面轴零件的数控加工工艺方案，材料为 45＃钢，无热处理和硬度要求。

1. 零件图工艺分析

该零件表面由圆柱、圆锥、顺圆弧、逆圆弧及双线螺纹等表面组成。其中含多个直径尺寸$\varnothing 56_{-0.03}^{\ 0}$ mm、$\varnothing 34_{-0.025}^{\ 0}$ mm、$\varnothing 30_{-0.033}^{\ 0}$ mm、$\varnothing 36_{-0.025}^{\ 0}$ mm，有较高的尺寸精度和表面粗糙度(Ra 为 6.3 μm)等要求；球面 $S\ \varnothing 50 \pm 0.05$ mm 的尺寸公差还兼有控制该球面形状(线轮廓)误差的作用。尺寸标注完整，轮廓描述清楚，零件材料为 45＃钢，无热处理和硬度要求。

通过上述分析，可制订以下几点工艺措施。

(1) 对图样上给定的几个精度要求较高的公差尺寸，因其公差数值较小，故编程时不必取平均值，而全部取其基本尺寸即可。

(2) 在轮廓曲线上，有三处为过象限圆弧，其中两处为既过象限又改变进给方向的轮廓曲线，因此在加工时应进行机械间隙补偿，以保证轮廓曲线的准确性。

(3) 为便于装夹，坯件左端应预先车出夹持部分(双点画线部分)，右端面也应先粗车出并钻好中心孔。毛坯选$\varnothing$60 mm 棒料。

2. 加工方法的确定

根据前面知识与技能的相关知识,加工精度为 IT8～IT9 级、表面粗糙度 *Ra* 为 1.6～3.2 μm的除淬火钢以外的常用金属,可采用普通型数控车床,按粗车、半精车、精车的方案加工。

3. 加工工序的划分

如表 4.1 所示,根据前面“知识与技能”的相关知识,对于加工内容较多、结构较复杂的零件,既有回转表面也有非回转表面,既有外圆、平面也有内腔、曲面。为了减少换刀次数,减少不必要的定位误差,在一次装夹中,尽可能用同一把刀具加工出可加工的所有部位,然后再换另一把刀加工其他部位,按所用刀具划分加工工序。

表 4.1　工序卡

数控加工工序卡		产品名称		零件名	零件图号	
工序号	程序编号	夹具名称		夹具编号	使用设备	车间
工步号	工步内容	切削用量			刀具	备注
		主轴转速 n(r/min)	进给速度 f(mm/r)	背吃刀量 a_p(mm)	名称	
1	平端面	400	0.1	1	90°右偏外圆刀	手动
2	钻中心孔	900		2.5	∅5 mm 中心钻	手动
3	粗车工件外轮廓	600	0.2	2	90°右偏外圆刀	自动
4	精车工件外轮廓	800	0.1	0.25	90°右偏外圆刀	自动

4. 确定装夹方案

确定坯件轴线和左端大端面(设计基准)为定位基准。左端采用三爪自定心卡盘定心夹紧,右端采用活动顶尖支承的装夹方式。

5. 确定加工顺序及进给路线

加工顺序按由粗到精、由近到远(由右到左)的原则确定。即先从右到左进行粗车(留 0.25 mm 精车余量),然后从右到左进行精车,最后车削螺纹。FANUC 系统数控车床具有粗车循环和车螺纹循环功能,该零件从右到左沿零件表面轮廓精车进给,如图 4.23 所示。

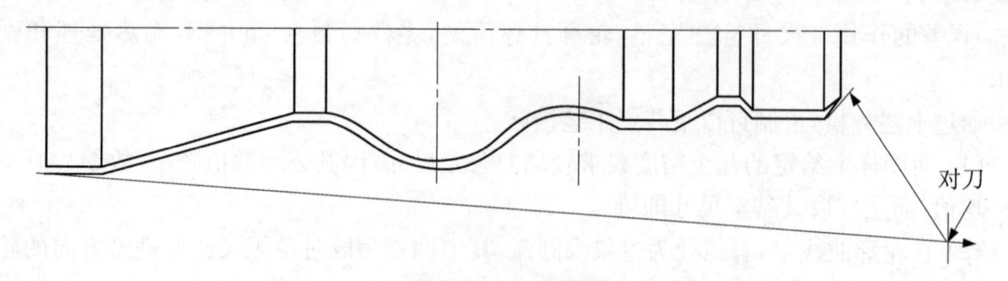

图 4.23　走刀路线

任务思考

1. 为什么工艺分析及处理是编程中非常重要的工作之一？工艺分析有哪些内容？
2. 制订加工方案有哪些常用方法？
3. 工艺处理的原则和步骤是什么？

任务 4.2　数控车削零件装夹与定位

在数控机床加工前，应预先确定工件在机床上的位置，并固定好，以接受加工或检测。将工件在机床上或夹具中定位、夹紧的过程，称为装夹。工件的装夹包含了两个方面的内容：一是定位——确定工件在机床上或夹具中正确位置的过程；二是夹紧——工件定位后将其固定，使其在加工过程中保持定位位置不变的操作。

任务目标

知识目标

- 理解并掌握数控车削装夹特点；
- 了解常用车削通用夹具。

能力目标

- 掌握夹紧方案的确定、刀具的选择要点；
- 培养学生分析问题、解决问题的能力。

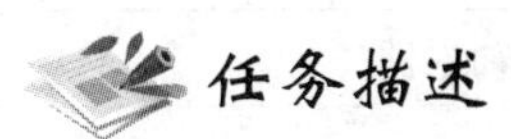

任务描述

如图 4.24 所示的细长轴零件，毛坯规格为∅50 mm×410 mm，材料为 45＃钢，试分析其装夹方案。

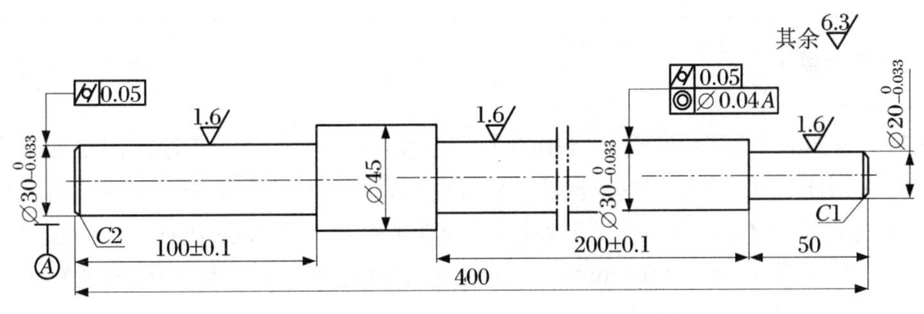

图 4.24　长轴加工

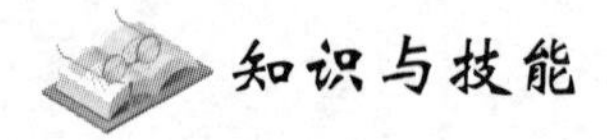

4.2.1 数控车床常用装夹方法

在数控车床加工中，大多数情况是使用工件或毛坯的外圆定位，以下几种夹具就是靠圆周来定位的夹具。数控车床多采用三爪自定心卡盘夹持工件；轴类工件还可采用尾座顶尖支撑工件。轴类零件按其长径比可分为短轴、长轴和细长轴。一般来说，轴的长度 L 和直径 D 之比小于或等于 5($L/D\leqslant5$)，长度不超过 150 mm 的轴件称为短轴，长径比大于 25($L/D\geqslant25$)的称为细长轴，大多数轴介于两者之间。一般轴类零件采用三爪自定心卡盘和顶尖装夹。数控车床常用装夹方法如表 4.2 所示。

表 4.2 数控车床常用装夹方法

序号	装夹方法	特　点	适用范围
1	三爪卡盘	最大的优点是可以自动定心，装夹速度快，夹紧力小，一般不需要找正，夹持范围大，装夹速度快，但定心精度存在误差	适于装夹中小型圆柱形、正三角形或正六边形，不适于同轴度要求高的工件二次装夹
2	四爪卡盘	需要找正，夹紧力大，装夹精度高，四爪卡盘的找正繁琐、费时，一般用于单件小批生产，四爪卡盘的卡爪有正爪和反爪两种形式	适合不规则的零件、大型零件；用于装夹零件的长径比小于 4，偏心距较小，截面为方形、椭圆形的较大、较重的零件
3	两顶尖	容易保证定位精度，不能承受较大的切削力，装夹不牢靠	适合轴类零件
4	一夹一顶	定位精度高，装夹牢靠	适合轴类零件
5	中心架	用于细长轴的切削，可防止弯曲变形	适合细长轴零件
6	心轴与弹簧夹头	以孔为定位基准，用心轴装夹来加工外表面；也可以以外圆为定位基准，采用弹簧夹头装夹来加工内表面，位置精度高	适合内外表面交互、位置精度比较高的零件

1. 三爪卡盘

(1) 三爪卡盘的特点

三爪卡盘如图 4.25 所示，是最常用的车床通用夹具。为了防止车削时因工件变形和振动，工件在三爪自定心卡盘中装夹时，其悬伸长度不宜过长。适合于安装短圆棒料或盘类工件(直径较大的盘状工件，可用反三爪夹持)。三爪自定心卡盘装夹方便，能自动定心，但其定心准确度不高，为 0.05～0.15 mm，三爪自定心卡盘的夹紧力不大，一般只适宜于装夹重量较轻的中、小型零件。

(2) 卡爪

数控车床有两种常用的标准卡盘卡爪：硬卡爪和软卡爪，如图 4.26 所示。当卡爪夹持在未加工面上，如铸件或粗糙棒料表面，需要大的夹紧力时，使用硬卡爪；通常为保证刚度和耐磨性，硬卡爪要进行热处理，使之保持较高硬度。在需要减小两个或多个零件直径跳动偏差，以及在已加工表面不希望有夹痕时，则应使用软卡爪。软卡爪通常用低碳钢制造，软卡爪在使用前，为配合被夹持工件，要进行撞孔加工。软卡爪装夹的最大特点是工件虽经多次装夹仍能保持稳定的位置精度，大大缩短了工件的装夹校正时间。

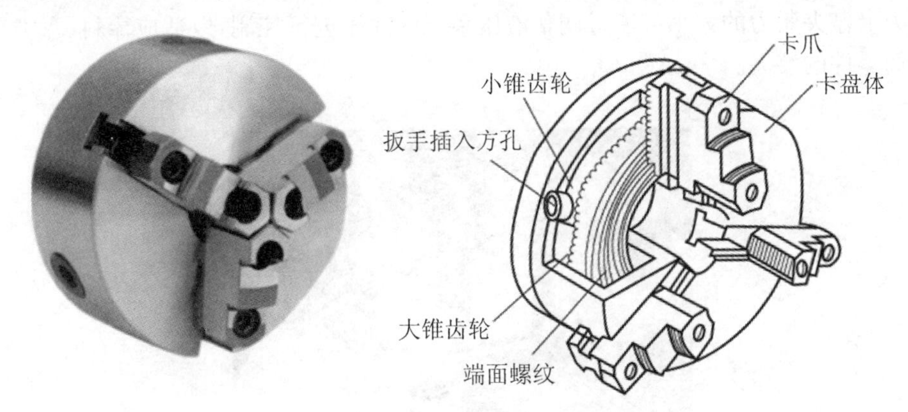

图4.25　三爪自定心卡盘

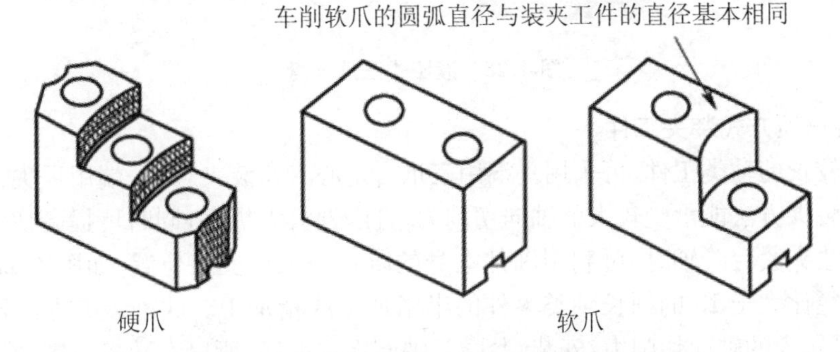

图4.26　三爪自定心卡盘的硬爪和软爪

(3) 可调卡爪式四爪卡盘

可调卡爪式四爪卡盘如图4.27所示。它的4个基体卡座上的卡爪，可通过4个螺杆手动旋转移动径向位置，能单独调整各卡爪的位置使零件夹紧、定位。加工前，要把工件加工面中心对准到卡盘(主轴)中心，由于其装夹后不能自动定心，因此需要用更多的时间来对准和夹紧零件。可调卡爪式四爪卡盘适合装夹形状比较复杂的非回转体，如方形、长方形等。一般用于定位、夹紧不同心或结构对称的零件表面。

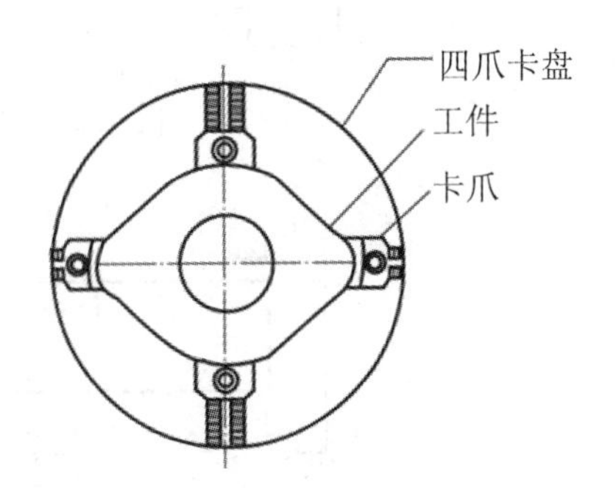

图4.27　可调卡爪式四爪卡盘

(4) 液压动力卡盘

液压卡盘,能自动松开夹紧,动作灵敏,装夹迅速、方便,能实现较大夹紧力,能提高生产率和减轻劳动强度。但夹持范围变化小,尺寸变化大时需重新调整卡爪位置。图 4.28 为液压式三爪卡盘。自动化程度高的数控车床经常使用液压自定心卡盘,尤其适用于批量加工。液压动力卡盘夹紧力的大小可通过调整液压系统的油压进行控制,以适应棒料、盘类零件和薄壁套筒零件的装夹。

图 4.28 液压式三爪卡盘

2. 一夹一顶方式装夹工件

对一般较长的轴类工件,可采用一端用三爪自定心卡盘装夹,另一端用顶尖顶住的装夹方法。这种装夹方法能承受较大的轴向切削力,且刚性大大提高,同时可提高切削用量。在使用这种方法夹紧台阶轴时,可利用轴件本身的阶台去限定安装位置,如图 4.29 所示。常用于装夹长径比大于 15 的细长轴类零件的半精加工或精加工。此种装夹方法比较安全可靠,能够承受较大的轴向切削力,安装刚性好,轴向定位准确,所以在数控车削加工中应用较多。为了减少加工过程中工件径向变形,一夹一顶装夹常和跟刀架配合使用,如图 4.30 所示。为保证加工过程中刚性较好,车削较重工件时常采用一端夹住另一端用后顶尖支承的方法。

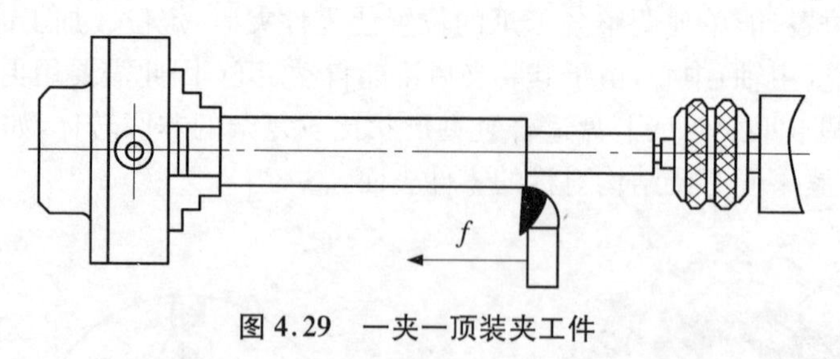

图 4.29 一夹一顶装夹工件

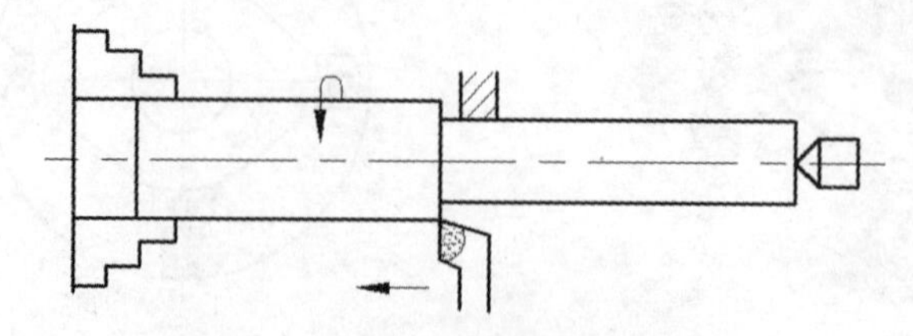

图 4.30 一夹一顶跟刀架装夹

① 中心孔。中心孔是轴类零件在顶尖上安装的常用定位基准。常用的中心孔有 A 型和 B 型。A 型中心孔只有 60°锥孔。对于精度一般的轴类零件，中心孔不需要重复使用的，可选用 A 型中心孔，如图 4.31 所示。

B 型中心孔外端的 120°锥面又称保护锥面，用以保护 60°锥孔的外缘不被碰坏。对于精度要求高、工序较多、需多次使用中心孔的轴类零件，应选用 B 型中心孔，如图 4.32 所示。

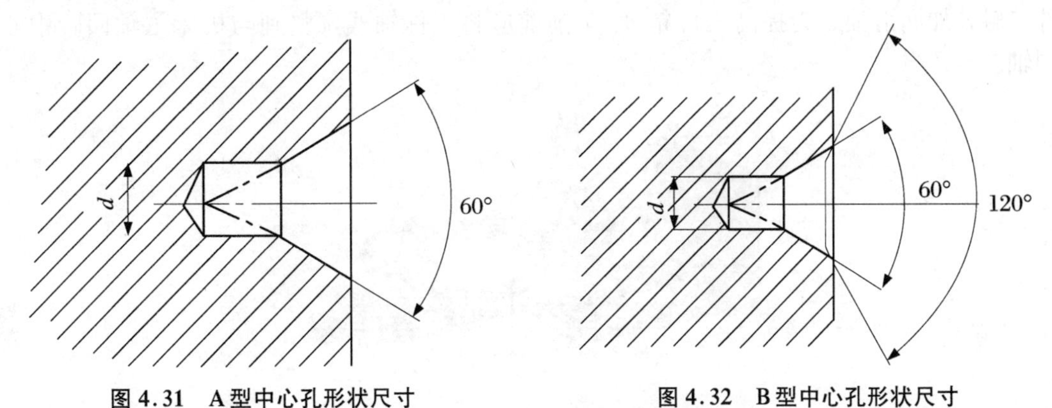

图 4.31　A 型中心孔形状尺寸　　**图 4.32　B 型中心孔形状尺寸**

A 型和 B 型中心孔，分别用相应的中心钻在车床或专用机床上加工。加工中心孔之前应先将轴的端面车平，防止中心钻折断。

② 顶尖。工件装在主轴顶尖和尾座顶尖之间，顶尖作用是进行工件的定心，并承受工件的重量和切削力。如图 4.33 所示，常用顶尖一般可分为普通顶尖（死顶尖）和回转顶尖（活顶尖）两种。

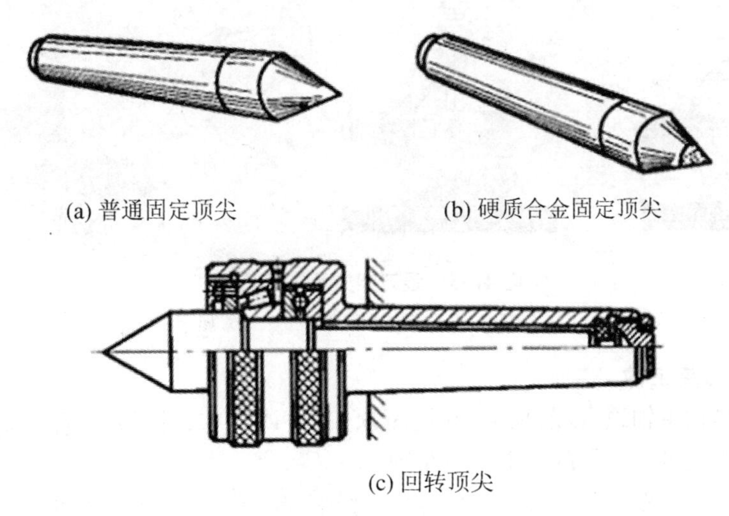

(a) 普通固定顶尖　(b) 硬质合金固定顶尖

(c) 回转顶尖

图 4.33　顶尖的种类

普通顶尖刚性好，定心准确，但与工件中心孔之间因产生滑动摩擦而放热过多，容易将中心孔或顶尖“烧坏”，因此，尾架上是死顶尖，轴的右中心孔应涂上黄油，以减小摩擦，死顶尖适用于低速加工且精度要求较高的工件。

活顶尖将顶尖与工件中心孔之间的湍动摩擦变成顶尖内部轴承的滚动摩擦，能在很高的转速下正常工作；但活顶尖存在一定的装配积累误差，以及当滚动轴承磨损后，会使顶尖产生径向摆动，从而降低了加工精度，故一般用于轴的粗车或半精车。

尾座套筒在不与车刀干涉的前提下，应尽量伸出短些，以增加刚性和减小振动。两顶尖中心孔的配合应该松紧适当。

③ 中心架。一般在车削细长轴类时，用中心架来增加工件的刚性，当工件可以进行分段切削时，中心架支承在工件中间，如图 4.34 所示。在工件装中心架之前，必须在毛坯中部车出一段支承中心架支承爪的沟槽，其表面粗糙度及圆柱度误差要小，并经常在支承爪与工件接触处加润滑油。为提高工件精度，车削前应将工件轴线调整到与机床主轴回转中心同轴。

图 4.34　中心架支承车细长轴

④ 跟刀架。如图 4.35 所示，对不适宜调头车削的细长轴，不能用中心架支承，而要用跟刀架支承进行车削，以增加工件的刚性。跟刀架固定在床鞍上，一般有两个支承爪，它可以跟随车刀移动，抵消径向切削力，提高车削细长轴的形状精度和减小表面粗糙度。

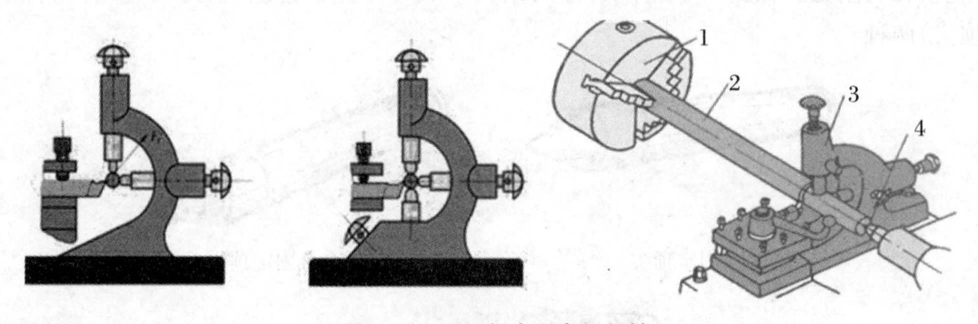

图 4.35　跟刀架支承车细长轴

1. 卡盘；　2. 工件；　3. 跟刀架；　4. 顶尖

3. 双顶尖装夹工件

双顶法就是在主轴顶尖(前顶尖)和尾座顶尖(后顶尖)之间安装工件。主轴转动时，通过拨盘推动夹头而带动轴件的转动进行车削。

(1) 双顶尖拨盘装夹

如图 4.36 所示，这种装夹方法定心准确可靠，安装方便，装夹稳定。用于装夹长径比为 4～15 的实心轴类零件和加工精度要求较高的零件。顶尖作用是进行零件的定心，并承受零件的重量和切削力。两顶尖装夹零件时，先使用对分夹头或鸡心夹头夹紧零件一端的圆周，再将拨杆旋入三爪卡盘，并使拨杆伸向对分夹头或鸡心夹头的端面。车床主轴转动时，带动三爪卡盘转动，随之带动拨杆同时转动，由拨杆拨动对分夹头或鸡心夹头，拨动工件随三爪卡盘转动。两顶尖只对工件有定心和支承作用，必须通过对分夹头或鸡心夹头的拨杆带动工件旋转。

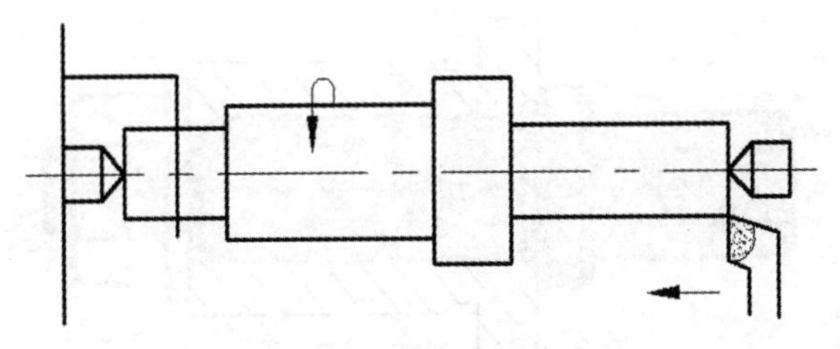

图 4.36　双顶尖拨盘装夹

使用两顶尖装夹工件时的注意事项：

① 前后顶尖的连线应该与车床主轴中心线同轴，否则会产生锥度误差。

② 尾座套筒在不与车刀干涉的前提下，应尽量伸出短些，以增加刚性和减小振动。

③ 中心孔的形状应正确，表面粗糙度应较好。

④ 两顶尖中心孔的配合应该松紧适当。

(2) 双顶尖中心架装夹

如图 4.37 所示，这种装夹方法的支承爪位置可调，增加了零件的刚性。适用于装夹长径比大于 15 的细长轴类零件的粗加工。

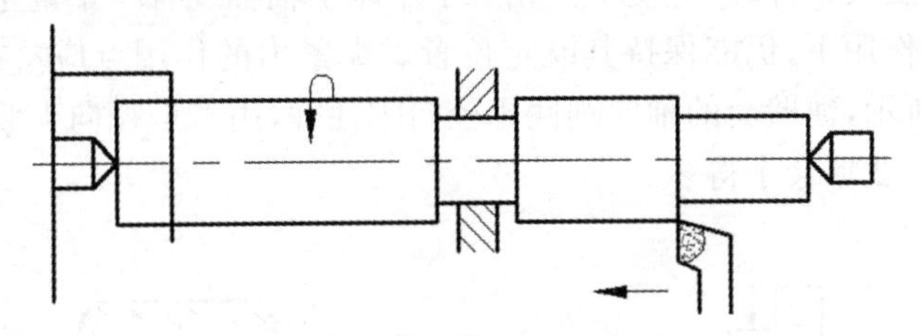

图 4.37　双顶尖中心架装夹

4. 花盘装夹

如图 4.38 所示，与其他车床附件配合使用，适用于外形不规则，无法使用三爪或四爪卡盘装夹的偏心及需要端面定位夹紧的零件。盘面上有多个通孔和 T 形槽，用螺钉、压板装夹零件，不能自动定心，装夹零件需要找正。适用于形状不规则的零件、孔或外圆与定位基面垂直的零件。

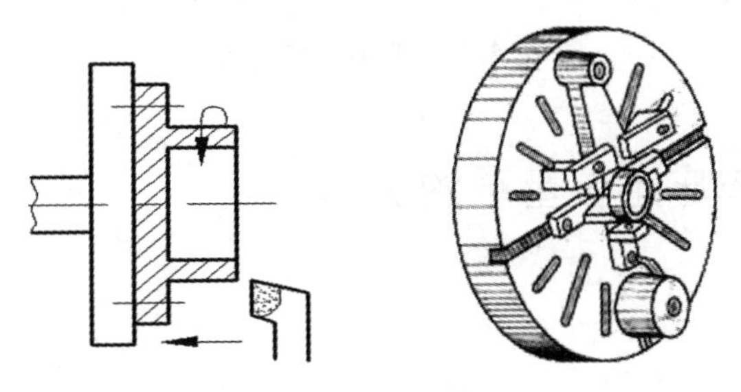

图 4.38　花盘

5. 心轴装夹

如图 4.39 所示，当工件用已加工过的孔作为定位基准时，可采用心轴装夹。这种装夹方法可以保证工件内外表面的同轴度，适用于批量生产。心轴的种类很多，常见的心轴有圆柱心轴、小锥度圆锥心轴、花键心轴。

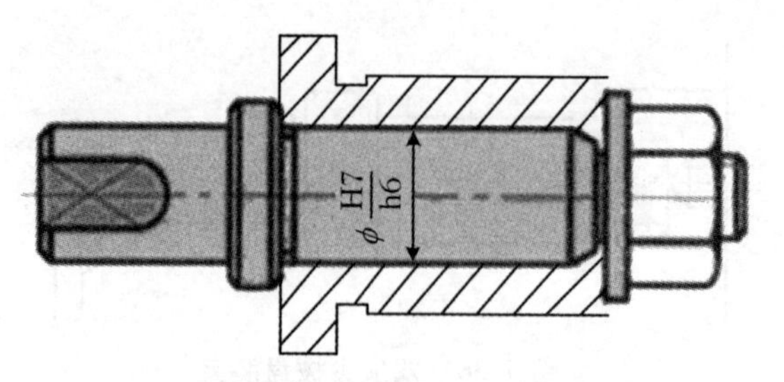

图 4.39　心轴装夹工件

圆柱心轴主要用于套筒和盘类零件的装夹；圆锥心轴的定心精度高，但零件的轴向位移误差较大，适用于以孔为定位基准的零件；花键心轴适用于以花键孔定位的零件。当以内孔为定位基准，并能保证外圆轴线和内孔轴线的同轴度要求，此时用心轴定位，常用圆柱心轴和小锥度圆锥心轴。对于带有锥孔、螺纹孔、花键孔的工件定位，常用相应的锥体心轴、螺纹心轴和花键心轴。

此外，数控车床加工中还有其他相应的夹具，如自动夹紧拨动卡盘、拨齿顶尖、三爪拨动卡盘、快速可调万能卡盘等。

在数控车床上装夹工件时，应使工件相对于车床主轴轴线有一个确定的位置，并且在工件受到各种外力的作用下，仍能保持其既定位置。夹紧力的作用点应落在工件刚性较好的部位。如图 4.40 所示，薄壁套的轴向刚性比径向刚性好，用卡爪径向夹紧时工件变形大，若沿轴向施加夹紧力，变形会小得多。

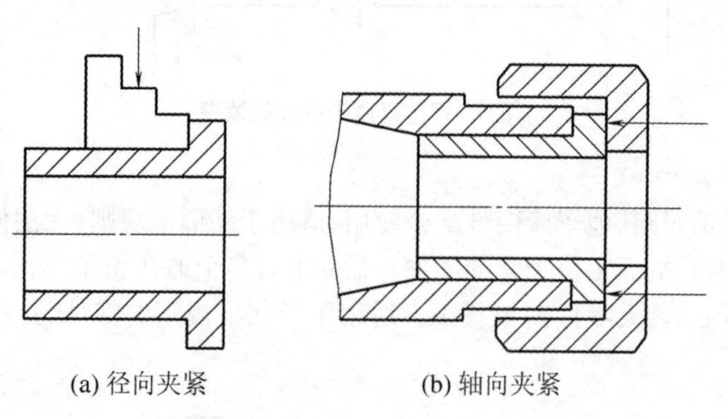

(a) 径向夹紧　　(b) 轴向夹紧

图 4.40　夹紧力作用点

4.2.2　数控车床定位基准的选择

1. 基准的分类

(1) 设计基准

设计基准是设计零件时采用的基准。例如轴套类和轮盘类零件的中心线。轴套类和轮盘类零件都属于回转体类，通常将径向设计基准设置在回转体轴线上，将轴向设计基准设置在零件的某一端面或几何中心处。

(2) 加工定位基准

加工定位基准是在加工零件时装夹定位的基准。数控车削加工轴套类及轮盘类零件的加工定位基准只能是被加工零件的外圆表面、内圆表面或零件端面中心孔。定位基准的选择包括定位方式的选择和被加工零件定位面的选择。在数控车削加工中，长度较短的轴类零件定位方式通常采用一端外圆固定，即用三爪卡盘、四爪卡盘或弹簧套固定零件的外圆表面，此定位方式对零件的悬伸长度有一定的限制，零件悬伸过长会在切削过程中产生变形，还会增大加工误差甚至掉活。对于切削长度较长的轴类零件，可以采用一夹一顶或采用两顶尖定位。在装夹方式允许的条件下，零件的轴向定位面尽量选择几何精度较高的表面。

(3) 测量基准

测量基准是指被加工零件各项精度测量和检测时的基准。机械加工零件的精度要求包括尺寸精度、形状精度和位置精度。在数控车削加工中尽量使零件的定位基准与设计基准重合。使零件的加工基准和零件的定位基准与零件的设计基准重合，这是保证零件加工精度的重要前提条件。

2. 定位基准的选择

在零件的机械加工工艺过程中，合理选择定位基准对保证零件的尺寸精度和相互位置精度起决定性作用。在数控车削中，应尽量让零件在一次装夹下完成大部分甚至全部表面的加工。对于轴类零件，通常以零件自身的外圆柱面作定位基准；对于套类零件，则以内孔作定位基准。

(1) 粗基准的选择

选择粗基准时，必须达到两个基本要求：首先，应该保证所有加工表面都有足够的加工余量；其次，应该保证零件上加工表面和不加工表面之间具有一定的位置精度。粗基准的选择原则如下：

① 选择不加工表面作为粗基准。

② 对所有表面都要加工的零件，应根据加工余量最小的表面找正。

③ 应该选用比较牢固可靠的表面作为基准，否则会使工件夹坏或松动。

④ 粗基准应选择平整光滑的表面。

⑤ 粗基准不能重复使用。

(2) 精基准的选择原则

① 基准重合原则。尽可能采用设计基准或装配基准作为定位基准，并使定位基准和测量基准重合。

② 基准统一原则。除第一道工序外，其余工序尽量采用同一个精基准。因为基准统一后，可以减少定位误差，提高加工精度。

③ 自为基准原则。某些要求加工余量小而均匀的精加工工序，选择加工表面本身作为定位基准，称为自为基准原则。

④ 互为基准原则。当对工件上两个相互位置精度要求很高的表面进行加工时，需要用两个表面互相作为基准，以保证位置精度要求。

⑤ 便于装夹原则。选择精度较高、装夹稳定可靠的表面作为精基准，并尽可能选用形状简单和尺寸较大的表面作为精基准，便于操作。

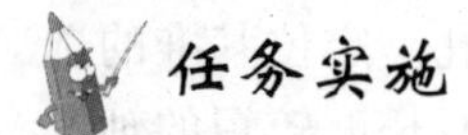

任务实施

1. 任务分析

如图 4.24 所示，根据双顶法装夹用于装夹长径比为 4～15 的实心轴类零件和加工精度要求较高的零件的要求，本例为保证每次安装时的精度，可用双顶法装夹。该工件轴向尺寸较长，且零件有同轴度、圆柱度要求，尺寸精度、粗糙度要求也较高。零件在加工中需要调头加工，为保证工件的加工精度，宜采用两顶尖装夹，即双顶法装夹。

双顶法就是在主轴顶尖(前顶尖)和尾座顶尖(后顶尖)之间安装轴件，主轴转动时，通过拨盘推动夹头而带动轴件转动，从而进行车削，如图 4.41 所示。用两顶尖安装工件方便，不需要找正，而且定位精度高，但装夹前必须在工件的两端面钻出中心孔。

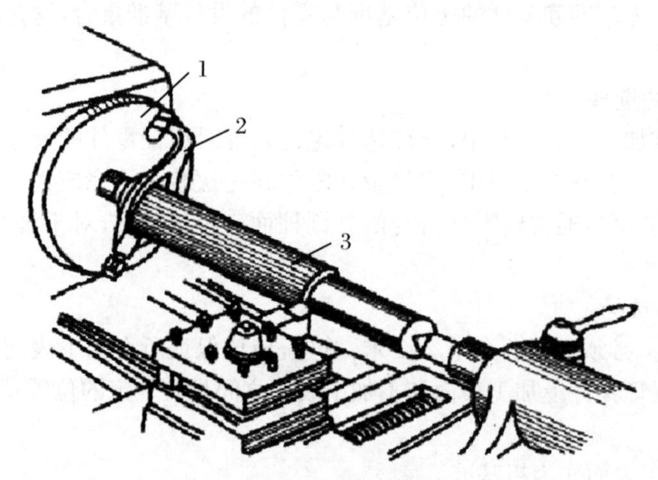

图 4.41 双顶法安装轴类工件

1. 拨盘； 2. 夹头； 3. 轴件

工件的装夹方法为：

(1) 用鸡心夹头夹紧工件一端。

(2) 左手托起工件，将夹有夹头一端的中心孔放置在前顶尖上，并使夹头的拨杆插入拨盘的凹槽中，以通过拨盘带动工件旋转。

(3) 尾座根据工件长度调整好位置并紧固。右手摇动尾座的手轮，使后顶尖顶入工件另一端的中心孔，其松紧程度以工件在两顶尖间可以灵活转动，而又没有轴向窜动为宜。

(4) 注意尾座套筒从尾座体伸出的长度应尽量短；若后顶尖使用固定顶尖，应用润滑脂润滑，最后，将尾座套筒的固定手柄压紧。

2. 加工工艺方案实施

(1) 用三爪自定心卡盘装夹工件，伸出长度约为 30 mm，找正并夹紧，车平端面，用 ∅2 mm中心钻(A 型)钻中心孔。

(2) 调头装夹，用三爪自定心卡盘装夹工件，找正并夹紧，车端面，用游标卡尺测量，保证工件总长为 400 mm，钻中心孔。

(3) 用双顶法装夹工件。主轴端用鸡心夹头固定。粗、精车外圆 $\varnothing 30_{-0.033}^{\ 0}$ mm × 100 mm、∅45 mm × 60 mm，满足图纸要求。如图 4.42 所示。

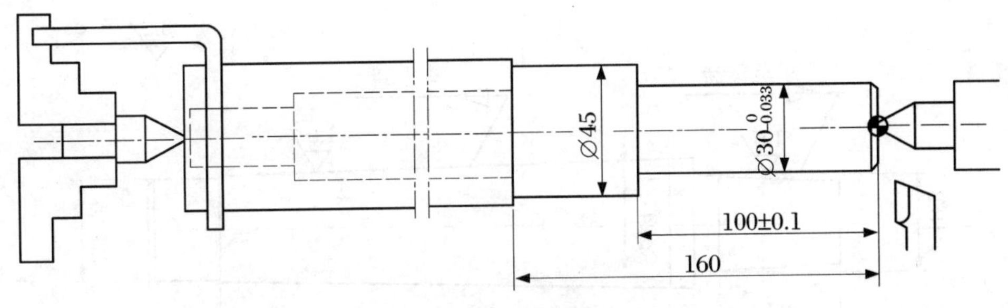

图 4.42　双顶法装夹

(4) 调头装夹，用双顶法装夹工件。工件在主轴端用鸡心夹头固定。粗精车外圆 $\varnothing 30_{-0.033}^{\ 0}$ mm×200 mm，$\varnothing 20_{-0.033}^{\ 0}$ mm×50 mm，满足图纸要求。如图 4.43 所示。

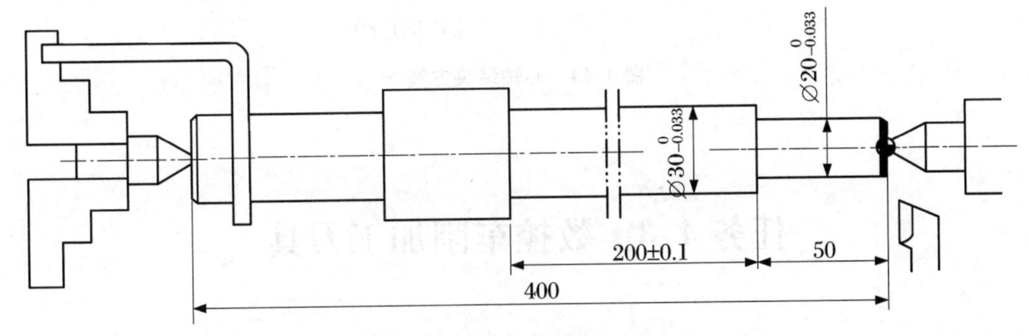

图 4.43　双顶法掉头装夹

3. 操作注意事项

(1) 车削前检查工件毛坯尺寸是否有足够的加工余量，必要时要校直长棒。

(2) 在进、退刀时要注意刀具的位置，避免刀具与顶尖碰撞。

(3) 正确装夹工件，避免顶尖顶得过紧或过松。

(4) 正确选择切削用量和刀具，避免因径向切削力过大引起工件变形。

(5) 中心孔加工不宜过深、过浅、过大、过偏。过深、过浅则顶尖与中心孔接触不良，过大、过偏容易导致工件成为废品。

(6) 钻中心孔时，中心钻的轴向进给要缓慢、均匀，应加注切削液、勤退刀并及时清除切屑。切削速度过低，轴向进给量过大，不加切削液与排屑不畅，都是中心钻折断的重要原因。

(7) 使用尾座时，套筒尽量伸出短些，以减小振动。

任务思考

1. 数控车床常用装夹方法有哪几种？各有何特点？分别应用于什么场合？

2. 数控车削精基准的选择原则是什么？

3. 如图 4.44 所示的零件，毛坯规格为∅30 mm×130 mm，材料为 45＃钢，硬度 225～260 HBS，允许保留中心孔，分析并确定其装夹方案。

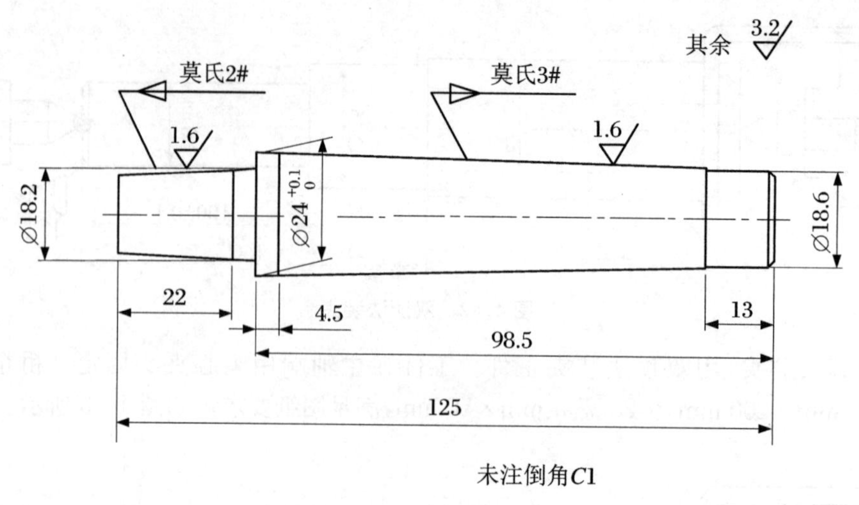

图 4.44　心轴装夹方案

任务 4.3　数控车削加工刀具

由机床、刀具和工件组成的切削加工工艺系统中，刀具是一个活跃的因素。切削加工生产率和刀具寿命的长短、加工成本的高低、加工精度和加工表面质量的优劣等，在很大程度上取决于刀具类型、刀具材料、刀具结构及其他因素的合理选择。

任务目标

知识目标

- 熟悉数控加工对刀具的要求；
- 熟悉刀具几何参数对刀具性能的影响及选用；
- 熟悉各种刀具材料的性能特点及选用；
- 数控车削可转位刀具与可转位刀片参数的识记。

能力目标

- 可转位刀片的选用与可转位刀具的装配；
- 初步具备根据车削加工情况合理选用刀具的能力。

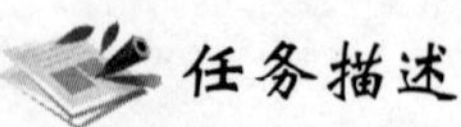

任务描述

如图 4.45 所示的锥孔螺母套，毛坯为∅75 mm×85 mm 棒料，材料为 45 钢，单件小批量生产，分析该零件的数控车削加工刀具的选择。

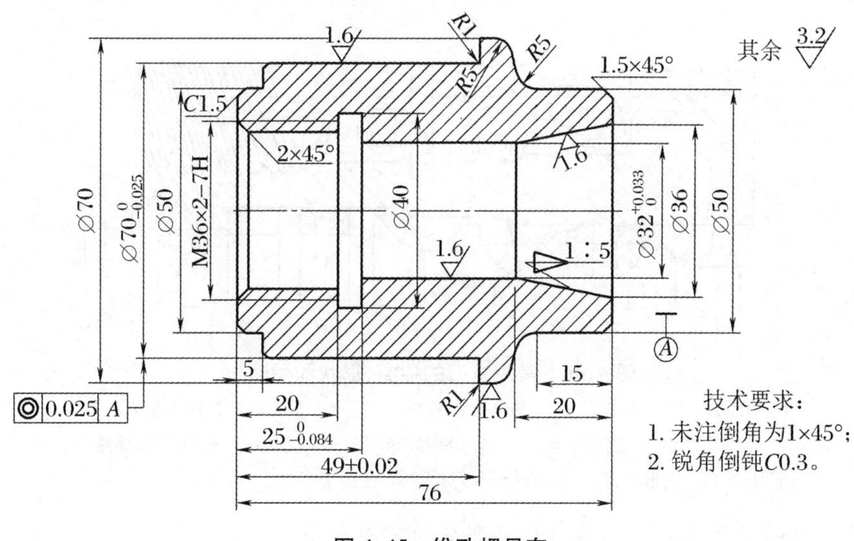

图 4.45　锥孔螺母套

4.3.1　数控车削刀具的基础知识

1. 对数控刀具的要求

为了适应数控加工高速、高效和高自动化程度等特点，数控加工刀具应比传统加工刀具有更高的要求。数控加工刀具应满足如下要求：

(1) 刀具材料应具有较高的可靠性

数控加工刀具材料应具有高耐热性、抗热冲击性和高温力学性能。随着科学技术的发展，对工程材料提出了愈来愈高的要求，各种高强度、高硬度、耐腐蚀和耐高温的工程材料愈来愈多地被采用，数控加工刀具应能适应难加工材料和新型材料加工的需要。

(2) 数控刀具应具有较高的精度

数控加工要求刀具的制造精度要高，尤其在使用可转位结构的刀具时，对刀片的尺寸公差、刀片转位后刀尖空间位置尺寸的重复精度，都有严格的要求。

(3) 数控刀具应能实现快速更换

数控刀具应能适应快速、准确的自动装卸过程，要求刀具互换性好、更换迅速、尺寸调整方便、安装可靠、换刀时间短。

(4) 数控刀具应系列化、标准化和通用化

数控刀具应实现系列化、标准化和通用化，尽量减少刀具规格，以便于刀具管理，降低加工成本，提高生产效率。

(5) 数控刀具应能可靠地断屑或卷屑

为了保证生产稳定进行，数控刀具应能可靠地断屑或卷屑。

2. 数控车削刀具类型及选用

(1) 按加工结构划分的车刀类型

车床主要用于回转表面的加工，如内外圆柱面、圆锥面、圆弧面、端面、螺纹等的切削加工。针对不同的加工结构和加工方法，车刀可设计成不同的刀具类型。车刀按用途分为外

圆车刀、端面车刀、内孔车刀、切断刀、切槽刀等多种形式。常用车削刀具种类及用途如图4.46所示。

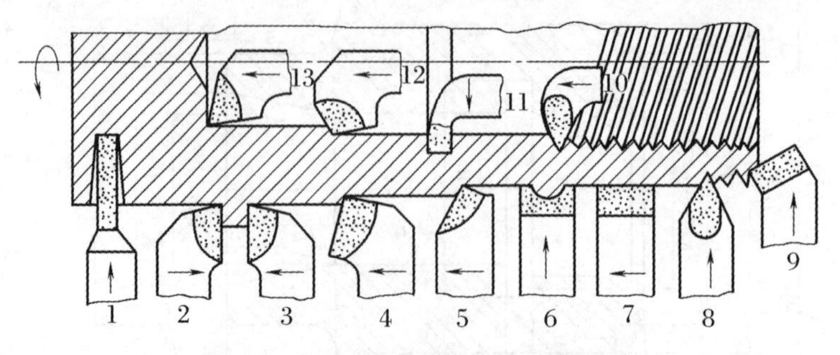

图4.46　常用车刀的种类、形状和用途

1. 切断刀；2. 90°左偏刀；3. 90°右偏刀；4. 弯头车刀；5. 直头车刀；6. 成型车刀；7. 宽刃精车刀；8. 外螺纹车刀；9. 端面车刀；10. 内螺纹车刀；11. 内槽车刀；12. 通孔车刀；13. 盲孔车刀

(2) 按车刀的刀体与刀片的连接情况划分的车刀类型

可分为整体车刀、焊接车刀和机械夹固式车刀，如图4.47所示。整体车刀主要是整体高速钢车刀，截面为正方形或矩形，使用时可根据不同用途进行刃磨。焊接车刀是将硬质合金刀片用焊接的方法固定在普通碳钢刀体上。它的优点是结构简单、紧凑、刚性好、使用灵活、制造方便，缺点是由焊接产生的应力会降低硬质合金刀片的性能，有的甚至会产生裂纹。机械夹固车刀简称机夹车刀，根据使用情况不同又分为机夹重磨车刀和机夹可转位车刀。可转位车刀的刀片夹固机构应满足夹紧可靠、装卸方便、定位精确等要求。

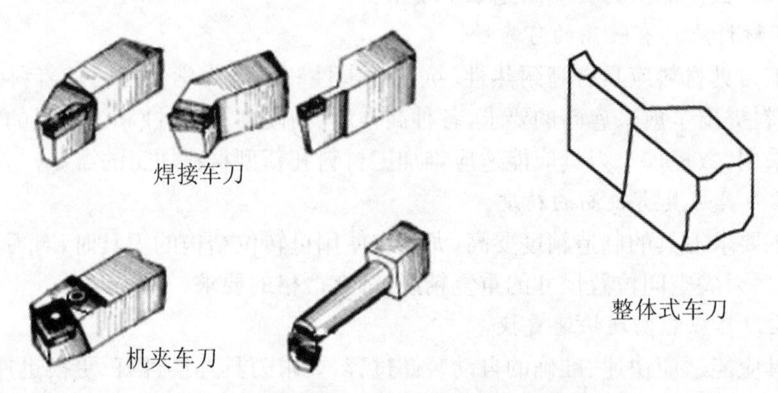

图4.47　整体车刀、焊接车刀和机械夹固式车刀

(3) 按刀具移动轨迹与形成轮廓的关系划分的车刀类型

数控车削时，从刀具移动轨迹与形成轮廓的关系看，常把车刀分为三类，即尖形车刀、圆弧形车刀和成形车刀。

① 尖形车刀。如图4.48所示，以直线形切削刃为特征的车刀一般称为尖形车刀。这类车刀的刀尖(同时也为其刀位点)由直线形的主、副切削刃构成，例如：刀尖倒棱很小的各种外圆和内孔车刀，左、右端面车刀，切断(车槽)车刀。用这类车刀加工零件时，其零件的轮廓形状主要由一个独立的刀尖或一条直线形主切削刃通过位移后得到。尖形车刀刀尖作为刀位点，刀尖移动形成零件的曲面轮廓。

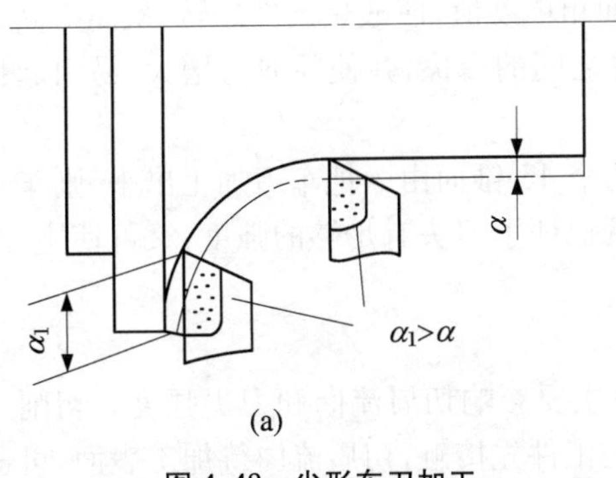

图4.48　尖形车刀加工

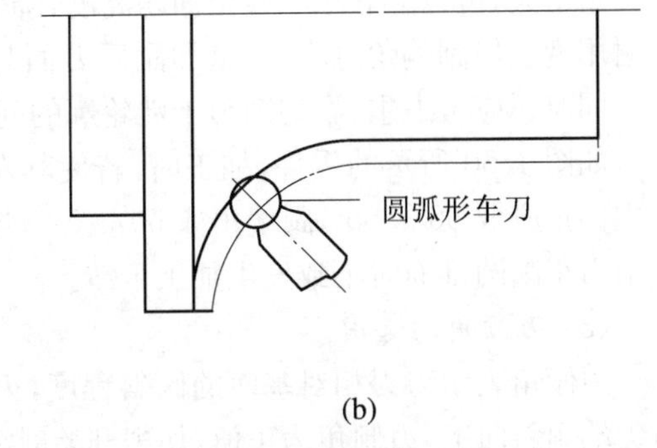

图4.49　圆弧形车刀加工

② 圆弧形车刀。圆弧形车刀是较为特殊的数控加工用车刀，如图4.49所示。构成主切削刃的刀刃形状为一圆度误差或轮廓度误差很小的圆弧；该圆弧刃每一点都是圆弧形车刀的刀尖。因此，刀位点不在圆弧上，而在该圆弧的圆心上，编程时要进行刀具半径补偿。圆弧形车刀特别适宜于车削各种光滑连接(凹形)的成形面。对于某些精度要求较高的凹曲面车削或大外圆弧面的批量车削，以及尖形车刀所不能完成加工的过象限的圆弧面，宜选用圆弧形车刀进行，圆弧形车刀可用于车削内、外圆表面，特别适宜于车削精度要求较高的凹曲面或半径较大的凸圆弧面。

③ 成形车刀。成形车刀俗称样板车刀，加工零件的轮廓形状完全由车刀刀刃的形状和尺寸来决定。数控车削加工中，常见的成形车刀有小半径圆弧车刀(圆弧半径等于加工轮廓的圆角半径)、非矩形车槽刀和螺纹车刀等。在数控加工中，应尽量少用或不用成形车刀，当必须选用时，则应在工艺准备的文件或加工程序单上进行详细说明。

3. 数控车削刀具基本几何参数及选用

选择刀具切削部分的合理几何参数，就是指在保证加工质量的前提下，能满足提高生产率和降低生产成本的几何参数。

(1) 前角、后角的选用

前角增大，使刃口锋利，利于切下切屑，能减少切削变形和摩擦，降低切削力、切削温度，减少刀具磨损，改善加工质量等。但前角过大，会导致刀具强度降低、散热体积减小、刀具耐用度下降，容易造成崩刃。减小前角，可提高刀具强度，增大切屑变形，且易断屑。前角值不能太小也不能太大，应在一个合理的范围内。

后角的主要功用是减小刀具后面与工件的摩擦，减轻刀具磨损。后角减小使刀具后面与工件表面间的摩擦加剧，刀具磨损加大，工件冷硬程度增加，加工表面质量差。后角增大使摩擦减小，刀具磨损减少，提高了刃口锋利程度。但后角过大会减小刀刃强度和散热能力。粗加工时以确保刀具强度为主，后角可取较小值；当工艺系统刚性差，易产生振动时，为增强刀具对振动的阻尼作用，宜选用较小的后角。精加工时以保证加工表面质量为主，后角可取较大值。

(2) 主偏角、副偏角的选用

调整主偏角可改变总切削力的作用方向，适应系统刚度。如增大主偏角，使背向力(总切削力吃刀方向上的切削分力)减小，可减小振动和加工变形。主偏角减小，刀尖角增大，刀具强度提高，散热性能变好，刀具耐用度提高，还可降低已加工表面残留面积的高度，提高表面质量。副偏角的功用主要是减小副切削刃和已加工表面的摩擦。使主、副偏角减小，同时刀尖角增大,可以显著减小残留面积高度,降低表面粗糙度值,使散热条件好转,从而提高刀具耐用度。但副偏角过小,会增加副后刀面与工件之间的摩擦,并使径向力增大,易引起振动。同时还应考虑主、副切削刃干涉轮廓的问题。

如图4.50所示的零件,加工时,若使其左右两个45°锥面由一把车刀加工出来,则车刀的主偏角应取50°~55°,副偏角取50°~52°,这样既保证了刀头有足够的强度,又可使主、副切削刃车削圆锥面时不致发生加工干涉。

(3) 刃倾角的选用

刃倾角表示刀刃相对基面的倾斜程度,刃倾角主要影响切屑流向和刀尖强度。切削刃刀尖端倾斜向上,刃倾角为正值,切削开始时刀尖与工件先接触,切屑流向待加工表面,可避免缠绕和划伤已加工表面,对精加工和半精加工有利。切削刃刀尖端倾斜向下,刃倾角为负值,切削开始时刀尖后接触工件,切屑流向已加工表面;在粗加工开始,尤其是断续切削时,可避免刀尖受冲击,起保护刀尖的作用,并可改善刀具散热条件。

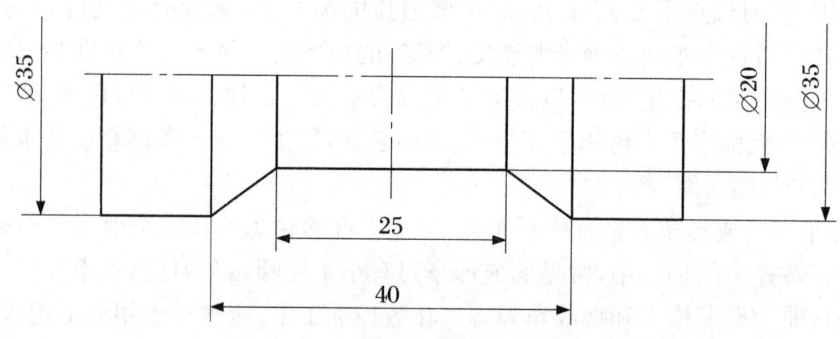

图4.50 尖形车刀的几何参数选择

4. 刀具材料选择

(1) 高速钢

高速钢是常用刀具材料之一,它具有稳定的综合性能,在复杂刀具和精加工刀具中,尤其是制造孔加工刀具、铣刀、螺纹刀具、拉刀、切齿刀具等一些刃形复杂刀具,仍占主要地位。高速钢刀具易于磨出锋利的切削刃。其典型钢号有W18Cr4V、W9Cr4V2和W9Mo3Cr4V3Co10等。

(2) 硬质合金

硬质合金是高速切削时常用的刀具材料,硬质合金刀具特别是可转位硬质合金刀具,是数控加工刀具的主导产品。它具有高硬度、高耐磨性和高耐热性,但抗弯强度和冲击韧性比高速钢差,故不宜用在切削振动和冲击负荷大的加工中。其常用牌号有:K类,包括K10~K40,相当于我国的YG类(主要成分为WC-Co),如YG6和YG8等用于加工铸铁及有色金属,YG6A和YG8A可用于加工硬铸铁和不锈钢等;P类,包括P01~P50,相当于我国的YT类(主要成分为WC-TiC-Co),如YT5、YT15和YT30等,主要用于加工钢料;M类,包括M10~M40,相当于我国的YW类,主要成分为WC-TiC-TaC(NbC)-Co,如YW1和YW2等,可广泛用于加工铸铁、有色金属、各种钢及其合金等。

(3) 涂层刀具

涂层刀具是在高速钢及韧性较好的硬质合金基体上,通过气相沉积法,涂覆一层极薄(0.005~0.012 mm)的、耐磨性高的难熔金属化合物,如TiC,TiN,TiB2,TiAlN等,国产硬质合金刀片的牌号有YB215和YB415等。

(4) 非金属材料刀具

用作刀具的非金属材料主要有陶瓷、金刚石及立方氮化硼等。

陶瓷刀具：陶瓷材料具有较高的硬度和耐磨性，较强的耐高温性，良好的化学稳定性和较低的摩擦系数，常常制成可转位机夹刀片，目前已开始用于制造车、铣等成型刀具之中。这种刀具特别适合于高速加工铸铁，也适合高速加工钛合金及高温合金等难加工材料。陶瓷刀具材料性能上存在着抗弯强度低、冲击韧性差等问题，不适于在低速、冲击负荷下切削。

(5) 金刚石刀具(PCD)

金刚石是碳的同素异构体，它是自然界已经发现的材料中最硬的一种。主要指人造金刚石制成的刀具，它具有极高的硬度和耐磨性，通常制成普通机夹刀片或可转位机夹刀片，用于钛或铝合金的高速精车，以及对含有耐磨硬质的复合材料(如玻璃纤维、碳或石墨制品等)的加工。金刚石刀具的不足之处是热稳定性较差，切削温度超过 800 ℃时，就会完全失去其硬度；切削刃可以磨得非常锋利，能进行超薄切削和超精密加工。多用于在高速下对有色金属及非金属材料进行精细切削及撞孔。它不适于切削黑色金属，因为金刚石(碳)在高温下容易与铁原子作用，使碳原子转化为石墨结构，刀具极易损坏。

(6) 立方氮化硼刀具(CBN)

这是一种硬度及抗压强度接近金刚石的人工合成超硬材料，具有很高的耐磨性、热稳定性(转化温度为 1 370 ℃)、化学稳定性和良好的导热性等。热稳定性比金刚石高得多，这种刀具宜于精车各种淬硬钢，也适于高速精车合金钢。由于这种材料的脆性大、抗弯强度和韧性均较差，故不宜承受冲击及低速切削。CBN 对于黑色金属具有极为稳定的化学性能，可以广泛用于钢铁制品的加工。适于用来精加工各种淬火钢、硬铸铁、高温合金、硬质合金、表面喷涂材料等难切削材料。因此，立方氮化硼车刀不宜用于低速、冲击载荷大的粗加工；同时不适合切削塑性大的材料(如铝合金、铜合金、镍基合金、塑性大的钢等)，因为切削这些金属时会产生严重的积屑瘤，使加工表面恶化而难以快速加工成型。

4.3.2　数控可转位车刀及刀具系统

1. 可转位刀具的概念

如图 4.51 所示，可转位刀具一般由刀片、刀垫、夹紧元件和刀体组成。可转位刀具是将具有数个切削刃的多边形刀片，用夹紧元件、刀垫，以机械夹固方法，将刀片夹紧在刀体上。当刀片的一个切削刃用钝以后，只要把夹紧元件松开，将刀片转一个角度，换另一个新切削刃并重新夹紧就可以继续使用。为了减少换刀时间和方便对刀，便于实现机械加工的标准化，数控车削加工时应尽量采用机夹刀和机夹刀片，机夹刀片采用可转位车刀。

2. 可转位刀具的优点

与焊接刀具和整体刀具相比，可转位刀具有下述优点：

(1) 刀具刚性好，寿命高。由于刀片避免了由焊接和刃磨高温引起的缺陷，刀具几何参数完全由刀片和刀杆槽决定，切削性能稳定，经得起冲击和振动，从而提高了刀具寿命。

(2) 生产效率高，定位精度高。刀片转位或更换新刀片后，刀尖位置的变化应在工件精度允许的范围内，可大大减少停机换刀等辅助时间。

（3）可转位刀具有利于推广使用涂层、陶瓷等新型刀具材料。

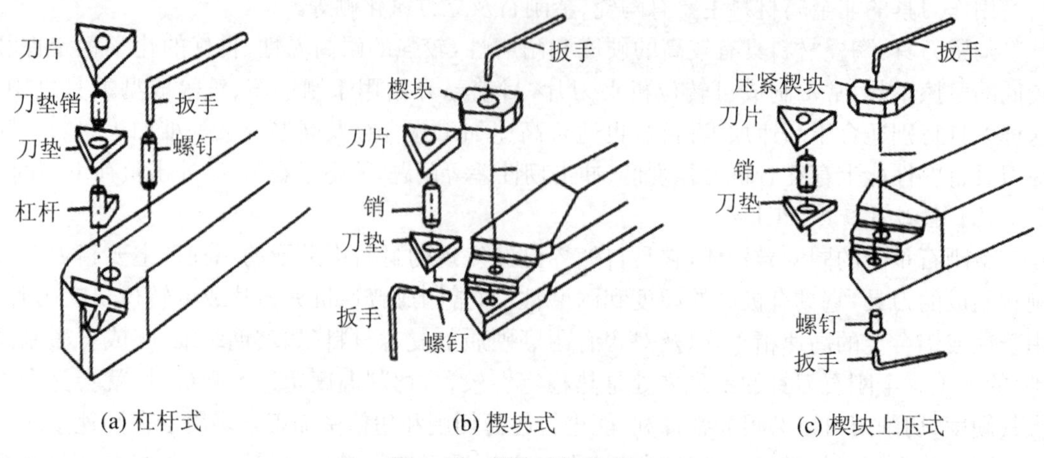

图 4.51　数控可转位车刀

3. 可转位刀片的代码及表示方法

按国际标准 ISO 1832—1985，可转位刀片的代码表示方法是由 10 位字符串组成的，标准规定：任何一个型号刀片都必须用前 7 个号位，后 3 个号位在必要时才使用。现以 TNMG220408EN-V2 为例介绍，详见表 4.3。

刀片型号格式说明如下：

1——刀片形状，见表 4.4。

2——刀片法后角，见表 4.5。

3——刀片的极限偏差等级主要尺寸（d，s，m）的极限偏差等级代号见表 4.6。

4——刀片有无断屑槽和中心固定孔，用一个字母表示，其各种情况如图 4.52 所示。

5——刀片边长位数：用一个字母表示，取刀片理论边长的整数部分。如边长为 16.5 mm 的刀片代号为 16，若舍去小数部分后只剩一位数字，则在该数字前加“0”，如边长为 9.525 mm 的刀片代号为 09。

6——刀片厚度：取舍去小数部分后的刀片厚度作代号，若舍去小数部分后只剩一位数字，则在该数字前加“0”，如刀片厚度分别为 3.18 mm，代号为“03”。

7——对于车削刀片，表示转角形状或尖圆角半径，刀片刀尖转角为圆角时，用放大 10 倍的刀尖圆弧半径作代号。

8——对于车削刀片，表示切削刀截面形状，用一个字母表示切削刃形状。F 表示尖锐切削刃；E 表示倒圆切削刃；T 表示倒棱切削刃；S 表示倒棱又倒圆切削刃。

9——对于车削刀片，表示切削方向，用一个字母表示，R 表示右切，L 表示左切，N 表示左右切。

10——对于车削刀片，表示切屑槽形式及槽宽，用一个字母和一个数字表示刀片断屑槽形式及槽宽。

表 4.3 可转位刀片的型号格式举例

号位 特定字母	1	2	3	4	5	6	7	8	9	10
车削用 刀片型号	T	N	M	G	22	04	08	E	N	-V2

表 4.4 可转位刀片形状代号含义

代号	形状说明	刀尖角 ε_r(°)	代号	形状说明	刀尖角 ε_r(°)
H	正六边形	120	W	等边不等角六边形	80①
O	正八边形	135			
P	正五边形	108	L	矩形	90
S	正方形	90	A	平行四边形	85①
T	正三角形	60	B		82①
C	菱形	80①	K		55①
D		55①	R	圆形	
E		75①	G	六角形	100
M		86①			
V		35①			

注:①表示所示的角度是较小的角度。

表 4.5 刀片法后角

代号	A	B	C	D	E	F	G	N	P	O
刀片法后角(°)	3	5	7	15	20	25	30	0	11	其他

表 4.6 极限偏差等级代号对应的允许偏差

代号	精密级[允许偏差(mm)]			代号	普通级[允许偏差(mm)]		
	m	*s*	*d*		*m*	*s*	*d*
A	±0.005	±0.025	±0.025	J	±0.005	±0.025	±0.05～±0.15
F	±0.005	±0.025	±0.013	K	±0.013	±0.025	±0.05～±0.15
C	±0.013	±0.025	±0.025	L	±0.025	±0.025	±0.05～±0.15
H	±0.013	±0.025	±0.013	M	±0.08～±0.20	±0.13	±0.05～±0.15
E	±0.025	±0.025	±0.025	N	±0.08～±0.20	±0.025	±0.05～±0.15
G	±0.025	±0.130	±0.025	U	±0.13～±0.38	±0.13	±0.08～±0.25

图 4.53 为可转位车刀片的表示规则示意图。

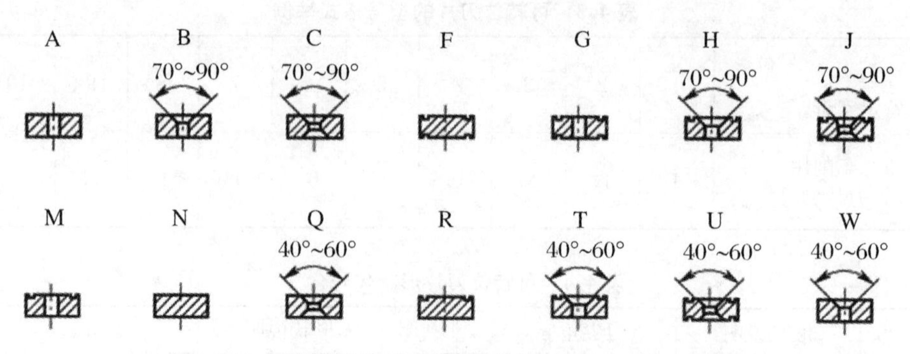

图 4.52　可转位刀片有无断屑槽和中心固定孔各种情况

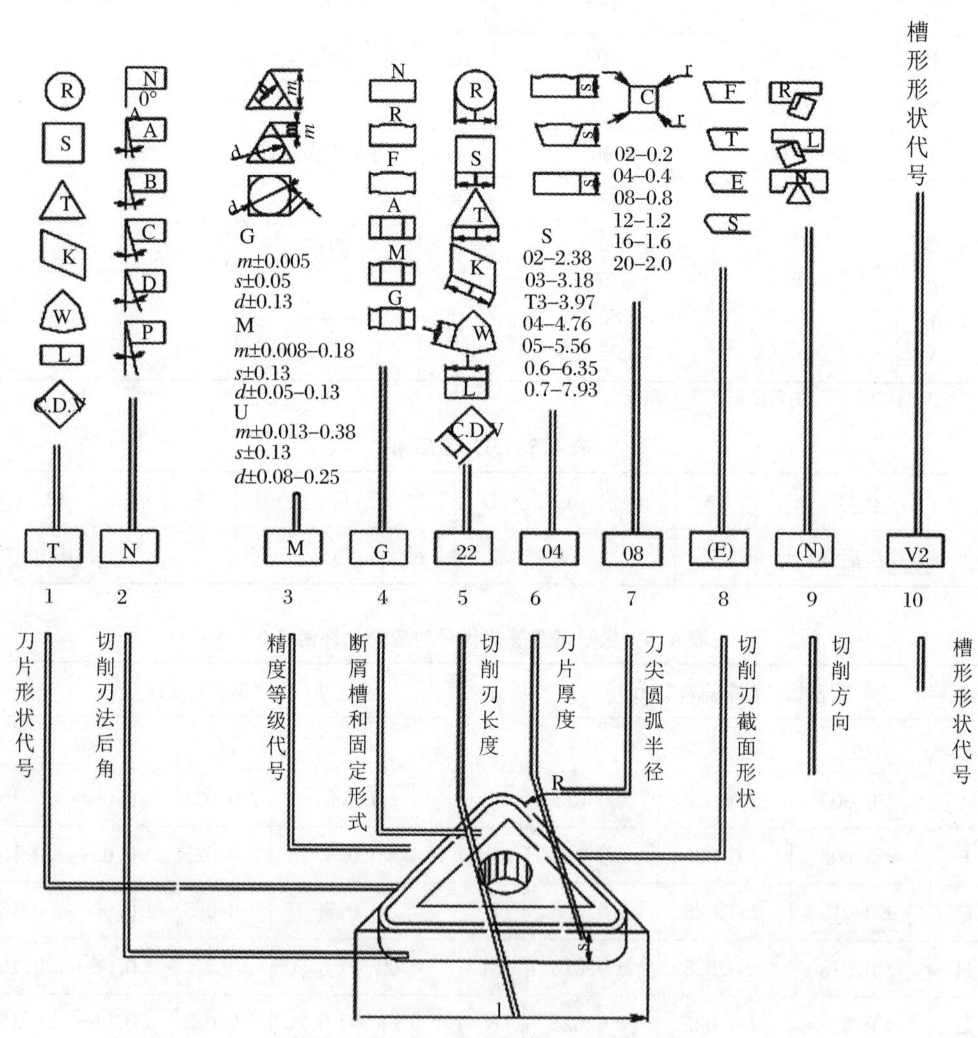

图 4.53　可转位车刀片表示规则示意图

4. 机夹可转位车刀的选用

(1) 刀片材质的选择

常见刀片材料有高速钢、硬质合金、涂层硬质合金、陶瓷、立方氮化硼和金刚石等，其中应用最多的是硬质合金和涂层硬质合金刀片。

(2) 可转位车刀的选用

① 刀片的紧固方式。在国家标准中,常用的紧固方式有顶面夹紧式(代码为C)、圆柱孔夹紧式(代码为P)、顶面和圆柱孔夹紧式(代码为M)和沉孔夹紧式(代码为S)四种。见表4.7。

表4.7　常用刀片紧固方式

ISO符号(车刀)	C	P	M	S
说明	顶面夹紧	圆柱孔夹紧	顶面和圆柱孔夹紧	沉孔夹紧

② 刀片外形的选择。如图4.53所示,刀片外形与加工的对象、刀具的主偏角、刀尖角和有效刃数等有关。一般外圆车削常用80°凸三边形(W型)、四方形(S型)和80°菱形(C型)刀片。仿形加工常用55°(D型)、35°(V型)菱形和圆形(R型)刀片。90°主偏角常用三角形(T型)刀片。圆刀片(R型)刀尖角最大,35°菱形刀片(V型)刀尖角最小。在选用时,应根据加工条件恶劣与否,按重、中、轻切削有针对性地选择。

③ 几何参数的选择。常规实际切削条件精车机夹车刀加工一般选择三角形刀片(T),一般采用工作前角$\gamma=20°$,后角$\alpha=8°\sim9°$,楔角$\beta\leqslant62°$,过渡圆弧半径$R=0.1\sim0.2$ mm。刃倾角通常选为$\lambda=0°\sim1°$,主偏角$K_r=90°$,副偏角$K_r'=5°$,倒刃为$-5°\times(0.05\sim0.1)$,既能降低径向切削抗力,又能适应多台阶零件的加工。

常规实际切削条件粗加工和半精加工车机夹车刀一般选择80°凸三边形(W)机夹车刀。前角$\gamma=20°$,后角$\alpha=6°\sim7°$,主偏角$K_r=90°$、45°和80°三种,副偏角$K_r'=10°$和45°两种,倒刃为$-5°\times(0.2\sim0.5)$,过渡圆弧半径$R=0.2\sim0.5$ mm,刃倾角为$\lambda=0°\sim1°$,后角为6°～7°。切削时多带有冲击负荷,对切削时有冲击负荷的刀具主偏角通常设为45°,切削时不带冲击负荷的刀具主偏角通常为90°。

④ 刀片后角的选择。常用的刀片后角有N(0°)、C(7°)、P(11°)、E(20°)等。一般粗加工、半精加工可用N型;半精加工、精加工可用C、P型,也可用带断屑槽形的N型刀片;加工铸铁、硬钢可用N型;加工不锈钢可用C、P型;加工铝合金可用P、E型等;加工弹性和恢复性好的材料可选用大一些的后角;一般孔加工刀片可选用C、P型,大尺寸孔可选用N型。

⑤ 左右手刀柄的选择。左右手刀柄有R(右手)、L(左手)、N(左右手)三种。要注意区分左、右刀的方向。选择时要考虑车床刀架是前置式还是后置式、前刀面是向上还是向下、主轴的旋转方向以及需要的进给方向等。

⑥ 刀尖圆弧半径的选择。从刀尖圆弧半径与最大进给量关系来看,最大进给量不应超过刀尖圆弧半径尺寸的80%,否则切削条件会恶化,甚至出现螺纹状表面和打刀等问题。从断屑可靠性出发,通常对于小余量、小进给车削加工应采用小的刀尖圆弧半径,反之宜采用较大的刀尖圆弧半径。

粗加工时,为提高刀刃强度,应尽可能选取大刀尖半径的刀片,大刀尖半径可允许大进给,在有振动倾向时,则选择较小的刀尖半径(常用刀尖半径为1.2～1.6 mm),粗车时进给量不能超过表4.8给出的最大进给量,作为经验法则,一般进给量可取为刀尖圆弧半径的一半。

表4.8　不同刀尖半径最大进给量

刀尖半径(mm)	0.4	0.8	1.2	1.6	2.4
最大推荐进给量(mm/r)	0.25～0.35	0.4～0.7	0.5～1.0	0.7～1.3	1.0～1.8

⑦ 断屑槽形的选择。断屑槽的参数直接影响切屑的卷曲和折断,基本槽形按加工类型

有精加工(代码为 F)、普通加工(代码为 M)和粗加工(代码为 R);加工材料按国际标准有加工钢的 P 类、不锈钢、合金钢的 M 类和铸铁的 K 类。这两种情况一组合就有了相应的槽形,比如 FP 就指用于钢的精加工槽形,MK 是用于铸铁普通加工的槽形等。

⑧ 切削刃长度的选择。切削刃的长度应根据加工余量来定,最多是刃长的 2/3 参加切削。要考虑到主偏角对有效切削刃长度的影响。

⑨ 刀片精度等级的选择。刀片精度等级根据加工要求选择,在保证加工精度的前提下,降低使用成本。一般来说,精密加工选用高精度的 G 级刀片,精加工至重负荷粗加工可选用 M 级刀片,粗加工可选用 U 级刀片。

(3) 刀杆头部形式的选择

刀杆头部形式按主偏角和直头、弯头划分为多种,国家标准和刀具样本中都一一列出,可以根据实际情况选择。有直角台阶的工件,可选主偏角大于或等于 90°的刀杆。一般粗车可选主偏角 45°~90°的刀杆,精车可选 45°~75°的刀杆。当刀杆为弯头结构时,则既可加工外圆,又可加工端面。

(4) 刀夹的选用

数控车刀一般通过刀夹(座)装在刀架上。刀夹的结构主要取决于刀体的形状、刀架的外形和刀架对主轴的配置三种因素。

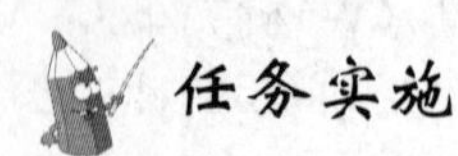

任务实施

如表 4.9 所示,零件材料为 45#钢,切削加工性能较好,无热处理和硬度要求。对该零件图加工工艺结构与精度分析,选择车削加工方法,选用适合的外圆刀、端面刀、切槽刀、螺纹刀刀具,材料选择 YT 类硬质合金普通刀片,∅5 mm 中心孔、∅30 mm 高速钢钻头。紧固方式选上压式(代码为 C)。

表 4.9 刀具选择

代号		刀具名称及规格	零件		图号	备注
序号	刀号		数量	加工表面	r_0(mm)	
1	T0101	45°硬质合金端面车刀 WCMG090405TR-V2	1	车端面	0.5	$\alpha=7^\circ, \gamma=20^\circ$, $\lambda=1^\circ, K_r=45^\circ$
2		∅5 mm 中心钻	1	钻中心孔		
3		∅30 mm 高速钢钻头	1	钻底孔		
4	T0202	内孔车刀 TCMG090404FR-V2	1	车内孔	0.4	$\alpha=7^\circ, \gamma=20^\circ$, $\lambda=1^\circ, K_r=90^\circ$, $K_r'=10^\circ$
5	T0303	5 mm 内槽车刀 LCMG030404TR-V2	1	切内沟槽	0.4	$\alpha=7^\circ, \gamma=20^\circ$, $\lambda=1^\circ$
6	T0404	60°内螺纹车刀 TCMG090403FR-V2	1	切内螺纹	0.3	$\alpha=7^\circ, \gamma=20^\circ$, $\lambda=1$

续表

代 号			零件		图号	
序号	刀号	刀具名称及规格	数量	加工表面	r_0(mm)	备 注
7	T0505	93°硬质合金右偏刀 TCMG090402FR-V2	1	自右向左	0.2	$\alpha=7°$, $\gamma=20°$, $\lambda=1°$, $K_\rho=93°$, $K_{\rho\ni}=35°$
8	T0606	93°硬质合金左偏刀 TCMG090402FL-V2	1	自左向右	0.2	$\alpha=7°$, $\gamma=20°$, $\lambda=1°$, $K_r=90°$, $K_r'=10°$
9	T0707	3 mm 硬质合金切槽刀 LCMG030401TR-V2	1	切断	0.1	$\alpha=7°$, $\gamma=20°$, $\lambda=2°$

任务思考

1. 解释 TNMG220408EN-V2 刀片代码的表示含义。
2. 对数控刀具有何要求?
3. 刀具材料有哪些类型?切削铸铁、有色金属、碳素钢常用什么刀具?
4. 硬质合金刀具有何特点?牌号有几种?分别应用于哪些场合的切削加工?

任务 4.4 数控车削加工的切削用量选择

合理的切削用量是保证安全生产,保证加工质量,充分发挥机床潜力、刀具切削性能,降低生产成本的工艺决策。制定切削用量的一般方法是:兼顾切削效率和刀具耐用度,注意切削用量选用顺序;兼顾加工质量和切削效率,分粗、精加工。选择刀具的切削参数时,把经验表格作为重要的依据,具体分析切削加工的条件、要求、各种限制因素,并在实践中验证、修改、调整,是得到合理的刀具切削参数的有效途径。

任务目标

知识目标

- 熟悉车削用量的概念;
- 了解车削用量选用相关因素。

能力目标

- 学会根据加工条件、加工要求,考虑各种加工因素,合理选用数控车削用量的方法。

任务描述

图 4.54 所示为一个典型轴类零件，材料：铝合金；参数：∅30 mm×150 mm，A(∅15±0.04 mm)，B(S∅28±0.03 mm)，C(17)，E(∅20±0.23 mm)，D(M20)；件数：1 件。请分析加工条件、加工要求，设计零件各结构加工方法并选用合适的刀具，并借助经验表格进行粗、精加工切削用量选择。

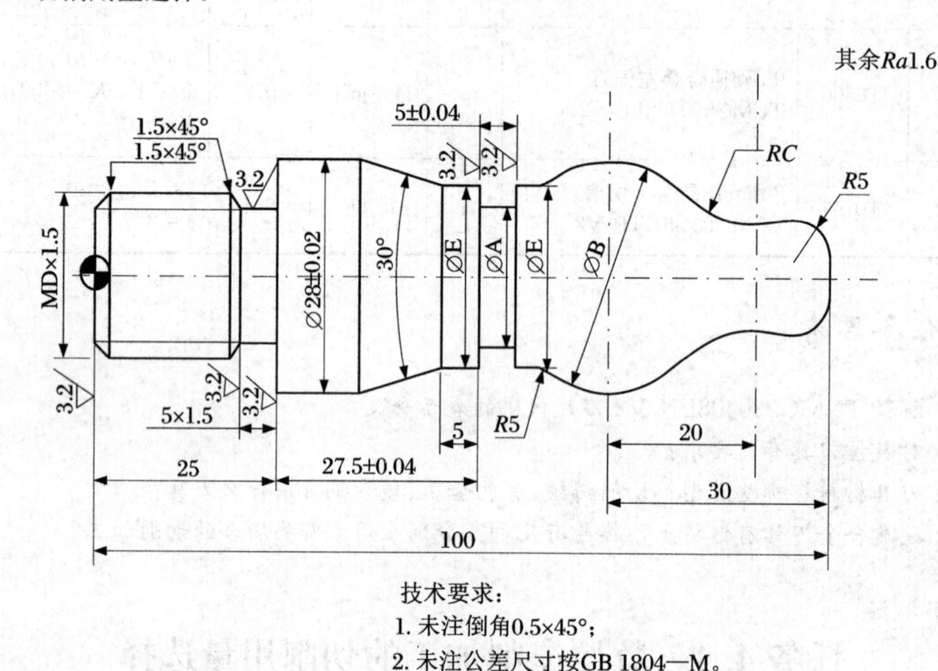

图 4.54 手柄

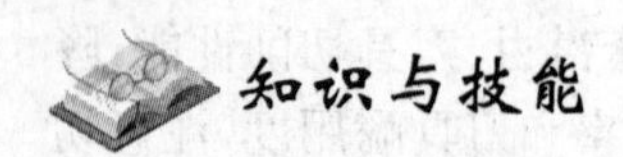

知识与技能

4.4.1 切削用量的选择原则

切削用量表示主运动及进给运动参数大小的数量，是背吃刀量、进给量和切削速度三要素的总称，用来描述切削加工运动量。

1. 粗车切削用量的选择

粗车时一般以提高生产效率为主，兼顾经济性和加工成本。提高切削速度、加大进给量和背吃刀量都能提高生产效率，由于切削速度对刀具使用寿命影响最大，背吃刀量对刀具使用寿命影响最小，所以考虑粗车切削用量时，首先尽可能选择大的背吃刀量，其次选择大的进给速度，最后在保证刀具使用寿命和机床功率允许的条件下选择一个合理的切削速度。

2. 精车、半精车切削用量的选择

精车和半精车的切削用量选择要保证加工质量，兼顾生产效率和刀具使用寿命。精车和半精车的背吃刀量是根据零件加工精度和表面粗糙度要求，以及精车后留下的加工余量决定的，一般情况下一刀切去余量。精车和半精车的背吃刀量较小，产生的切削力也较小，所以在保证表面粗糙度的情况下，应适当加大进给量。

4.4.2　切削用量的确定

1. 背吃刀量

背吃刀量是在与主运动和进给运动方向相垂直的方向上测量的已加工表面与待加工表面之间的距离，单位为 mm。如图 4.55 所示，外圆车削时，其背吃刀量(a_p)可由下式计算：

$$a_p = \frac{d_w - d_m}{2} \text{(mm)} \tag{4.2}$$

式中：d_w——工件待加工表面直径；

d_m——工件已加工表面直径。

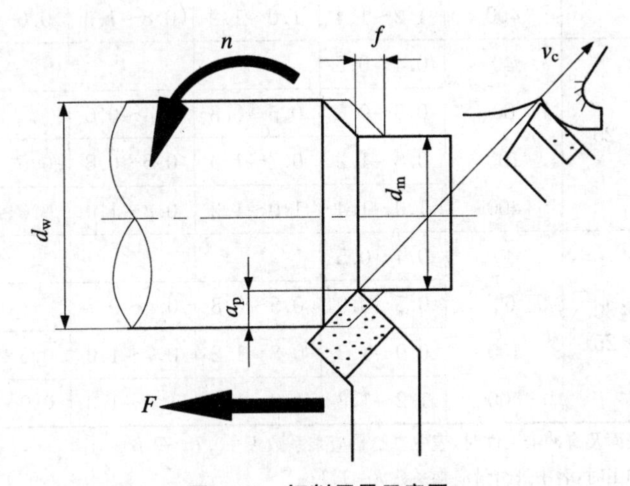

图 4.55　切削用量示意图

在机床、工件和刀具刚度允许的条件下，应尽可能选择较大的背吃刀量，这样可以减少走刀次数，从而提高生产效率。通常粗加工一般选择 1～5 mm。对于表面粗糙度和精度要求较高的零件，要留有足够的精加工余量，数控加工的精加工余量可比通用机床加工的余量小一些，一般为 0.1～0.5 mm。

2. 进给量

如图 4.55 所示，进给速度是指在单位时间里，刀具沿进给方向移动的距离(mm/min)。进给速度的大小直接影响表面粗糙度的值和车削效率，因此进给速度的确定应在保证表面质量的前提下，选择较高的进给速度。有些数控车床规定可以选用以进给量(mm/r)表示的进给速度。进给量是指工件每转一周，车刀沿进给方向移动的距离(mm/r)，它与背吃刀量有着较密切的关系。粗车时一般取为 0.3～0.8 mm/r，精车时常取 0.1～0.3 mm/r，切断时宜取 0.05～0.2 mm/r，表 4.10 是硬质合金车刀粗车外圆及端面的进给量参考值。

表 4.10 硬质合金外圆车刀粗车外圆及端面的进给量

工件材料	刀杆尺寸 $B\times H$(mm)	工件直径 d_w(mm)	背吃刀量 a_p(mm)				
			≤3	>3~5	>5~8	>8~12	>12
			进给量 f(mm/r)				
碳素结构钢	16×25	20	0.3~0.4				
		40	0.4~0.5	0.3~0.4			
		60	0.5~0.7	0.4~0.6	0.3~0.5		
		100	0.6~0.9	0.5~0.7	0.5~0.6	0.4~0.5	
		400	0.8~1.2	0.7~1.0	0.6~0.8	0.5~0.6	
合金结构钢 耐热钢	20×30 25×25	20	0.3~0.4				
		40	0.4~0.5	0.3~0.4			
		60	0.5~0.7	0.5~0.7	0.4~0.6		
		100	0.8~1.0	0.7~0.9	0.5~0.7	0.4~0.7	
		400	1.2~1.4	1.0~1.2	0.8~1.0	0.6~0.9	0.4~0.6
铸铁 铜合金	16×25	40	0.4~0.5				
		60	0.5~0.8	0.5~0.8	0.4~0.6		
		100	0.8~1.2	0.7~1.0	0.6~0.8	0.5~0.7	
		400	1.0~1.4	1.0~1.2	0.8~1.0	0.6~0.8	
	20×30 25×25	40	0.4~0.5				
		60	0.5~0.9	0.5~0.8	0.4~0.7		
		100	0.9~1.3	0.8~1.2	0.7~1.0	0.5~0.8	
		400	1.2~1.8	1.2~1.6	1.0~1.3	0.9~1.1	0.7~0.9

注:① 加工断续表面及有冲击工件时,表中进给量应乘系数 $k=0.75\sim0.85$;

② 在无外皮加工时,表中进给量应乘系数 $k=1.1$;

③ 在加工耐热钢及合金钢时,进给量不大于 1 mm/r;

④ 加工淬硬钢,进给量应减小。当钢的硬度为 44~56 HRC 时,应乘系数 $k=0.8$;当钢的硬度为 56~62 HRC 时,应乘系数 $k=0.5$。

3. 切削速度的确定

(1) 光车时的主轴转速

光车时的主轴转速应根据零件上被加工部位的直径,按零件、刀具的材料、加工性质等条件所允许的切削速度来确定。切削速度除了计算和查表选取外,还可根据实践经验确定。需要注意的是交流变频调速数控车床低速输出力矩小,因而切削速度不能太低。切削速度确定之后,就用式(4.3)计算主轴转速。表 4.11 为硬质合金外圆车刀切削速度的参考数值,选用时可参考选择。

$$n = 1\,000v/(\pi d) \tag{4.3}$$

式中:n——主轴转速(r/min);

v——切削速度(m/min);

d——零件待加工表面的直径(mm)。

表 4.11　硬质合金外圆车刀切削速度的参考数值

工件材料	热处理状态	$a_p=0.3\sim2.0$ mm	$a_p=2\sim6$ mm	$a_p=6\sim10$ mm
		$f=0.08\sim0.30$ mm/r	$f=0.3\sim0.6$ mm/r	$f=0.6\sim1.0$ mm/r
		(m/min)		
低碳钢、易切钢	热轧	140～180	100～120	70～90
中碳钢	热轧	130～160	90～110	60～80
	调质	100～130	70～90	50～70
合金结构钢	热轧	100～130	70～90	50～70
	调质	80～110	50～70	40～60
工具钢	退火	90～120	60～80	50～70
灰铸铁	*HBS*＜190	90～120	60～80	50～70
	HBS＝190～225	80～110	50～70	40～60
高锰钢 Mn13%			10～20	
铜、铜合金		200～250	120～180	90～120
铝、铝合金		300～600	200～400	150～200
铸铝合金		100～180	80～150	60～100

注：切削钢、灰铸铁时的刀具耐用度约为 60 min。

(2) 车螺纹时的主轴转速

切削螺纹时，数控车床的主轴转速将受到螺纹螺距（或导程）的大小、驱动电动机的升降频率特性、螺纹插补运算速度等多种因素的影响，故对于不同的数控系统，推荐不同的主轴转速选择范围。例如，大多数经济型数控车床的数控系统，推荐切削螺纹时的主轴转速为

$$n \leqslant \frac{1\,200}{p} - k \tag{4.4}$$

式中：p——工件螺纹的螺距或导程（T，mm）；

k——保险系数，一般取 80。

4.4.3　切削用量的选用方法

1. 分粗、精加工选切削用量

把加工区域分为粗加工区域和精加工区域，分粗、精阶段完成切削加工。粗加工时优先考虑提高生产率，少考虑加工精度。精加工时优先考虑加工精度，少考虑生产率。各加工阶段有所舍，有所得。

(1) 粗加工切削用量选择

粗加工切削时，在工艺系统刚度、强度的允许下取最大的背吃刀量和进给量。在不超过机床有效功率、保证一定刀具耐用度的前提下取最大的切削速度。

(2) 精加工切削用量选择

精加工时则主要按表面粗糙度和加工精度确定切削用量。选择切深、进给量时，注意使切削力引起的敏感方向上的变形在允许的范围内，以保证加工精度。切深、进给量应与表面质量要求相适应。用较高的切削速度，既可使生产率提高，又可使表面粗糙度值变小，所以

应创造条件，以提高切削速度。

2. 兼顾切削效率、刀具耐用度、切削条件

背吃刀量、进给量、切削速度的选择要兼顾切削效率要求、刀具耐用度要求和切削条件，不可随意确定。背吃刀量、进给量、切削速度三者对刀具耐用度的影响差别甚大，切削速度的影响最大，进给量次之，背吃刀量的影响最小。选取切削用量的合理顺序应是：首先选取尽可能大的背吃刀量；其次根据机床动力与刚性限制条件或加工表面粗糙度的要求，选择尽可能大的进给量；最后在保证刀具耐用度的前提下，选取尽可能大的切削速度，以达到背吃刀量、进给量、切削速度三者乘积值最大，这个顺序不能颠倒。

3. 借助刀具厂商推荐表格选择切削参数

数控加工的多样性、复杂性以及日益丰富的数控刀具，决定了选择刀具时不能再主要依靠实践经验。借助刀具厂商推荐表格对刀具切削参数进行选择是实践中常用的、有效的简便方法。刀具制造厂在开发每一种刀具时，都做了大量的试验，在向用户提供刀具的同时，提供了详细的刀具使用说明和技术推荐表格，针对性较强。编程者应能熟悉自己常用刀具的牌号，能够熟练地使用刀具厂商提供的技术手册或通用的技术资料，通过推荐表格选择合适的刀具，并根据手册提供的参数合理选择刀具的切削参数。

推荐表格是选择刀具切削参数的重要依据，但不是完全的依据。与切削用量选用的相关因素是多种多样的，每一种相关因素都可能对切削用量选用的合理性产生影响，因此在选择刀具的切削参数时，把推荐表格作为重要的依据，并具体分析切削加工的条件、要求、各种限制因素，全面考量，并在实践中验证、修改调整，才是得到具体应用的、合理的刀具切削参数的有效途径。

4.4.4 提高表面质量的措施

1. 选择适当的刀具几何参数

减少刀具的主偏角、副偏角和增大刀尖圆弧半径，可减小切削残留面积，使其表面粗糙度值减小。精加工时增大刃倾角对减小表面粗糙度值有利。因为刃倾角增大，实际工作前角也随之增大，切削过程中的金属塑性变形程度随之下降，于是切削力也明显下降，这就会显著地减轻工艺系统的振动，使加工表面的粗糙度值减小。

2. 改善工件材料的性能

采用热处理工艺以改善工件材料的性能是减小其表面粗糙度值的有效措施。例如，工件材料金属组织的晶粒越均匀，粒度越细，加工时越能获得较小的表面粗糙度值。为此对工件进行正火或回火处理后再加工，可以使加工表面粗糙度值明显减小。

3. 选择合适的切削液

切削液的冷却和润滑作用均对减小加工表面的粗糙度值有利，其主要作用是润滑。当切削液中含有表面活性物质如硫、氯等化合物时，润滑性能增强，能使切削区金属材料的塑性变形程度下降，从而减小加工表面的粗糙度值。用油作为切削液时，可使其表面粗糙度值减小，如在铰孔时用煤油（对铸铁工件）或用豆油、硫化油（对钢件）作切削液，均可获得较小的表面粗糙度值。

4. 选择合适的刀具材料

不同的刀具材料，由于化学成分的不同，在加工时刀面硬度及刀面粗糙度的保持性、刀具材料与被加工材料金属分子的亲和程度，以及刀具前后面与切屑和加工表面间的摩擦系数等均有所不同。实践证明，在相同的切削条件下，用硬质合金刀具加工所获得的表面粗糙度值要比用高速钢刀具的小。

5. 减小工艺系统振动

工艺系统的低频振动，一般在工件的加工表面产生表面波度，而工艺系统的高频振动将对加工的表面粗糙度产生影响。为降低加工的表面粗糙度值，必须采取相应措施以防止加工过程中高频振动的产生。

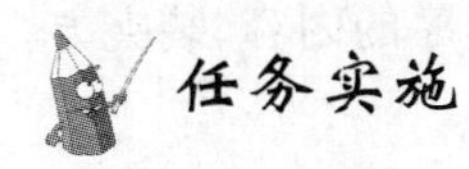

任务实施

1. 任务分析

该零件表面由内外圆柱面、外沟槽、外圆锥、顺圆弧、逆圆弧及外螺纹组成，其中外圆 $\varnothing 28 \pm 0.02$ mm、$\varnothing 15 \pm 0.04$ mm、$S\varnothing 28 \pm 0.03$ mm、$\varnothing 20 \pm 0.23$ mm 的尺寸精度与表面粗糙度要求较高；一个轴向尺寸 27.5 ± 0.04 mm 也有较高的尺寸公差要求。零件材料为 45 钢，切削加工性能较好，无热处理和硬度要求，刀具材料选择粗车 YT15 硬质合金，精车 YT30 硬质合金，钻中心孔选择高速钢 W18Cr4V 钻头。机床型号为 CAK6140。

2. 切削用量的选择

如表 4.12 所示，根据工件精度要求，工件材料、刀具材料、机床型号，参考切削用量手册及表 4.10、表 4.11，根据公式及加工经验，精加工的进给速度一般取粗加工进给速度的 1/2。在切槽、切断、车孔加工或采用高速钢刀具进行加工时，应选用较低的进给速度，一般在 0.05～0.2 mm/min内选取。并根据实际情况确定切削用量。

表 4.12　工序卡

数控加工工序卡			产品名称	零件名	零件图号	
				手柄轴		
工序号	程序编号	夹具名称		夹具编号	使用设备	车间
				三爪卡盘	CAK6140	
工步号	工步内容	切削用量			刀具	备注
		主轴转速 n(r/min)	进给速度 f(mm/r)	背吃刀量 a_p(mm)	YT30 硬质合金	
1	平端面	400	0.1	1	90°右偏外圆刀	手动
2	钻中心孔	900		2.5	∅5 mm 中心钻	手动
3	粗车工件外轮廓	600	0.3	2	90°右偏外圆刀	自动
4	精车工件外轮廓	1 000	0.1	0.25	90°右偏外圆刀	自动
5	粗车外螺纹	350		0.4	60°外螺纹刀	自动
6	精车外螺纹	350		0.1	60°外螺纹刀	自动

任务思考

1. 数控车削的切削用量包括哪些？对刀具寿命的影响顺序是怎样的？
2. 粗车加工如何选择合适的切削用量？有何原则？
3. 数控车削提高表面加工质量有何措施？

任务 4.5　数控加工的工艺文件编制

数控加工的工艺文件既是数控加工的依据、产品验收的依据，也是操作者遵守、执行的规程。技术文件是对数控加工的具体说明，目的是让操作者更明确加工程序的内容、装夹方式、各个加工部位所选用的刀具及其他技术问题。

任务目标

知识目标

- 熟悉数控车削加工工艺的主要内容、特点；
- 掌握数控车削加工工艺的主要技术文件编制方法。

能力目标

- 掌握数控车削加工工艺的设计方案步骤；
- 学会零件图数控车削加工工艺性分析，正确选择刀具、夹具、量具和装夹方案；
- 拟定零件的车削加工工艺路线，编制数控车削加工工艺文件。

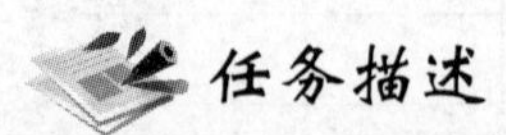

任务描述

如图 4.56 所示，锥孔螺母套的毛坯为∅75 mm×85 mm 棒料，材料为 45＃钢，单件小批量生产，分析该零件的数控车削加工工艺，编制数控车削加工工艺文件。

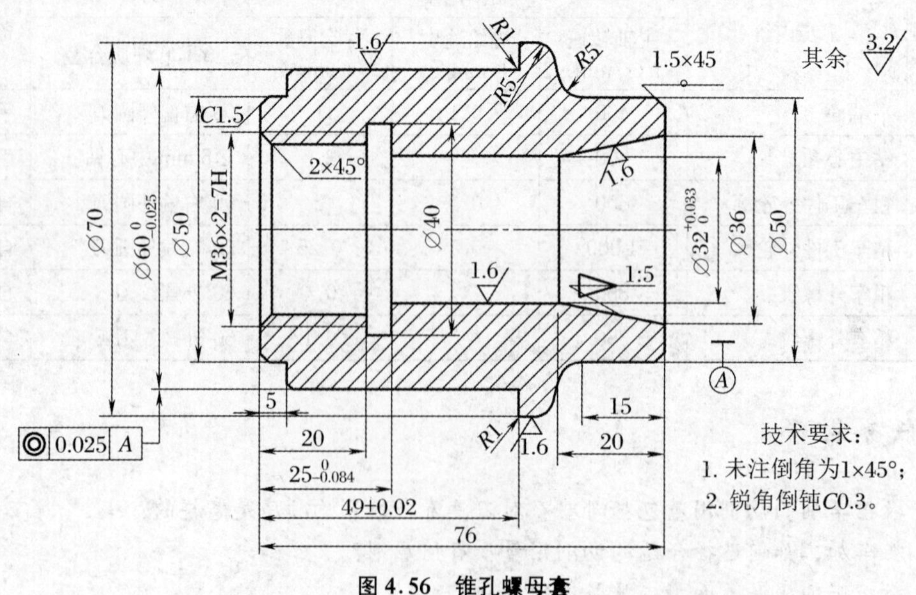

图 4.56　锥孔螺母套

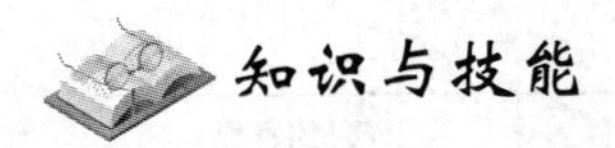

4.5.1　数控加工技术文件概述

数控加工技术文件主要有：数控编程任务书、数控加工工序卡、数控加工走刀路线图、数控刀具卡、数控加工程序单等。不同的机床或不同的加工目的可能会需要不同形式的数控加工专用技术文件。在工作中，可根据具体情况设计文件格式。以下提供了常用文件格式，文件格式可根据企业实际情况自行设计。

一般来说，数控车床所需工艺文件应包括以下几种：

(1) 数控编程任务书；

(2) 数控加工工序卡；

(3) 数控机床调整卡；

(4) 数控加工刀具卡；

(5) 数控加工进给路线图；

(6) 数控加工程序单。

4.5.2　数控编程任务书

数控编程任务书是编程人员与工艺人员协调工作和编制数控程序的重要依据之一，如表4.13所示。

表4.13　数控编程任务书

工艺处理	数控编程任务书	产品零件图号		任务书编号
		零件名称		
		使用数控设备		共　页　第　页
主要工序说明及技术要求		编程收到日期	月　日	经手人
编制：	审核：	编程：	审核：	批准：

4.5.3　数控加工工序卡

数控加工工序卡与普通加工工序卡有许多相似之处，不同的是工序简图中应注明编程原点与对刀点，要进行简要编程说明及切削参数选择，如表4.14所示。

表 4.14　数控加工工序卡

<table>
<tr><td colspan="3" rowspan="2">数控加工工序卡</td><td colspan="2">产品名称</td><td colspan="2">零件名</td><td>零件图号</td></tr>
<tr><td colspan="2"></td><td colspan="2"></td><td></td></tr>
<tr><td>工序号</td><td>程序编号</td><td>夹具名称</td><td colspan="2">夹具编号</td><td colspan="2">使用设备</td><td>车间</td></tr>
<tr><td></td><td></td><td></td><td colspan="2"></td><td colspan="2"></td><td></td></tr>
<tr><td rowspan="2">工步号</td><td rowspan="2">工步内容</td><td colspan="3">切削用量</td><td colspan="2">刀　具</td><td rowspan="2">备注</td></tr>
<tr><td>主轴转速
n(r/min)</td><td>进给量
f(mm/r)</td><td>背吃刀量
a_p(mm)</td><td>编号</td><td>名称</td></tr>
<tr><td>1</td><td></td><td></td><td></td><td></td><td></td><td></td><td></td></tr>
<tr><td>2</td><td></td><td></td><td></td><td></td><td></td><td></td><td></td></tr>
<tr><td>3</td><td></td><td></td><td></td><td></td><td></td><td></td><td></td></tr>
<tr><td colspan="2">编制：</td><td colspan="2">审核：</td><td colspan="2">批准：</td><td>×年×月×日</td><td>第×页　共×页</td></tr>
</table>

4.5.4　数控刀具卡

刀具卡主要记录刀具编号、刀具名称及规格、刀片型号和材料等。它是组装刀具和调整刀具的依据，详见表 4.15。

表 4.15　数控刀具卡

<table>
<tr><td colspan="2">产品名称或代号</td><td></td><td>零件名称</td><td></td><td>零件图号</td><td></td></tr>
<tr><td>序号</td><td>刀具号</td><td>刀具名称及规格</td><td>数量</td><td>加工表面</td><td>刀尖半径(mm)</td><td>备注</td></tr>
<tr><td>1</td><td></td><td></td><td></td><td></td><td></td><td></td></tr>
<tr><td>2</td><td></td><td></td><td></td><td></td><td></td><td></td></tr>
<tr><td>3</td><td></td><td></td><td></td><td></td><td></td><td></td></tr>
</table>

4.5.5　数控加工程序单

数控加工程序单是记录加工工艺过程、工艺参数、位移数据的清单。数控加工程序单如表 4.16 所示。

表 4.16　数控加工程序单

<table>
<tr><td>零件号</td><td></td><td>零件名称</td><td></td><td>编程原点</td><td></td></tr>
<tr><td>程序号</td><td></td><td>数控系统</td><td></td><td>编　　制</td><td></td></tr>
<tr><td colspan="3">程序内容</td><td colspan="3">程序说明</td></tr>
<tr><td colspan="3"></td><td colspan="3"></td></tr>
</table>

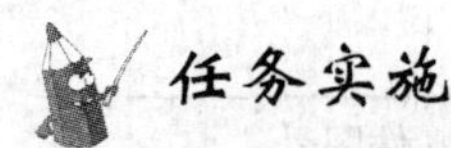

任务实施

1. 零件图工艺分析

如图4.56所示，该零件表面由内外圆柱面、内沟槽、内圆锥、顺圆弧、逆圆弧及内螺纹组成，其中$\varnothing 32^{+0.033}_{0}$ mm的内孔、$\varnothing 60^{0}_{-0.025}$ mm的外圆尺寸精度与表面粗糙度要求较高；两个轴向尺寸也有较高的尺寸公差要求；$\varnothing 60^{0}_{-0.025}$ mm外圆与$\varnothing 32^{+0.033}_{0}$ mm内孔有较高的形位公差要求。零件图尺寸标注完整，符合数控加工尺寸标注要求；轮廓描述清楚完整；零件材料为45钢，切削加工性能较好，无热处理和硬度要求。

通过上述分析，采取以下几点工艺措施。

(1) 零件图纸上带公差的尺寸，除内螺纹退刀槽尺寸$25^{0}_{-0.084}$ mm公差值较大，编程时可取平均值24.958 mm外，其他尺寸因公差值较小，故编程时不必取其平均值，取基本尺寸即可。

(2) 左右端面均为多个尺寸的设计基准，相应工序加工前，应该先将左右端面车出来。

(3) 内孔圆锥面加工完后，需要调头再加工内螺纹。

2. 确定装夹方案

内孔加工时以外圆定位，用三爪自定心卡盘夹紧。加工外轮廓时为保证同轴度要求和便于装夹，以坯件左侧端面和轴线为定位基准，为此需要设计一心轴装置，如图4.57所示虚线部分，用三爪自定心卡盘夹持心轴左端，心轴右端留有中心孔，用尾座顶尖顶紧以提高工艺系统的刚性。

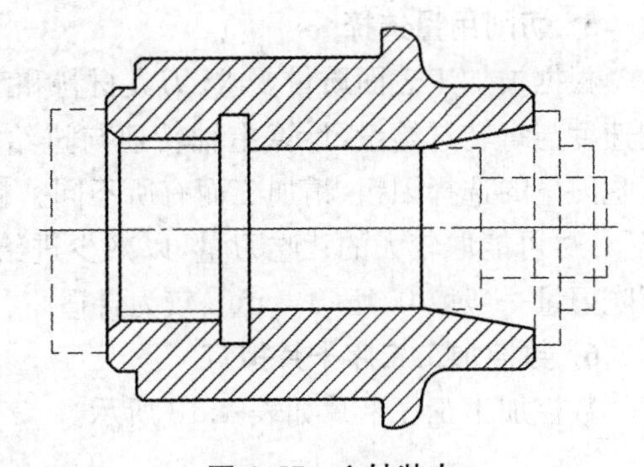

图4.57　心轴装夹

3. 确定加工顺序及走刀路线

加工顺序的确定按先加工基准面，再按先内后外、先粗后精、先近后远的原则确定，在一次装夹中尽可能加工出较多的工件表面。结合本零件的结构特征，可先粗、精加工内孔各表面，然后粗、精加工外轮廓表面。由于该零件为单件小批量生产，走刀路线设计不必考虑最短进给路线或最短空行程路线，外轮廓表面切削走刀路线可沿零件轮廓顺序进行。

4. 刀具选择

(1) 切削端面选用45°硬质合金端面车刀；

(2) $\varnothing$5 mm中心钻，钻中心孔以利于钻削底孔；

(3) $\varnothing$30 mm高速钢钻头，钻内孔底孔；

(4) 粗车内孔选用内孔车刀；

(5) 螺纹退刀槽加工选用5 mm内槽车刀；

(6) 内螺纹切削选用60°内螺纹车刀；

(7) 选用93°硬质合金右偏刀，副偏角选35°自右向左切削外圆表面；

(8) 选用93°硬质合金左偏刀，副偏角选35°自左向右切削外圆表面；

(9) 选用3 mm硬质合金切槽刀，切断工件。

刀具选择见表4.17。

表 4.17 刀具卡

产品名称或代号			零件名称		零件图号	
序号	刀具号	刀具名称及规格	数量	加工表面	刀尖半径(mm)	备注
1	T0101	45°硬质合金端面车刀	1	车端面	0.5	
2		∅5 mm 中心钻	1	钻∅5 mm 中心孔		
3		∅30 mm 高速钢钻头	1	钻底孔		
4	T0202	内孔车刀	1	车孔及内锥孔	0.4	
5	T0303	5 mm 内槽车刀	1	切内沟槽	0.4	
6	T0404	60°内螺纹车刀	1	切内螺纹	0.3	
7	T0505	93°硬质合金右偏刀	1	自右向左切外表面	0.2	
8	T0606	93°硬质合金左偏刀	1	自左向右切外表面	0.2	
9	T0707	3 mm 硬质合金切槽刀	1	切断	0.1	

5. 切削用量选择

根据被加工表面质量要求、刀具材料和工件材料，参考切削用量手册或有关资料选取切削速度与每转进给量，计算主轴转速与进给速度，计算结果填入表 4.18 所示的工序卡中。背吃刀量的选择因粗、精加工而有所不同。粗加工时，在工艺系统刚性和机床功率允许的情况下，尽可能取较大的背吃刀量，以减少进给次数；精加工时，为保证零件表面粗糙度要求，背吃刀量一般取 0.1～0.5 mm 较为合适。

6. 数控加工工序卡片拟订

数控加工工序卡片如表 4.18 所示。

表 4.18 工序卡

数控加工工序卡		产品名称			零件名	图号
工序号	程序编号	夹具名称		夹具编号	使用设备	车间
工步号	工步内容	切削用量			刀具	备注
		主轴转速 n(r/min)	进给速度 f(mm/r)	背吃刀量 a_p(mm)	名　称	
1	平端面	400	0.1	1	端面车刀	手动
2	粗精车外圆至∅70 mm	600	0.2	1.5	93°右偏刀	自动
3	切断长度 77 mm	500	0.05		3 mm 切断刀	自动
4	车另一端保证长度 76 mm	400	0.05		车槽刀	自动
5	钻中心孔	900		2.5	∅5 mm 中心钻	手动
6	钻孔	200			∅30 mm 钻头	手动
7	粗、精车通孔、内孔	500	0.1	1.5	内孔车刀 20 mm×20 mm	自动
8	倒角、车螺纹底孔	500	0.1	1.5	内孔车刀 20 mm×20 mm	自动

续表

工步号	工步内容	切削用量			刀具	备注
		主轴转速 n(r/min)	进给速度 f(mm/r)	背吃刀量 a_p(mm)	名 称	
9	切5 mm内槽	400	0.05		内槽刀16 mm×16 mm	自动
10	车内螺纹	350	2		内螺纹刀16 mm×16 mm	自动
11	自右向左切外表面	600	0.15	1.5	右偏刀25 mm×25 mm	自动
12	自左向右切外表面	600	0.15	1.5	左偏刀25 mm×25 mm	自动

任务思考

1. 编程前为什么要进行工艺分析?

2. 通常数控车床所需工艺文件应包括哪几种?

3. 如图4.58所示螺纹阶梯轴数控车削加工工艺(单件小批量生产),所用机床为CK6140。材料45#钢,毛坯为∅55 mm棒料。分析并编制该零件加工工艺。

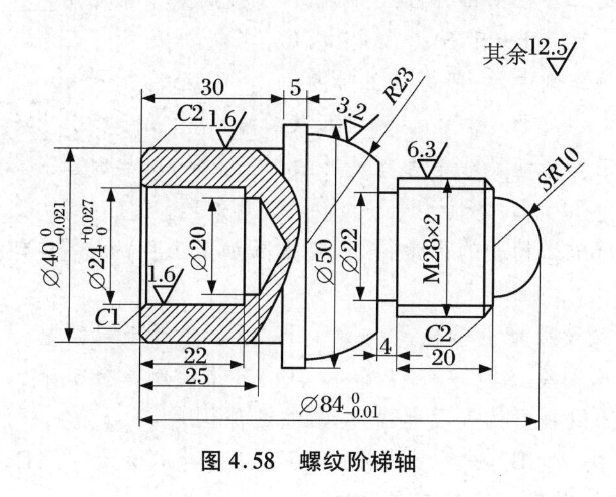

图4.58 螺纹阶梯轴

项目练习题

一、填空题

1. 在车削锥面时,如果车刀刀尖未与工件回转中心等高,会出现__________误差。

2. 工件加工精度要求较高,切削刃形状复杂并用于切削钢材的刀具材料应选用__________刀具。

3. 车刀由外向内车削端面,在转速一定的情况下,车刀越往内车削,工件加工面直径 d 越__________,切削速度越__________,因此表面粗糙度值越__________。

4. 粗加工时,应选择__________的背吃刀量、进给量,__________的切削速度。

5. 刀具切削部分的材料应具备如下性能：高的硬度、__________、__________、__________。

6. 常用的刀具材料有碳素工具钢、合金工具钢、__________、__________四种。

7. 切削用量中对切削温度影响最大的是__________，其次是__________，而__________影响最小。

8. 切削运动包括__________运动和__________运动。

9. 数控车削加工中，对于长度尺寸较大或加工工艺较多轴类零件的精加工，为保证其加工精度常采用__________装夹。

10. 车削用量三要素有__________、__________、__________。

二、选择题

1. 车削铸造或锻造毛坯时，为了防止刀具磨损或崩刃，第1刀的背吃刀量应选______。

A. 较大值　　B. 较小值　　C. 无所谓

2. 车削工件外圆时表面粗糙度值较大的原因可能是______。

A. 刀刃磨损　　B. 主轴轴承有径向间隙

C. 切削用量不适当　　D. 以上都有关

3. 大批量生产的工件在测量外圆尺寸时，为了提高效率常使用______。

A. 游标卡尺　　B. 千分尺　　C. 卡规　　D. 卡钳

4. 在轴类零件的车削中，一般先加工轴的______。

A. 外圆　　B. 锥面　　C. 端面

5. 车削前检查工件毛坯尺寸是否有足够的加工余量，必要时对长棒进行______。

A. 粗车　　B. 校直　　C. 热处理

6. 影响数控车床加工精度的因素很多，要提高加工工件的质量，有很多措施，但______不能提高加工精度。

A. 将绝对编程改变为增量编程　　B. 正确选择车刀类型

C. 控制刀尖中心高度　　D. 轮廓控制数控机床

7. 车削工件得不到良好的表面粗糙度，其主要原因是______。

A. 车削速度太快　　B. 进给量太慢　　C. 刀鼻半径太大　　D. 车刀已钝化

8. 精车不通孔时，若发生振动声音，宜先______。

A. 减少切削液　　B. 增加进刀深度　　C. 停机　　D. 降低主轴转数

9. 下列______与切削时间无关。

A. 刀具角度　　B. 进给率　　C. 进刀深度　　D. 切削速度

10. 从刀具耐用度出发，切削用量的选择原则是______。

A. 先选取切削速度，其次确定进给速度，最后确定被吃刀量或侧吃刀量

B. 先选取被吃刀量或侧吃刀量，其次确定进给速度，最后确定切削速度

C. 先选取进给速度，其次确定切削速度，最后确定被吃刀量或侧吃刀量

D. 先选取被吃刀量或侧吃刀量，其次确定进给速度，最后确定切削速度

11. 刀具的选择主要取决于工件的结构、工件的材料、工序的加工方法和______。

A. 设备　　B. 加工余量

C. 加工精度　　D. 零件被加工表面的粗糙度

12. 车细长轴时，可使用中心架和跟刀架来增加工件的______。

A. 刚性 B. 韧性 C. 强度 D. 硬度

13. 进给率即______。

A. 每转进给量×每分钟转数 B. 每转进给量/每分钟转数

C. 切深×每分钟转数 D. 切深/每分钟转数

14. 车削碳钢类材料时不宜选用______材料的车刀。

A. 高速钢 B. 硬质合金 C. 金刚石 D. 陶瓷

15. 切断时防止产生振动的措施是______。

A. 适当增大前角 B. 减小前角 C. 增加刀头宽度 D. 减小进给量

三、判断题

1. 车刀刀尖圆弧增大,切削时径向切削力也增大。 ( )

2. 工件端面加工余量较大时可选用90°车刀。 ( )

3. 由于三爪自定心卡盘有自定心的作用,所以当更换新车刀后 X 轴不必重新对刀。 ( )

4. 车削铝合金工件时车刀易出现积屑瘤。 ( )

5. 车削铝、铜等有色金属时可以选用金刚石刀具。 ( )

6. 刀具前角越大,切屑越不易流出,切削力越大,但刀具的强度越高。 ( )

7. 车外圆时,若车刀刀尖装得高于工件中心,车刀的工作前角增大,工作后角减小。 ( )

8. P(YT)类硬质合金比K(YG)类耐磨性好,但脆性大、不耐冲击,常用于加工塑性好的钢材。 ( )

9. 刃倾角为负值可增大刀刃强度。 ( )

10. 当工艺系统的刚性差,如车削细长的轴类零件时,为避免振动,宜增大主偏角。 ( )

11. W18Cr4V属于钨系高速钢,其磨削性能不好。 ( )

12. 加工工艺的主要内容有:① 制订工序、工步及走刀路线等加工方案;② 确定切削用量(包括主轴转速 S、进给速度 F、吃刀量等);③ 制订补偿方案。 ( )

13. 用设计基准作为定位基准,可以避免基准不重合引起的误差。 ( )

14. 在加工过程中,数控车床的主轴转速应根据工件的直径进行调整。 ( )

15. 钨、钴、钛、镁硬质合金刀具主要用于加工非铁金属和铸铁等软材料。 ( )

16. 粗加工时,加工余量和切削用量均较大,因而会使刀具磨损加快,所以应选用以润滑为主的切削液。 ( )

17. 选择切削用量时,一般粗加工应在保证加工质量的前提下,兼顾切削效率、经济性和加工成本;精加工时以提高生产率为主,但也应考虑加工质量。 ( )

18. 车削非铁金属和非金属材料时,应当选取较低的切削速度。 ( )

19. 切削运动中,速度较高、消耗切削功率较大的运动是主运动。 ( )

20. 在主偏角为45°、75°、90°的车刀中,90°车刀的散热性能最好。 ( )

四、简答题

1. 在数控车床上加工零件,分析零件图样时主要考虑哪些方面?

2. 在数控车床上对轴类零件制定工艺路线时,应该考虑哪些原则?

3. 车刀有哪几个主要角度? 各有什么作用?

4. 数控加工工艺主要包括哪些内容?

5. 简述为保证零件的同轴度应采取的方法。

项目 5　简单轴类零件加工

简单轴类零件的加工包含外圆、圆锥的阶梯轴类零件的加工，是各类零件加工的基础，数控车削以此类件为平台，引领学生逐步熟识程序及代码，了解数控加工程序的编制格式及方法、步骤，熟悉数控加工工艺常识，读懂数控加工工艺卡的内容，能够编写简单零件的加工程序，进一步熟练数控车床的操作。

任务　阶梯轴的加工

外圆柱面是常见的轴类、套类零件最基本的表面。多数零件其外表面多为外圆和端面加工，外圆的加工工艺步骤与加工方法是复杂零件加工的基本步骤和前期工步。在数控车床上加工工件的毛坯常用棒料或铸、锻件，因此加工余量大，一般需要重复循环加工，才能去除全部余量。为了简化编程，数控系统提供不同形式的固定循环以缩短程序的长度，减少程序所占内存。单一固定切削循环通常是用一个含 G 代码的程序，集成多个程序段指令的加工操作，使程序得以简化。

任务目标

知识目标

- 了解外圆与端面的加工工艺和加工特点；
- 掌握阶梯轴加工的走刀路线；
- 能正确编制阶梯轴的加工程序。

能力目标

- 根据所加工的零件能正确选择加工设备、确定装夹方案、选择刀具量具、确定工艺路线、编制工艺卡和刀具卡；
- 能正确编制阶梯轴的加工工艺。

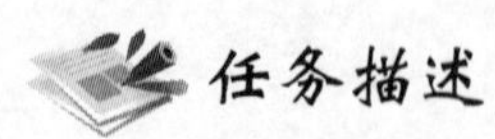

任务描述

如图 5.1 所示的短轴零件，毛坯为∅42 mm×60 mm 棒材，材料为 45＃钢。分析零件的加工工艺，编制程序，并在数控车床上加工。

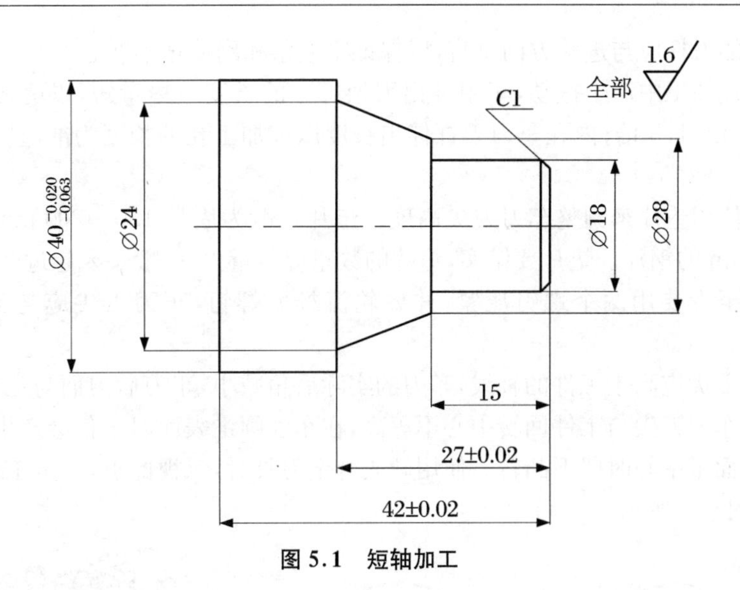

图 5.1　短轴加工

知识与技能

5.1.1　外圆车刀及安装

1. 外圆车刀的选择

轴类零件数控车削一般由粗、精车完成。粗车加工切削深度大、进给量大、切削热大和排屑量大，一般应选择主偏角为 90°、93°、95°，副偏角较小，前角和后角较小，刃倾角较小的车刀。精车阶段零件加工余量小且均匀，对精加工阶段的要求是保证零件的尺寸精度和表面粗糙度，应选用刀刃锋利、带修光刃的车刀，一般应选择主偏角为 90°，副偏角较小，前角和后角较大，刃倾角较大的车刀。外圆车刀种类很多，一般可选择主偏角为 90°的可转位车刀，如表 5.1 所示。

表 5.1　常用可转位车刀

车刀形式	代号	车刀形式	代号	车刀形式	代号
90°	SCGCR/L	90°	STGCR/L	95°	SCGCR/L
95°	SWGCR/L	93°	SDGCR/L	93°	SVJCR/L
75°	SSBCR/L	45°	SSSCR/L		

2. 车刀的安装

车削外圆、车削台阶圆、车削端面、车削内孔时各种类型车刀的安装要求相同。

(1) 车刀的刀杆应与进给方向垂直，以保证主偏角和副偏角不变。

(2) 为避免加工中产生振动，车刀伸出刀架部分的长度应尽量短，以增强其刚性，一般为刀柄厚度的1～1.5倍；内孔车刀刀杆伸出长度以被加工孔的长度为准，且大于被加工孔的长度。

(3) 可以使用垫片来调整车刀刀尖高度。垫片一般为周长150～200 mm、宽度略小于刀槽厚2～3 mm的钢片。垫片要结实，垫片的数量应尽量少，一般不要超过3块。

(4) 车刀至少要用两个螺钉压紧，并要轮流拧紧螺钉，车刀刀尖应与工件回转中心等高。

外圆车刀刀尖应高于工件的轴线，车刀的实际后角减小，车刀后刀面与工件之间的摩擦力变大。如果车刀刀尖与工件回转中心不等高，在车削圆锥表面时不仅会产生双曲线误差，还会在车削端面至中心时留下凸台。使用硬质合金刀具时，忽视此点，车至工件中心处会使刀尖崩碎，如图5.2所示。

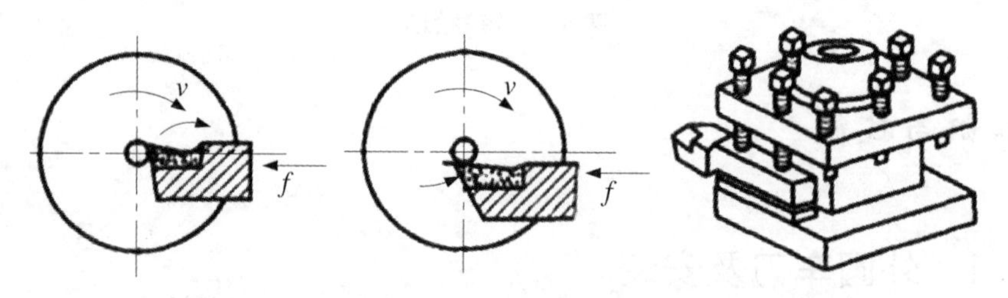

图5.2 车刀的装夹

3. 调整刀尖高度使其对准工件回转中心的常用方法

(1) 在尾座上装上顶尖，调整车刀高度，使刀尖与顶尖的尖部等高。

(2) 将车刀靠近工件端面，目测估计车刀的高低，然后夹紧车刀，试车削端面，再根据所车削端面的回转中心调整到合适高度。

5.1.2 车削端面常用车刀

1. 车削端面常用车刀

如图5.3所示，图5.3(a)是使用45°端面车刀由外向里车削端面1，图5.3(b)是使用75°左偏刀横向安装，由外向里车削端面，图5.3(c)是使用90°右偏刀由里向外车削端面。使用90°右偏刀车削端面时，偏刀在安装时稍倾斜一个角度，使主偏角为93°～95°，背吃刀量也不宜太大，刀尖圆角尺可以磨得稍大点，而且安装时刀尖高度要与工件回转中心等高。

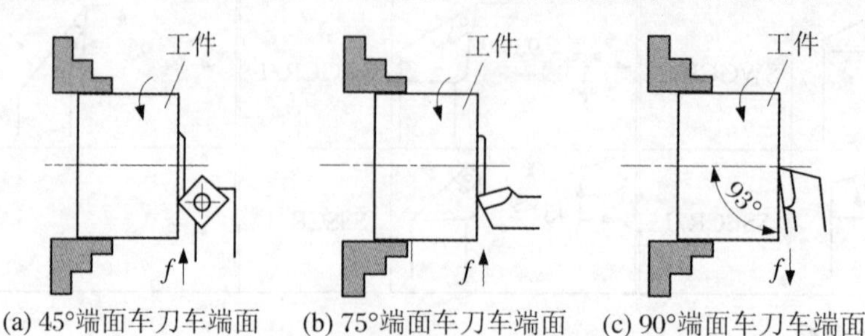

(a) 45°端面车刀车端面　(b) 75°端面车刀车端面　(c) 90°端面车刀车端面

图5.3 端面车削方法

2. 端面车削的加工方法

对于车削轴类工件，一般先车削端面，刀具越靠近中心或进给量越大时，车刀实际工作前角越大，后角越小。同时，在转速固定的情况下，车刀越往里车削，工件加工面直径 d 越小，切削速度 v 也越小，因此表面粗糙度值越大。如果要使所切削端面表面粗糙度一致，可以采用恒线速度功能 G96 来加工，但要使用 G50 限制最高转速，防止“飞车”现象的发生。

车削端面时应注意以下几点：

(1) 对于铸件应先倒角，以免损坏刀尖。

(2) 如果工件端面余量大，须用 45°端面车刀粗加工。

(3) 使用 90°右偏刀车削端面时，若将车刀主刀刃装得与工件轴线垂直，车削时主刀刃将会与已加工过的端面产生摩擦，刀刃也易磨损，所以此时车刀的主刀刃应偏过 5°左右。因为 90°偏刀车削端面，当背吃刀量较大时，也容易扎刀。用右偏刀加工端面最好是从中心向外走刀。

5.1.3　单一固定循环 G90

1. 内、外圆柱面车削循环

(1) 编程格式

G90 X(U)__ Z(W)__ F__；

X,Z 取值为圆柱面切削终点坐标值。U,W 取值为圆柱面切削终点相对循环起点的增量坐标。

(2) 指令功能

该指令可简化编程，加工余量较大的圆柱面，其运行轨迹分别为矩形。它将一个连续加工动作用一个指令 G90 完成，从而简化程序。如图 5.4(a)所示，A 为循环起点，C 为切削终点，即程序段指令的目标点。它将一个连续加工动作(如 $A—B—C—D—A$)用一个指令 G90 完成，从而简化程序，G90 为模态代码。图中虚线表示快速移动，实线表示按指定的进给速度 F 移动，循环结束后刀具回到循环起点 A。

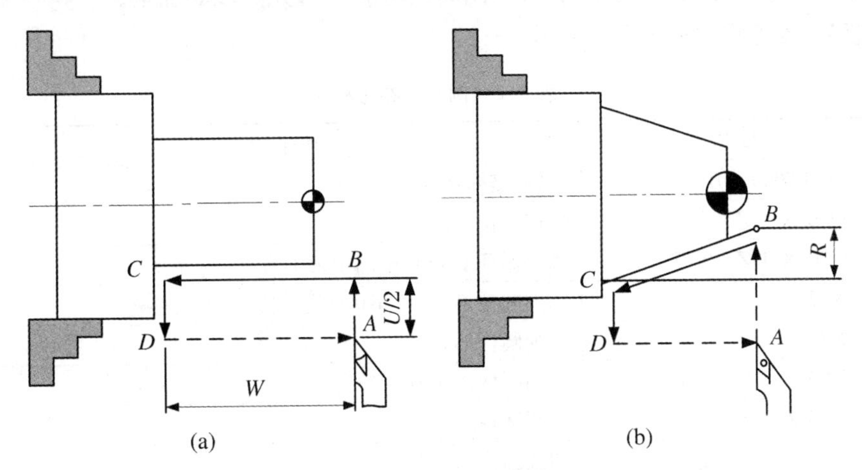

图 5.4　G90 走刀路线

2. 内、外锥面车削循环

(1) 编程格式

G90 X(U)__ Z(W)__ R __ F __;

X,Z 取值为圆锥面切削终点坐标值。U,W 取值为圆锥面切削终点相对循环起点的增量坐标。R 取值为圆锥面切削起点与圆锥面切削终点的半径差。

(2) 指令功能

该指令可简化编程,加工余量较大的圆锥面,其运行轨迹为梯形。它将一个连续加工动作用一个指令 G90 完成,从而简化程序。

如图 5.4(b)所示,A 为循环起点,C 为切削终点,即程序段指令的目标点。它将一个连续加工动作(如 A—B—C—D—A)用一个指令 G90 完成,从而简化程序,G90 为模态代码。图中虚线表示快速移动,实线表示按指定的进给速度 F 移动,循环结束后刀具回到循环起点 A。

(3) R 正负的判断

如果切削起点的 X 坐标值小于终点的 X 坐标值,R 值为负;反之为正,如图 5.5 所示。

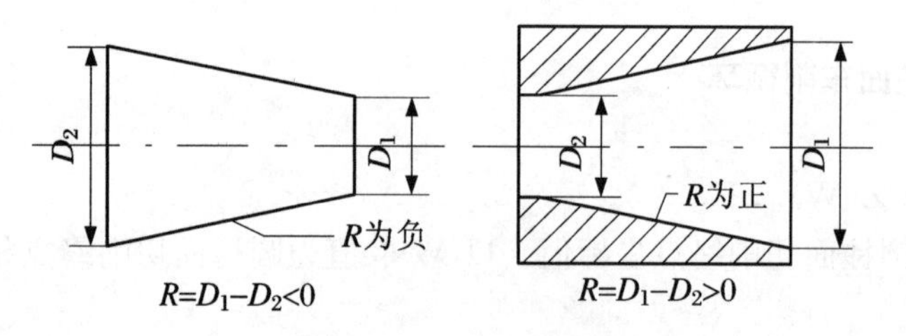

图 5.5　R 正负的判断

说明:

(1) A 点为循环起点,X 向取值应大于毛坯 1～2 mm,Z 值距离端面应有一定的量,以确保进刀安全。

(2) G90 为模态功能,可由 G01,G02,G03,G92 等同组指令注销。

【例 5.1】 如图 5.6(a)所示的零件,用圆柱切削循环功能 G90 加工。

【解析】 参考程序如表 5.2 所示。

表 5.2　例 5.1 参考程序

O2233	程序名
M03 S600 T0101	主轴正转,选择 01 号刀
G00 X40 Z3	快速定位到循环起点
G90 X31 Z−25 F0.2	固定循环 G90 切削圆锥第 1 刀
X27	切削圆柱第 2 刀,G90 是模态代码,可以省略
X23	切削圆柱第 3 刀
X20	切削圆柱第 4 刀
X16 Z−15	切削圆柱第 4 刀
X15	切削圆柱第 4 刀
G00 X100 Z100	退刀
M30	程序结束

【例 5.2】 如图 5.6(b)所示的零件,用圆锥切削循环功能 G90 加工。

【解析】 R 值是切削起点 B 与切削终点 C 之间的直径之差的一半,而不是圆锥小端直径∅40 mm 与大端直径∅50 mm 差的一半。这点容易混淆出错。在计算 R 值大小的时候,可以用相似三角形原理或者圆锥锥度定义方法。

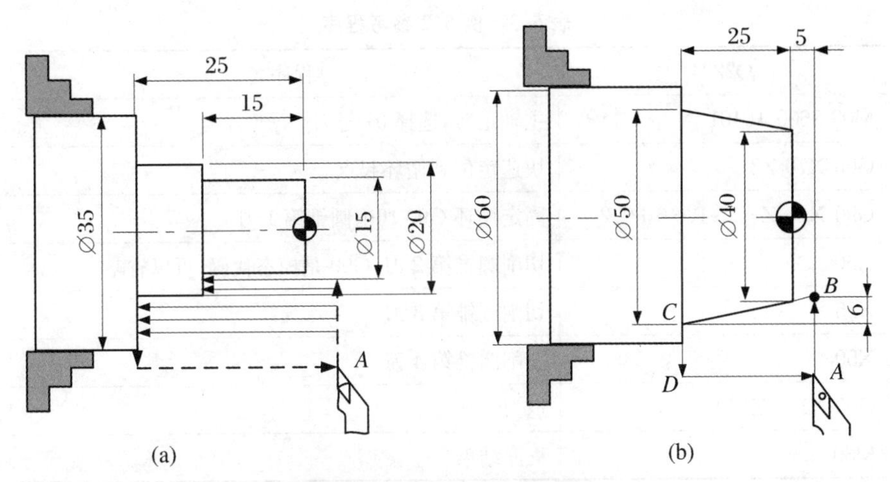

图 5.6　G90 内、外锥面车削循环

(1) 相似三角形原理

如图 5.7(a)所示,因为$\triangle ABC \backsim \triangle EDC$,所以

$$\frac{AC}{EC} = \frac{AB}{ED} \tag{5.1}$$

$$AB = \frac{AC}{EC} \times ED = 6\ \text{mm}, \quad R = -6\ \text{mm}$$

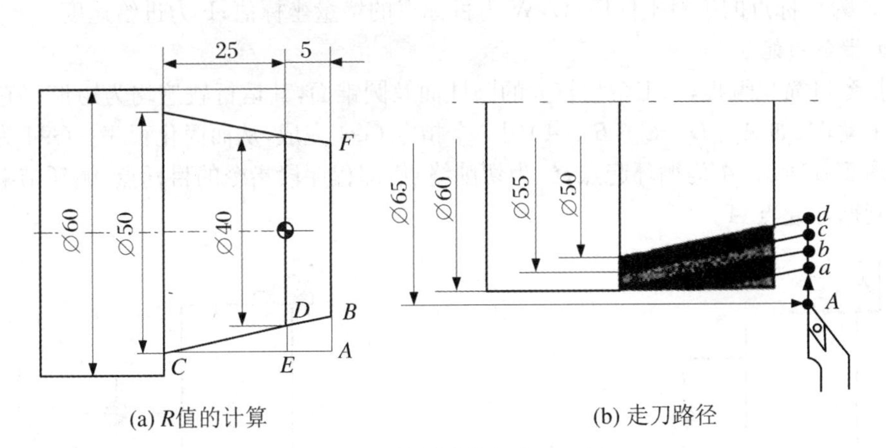

图 5.7　R 值的计算与走刀路径

(2) 圆锥锥度原理

因为锥度 = (50 − 40)/25 = (40 − FB)/5,所以 FB = 38 mm,R = (38 − 50)/2 = −6 mm。

【注意】 R 值的计算与循环起点的位置有关,为了计算方便,定刀的位置要合适,保证计算的 R 值是有限小数或整数。

根据 R 的正负判断可知，R 为负值，所以 $R = -6$ mm。另外，根据加工余量及切削用量的有关选择原则，在本例中将圆锥单边余量 10 mm 分为 4 刀切削，即第 1 刀从切削起点 a 点到切削终点∅65 mm 处，第 2 刀从切削起点 b 点到切削终点∅60 mm 处……依次将全部余量切完，如图 5.7(b)所示。参考程序如表 5.3 所示。

表 5.3 例 5.2 参考程序

O2234	程序名
M03 S600 T0101	主轴正转，选择 01 号刀
G00 X70 Z3	快速定位到循环起点
G90 X65 Z-25 R-6 F0.2	固定循环 G90 切削圆锥第 1 刀
X60	切削圆锥第 2 刀，G90 是模态代码，可以省略
X55	切削圆锥第 3 刀
X50	切削圆锥第 4 刀
G00 X100 Z100	退刀
M30	程序结束

5.1.4 端面车削固定循环 G94

1. 圆柱端面车削循环

(1) 编程格式

G94 X(U)__ Z(W)__ F__；

X，Z 为目标点的绝对坐标值；U，W 为目标点的增量坐标值；F 为进给速度。

(2) 指令功能

该指令可简化编程，加工余量较大的圆柱面及圆锥面，其运行轨迹均为矩形。它将一个连续加工动作(如 A—D—C—B—A)用一个指令 G94 完成，从而简化程序。G94 为模态代码。如图 5.8 所示，A 为循环起点，C 为切削终点，即程序段指令的目标点，循环结束后刀具快速回到循环起点 A。

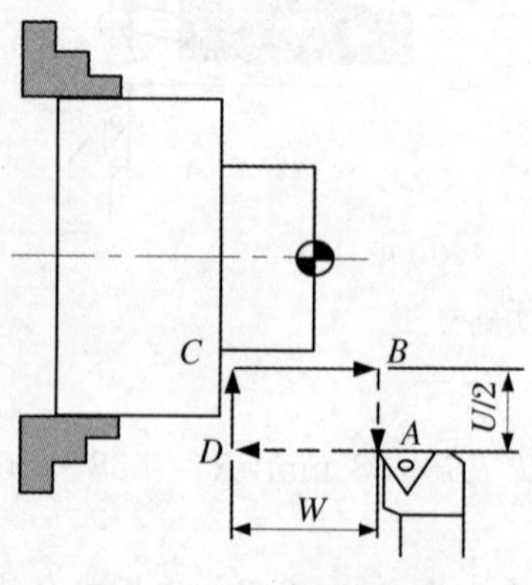

图 5.8 G94 车圆柱端面

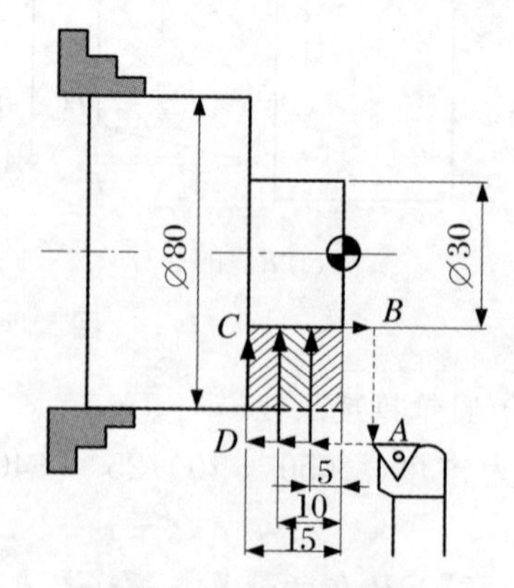

图 5.9 G94 车柱面

【例 5.3】 如图 5.9 所示的零件，用端面固定循环功能 G94 加工，材料为硬铝，每刀吃刀深 5 mm。

【解析】 参考程序如表 5.4 所示。

表 5.4　例 5.3 参考程序

O2235	程序名
M03 S600 T0101	主轴正转，选择 01 号刀
G00 X85 Z5	快速定位到循环起点
G94 X30 Z0 F0.2	平端面
Z-5	固定循环 G94 切削圆锥第 1 刀
Z-10	切削圆柱第 2 刀，G94 是模态代码，可以省略
Z-15	切削圆柱第 3 刀
G00 X100 Z100	退刀
M30	程序结束

2. 内外锥面车削固定循环 G94

(1) 编程格式

G94 X(U)_ Z (W)_ R _ F _；

X，Z 为切削终点的绝对坐标值；U，W 为切削终点的增量坐标值；R 为端面切削起点与切削终点在 Z 轴方向上的差值；F 为进给速度。

(2) 指令功能

该指令可简化编程，加工余量较大的圆柱面及圆锥面，其运行轨迹为梯形。该指令用于内、外圆锥面的切削。它将一个连续加工动作（如 *A*—*D*—*C*—*B*—*A*）用一个指令 G94 完成，从而简化程序。图 5.10 中 *A* 点为循环起点，*D* 点为切削起点，*C* 点为切削终点，循环结束后刀具快速回到循环起点 *A*。*R* 正负值的判断方法同 G90。

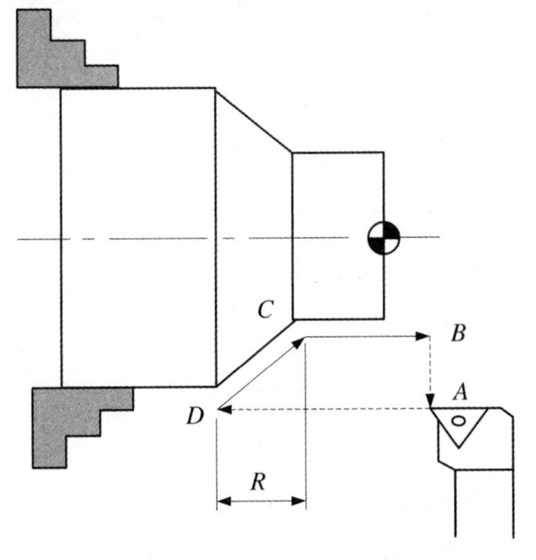

图 5.10　G94 车圆锥端面

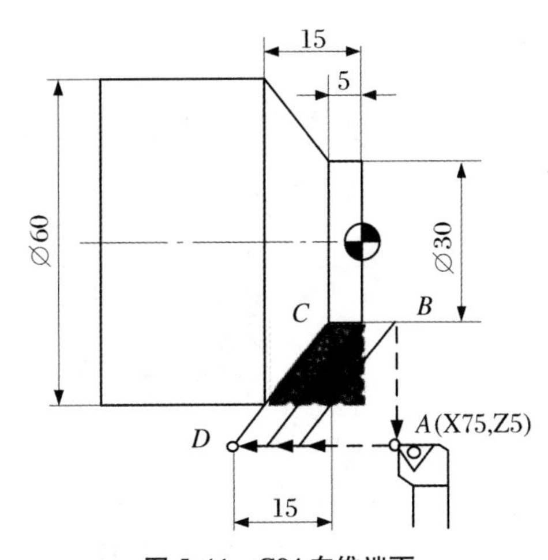

图 5.11　G94 车锥端面

【例 5.4】 如图 5.11 所示的零件，试用 G94 指令编程车削。

【解析】 程序中 R 为切削起点 D 与切削终点 C 之间的 Z 轴差值，起点 D 的 Z 坐标值小于终点 C 的值，所以 R 数值为负。当确定程序循环起点 A 后，通过计算得出 R 的值。该例中，程序的循环起点是（X75，Z5），计算得出 R 的值为 15，判断方向为负，所以 $R=-15$ mm。参考程序如表 5.5 所示。

表 5.5 例 5.4 参考程序

O2236	程序名
M03 S600 T0101	主轴正转，选择 01 号刀
G00 X75 Z5	快速定位到循环起点
G94 X30 Z5 R－15 F0.2	固定循环 G94 切削圆锥第 1 刀
Z0	切削圆锥第 2 刀，G94 是模态代码，可以省略
Z－5	切削圆锥第 3 刀
Z0	平端面
G00 X100 Z100	退刀
M30	程序结束

3. 注意事项

在使用 G90，G94 循环功能指令编制程序时，除了合理选择切削用量，同时还应注意正确理解并处理下列几种情况。

（1）合理使用单一循环固定循环，应根据坯件的形状和工件的加工轮廓进行适当的选择，一般情况下的选择如图 5.12 所示。

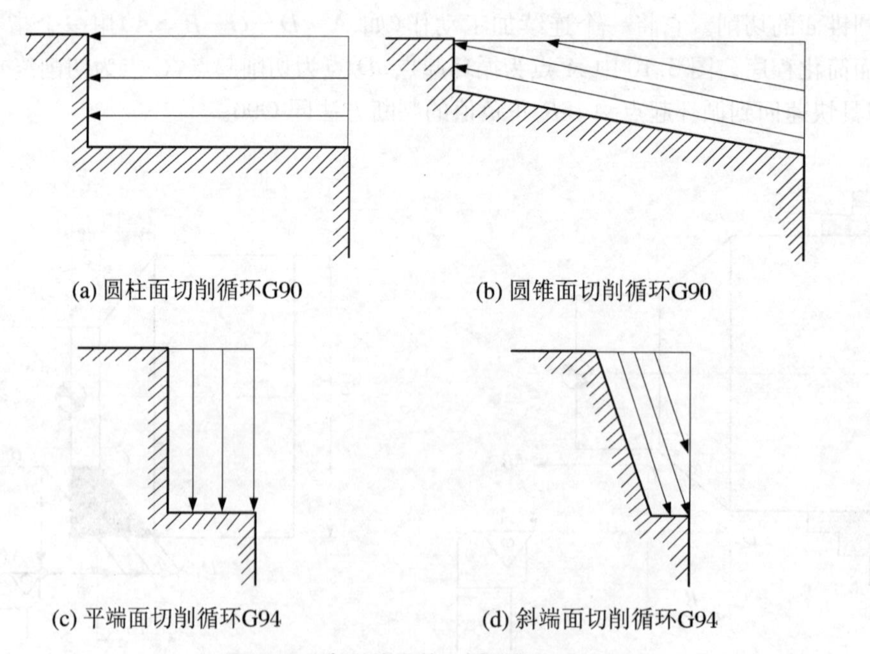

图 5.12 合理使用单一循环固定循环

(2) 由于 X(U),Z(W)和 R 的数值在固定循环期间是模态的,如果没有重新指定 X(U),Z(W)和 R,则原来指定的数据有效。

(3) 如果在单段运行方式下执行循环,则每一循环分 4 段进行,执行过程中必须按 4 次循环启动按钮。

(4) 用 MDI 方式指令固定循环,该程序段执行后,再按启动按钮,可执行与前次相同的固定循环。

(5) G90,G94 都是模态指令,当循环结束时,应该以同组的指令(G00,G01,G02 等)停止循环。

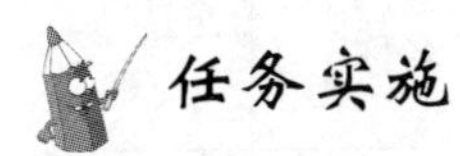

任务实施

1. 任务分析

如图 5.1 所示短轴零件,图中尺寸$\varnothing 40_{-0.063}^{-0.020}$ mm,最大极限尺寸为$\varnothing$39.98 mm,最小极限尺寸为$\varnothing$39.937 mm,平均值为$\varnothing$39.958 5 mm,一般数控机床最小编程单位为小数点后 3 位数,因此向其最大实体尺寸靠拢并圆整为$\varnothing$39.959 mm。粗糙度 Ra 为 1.6 μm,因此需要先粗车,最后精车加工。在加工时要分层切削,选择合适的切削用量。

2. 加工方案

(1) 装夹方案

短轴工件多安装在三爪自定心卡盘上,用三爪自定心卡盘夹持$\varnothing$42 mm 外圆,使工件伸出卡盘 48 mm,一次装夹完成粗精加工。

(2) 位置点

① 工件零点。设置在工件右端面上。

② 换刀点。为防止刀具与工件或尾座碰撞,换刀点应设置在(X100,Z100)的位置上。

3. 工艺路线的确定

(1) 平端面。如果毛坯端面比较平齐,可以用 90°外圆车刀车平端面并对刀。如果不平且需要去除较大余量,则需要用 45°端面车刀车平端面。

(2) 粗车各部分。粗车外圆,留单边精车余量 0.5 mm。

(3) 沿零件轮廓连续精车。精车外圆、倒角至图纸要求。

(4) 切断。选用乳化液进行冷却。

4. 制订工艺卡

(1) 刀具选择如表 5.6 所示。

表 5.6　刀具卡

产品名称或代号			零件名称	阶梯轴	零件图号	
序号	刀具号	刀具名称及规格	数量	加工表面	刀尖半径(mm)	备注
1	T0101	90°外圆车刀	1	平端面、粗精车外轮廓	0.2	
2	T0202	切断刀	1	切断	$B=4$	左刀尖

(2) 工艺卡如表 5.7 所示。

表 5.7　工艺卡

数控加工工序卡			产品名称		零件名	零件图号	
					短轴		
序号	程序编号	夹具	量具		机床设备	工具	车间
		三爪卡盘	游标卡尺(0～150 mm) 千分尺(0～25 mm,25～50 mm)		CAK6140	油石	数控
工步	工步内容	切削用量			刀具		备注
		主轴转速 n(r/min)	进给速度 f(mm/r)	背吃刀量 a_p(mm)	编号	名称	
1	平端面	600	0.2	0.5	T0101	90°外圆车刀	手动
2	粗车	800	0.2	2	T0101	90°外圆车刀	自动
3	精车	1 200	0.1	0.5	T0101	90°外圆车刀	自动
4	切断	350	0.05		T0202	车断刀	手动

5. 参考程序

如表 5.8 所示。

表 5.8　参考程序

O0002	程序名
M03 S800	正转,主轴 800 r/min
T0101 M08	换 1 号刀,冷却液开
G00 X44 Z2	快速定位至固定循环起点
G90 X41 Z－42 F0.2	外圆固定切削循环
X37 Z－26.5	
X35	
G90 X31 Z－14.5	
X27	
X23	
X19	
G00 X50 Z－13	快速定位于固定切削循环起点
G90 X44 Z－26.5 R－3.5 F0.2	外圆固定切削循环
X40	
X36	
X35	
G00 Z0	平端面
G01 X－0.5 F0.2 S600	

续表

O0002	程序名
G00 X14 Z1	精车路线
G01 X18 Z－1 F0.1 S1200	
Z－15	
X28 Z－15	
X34 Z－27	
X40 Z－27	
Z－42	
X45	
G00 X100 Z100	快速返回换刀点
M05	主轴停止
M09 T0100	冷却液关，取消 1 号刀补
M30	程序结束

任务思考

1. 车刀安装应注意什么？

2. 简述 G90 车削内、外锥面车削循环指令的格式以及 R 值的计算方法。

3. 说明 G90，G94 循环功能指令编制的区别与应用场合。

4. 如图 5.13 所示，外圆阶梯轴，毛坯为∅55 mm 棒料，材料为 45＃钢。用 G90 指令完成编程并加工。

5. 如图 5.14 所示，端面阶梯轴，毛坯为∅60 mm 棒料，材料为 45＃钢。用 G94 指令完成编程并加工。

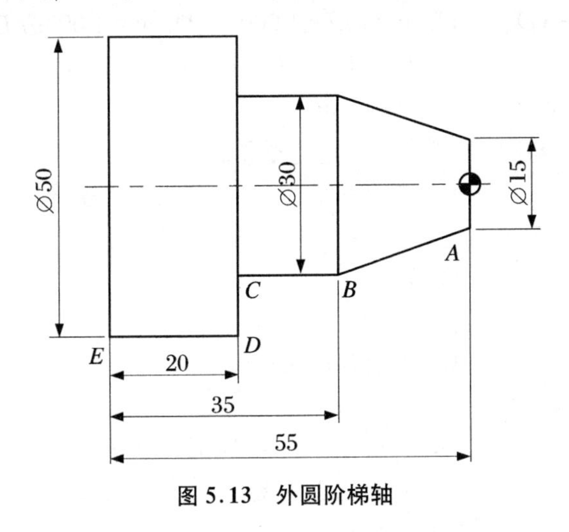

图 5.13　外圆阶梯轴

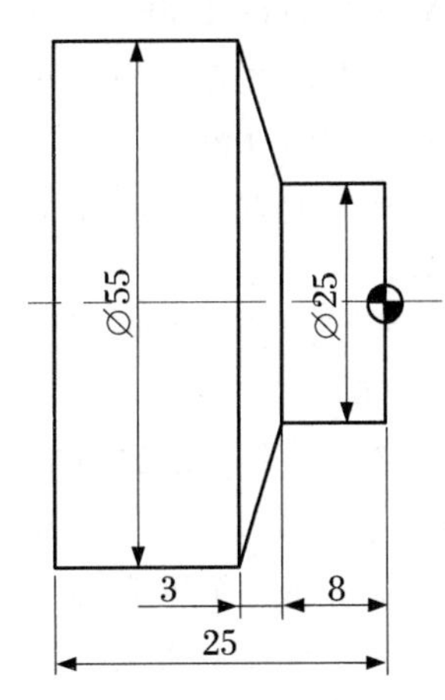

图 5.14　端面阶梯轴

项目练习题

一、填空题

1. 安装车刀时，刀杆在刀架上伸出量太长，切削时容易产生__________。

2. 工件材料的强度和硬度较低时，前角可以选得__________些；强度和硬度较高时，前角要选得__________些。

3. 在指定固定循环之前，必须用辅助功能__________使主轴__________。

4. 为了降低切削温度，目前采用的主要方法是切削时加注__________。切削液的作用包括__________、__________、__________和清洗作用。

5. 车削细长轴的车刀__________角和__________角较大，以使切削轻快，减小径向振动和弯曲变形。

6. 当金属切削刀具的刃倾角为__________时，刀尖位于主刀刃的最高点，切屑排出时流向工件表面。

7. 如果车刀刀尖与工件回转中心不等高，在车削圆锥表面时会产生__________误差，还会在车削端面至中心时留下凸台。

8. 使用硬质合金刀具时，车削至工件中心处会使刀尖__________。

9. G90，G94 都是__________指令，当循环结束时，应该以同组的指令（G00，G01，G02 等）将循环取消。

10. G94 端面车削循环，R 为端面切削起点与切削终点在__________轴方向上的差值。

二、选择题

1. 准备功能 G90 表示的功能是______。

A. 预置功能　　B. 固定循环　　C. 绝对尺寸　　D. 增量尺寸

2. 主轴转速 n(r/min)与切削速度 v(m/min)的关系表达式是：______。

A. $n=\pi vD/1\,000$　　B. $n=1\,000\pi vD$　　C. $v=\pi nD/1\,000$　　D. $v=1\,000\pi nD$

3. 基本尺寸为∅50 mm，上偏差 +0.3，下偏差 −0.1，则在程序中应用______尺寸编入。

A. ∅50.3 mm　　B. ∅50.2 mm　　C. ∅50 mm

4. 选择加工表面的设计基准为定位基准的原则称为______原则。

A. 基准重合　　B. 基准统一　　C. 自为基准　　D. 互为基准

5. 车削细长轴外圆时，车刀的主偏角应为______。

A. 90°　　B. 93°　　C. 75°

6. 检验一般精度的圆锥面角度时，常采用______测量。

A. 千分尺　　B. 锥形量规　　C. 万能角度尺

7. 采用固定循环编程，可以______。

A. 加快切削速度，提高加工质量　　B. 缩短程序的长度，减少程序所占内存

C. 减少换刀次数，提高切削速度　　D. 减少吃刀深度，保证加工质量

8. 我国有关标准规定数控系统的平均无故障时间不低于______。

A. 30 000 h　　B. 3 000 h　　C. 1 000 h　　D. 10 000 h

9. 精加工中，防止刀具上积屑瘤的形成，从切削使用量的选择上应______。

A. 加大切削深度　B. 加大进给量　C. 尽量使用很低或很高的切削速度

10. 车削中刀杆中心线不与进给方向垂直，会使刀具的______与______发生变化。

A. 前角　B. 主偏角　C. 后角　D. 副偏角

11. 在加工表面、刀具和切削用量中的切削速度和进给量都不变的情况下，所连续完成的那部分工艺过程称为______。

A. 工步　B. 工序　C. 工位　D. 进给

12. 在粗车外圆加工后，工件有残留毛坯表面，不可能的因素是______。

A. 加工余量不够　B. 工件弯曲没有校直

C. 工件在卡盘上没有校正　D. 刀具安装不正确

13. 在FANUC系统中，______指令在编程中用于车削余量大的内孔。

A. G70　B. G94　C. G90　D. G92

三、判断题

1. G90指令只能车削外圆，不能车削内孔。（　）

2. 工件端面加工余量较大时可选用90°车刀。（　）

3. 车削铝合金工件时车刀易出现积屑瘤。（　）

4. 车削铝、铜等有色金属时可以选用金刚石刀具。（　）

5. 偏刀车削端面时，从中心向外圆进给，不会产生凹面。（　）

6. 圆锥面的车削一般是通过切削循环指令进行精车。（　）

7. 切断实心工件时，工件半径应小于切断刀刀头长度。（　）

8. 刃倾角为负值可增加刀尖强度。（　）

9. 车削外圆柱面和车削套类工件时，它们的切削深度和进给量通常是相同的。（　）

10. 积屑瘤的产生在精加工时要设法避免，但对粗加工有一定的好处。（　）

11. 在主偏角为45°,75°,90°的车刀中，90°车刀的散热性能最好。（　）

12. 提高刀具寿命的基本方法是在工件材料和刀具材料已定的情况下，选择合理的刀具几何参数、切削用量和切削液。（　）

13. 切削脆性材料时容易形成带状切屑。（　）

14. 外圆车刀装得低于工件中心时，车刀的工作前角减小，工作后角增大。（　）

15. YT类硬质合金中含钴量愈多，刀片硬度愈高，耐热性越好，但脆性越大。（　）

16. 一般车刀的前角越大，越适合车削较硬的材料。（　）

17. 在轮廓加工中，主轴的径向和端面圆跳动精度对工件的轮廓精度没有影响。（　）

18. 用中等切削速度切削塑性金属时最易产生积屑瘤。（　）

19. 采用固定循环编程可以加快切削速度，提高加工质量。（　）

20. 用内径百分表(或千分表)测量内孔时，必须摆动内径百分表，所得最大尺寸是孔的实际尺寸。（　）

四、简答题

1. 加工锥面时如何计算 R 值?

2. 分析说明G90与G94的异同点。

五、编程题

1. 如图 5.15 所示，细长阶梯轴，毛坯为∅50 mm×150 mm 棒料，材料为 45＃钢。要求：会正确使用 A，B 型中心钻；会使用鸡心夹的两顶尖装夹方式，完成编程并加工。

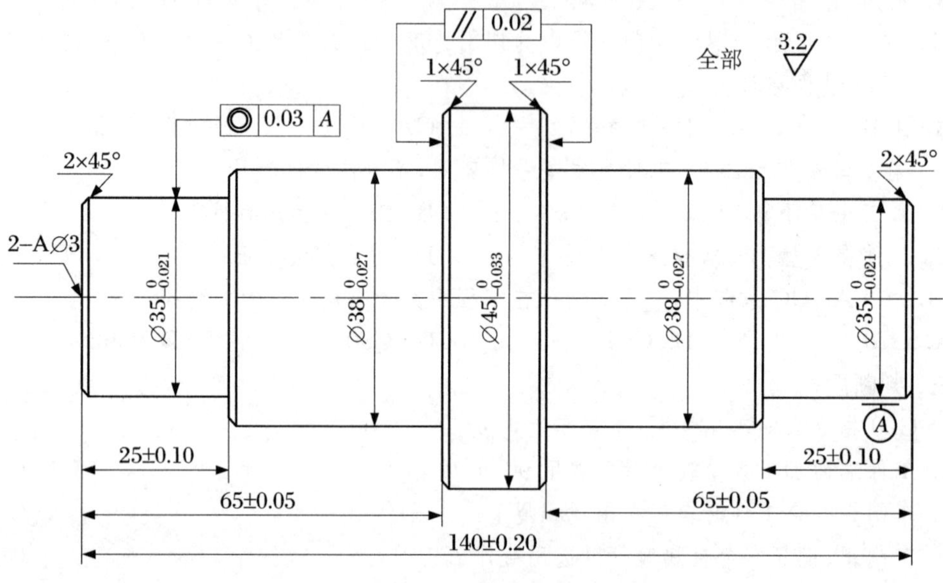

图 5.15　细长阶梯轴

2. 如图 5.16 所示，阶梯 V 形槽，毛坯为∅25 mm×50 mm 棒料，材料为 45＃钢。要求：完成编程并加工。

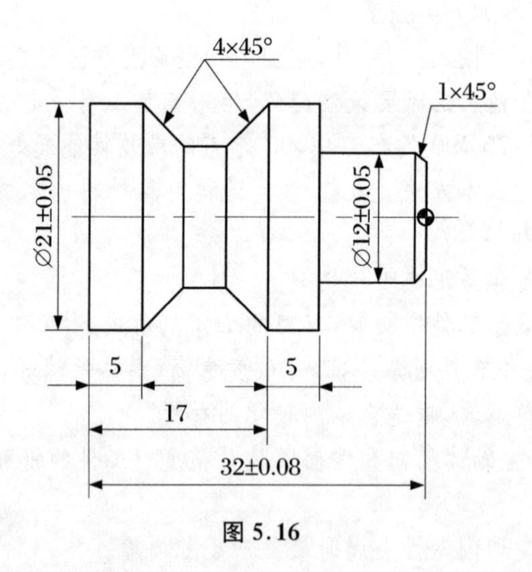

图 5.16

项目 6　切断及槽类零件加工

在刀具切削中，使用槽型的刀具，在工件上切出沟槽，统称为切槽。常用槽有：回转体上螺纹的退刀槽、轴承内外圈圆形沟槽、需要密封的环形密封槽等等，这些都需要使用切槽刀具，将沟槽切出。

任务 6.1　简单槽或切断加工

任务目标

知识目标

- 了解各种槽的分类与用途；
- 掌握子程序、切槽复合循环 G75 指令的含义与应用方法；
- 掌握车削各种外沟槽的基本方法。

能力目标

- 掌握车槽刀的选择方法、切槽加工的基本方法。

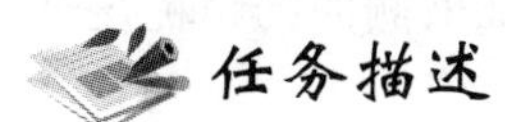

任务描述

如图 6.1 所示，零件的材料为 45＃钢，毛坯规格为∅55 mm×100 mm，编写加工程序并车削简单槽。

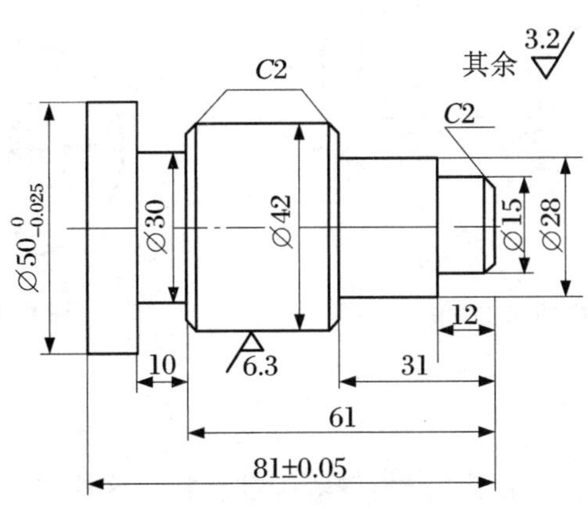

图 6.1　简单槽的加工

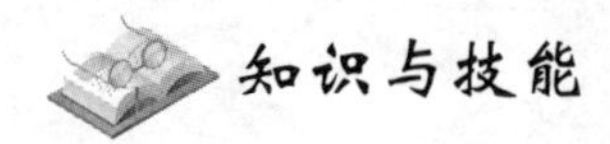

6.1.1 数控车切槽与切断

1. 槽的种类

(1) 按槽相对于工件的位置分类

① 外沟槽:常用的外沟槽有外圆沟槽、45°外沟槽、外圆端面沟槽和圆弧沟槽等。

② 内沟槽:内沟槽的截面形状有矩形、圆弧形、梯形等几种,内沟槽在机器零件中起退刀、密封、定位、通气、通油等作用。

(2) 根据槽的宽度不同分类

① 窄槽:槽的宽度不大,切槽刀切削过程中不沿 Z 向移动,就可以切出的槽一般叫作窄槽。

② 宽槽:槽宽度大于切槽刀的宽度,切槽刀切槽过程中需要沿 Z 向移动,才能切出的槽一般叫作宽槽。

2. 外直沟槽的加工方法

(1) 窄槽加工方法

如图 6.2(a)所示,回转体零件内、外表面槽,宽度为 2~6 mm 时,一般用主切削刃宽度等宽的车槽刀,一般用等槽宽的切槽刀通过横向进给直进法一次加工,一般用 G01 指令直进切削即可。若精度要求较高时,可在槽底用 G04 指令使刀具停留几秒钟,以光整槽底。切断一般用 G01 指令直进切削即可,也可使用 G94 固定循环或者 G75 切槽复合循环切断。

(2) 宽槽的加工方法

如图 6.2(b)所示,宽槽的加工一般也用 G75 切槽循环,用多次直进法切削,并在槽的两侧留一定的精车余量,然后根据槽深、槽宽精车至尺寸。第 1 刀、第 2 刀在槽底留约 0.5 mm 的余量(半径值),第 3 刀用直进法车到槽底,用 G04 指令作短暂停留以车平槽底,然后向右轴向进给切削至要求的槽宽,最后用 G01 指令径向退出以保证槽侧面的粗糙度要求。规律槽沟槽可以使用子程序、G75 切槽循环车削。

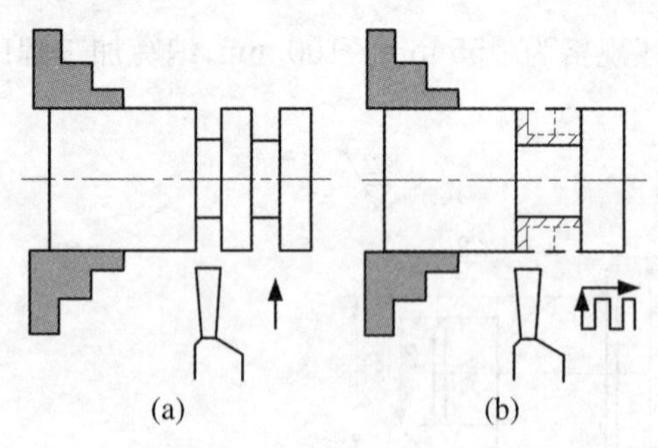

图 6.2 外沟槽的加工方法

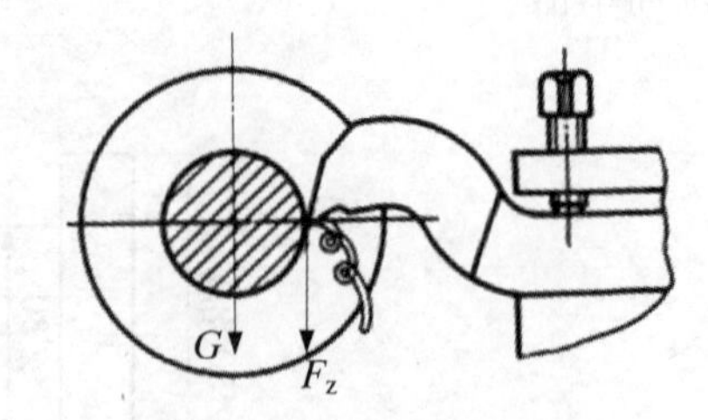

图 6.3 直进法切断工件

3. 切断方法

(1) 直进法切断工件

如图 6.3 所示,直进法常用于切断铸铁等脆性材料。这种方法切断效率比较高,但当加工塑性材料时，为了断屑，可以在径向反复退刀，作断续切削。

【注意】 在切削过程中不能停车，否则会发生扎刀或断刀。

(2) 左右借刀法切断工件

如图6.4所示，左右借刀法常用于切断钢等塑性材料，在切削系统（刀具、工件、车床）刚性不足的情况下，可采用左右借刀法切断。采用左右借刀法切断工件时，走刀速度要均匀，走刀距离一定要一致。

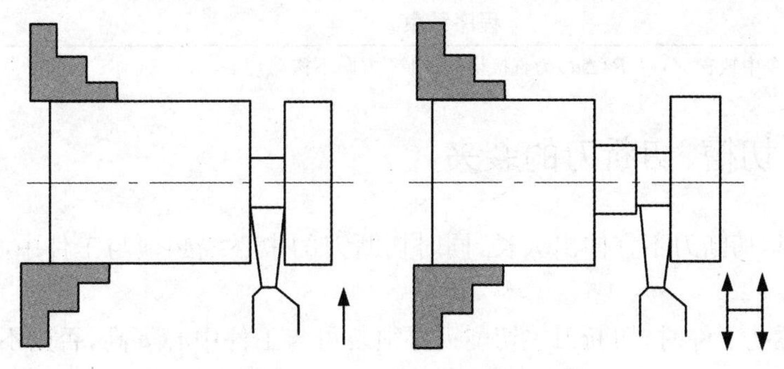

图6.4　左右借刀法切断工件

(3) 反切法切断工件

反切法是指将工件反转，用反切刀切断。反切法适用于大直径工件的切断，由于刀头较长，刚性较差，很容易引起振动，切断直径较大的工件时，可以采用反向切断法。

【例6.1】 如图6.5所示，使用G75指令对工件进行切断（具体G75的格式与含义请参考本项目的任务6.2）。

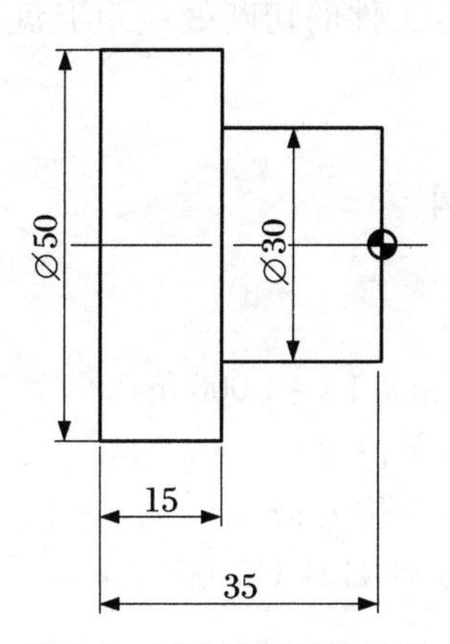

图6.5　G75切断工件示例

【解析】 参考程序如表6.1所示。

表6.1　例6.1参考程序

O2342	程序名
T0202 S300 M03	T0202切断刀，主轴正转
G00 X52 Z－38	快速定位循环起点

续表

O2342	程序名
G75 R0.3 G75 X－0.1 P5000 F0.1	设置 G75 参数，切断
G00 X80 Z80	快速退刀
M05	主轴停止
M30	程序结束

注：G75 指令中缺省 Z，Q，$R(\Delta d)$为直接切槽(即 Z 方向不移动)。

6.1.2 切槽、切断刀的装夹

(1) 装夹时，切断刀不宜伸出太长，同时切断刀的中心线必须与工件中心线垂直，确保两副后角对称。

(2) 切断无孔工件时，切断刀主切削刃必须装得与工件中心等高，否则不能车到工件中心，而且容易崩刃，甚至折断车刀。

(3) 切断刀的底平面应平整，以确保装夹后两个副后角对称。

(4) 切断刀伸出刀架的长度不要过长，进给要缓慢均匀，以免刀头折断。

(5) 切断钢件时需要加切削液进行冷却润滑，切铸铁时一般不加切削液，但必要时可用煤油进行冷却润滑。

(6) 两顶尖工件切断时，不能直接切到中心，防止车刀折断，工件飞出。

(7) 切断一般在卡盘上进行，工件的切断处应距卡盘近些，避免在顶尖安装的工件上切断。

6.1.3 程序暂停 G04

1. 编程格式

G04 P;(后跟整数值，单位为 ms，1 s = 1 000 ms)

G04 X;(后跟带小数点的数，单位为 s)

G04 U;(后跟带小数点的数，单位为 s)

如：G04 P5000 = G04 X5.0 = G04 U5.0。

2. 应用

(1) 钻孔、车槽、镗孔加工到达孔底部时，设置延时，以提高表面质量。

(2) 钻孔加工中途退刀后设置延时，以保证孔中铁屑充分排除。

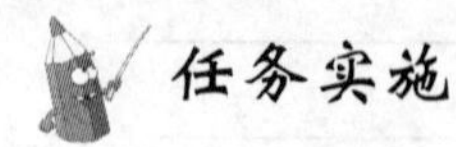

1. 任务分析

如图 6.1 所示，该零件为由外圆柱面、倒角、方形槽构成的轴类零件，外圆直径 $\varnothing 50_{-0.025}^{\ 0}$ mm和长度均有公差要求，表面粗糙度 Ra 为 3.2 μm，要求较高，可以通过粗、精加工两工序保证尺寸及粗糙度要求。

2. 加工方案

(1) 装夹方案

该零件需要采用三爪自定心卡盘夹持零件的毛坯外圆，确定伸出合适的长度(应将机床的限位距离考虑进去)，为 85 mm。零件的加工长度为 81 mm，则零件伸出约 85 mm 装夹后并找正工件。

(2) 位置点

① 工件零点。设置在工件右端面中心上。

② 换刀点。为防止刀具与工件或尾座碰撞，换刀点应设置在(X100，Z100)的位置上。

3. 工艺路线的确定

(1) 平端面。如果毛坯端面比较平齐，可以用 90°外圆车刀车平端面并对刀。如果不平且需要去除较大余量，则需要用 45°端面车刀车平端面。

(2) 粗车各部分。粗车外圆，留单边精车余量 0.5 mm。

(3) 沿零件轮廓连续精车。精车外圆、倒角至符合图纸要求。

(4) 切断。

(5) 选用乳化液进行冷却。

4. 制订工艺卡

刀具选择如表 6.2 所示。工艺制定过程如表 6.3 所示。

表 6.2　刀具卡

产品名称或代号			零件名称		零件图号	
序号	刀具号	刀具名称及规格	数量	加工表面	刀尖半径(mm)	备注
1	T0101	90°外圆车刀	1	平端面、粗精车外轮廓	0.2	
2	T0202	切槽刀	1	切槽	$B=5$	左刀尖
3	T0303	切断刀	1	切断	$B=4$	左刀尖

表 6.3　工序卡

数控加工工序卡			产品名称		零件名	零件图号	
					短轴		
工序号	程序编号	夹具	量具		机床设备	工具	车间
		三爪卡盘	游标卡尺(0～150 mm) 千分尺(0～25 mm,25～50 mm)		CK6140	油石	数控
工步号	工步内容	切削用量			刀具		备注
		主轴转速 n(r/min)	进给速度 f(mm/r)	背吃刀量 a_p(mm)	编号	名称	
1	平端面	600	0.2	0.5	T0101	90°外圆车刀	手动
2	粗车	800	0.2	2	T0101	90°外圆车刀	自动
3	精车	1 000	0.1	0.5	T0101	90°外圆车刀	自动
	切槽	350	0.1		T0202	$B=5$ mm 切槽刀	自动
4	切断	300	0.05		T0303	车断刀	手动

5. 参考程序

参考程序如表 6.4 所示。

表 6.4　参考程序

O2003	程序名	O2003	程序名
G00 G40 G99 G97	程序初始化	X38	
M03 S800 T0101	启动主轴、选刀	X42 W－2	
G00 X60 Z3	快速定位循环启动点	Z－71	
G90 X51 Z－80.5 F0.2	G90 粗加工零件外圆	X49.88	
X47 Z－70.5		Z－81	
X43		G00 X100 Z100	
X39 Z－30.5		T0202 S350	切槽及倒角
X35		G00 Z－66	
X31		X50	
X29		G01 X30.5 F0.1	
X25 Z－11.5		G04 X2	
X21		X50 F0.5	
X17		W－5	
X16		G01 X30 F0.1	
G00 X11	G00/G01 精加工零件轮廓	W5	
Z2		X42 F0.3	
G01 Z0 F0.1		W1	
G01 X15 W－2		U－4 W－2	
Z－12		G00 X100 Z100	退刀
X28		M30	程序结束
Z－31			

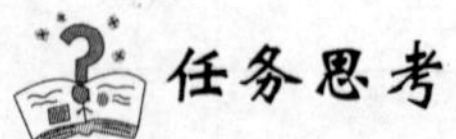

任务思考

1. 简要说明内外沟槽的加工方法与技巧。
2. 简要说明工件切断的方法与技巧。
3. 说明 G04 指令的含义与应用场合。

任务 6.2　规律槽的加工

任务目标

知识目标

- 掌握子程序、切槽复合循环 G75 指令的含义与应用方法；
- 掌握车削规律外沟槽的基本方法与编程技巧。

能力目标

- 掌握车槽刀的选择方法、切规律槽加工的编程方法。

任务描述

如图 6.6 所示，车削规律深槽，已知毛坯规格为∅35 mm×100 mm，材料为 45＃钢，编程并加工。

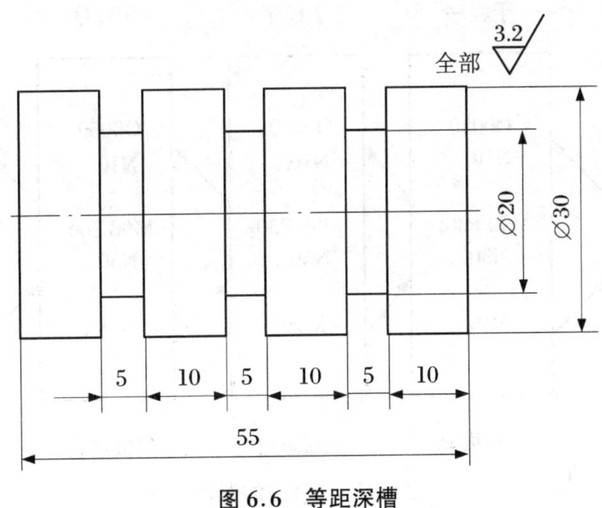

图 6.6　等距深槽

知识与技能

6.2.1　子程序的基本知识

1. 子程序的含义

在编制加工程序过程中，如果有一组程序段在一个程序中多次出现或者在几个程序中都要使用它，则可以将这个典型的加工程序编制成固定程序，单独命名，这种程序段被称为子程序，可以简化编程。

2. 子程序的格式

(1) 子程序的编程格式

子程序编程的格式与主程序基本相似。子程序名是 O 地址加四位数字，其范围是 O0001～O9999。子程序与主程序是相对独立的，子程序的结尾用 M99 结束程序的调用，并返回上一层子程序或者主程序。

O××××；　　(子程序号)

⋮

M99；　　　　(程序结束)

(2) 子程序的调用格式

子程序是由主程序或上层子程序调用并执行的。FANUC-0i 系统子程序调用指令：

M98 P×××××××；

其中：M98——调用子程序指令字。

P 后接 7 位数字，前面的三位数是子程序重复调用的次数，最多 999 次，若调用 1 次，可省略，后面的四位数为子程序名(0001～9999)。如：M98 P050020；M98 P0020。

3. 子程序嵌套

子程序中还可以再调用其他子程序，即可多重嵌套调用。一个子程序应以"M99"作程序结束行，可被主程序多次调用，FANUC-0i 最多可重复 4 次。子程序调用如图 6.7 所示。

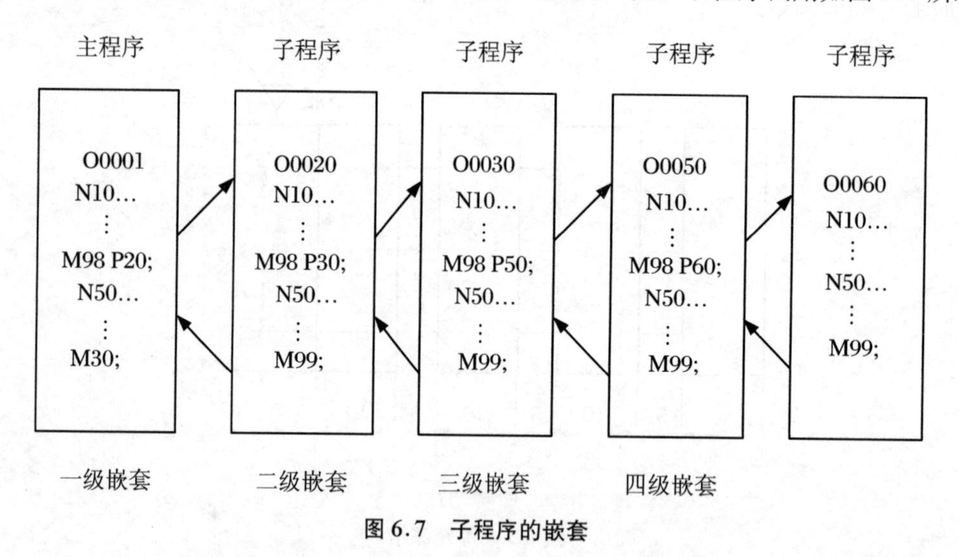

图 6.7　子程序的嵌套

6.2.2　子程序在槽加工中的应用

对等距槽采用 G75 循环比较简单，而对不等距槽则采用子程序调用较为简单。

【例 6.2】 如图 6.8 所示，为车削不等距规律槽的示例，外圆已经加工完毕，用子程序编程。

【解析】 参考程序如表 6.5 所示。

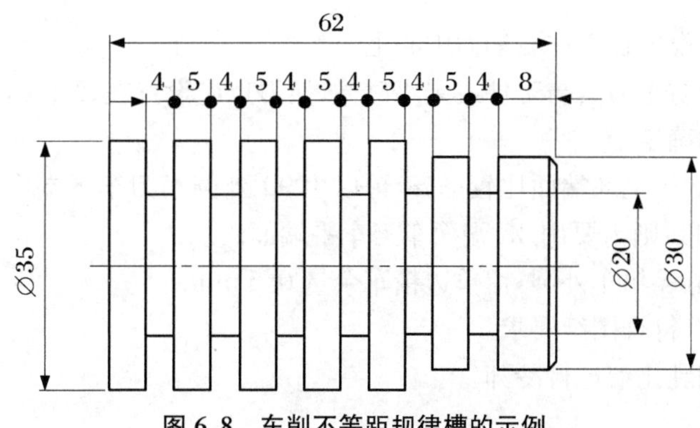

图 6.8　车削不等距规律槽的示例

表 6.5　例 6.2 参考程序

O0004	主程序名	O0005	子程序名
G00 G40 G99 G97	程序初始化	G00 W−9	左移 9 mm
M03 S300 T0202	启动主轴、选切槽刀	G01 X20 F0.1	切槽
G00 X40	快速定位 X40	G04 X2	暂停 2 s
Z−3	快速定位子程序启动点	G01 X40 F0.5	退刀
M98 P60005	调用子程序 6 次	M99	子程序结束
G00 X100 Z100	快速退刀		
M30	程序结束		

【注意】

① 当有多个槽，且槽宽度有一定的规律，并且各个槽的宽度都相等时，除了采用子程序调用法外，还可以巧用 G75 指令。

② 刀具的起点坐标必须考虑刀宽，*X* 方向应大于最大直径，以右刀尖为基准时，*Z* 方向的数值应加上刀宽。

③ 在槽内的运动必须用 G01 指令，不能用 G00 指令。

④ 切削的深度较大时，可采用多次切削。

⑤ 当有多个槽，且槽的宽度有一定的规律时，可采用子程序调用的方法。

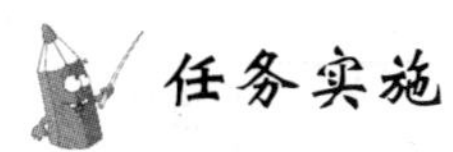

任务实施

1. 任务分析

如图 6.6 所示，该零件为由外圆柱面和直槽构成的轴类零件，毛坯规格为∅35 mm×100 mm，材料为 45＃钢，外圆直径∅30 mm，长度无公差要求，表面粗糙度 *Ra* 为 3.2 μm，要求较高，可以通过粗、精加工两道工序保证粗糙度要求。

2. 加工方案

(1) 装夹方案

该零件需要采用三爪自定心卡盘夹持零件的毛坯外圆，确定伸出合适的长度。零件的加工长度为 55 mm，则零件伸出约 65 mm，装夹后并找正工件。

(2) 位置点

① 工件零点。设置在工件右端面中心上。

② 换刀点。为防止刀具与工件或尾座碰撞,换刀点应设置在(X100,Z100)的位置上。

3. 工艺路线的确定

(1) 平端面。如果毛坯端面比较平齐,可以用90°外圆车刀车平端面并对刀。如果不平且需要去除较大余量,则需要用45°端面车刀车平端面。

(2) 粗车各部分。粗车外圆,留单边精车余量0.5 mm。

(3) 精车外圆至符合图纸要求。

(4) 切槽,选用乳化液进行冷却。

(5) 切断。

4. 制订工艺卡

刀具选择如表6.6所示。工艺制定过程如表6.7所示。

5. 参考程序

参考程序如表6.8所示。

表6.6 刀具卡

产品名称或代号			零件名称		零件图号	
序号	刀具号	刀具名称及规格	数量	加工表面	刀尖半径(mm)	备注
1	T0101	90°外圆车刀	1	平端面、粗精车外轮廓	0.2	
2	T0202	切槽刀	1	切槽	$B=5$	左刀尖
3	T0303	切断刀	1	切断	$B=4$	左刀尖

表6.7 工序卡

数控加工工序卡			产品名称		零件名	零件图号	
					短轴		
工序号	程序编号	夹具	量具		机床设备	工具	车间
		三爪卡盘	游标卡尺(0～150 mm) 千分尺(0～25 mm,25～50 mm)		CK6140	油石	数控
工步号	工步内容	切削用量			刀具		备注
		主轴转速 n(r/min)	进给速度 f(mm/r)	背吃刀量 a_p(mm)	编号	名称	
1	平端面	600	0.2	0.5	T0101	90°外圆车刀	手动
2	粗车	800	0.2	2	T0101	90°外圆车刀	自动
3	精车	1 000	0.1	0.5	T0101	90°外圆车刀	自动
	切槽	350	0.1		T0202	$B=5$ mm切槽刀	自动
4	切断	300	0.05		T0303	车断刀	手动

表 6.8　参考程序

O0006	主程序名	O0007	子程序名
G00 G40 G99 G97	程序初始化	G00 W−15	左移 15 mm
M03 S600 T0202	启动主轴,选外圆刀	G01 X20 F0.1	切槽
G00 X40 Z3	快速定位循环起点	G04 X2	暂停 2 s
G90 X31 Z−55 F0.2	G90 粗精加工	G01 X40 F0.5	退刀
X30 F0.1 S1000		M99	子程序结束
G00 X100 Z100	快速退刀		
T0202 S300	启动主轴,选切槽刀		
G00 X40 Z0	快速定位子程序启动点		
M98 P30007	调用子程序 3 次		
G00 X100 Z100	快速退刀		
M30	程序结束		

任务思考

1. 简要说明子程序的格式与应用场合。
2. 简要说明子程序嵌套的含义以及 FANUC-0i 系统最多嵌套几层。
3. 说明子程序与主程序的异同点。

任务 6.3　宽槽与等距槽的加工

任务目标

知识目标

- 了解各种槽的分类与用途;
- 掌握切槽复合循环 G75 指令的含义与应用方法;
- 掌握车削宽槽与等距外沟槽的编程和加工方法。

能力目标

- 掌握车削宽槽与等距外沟槽的编程和加工方法。

任务描述

如图 6.9 所示，宽槽车削，已知毛坯为$\varnothing$55×80 mm，材料为 45＃钢，编程并加工。

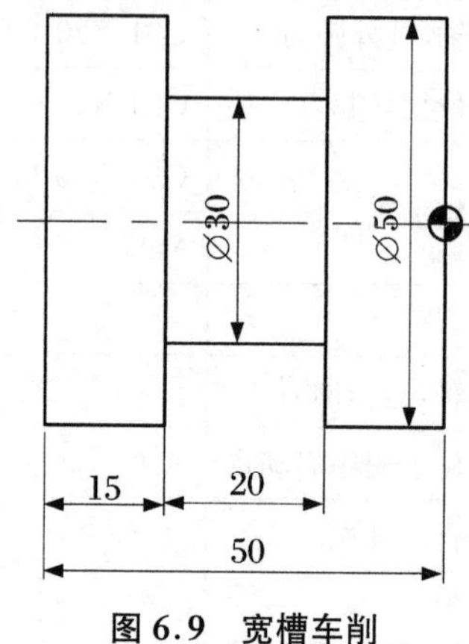

图 6.9　宽槽车削

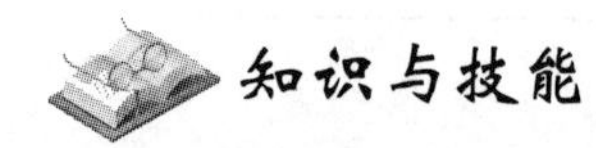

知识与技能

下面我们来了解外圆、内圆切槽循环(G75)。

图 6.10 所示为 G75 的走刀路线。在此循环中可以进行端面的断屑处理，并可以对外径进行沟槽加工和切断加工(省略 Z，W)。G75 都可用于切断、切槽或孔加工，可以使刀具进行自动退刀。

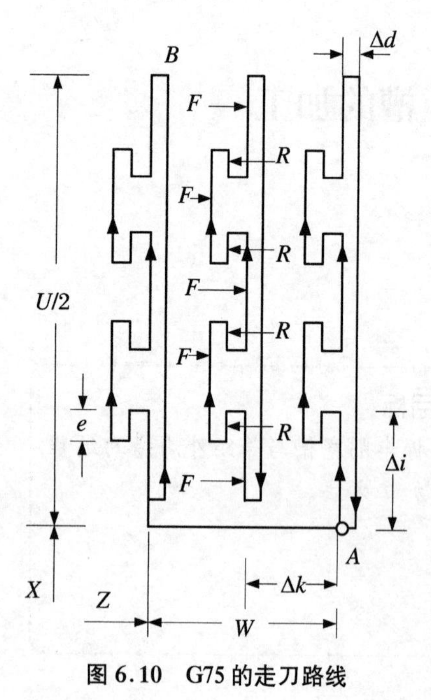

图 6.10　G75 的走刀路线

1. 编程格式

G75 R(e)；

G75 X(U) Z(W) P(Δi) Q(Δk) R(Δd) F(f)；

2. 参数含义

e：每次沿 Z 方向切削 Δi 后的退刀量。根据程序指令，参数值也改变。

X：终点 X 方向的绝对坐标值(mm)。

Z：终点 Z 方向的绝对坐标值(mm)。

U：终点 X 方向的增量坐标(mm)。

W：终点 Z 方向的增量坐标(mm)。

Δi：X 方向的每次循环移动量(无符号，直径量 μm)。

Δk：Z 方向的每次切削移动量(无符号，μm)。

Δd：切削到终点时，Z 方向的退刀量通常不指定，省略 $X(U)$和 Δi 时，则视为 0。

F：进给速度。

【例 6.3】 如图 6.11 所示,使用 G75 指令进行等距多槽加工。

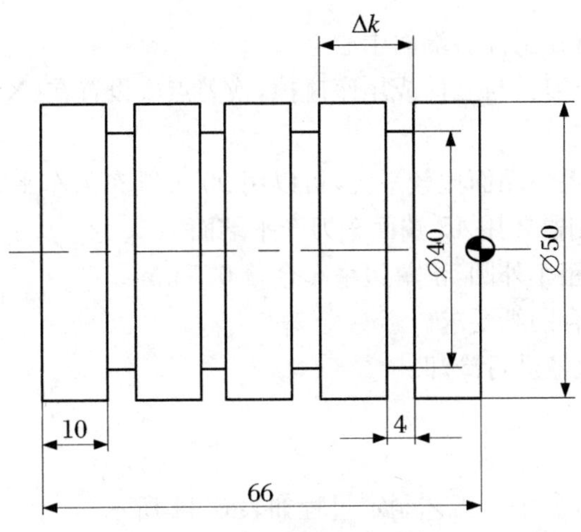

图 6.11 距槽的加工示例

【解析】 参考程序如表 6.9 所示。

表 6.9 例 6.3 参考程序

O0004	程序名
G00 G40 G99 G97	程序初始化
M03 S300 T0202	启动主轴、选切槽刀
G00 X52 Z−14	快速定位循环起点
G75 R0.5	定义每次退刀量
G75 X40 Z−56 P3000 Q14000 F0.2	循环切槽
G00 X100 Z100	快速退刀
M30	程序结束

【注意】

① 一般的 G75 指令要求 Q 值应小于槽宽,以保证切槽的连续性。

② 我们通过修改 Q 值,即可满足此类编程要求。

③ 此方法方便快捷,使用效果优于子程序。

④ 当槽的深度值较大时,采用 G75 指令一次切成容易夹刀,损坏刀具。

任务实施

1. 任务分析

如图 6.9 所示,该零件由外圆柱面和直槽构成的轴类零件,规格为∅55 mm×80 mm,材料为 45#钢,外圆直径∅50 mm,长度无公差要求,表面粗糙度要求不高,可以通过粗、精加工两道工序保证粗糙度要求。

2. 加工方案

(1) 装夹方案

该零件需要采用三爪自定心卡盘夹持零件的毛坯外圆,确定伸出合适的长度。零件的加工长度为 50 mm，则零件伸出约 60 mm 装夹后并找正工件。

(2) 位置点

① 工件零点。设置在工件右端面中心上。

② 换刀点。为防止刀具与工件或尾座碰撞，换刀点应设置在(X100，Z100)的位置上。

3. 工艺路线的确定

(1) 平端面。如果毛坯端面比较平齐，可以用 90°外圆车刀车平端面并对刀。如果不平且需要去除较大余量，则需要用 45°端面车刀车平端面。

(2) 粗车各部分。粗车外圆，留单边精车余量 0.5 mm。

(3) 精车外圆至符合图纸要求。

(4) 切槽，选用乳化液进行冷却。

(5) 切断。

4. 制订工艺卡

刀具选择如表 6.10 所示。工艺制定过程如表 6.11 所示。

5. 参考程序

如表 6.12 所示。

表 6.10 刀具卡

产品名称或代号			零件名称		零件图号	
序号	刀具号	刀具名称及规格	数量	加工表面	刀尖半径(mm)	备注
1	T0101	90°外圆车刀	1	平端面、粗精车外轮廓	0.2	
2	T0202	切槽刀	1	切槽	$B=4$	左刀尖
3	T0303	切断刀	1	切断	$B=4$	左刀尖

表 6.11 工序卡

数控加工工序卡			产品名称		零件名	零件图号	
					短轴		
工序号	程序编号	夹具	量具		机床设备	工具	车间
		三爪卡盘	游标卡尺(0～150 mm) 千分尺(0～25 mm，25～50 mm)		CK6136	油石	数控
工步号	工步内容	切削用量			刀具		备注
		主轴转速 n(r/min)	进给速度 f(mm/r)	背吃刀量 a_p(mm)	编号	名称	
1	平端面	600	0.2	0.5	T0101	90°外圆车刀	手动
2	粗车	750	0.2	2	T0101	90°外圆车刀	自动
3	精车	1 000	0.1	0.5	T0101	90°外圆车刀	自动
4	切槽	300	0.1		T0202	切槽刀	自动
	切断	300	0.05		T0303	切断刀	手动

表 6.12　参考程序

O0006	程序名	O0006	程序名
G00 G40 G99 G97	程序初始化	G75 X30.5 Z－34.8 P5000 Q3900 F0.1	切槽
M03 S600 T0101	启动主轴,选外圆刀	G01 Z－35	右侧面精加工
G00 X60 Z3	快速定位循环起点	X30	槽底精加工
G90 X51 Z－50 F0.2	G90 粗精加工外圆	W20	子程序结束
X50 F0.1 S1000		X60	快速退刀,切削液关
G00 X100 Z100	快速退刀	G00 X100 Z100 M09	
T0202 S300	启动主轴,选切槽刀	M05	主轴停
G00 X60 Z－19.2 M08	槽侧面留余量 0.2 mm	M30	程序结束
G75 R1.0	回退量		

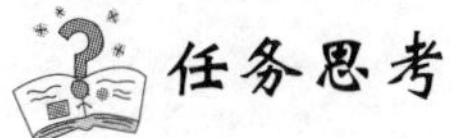

任务思考

1. 简要说明 G75 的格式参数含义与应用场合。
2. 简要说明如何应用 G75 切断工件、加工宽槽。

任务 6.4　内沟槽的加工

任务目标

知识目标
- 掌握内沟槽加工过程及方法;
- 学会测量、车内沟槽。

能力目标
- 掌握车槽刀的选择、切槽加工的基本方法。

任务描述

如图 6.12 所示,阶梯轴套内沟槽。零件材料为 45＃钢,毛坯规格为∅45 mm×60 mm,使用∅20 mm 的高速钢钻头预钻孔。编写加工程序,并加工。

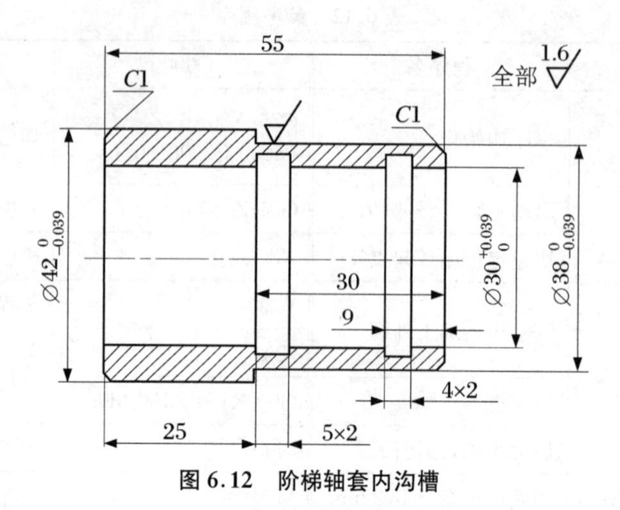

图 6.12　阶梯轴套内沟槽

知识与技能

6.4.1　内沟槽的分类与应用

机器零件由于工作情况和结构工艺性的需要，有各种断面形状的内沟槽，常见的有以下几种。

1. 退刀槽

如图 6.13(a)所示，在车内螺纹、车孔、磨孔时做退刀用。

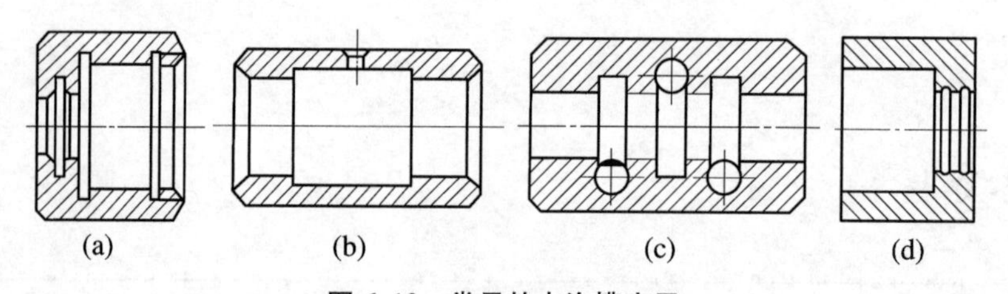

图 6.13　常见的内沟槽应用

2. 定位槽

如图 6.13(b)所示，在内孔中适当位置的内沟槽中嵌入弹性挡圈，实现相关零件的轴向定位。

3. 油、气通道槽

如图 6.13(c)所示，在液压或气动滑阀中加工的内沟槽，用于通油或通气。

4. 密封槽

如图 6.13(d)所示，在内梯形槽内嵌入油毛毡，防止轴上润滑剂溢出和防尘。

6.4.2　内沟槽车刀

内沟槽车刀与切断刀的几何形状相似，但装夹方向相反，且在内孔中切槽。加工小孔中的内沟槽车刀做成整体式，而在大直径内孔中车内沟槽的车刀常为机械夹固式的，如图6.14所示。

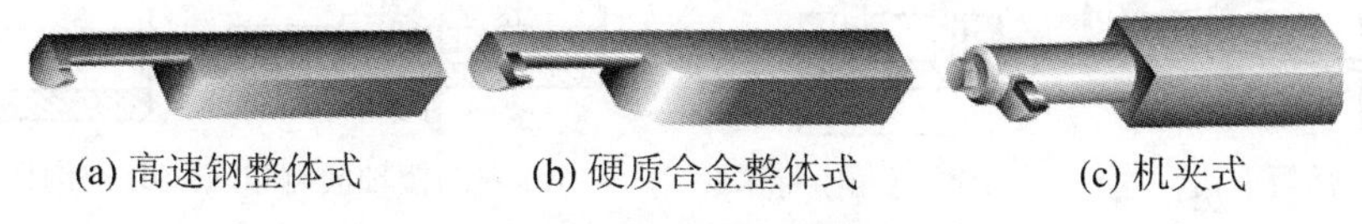

(a) 高速钢整体式　(b) 硬质合金整体式　(c) 机夹式

图6.14　内沟槽车刀种类

由于内沟槽通常与孔轴线垂直，因此要求内沟槽车刀的刀体与刀柄轴线垂直。装夹内沟槽车刀时，应使主切削刃与内孔中心等高或略高，两侧副偏角必须对称。

6.4.3　车内沟槽的方法

车内沟槽的方法与车外沟槽的方法相似。

(1) 对于宽度较小和精度不高的内沟槽，可以用主切削刃等于槽宽的刀一次直进给法车出，如图6.15(a)所示。

(2) 对于精度要求高或较宽的槽，可以用直进法分几次直进法车出。粗车时，槽壁和槽底留精车余量，然后用等宽内沟槽刀修整精车，如图6.15(b)所示。

(3) 对于深度较浅、宽度很大的槽，可以先用车孔刀车出凹槽，然后再用内沟槽刀车至尺寸，如图6.15(c)所示。

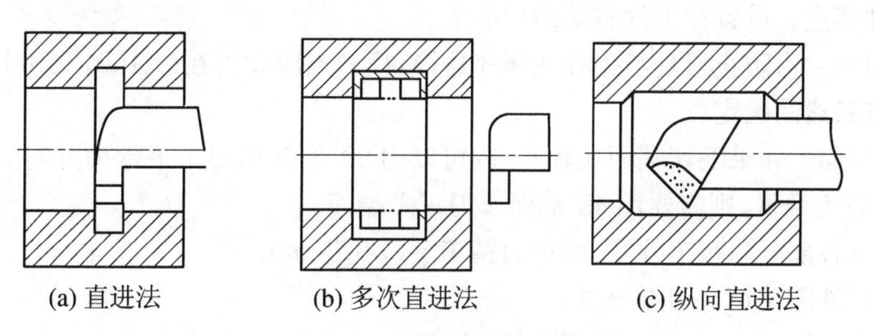

(a) 直进法　(b) 多次直进法　(c) 纵向直进法

图6.15　车内沟槽的方法

车内沟槽时可以用G01指令编程，在槽底用暂停指令G04暂停一定时间，使槽底光滑。退刀时注意刀杆的位置，不要与孔壁发生碰撞。另外，车内沟槽时由于刀头刚性差，因此进给量和切削速度适当减小。

6.4.4　内沟槽的检验与测量

内沟槽的检验通常包括深度的测量、轴向尺寸的测量和宽度的测量，如图6.16所示，深度较深的内沟槽一般用弹簧卡钳测量；内沟槽直径较大时，可用弯脚游标卡尺测量；内沟槽的轴向尺寸可用钩形游标深度卡尺测量；内沟槽的宽度可用样板或游标卡尺（当孔径较大时）测量。

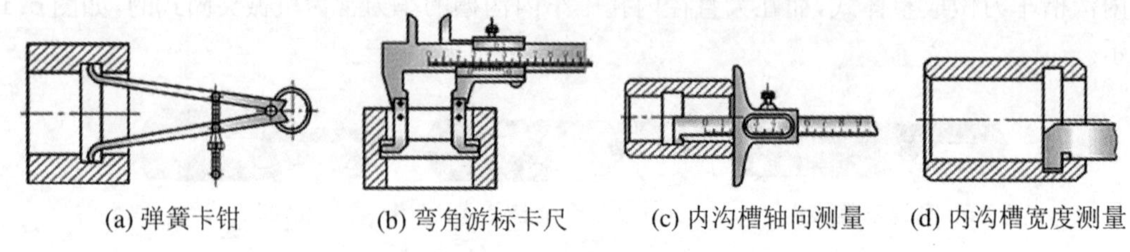

(a) 弹簧卡钳　(b) 弯角游标卡尺　(c) 内沟槽轴向测量　(d) 内沟槽宽度测量

图 6.16　内沟槽的检验与测量

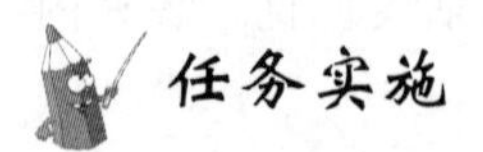

任务实施

1. 任务分析

零件如图 6.12 所示，为由外圆柱面和直槽构成的轴类零件，规格为∅45 mm×80 mm，材料为 45＃钢，使用∅20 mm 的高速钢钻头预钻孔。内、外圆直径$\varnothing 42^{0}_{-0.039}$ mm，尺寸精度和表面粗糙度要求较高，长度公差要求不高，可以通过粗、精加工两道工序保证粗糙度要求。

2. 加工方案

(1) 装夹方案

该零件需要采用三爪自定心卡盘夹持零件的毛坯外圆，确定伸出合适的长度。零件的加工长度为 55 mm，则零件伸出约 60 mm 装夹后并找正工件。

(2) 位置点

① 工件零点。设置在工件右端面中心上。

② 换刀点。为防止刀具与工件或尾座碰撞，换刀点应设置在(X100，Z100)的位置上。

3. 工艺路线的确定

(1) 平端面。如果毛坯端面比较平齐，可以用 90°外圆车刀车平端面并对刀。如果不平且需要去除较大余量，则需要用 45°端面车刀车平端面。

(2) 粗车各部分。粗车外圆，留单边精车余量 0.5 mm。

(3) 精车外圆至符合图纸要求。

(4) 切内沟槽，选用乳化液进行冷却。

(5) 切断。

4. 制订工艺卡

刀具选择如表 6.13 所示。工艺制定过程如表 6.14 所示。

5. 参考程序

如表 6.15 所示。

表 6.13　刀具卡

产品名称或代号			零件名称		零件图号	
序号	刀具号	刀具名称及规格	数量	加工表面	刀尖半径(mm)	备注
1	T0101	90°外圆车刀	1	平端面、粗精车外轮廓	0.2	
2	T0202	切内槽刀	1	切槽	$B=4$	左刀尖
3	T0303	切断刀	1	切断	$B=4$	左刀尖

表 6.14　工序卡

<table>
<tr><td colspan="3" rowspan="2">数控加工工序卡</td><td colspan="2">产品名称</td><td>零件名</td><td colspan="2">零件图号</td></tr>
<tr><td colspan="2"></td><td>阶梯轴套</td><td colspan="2"></td></tr>
<tr><td>工序号</td><td>程序编号</td><td>夹具</td><td colspan="2">量具</td><td>机床设备</td><td>工具</td><td>车间</td></tr>
<tr><td></td><td></td><td>三爪卡盘</td><td colspan="2">游标卡尺(0～150 mm)
千分尺(0～25 mm,25～50 mm)</td><td>CK6136</td><td>油石</td><td>数控</td></tr>
<tr><td rowspan="2">工步号</td><td rowspan="2">工步内容</td><td colspan="3">切削用量</td><td colspan="2">刀具</td><td rowspan="2">备注</td></tr>
<tr><td>主轴转速
n(r/min)</td><td>进给速度
f(mm/r)</td><td>背吃刀量
a_p(mm)</td><td>编号</td><td>名称</td></tr>
<tr><td>1</td><td>平端面</td><td>600</td><td>0.2</td><td>0.5</td><td>T0101</td><td>90°外圆车刀</td><td>手动</td></tr>
<tr><td>2</td><td>粗车外圆</td><td>600</td><td>0.2</td><td>2</td><td>T0101</td><td>90°外圆车刀</td><td>自动</td></tr>
<tr><td>3</td><td>精车外圆</td><td>1 000</td><td>0.1</td><td>0.5</td><td>T0101</td><td>90°外圆车刀</td><td>自动</td></tr>
<tr><td>4</td><td>粗车内孔</td><td>600</td><td>0.2</td><td>1</td><td>T0202</td><td>90°内孔车刀</td><td>自动</td></tr>
<tr><td>4</td><td>精车内孔</td><td>800</td><td>0.1</td><td>0.5</td><td>T0202</td><td>90°内孔车刀</td><td>自动</td></tr>
<tr><td>5</td><td>切内沟槽</td><td>500</td><td>0.05</td><td></td><td>T0303</td><td>切槽刀</td><td>自动</td></tr>
<tr><td>6</td><td>切断</td><td>300</td><td>0.05</td><td></td><td>T0404</td><td>切断刀</td><td>手动</td></tr>
</table>

表 6.15　参考程序

O0006	程序名	O0006	程序名
G00 G40 G99 G97	程序初始化	X29.98 F0.1 S800	精加工内孔
M03 S600 T0101	启动主轴,选外圆刀	G00 X100 Z100 M09	快速退刀,切削液关
G00 X50 Z3	快速定位循环起点	T0303 S500	启动主轴,选内槽孔刀
G90 X43 Z-55 F0.2	G90 粗加工外圆	G00 X25 Z5 M08	定刀起点,切削液开
X39 Z-30		G01 Z-9	进刀 4×2 槽附近
G00 X36 Z3	G00/G01 精加工外圆	X34 F0.05	加工内槽 4×2
G01 Z0 F0.1 S1000		G04 X2	暂停 2 s
X37.98 W-1		G01 X25 F0.5	退刀
Z-30		Z-30	定位于 5×2 槽附近
X41.98		X34 F0.05	加工内槽 5×2
Z-50		G04 X2	暂停 2 s
X50		G01 X25 F0.5	退刀
G00 X100 Z100	快速退刀	W1	轴向进刀 1 mm
T0202 S600	启动主轴,选内孔切刀	X34 F0.05	加工内槽 5×2
G00 X18	定刀循环起点,切削液开	G04 X2	暂停 2 s
Z5 M08		W-1	轴向走刀光整
G90 X24 Z-56 F0.2	粗加工内孔	X25 F0.5	退刀
X28		G00 X100 Z100 M09	快速退刀,切削液关
X29		M30	程序结束

任务思考

1. 简述内沟槽的分类与应用。
2. 内沟槽车刀有几种？各有什么用法？车内沟槽有什么方法？
3. 简述内沟槽的检验与测量方法。

项目练习题

一、填空题

1. 编程时可将重复出现的程序编程＿＿＿＿＿，使用时可以由＿＿＿＿＿多次重复调用。
2. G75 指令可以加工＿＿＿＿＿内沟槽。
3. 切槽时要用＿＿＿＿＿指令使切刀在槽底暂停。
4. 使用硬质合金刀具切削钢件，切槽时切削速度一般取＿＿＿＿＿。
5. 在切断工件时，如果工件用双顶法装夹，则切刀＿＿＿＿＿。
6. FANUC 系统中，＿＿＿＿＿表示程序停止，若要继续执行下面程序，需按循环启动按钮。
7. FANUC 系统中，＿＿＿＿＿为子程序结束并返回到主菜单。
8. FANUC 系统调用子程序指令为＿＿＿＿＿。
9. 选择切断车刀刃口宽度，是依被车削工件的＿＿＿＿＿而定。
10. 子程序结束的程序代码是＿＿＿＿＿。

二、选择题

1. 切断刀的主偏角为＿＿＿度。

A. 90　　B. 100　　C. 80

2. 切断实心件时，切断刀主切削刃必须装得＿＿＿工件轴线。

A. 高于　　B. 等高于　　C. 低于

3. 弹性切断刀的优点是＿＿＿。

A. 可以防振　　B. 避免扎刀　　C. 可以提高生产率

4. 反切断刀适用于切断＿＿＿。

A. 硬材料　　B. 大直径工件　　C. 细长轴

5. 切断时背吃刀量等于＿＿＿。

A. 直径之半　　B. 刀头宽度　　C. 刀头长度

6. 切断时的切削速度按＿＿＿计算。

A. 被切工件外径　　B. 平均直径　　C. 瞬时直径

7. 用硬质合金切断刀切断钢料工件时的切削速度一般取＿＿＿m/min。

A. 15～25　　B. 30～40　　C. 80～120

8. 切断刀折断的原因是＿＿＿。

A. 刀头宽度太宽　　B. 副偏角和副后角太大　　C. 切削速度高

9. G75代码是FANUC-0i数控车床系统中的外圆______复合循环功能。

A. 切槽　　B. 圆弧　　C. 车锥　　D. 阶台

10. 车削面有明显振纹的主要原因是______。

A. 工件太软　　B. 进给太慢　　C. 刀杆伸出太长　　D. 刀鼻半径太小

11. 车削窄槽时,切槽刀刀片断裂弹出,最可能的原因是______。

A. 过多的切削液　　B. 排屑不良　　C. 车削速度太快　　D. 进给量太小

12. 车削工件得不到良好的表面粗糙度,其主要原因是______。

A. 车削速度太快　　B. 进给量太慢　　C. 刀鼻半径太大　　D. 车刀已钝化

13. 在FANUC数控系统中,程序段M98 P1000表示______。

A. 退出程序号为O1000的子程序　　B. 调用程序号为P1000的子程序

C. 调用程序号为O1000的子程序　　D. 退出程序号为P1000的子程序

14. 如果使用暂停指令G04,欲让刀具停留1.5 s,程序段应为______。

A. G04 X1.5　　B. G04 P1.5　　C. G04 U1.5　　D. G04 P150

15. 下列加工内容中,应尽可能在一次装夹中完成加工的是______。

A. 尺寸精度要求较高的内外圆柱面

B. 表面质量要求较高的内外圆柱面

C. 几何形状精度较高的内外圆柱面

D. 有同轴度要求的内外圆柱面

三、判断题

1. 主轴正反转更换时,无需先停止主轴可直接变换正反转。 (　　)

2. 刀具暂停指令G04的主要功能在于车削沟槽时,使底径较平稳。 (　　)

3. 模态代码也称续效代码,如G01,G02,G03,G04等。 (　　)

4. G04 P2500与G04 X2.50暂停时间是相同的。 (　　)

5. 调质是指淬火+高温退火。 (　　)

6. 切断时能采用两顶尖装夹工件,否则切断后工件会飞出,造成事故。 (　　)

7. 切槽时的切削力比一般车外圆时的切削力大20%～50%。 (　　)

8. 切槽时的实际切削速度随刀具的切入越来越低,因此,切槽时的切削速度可选得高一些。 (　　)

9. 槽宽大于刀宽的凹槽时,可以采用多次直进法切削,并在槽壁及底面留精加工余量,最后一刀精车至尺寸。 (　　)

10. 切槽及切断选用切刀,两刀尖及切削中心处有三个刀位点,在编程加工程序时,要采用其中之一作为刀位点。 (　　)

11. 一般的数控机床主要由控制介质、数控装置、机床本体和辅助装置组成。 (　　)

12. 数控机床编程有绝对值和增量值编程,使用时不能将它们放在同一程序段中。 (　　)

13. 粗加工过程中使用的定位基准为粗基准。 (　　)

14. 程序M98 P51002是将子程序号为5100的子程序连续调用两次。 (　　)

15. 子程序只能用增量编程。 (　　)

16. 普通切槽刀可以横向安装,用来切端面沟槽。 (　　)

17. 选择加工表面的设计基准作为定位基准称为基准重合原则。 (　　)

18. 切断工件时不要切到底，而是留下很小的圆柱部分，然后在车床上打断。　（　　）

19. 一般情况下，制作金属切削刀具时，高速钢刀具的前角应小于硬质合金刀具的前角。　（　　）

20. 弹簧内卡钳可以直接测量出内沟槽的尺寸数值。　（　　）

四、简答题

1. 简述反向切断法的优点并说明应注意的问题。
2. 简述切槽(断)加工时的注意事项以及切刀折断的原因。
3. 简述切槽时切削用量的选择。
4. 内沟槽的车削方法有哪些?
5. 切断刀和车槽刀装夹时的注意事项有哪些?

五、编程题

图 6.17 所示为阶梯轴外沟槽。零件材料为 45#钢，毛坯规格为∅40 mm×140 mm，编写加工程序，并加工。

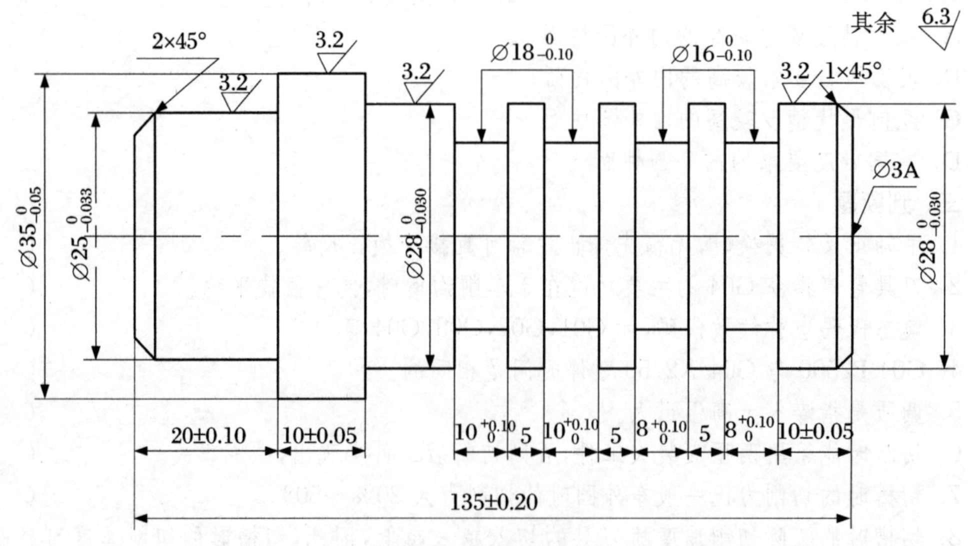

图 6.17　阶梯轴外沟槽

项目 7　复杂轴类零件加工

FANUC-0i 系统中复合形状固定循环指令，与单一固定循环指令一样，可以用于重复多次加工才能加工到规定尺寸的典型工序，主要用于铸、锻毛坯的粗车和棒料毛坯需车阶梯较大的轴以及比较复杂的外形加工。利用复合固定循环指令功能，只要给出最终精加工路径、循环次数和精加工余量，系统根据精加工尺寸自动设定精加工前的形状及粗加工的刀具路径。

任务 7.1　复杂外圆轴零件加工

G71 指令为复合粗车循环，用于多次走刀完成加工的场合。利用 G71 指令，只要编写出最终走刀路线，给出每次切削背吃刀量，机床即可自动完成重复切削，直到加工完毕。G71 指令用于粗车，要留有一定的精车余量。

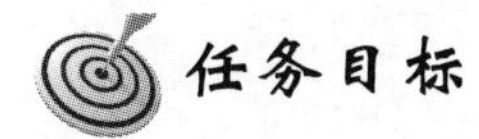

任务目标

知识目标

- 掌握车外圆复合循环 G71 指令，精加工循环 G70 指令；
- 掌握车外圆复合循环 G71 编程方法与工艺处理方法。

能力目标

- 能利用 G71＋G70 复合循环加工指令加工典型轴类零件。

任务描述

如图 7.1 所示短轴轴件，毛坯为∅65 mm×110 mm 圆钢，材料为 45＃钢，试编写加工程序。

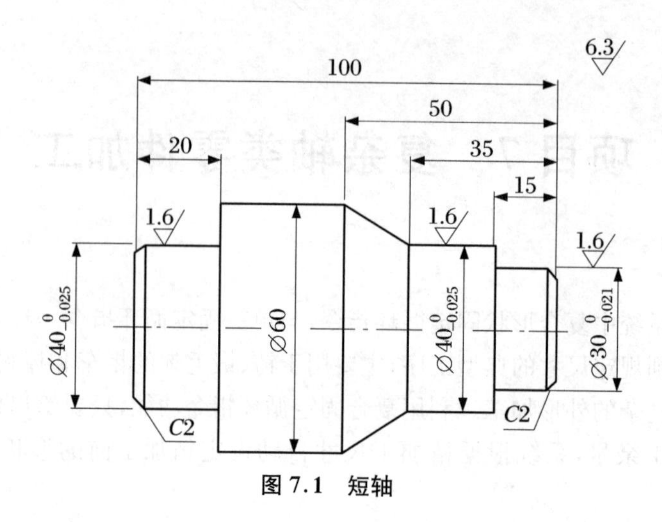

图 7.1 短轴

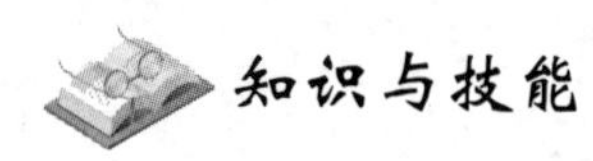

7.1.1 内、外圆粗加工复合循环 G71

1. G71 指令功能

G71 指令为复合粗车循环，用于多次走刀完成加工的场合。利用 G71 指令，只要编写出最终走刀路线，给出每次切削背吃刀量，机床即可自动完成重复切削，直到加工完毕。它适用于毛坯棒料粗车外径和粗车内径，要留精车余量。

2. 指令格式

G71 U(Δd) R(e)；

G71 P(ns) Q(nf) U(Δu) W(Δw) F— S— T—；

N(ns)

…

N(nf)；

3. 走刀路线

图 7.2 所示为 G71 粗车外圆的加工路线，切除棒料毛坯大部分加工余量，切削沿平行 Z 轴方向进行，A 为循环起点，$A—A'—B$ 为精加工路线。从循环起点 A 后退端面精加工余量 Δd，Δw 外圆精加工余量至 C 点，粗加工循环之后自动留出精加工余量 $\Delta u/2$，Δw。

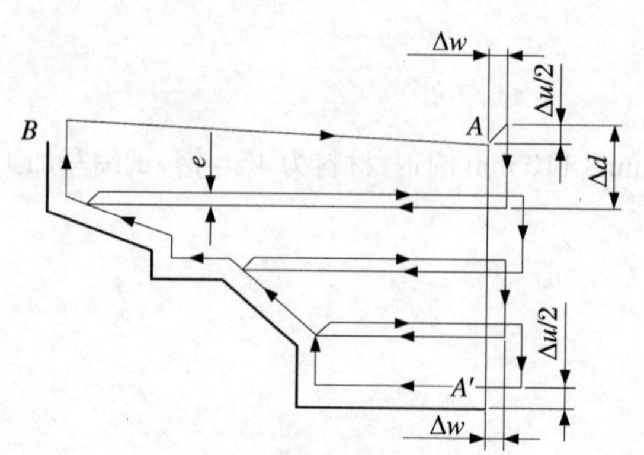

图 7.2 G71 粗车外圆的加工路线

4. 指令说明

Δd——每次切削深度(半径值)，无正负号(沿垂直轴线方向即 AA'方向)；

e——退刀量(半径值)，无正负号；

ns——精加工路线第一个程序段的顺

序号；

nf——精加工路线最后一个程序段的顺序号；

Δu——X 方向的精加工余量，直径值；

Δw——Z 方向的精加工余量。

5. 指令特点

(1) Δd 和 Δu 均由地址 U 指定，其区别在于该程序段中有无地址 P，Q。

(2) 在使用粗加工循环时，包含在段号"ns"和"nf"之间的所有 F 值、S 值和 T 功能对粗加工循环均是无效的。另外，也可以不加指定而沿用前面程序段中的 F 值、S 值和 T 功能，并可沿用至粗、精加工结束后的程序中去。

(3) 常用 G71 指令加工的工件形状，有图 7.3 所示两种情况。

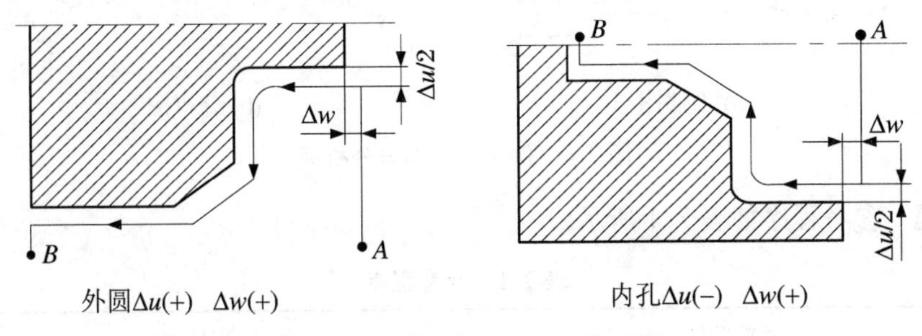

图 7.3　G71 指令加工的工件形状

(4) 用恒表面切削速度控制主轴时，顺序号 ns～nf 的程序段指令的 G96 或 G97 无效，而在 G71 程序段或之前的程序段中指令的 G96 或 G97 有效。

(5) A 和 A' 之间的刀具轨迹在包含 G00 或 G01 顺序号为 ns 的程序段中指定，在这个程序段中不能指定 Z 轴的运动指令，否则会出现程序报警。A—A'—B 精加工形状的移动指令，由顺序号 ns～nf 的程序段指令。

(6) A' 和 B 之间的刀具轨迹可以是直线，也可以是圆弧。在 X 和 Z 方向必须单调递增或单调递减。

(7) 粗车循环结束后，刀具自动退回 A 点。

(8) 不能从顺序号 ns～nf 的程序段中调用子程序，不能使用刀尖半径补偿。

7.1.2　精车循环 G70

1. 指令格式

G70 P(ns) Q(nf)；

2. 指令说明

(1) 当用 G71，G72，G73 指令粗车工件后，用 G70 指令精车循环，切除粗加工留的余量。

(2) ns：精车循环的第一个程序段的顺序号。nf：精车循环的最后一个程序段的顺序号。

(3) 精车循环中的 G71，G72，G73 程序段中的 F，S，T 指令都无效，只有在 ns～nf 之间指定的 F，S，T 才有效。

(4) 当 G70 循环加工结束时，刀具返回到起点并读下一个程序段。

【例 7.1】 如图 7.4 所示，用 G71 指令对如下工件进行粗、精加工，毛坯规格为 ∅55 mm。

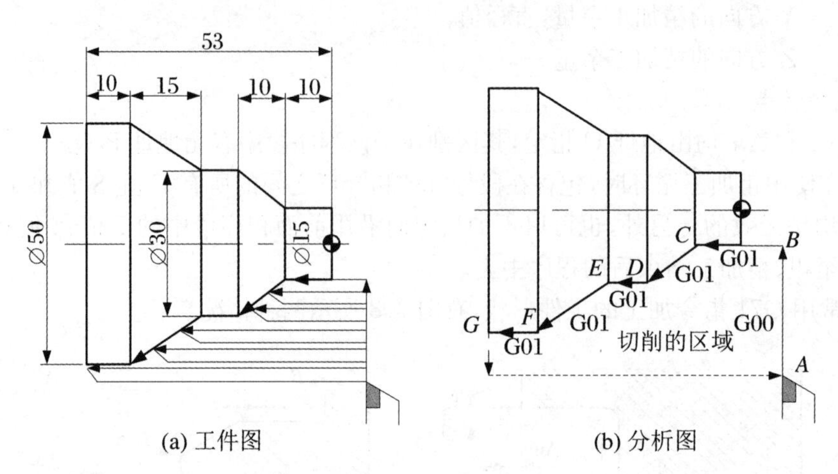

(a) 工件图　　(b) 分析图

图 7.4　例 7.1 工件与分析图

【解析】 参考程序如表 7.1 所示。

表 7.1　参考程序

O0233	程序名
G00 G40 G99 G97	程序初始化
M03 S600 T0101	调用粗车刀，主轴低速正转
G00 X55 Z2	快速定位循环起点
G71 U2 R1	每次进刀量 4 mm(直径)退刀 1 mm
G71 P10 Q20 U0.2 W0.2 F0.2	对 B—G 粗车加工，余量 X，Z 方向 0.2 mm
N10 G00 X15	
G01 Z－10 F0.1 S800	
X30 Z－20	
Z－28	B—G 的精加工轮廓程序群
X50 Z－43	
Z－53	
N20 X55	
G00 X100 Z100	快速退刀
T0202	调用精车刀
G00 X55 Z2	快速定位循环起点
G70 P10 Q20	精车 B—G 的轮廓
G00 X100 Z100	快速退刀
T0200 M05	取消刀补，主轴停止
M30	程序结束

注：G70 指令与 G71 指令的刀具定位一般在同一个位置；G71 指令切削完毕返回到 G71 指令的刀具定位点。

【注意】 使用循环指令编程，首先要确定换刀点、循环点 A、切削始点 A'和切削终点 B 的坐标位置。为节省数控机床的辅助工作时间，从换刀点至循环点 A 使用 G00 快速定位指令，循环点 A 的 X 坐标位于毛坯尺寸之外，Z 坐标值与切削始点 A'的 Z 坐标值相同。其次，按照外圆粗加工循环的指令格式和加工工艺要求写出 G71 指令程序段，在循环指令中有两个地址符 U，前一个表示背吃刀量，后一个表示 X 方向的精加工余量。在程序段中有 P，Q 地址符，则地址符 U 表示 X 方向的精加工余量，反之表示背吃刀量。

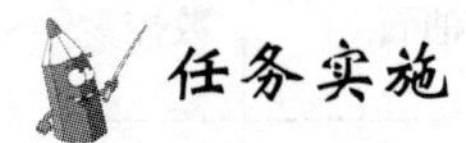

任务实施

1. 任务分析

图 7.1 所示为短轴零件，图中尺寸 $\varnothing 40_{-0.025}^{0}$ mm，最大极限尺寸为 $\varnothing$40 mm，最小极限尺寸为 $\varnothing$39.975 mm，平均值为 $\varnothing$39.987 5 mm，一般数控机床最小编程单位为小数点后 3 位数，因此向其最大实体尺寸靠拢并圆整为 $\varnothing$39.988 mm。同理 $\varnothing 30_{-0.021}^{0}$ mm 取平均值为 $\varnothing$29.990 mm。最小粗糙度 Ra 为 1.6 μm，因此需要先粗车，后精车。在加工时要分层切削，选择合适的切削用量。

2. 加工方案

(1) 装夹方案

根据零件图，工件需要调头加工，用三爪自定心卡盘夹持毛坯一端，使工件伸出卡盘 45 mm，一次装夹完成粗、精加工 $\varnothing 40_{-0.025}^{0}$ mm×20 mm，$\varnothing$60 mm 外圆至 35 mm 长；调头后装夹工件 $\varnothing 40_{-0.025}^{0}$ mm×20 mm 的外圆，卡爪垫铜皮保护已加工面，粗、精车右端外圆及端面，保证总长 100 mm。

(2) 位置点

① 工件零点。设置在工件右端面上。

② 换刀点。为防止刀具与工件或尾座碰撞，换刀点应设置在(X100，Z100)的位置上。

3. 工艺路线的确定

(1) 平端面。如果毛坯端面比较平齐，可以用 90°外圆车刀车平端面并对刀。如果不平且需要去除较大余量，则需要用 45°端面车刀车平端面。

(2) 粗、精车 $\varnothing 40_{-0.025}^{0}$ mm×20 mm、$\varnothing$60 mm 外圆各部分至符合图纸要求。

(3) 调头平端面，保证总长 100 mm。

(4) 调头后装夹工件 $\varnothing 40_{-0.025}^{0}$ mm×20 mm 的外圆，粗、精车 $\varnothing 40_{-0.025}^{0}$ mm×20 mm、$\varnothing 30_{-0.021}^{0}$ mm各部分至符合图纸要求。选用乳化液进行冷却。

4. 制订工艺卡

(1) 刀具选择如表 7.2 所示。

表 7.2 刀具卡

产品名称或代号			零件名称	短轴	零件图号	
序号	刀具号	刀具名称及规格	数量	加工表面	刀尖半径(mm)	备注
1	T0101	90°外圆车刀	1	平端面、粗精车外轮廓	0.2	
2	T0202	45°端面车刀	1	平端面	0.2	

(2) 工艺卡如表 7.3 所示。

表 7.3　工艺卡

数控加工工序卡			产品名称		零件名	零件图号	
					短轴		
序号	程序编号	夹具	量具		机床设备	工具	车间
		三爪卡盘	游标卡尺(0～150 mm) 千分尺(0～25 mm,25～50 mm)		CAK6140	油石	数控
工步	工步内容	切削用量			刀具		备注
		主轴转速 n(r/min)	进给速度 f(mm/r)	背吃刀量 a_p(mm)	编号	名称	
1	平端面	500	0.2	0.5	T0101	90°外圆车刀	手动
2	粗车(左)	800	0.2	2	T0101	90°外圆车刀	自动
3	精车(左)	1 000	0.1	0.5	T0101	90°外圆车刀	自动
4	平端面(右)	500	0.1	2	T0202	45°端面刀	自动
5	粗车(右)	800	0.2	2	T0105	90°外圆车刀	自动
6	精车(右)	1 000	0.1	0.5	T0105	90°外圆车刀	自动

5. 参考程序

参考程序如表 7.4 所示。

表 7.4　参考程序

O0002(左)	程序名	O0003(右)	程序名
M03 S800	主轴 800 r/min,正转	M03 S500	主轴 500 r/min,正转
T0101 M08	换 1 号刀,冷却液开	T0202 M08	换 2 号刀,冷却液开
G00 X70 Z2	定位循环起点	G00 X75 Z15	定位循环起点
G71 U2 R1	外圆轮廓 G71 复合切削循环粗加工	G94 X0 Z8 F02	G94 平端面
G71 P1 Q2 U1.0 W0.1 F0.2		Z6	
N1 G00 X36		Z4	
G01 Z0 F0.1		Z2	
X39.998 W－2		Z0 F0.1	
Z－20		G00 X100 Z100	退刀
X60		T0105 S800 M08	换 1 号刀,冷却液开
Z－55		G00 X70 Z2	定位循环起点
N2 X70		G71 U2 R1	

续表

O0002(左)	程序名	O0003(右)	程序名
G00 X50 Z50	退刀	G71 P1 Q2 U1.0 W0.1 F0.2	外圆轮廓 G71 复合切削循环粗加工
G42 G00 X70 Z2	定位起点,刀尖补偿	N1 G00 X26	
G70 P1 Q2	外圆轮廓 G70 精加工	G01 Z0 F0.1 S1000	
G00 G40 X100 Z100	快速退刀,取消刀补	X29.99 Z－2	
M09	切削液关	Z－15	
M30	程序结束	X39.988	
		Z－35	
		X61.333 Z－51	
		N2 X70	
		G00 X50 Z50	退刀
		G42 G00 X70 Z2	定位起点,刀尖补偿
		G70 P1 Q2	外圆轮廓 G70 精加工
		G00 G40 X100 Z100 M09	切削液关,取消刀补
		M30	程序结束

任务思考

1. 简述 G71 的格式与各参数的含义,说明其应用场合。

2. 简述 G71 的应用特点与注意事项。

3. 如图 7.5 所示,毛坯规格∅22 mm×90 mm,材料为 45＃钢,全部倒角为 1×45°。编写程序并加工。

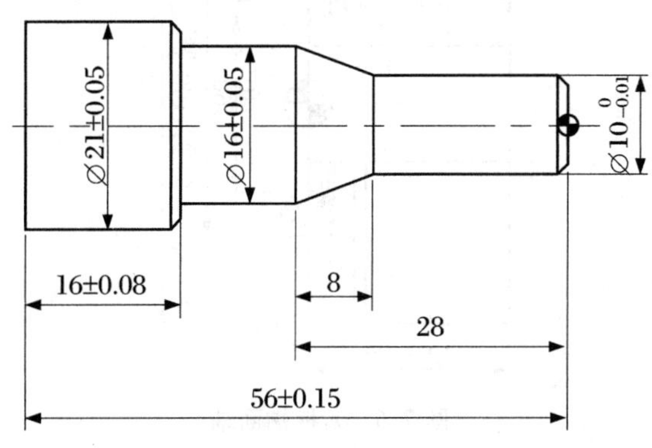

图 7.5　任务思考 3 题图

任务 7.2　复杂端面轴零件加工

端面粗车循环 G72 是一种复合循环，它平行于 X 轴进行多次分层切削。端面粗车循环 G72 适合于 Z 向轴余量小、X 向轴余量大的棒料粗加工，如毛坯是圆钢且各台阶面直径差较大的工件。

任务目标

知识目标	能力目标
• 掌握车外圆复合循环 G72 指令，精加工循环 G70 指令； • 掌握车外圆复合循环 G72 编程方法与工艺处理方法。	• 能利用 G72 + G70 复合循环加工指令加工典型轴类零件。

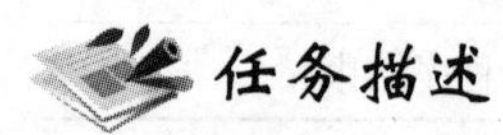

任务描述

图 7.6 所示为阶梯端面轴，毛坯为∅110 mm×70 mm 圆钢，材料为 45＃钢，试编写程序并加工。

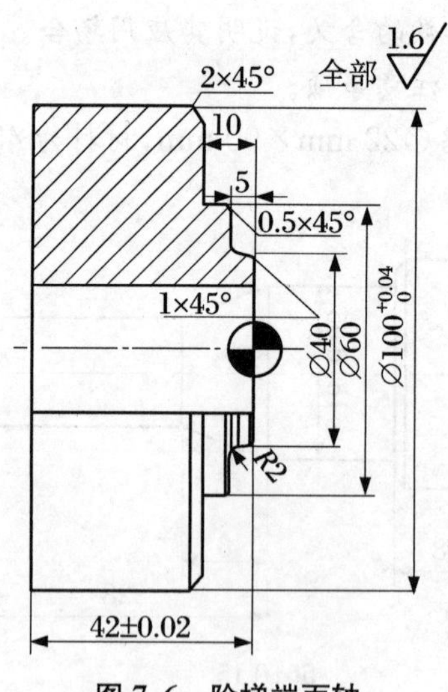

图 7.6　阶梯端面轴

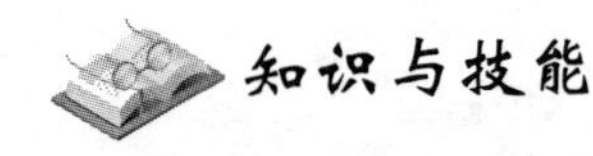
知识与技能

下面我们来了解端面粗车循环(G72)。

1．指令功能

端面粗车复合循环指令 G72,适用于圆柱棒料毛坯端面方向粗车。与外(内)径粗车复合循环 G71 均为粗加工循环指令,其区别仅在于指令 G71 是沿着平行于 Z 轴进行切削循环加工的,而指令 G72 的切削方向平行于 X 轴,从外径方向往轴心方向切削端面。

2．编程格式

G72 U(Δd) R(e);

G72 P(ns) Q(nf) U(Δu) W(Δw)F (f)S(s) T (t);

　　N(ns)

　　…

　　N(nf)

式中:Δd,e,ns,nf,Δu,Δw,f,s,t 参数意义和 G71 相同。

3．走刀路线

图 7.7 所示为 G72 粗车外圆的加工路线,切除棒料毛坯大部分加工余量,切削沿平行于 Z 轴方向进行,A 为循环起点,A—A'—B—A 为精加工路线。从循环起点 A 后退端面精加工余量 Δd,Δw 外圆精加工余量至 C 点,循环切削开始至端面精加工结束。

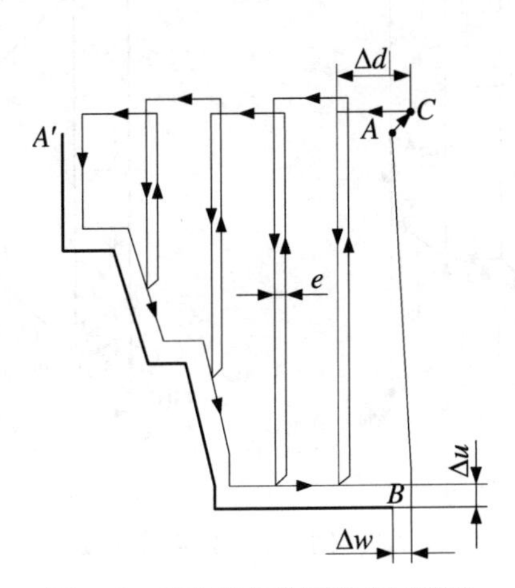

图 7.7　G72 粗车外圆的加工路线

4．指令特点

(1) G72 与 G71 切深量 Δd 切入方向不同,G71 沿 X 轴进给切深,而 G72 沿 Z 轴进给切深。

(2) A 和 A'之间的刀具轨迹在包含 G00 或 G01 顺序号为 ns 的程序段中指定,在这个程序段中不能指定 X 轴的运动指令,否则会出现程序报警。A—A'—B—A 精加工形状的移动指令,由顺序号 ns～nf 的程序段指令。

(3) 常用 G72 指令加工的工件形状,有如图 7.8 所示两种情况。

(4) A'和 B 之间的刀具轨迹可以是直线,也可以是圆弧。在 X 和 Z 方向必须单调递增或单调递减。

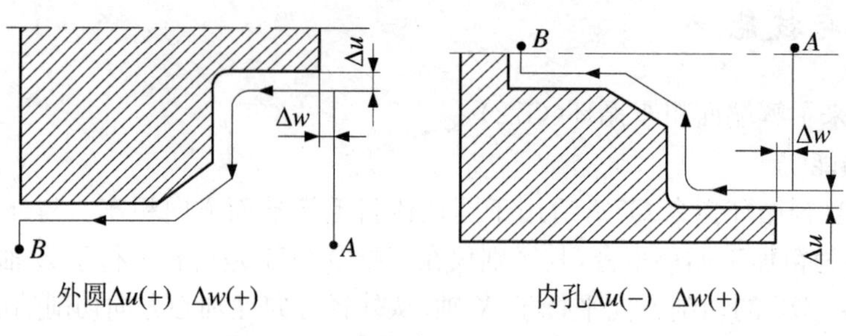

图 7.8 G72 指令加工的工件形状

(5) 用恒表面切削速度控制主轴时，顺序号 ns～nf 的程序段指令的 G96 或 G97 无效，而在 G72 程序段或之前的程序段中指令 G96 或 G97 有效。

(6) 在 ns～nf 的程序段中不能使用刀尖半径补偿。

(7) 在 ns～nf 的程序段中不能调用子程序。

(8) 在 ns～nf 的程序段中 F,S,T 功能对 G72 无效。

【例 7.2】 如图 7.9 所示，用 G72 指令对如下工件进行粗、精加工，毛坯规格为∅65 mm。

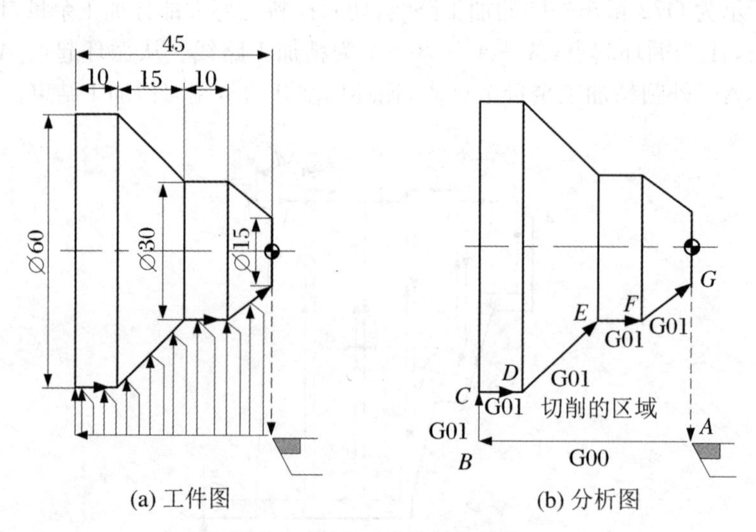

图 7.9 例 7.2 工件与分析图

【解析】 参考程序如表 7.5 所示。

表 7.5 参考程序

O0236	程序名
G00 G40 G99 G97	程序初始化
M03 SS600 T0101	调用粗车刀，主轴低速正转
G00 X70 Z2	快速定位循环起点
G72 W2 R1	每次进刀量 4 mm(直径)退刀 1 mm
G72 P10 Q20 U0.2 W0.2 F0.2	对 *B*—*G* 粗车加工，余量 *X*,*Z* 方向 0.2 mm

续表

O0236	程序名
N10 G00 Z-45	B—G 的精加工轮廓程序群
G01 X60 F0.1 S800	
W10	
X30 W15	
W10	
X15 Z0	
N20 Z2	
G00 X100 Z100	快速退刀
T0202	调用精车刀
G00 X70 Z2	快速定位循环起点
G70 P10 Q20	精车 A—G 的轮廓
G00 X100 Z100	快速退刀
T0200 M05	取消刀补,主轴停止
M30	程序结束

注:1. G70 指令与 G72 指令的刀具定位一般相同,在一个位置。
2. G72 指令切削完毕返回到 G72 指令刀具定位点。

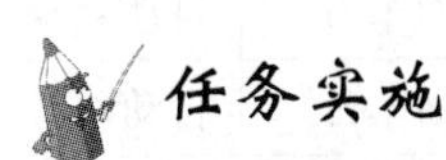

任务实施

1. 任务分析

如图 7.6 所示,图中外圆尺寸$\varnothing$40 mm、$\varnothing$60 mm 及倒角 $C1$ 都没有较高的精度要求,尺寸$\varnothing 100^{+0.04}_{0}$ mm、42±0.02 mm 精度要求较高,表面粗糙度 Ra 为 1.6 μm,要求较高。因此需要先粗车,后精车加工。在加工时要分层切削,选择合适的切削用量。

2. 加工方案

(1) 装夹方案

根据零件图,工件需要装夹粗毛坯,安装在三爪自定心卡盘上,先用三爪自定心卡盘夹持毛坯一端,使工件伸出卡盘 50 mm,一次装夹完成粗精加工,切断保证总长 42 mm。

(2) 位置点

① 工件零点。设置在工件右端面上。

② 换刀点。为防止刀具与工件或尾座碰撞,换刀点应设置在(X100,Z100)的位置上。

3. 工艺路线的确定

(1) 平端面。如果毛坯端面比较平齐,可以用 90°外圆车刀车平端面并对刀。如果不平且需要去除较大余量,则需要用 45°端面车刀车平端面。

(2) 粗、精车$\varnothing 100^{+0.04}_{0}$ mm、$\varnothing$60 mm 外圆和倒角、圆弧等各部分至符合图纸要求。

(3) 调头切断,保证总长为 42 mm。

(4) 选用乳化液进行冷却。

4. 制订工艺卡

(1) 刀具选择如表 7.6 所示。

表 7.6　刀具卡

产品名称或代号			零件名称	阶梯轴	零件图号	
序号	刀具号	刀具名称及规格	数量	加工表面	刀尖半径(mm)	备注
1	T0101	90°端面车刀	1	平端面、粗精车外轮廓	0.2	
2	T0202	切断刀	1	切断	$B=4$	左刀尖

(2) 工艺卡如表 7.7 所示。

表 7.7　工艺卡

数控加工工序卡			产品名称			零件名	零件图号	
						短轴		
序号	程序编号	夹具	量具			机床设备	工具	车间
		三爪卡盘	游标卡尺(0～150 mm) 千分尺(0～25 mm,25～50 mm)			CAK6140	油石	数控
工步	工步内容	切削用量			刀具			备注
		主轴转速 n(r/min)	进给速度 f(mm/r)	背吃刀量 a_p(mm)	编号	名称		
1	平端面	600	0.2	0.5	T0101	90°端面车刀		手动
2	粗车	800	0.2	2	T0101	90°端面车刀		自动
3	精车	1 000	0.1	0.5	T0101	90°端面车刀		自动
4	切断	350	0.05		T0202	车断刀		手动

5. 参考程序

如表 7.8 所示。

表 7.8　参考程序

O0236	程序名
G00 G40 G99 G97	程序初始化
M03 S800 T0101	调用粗车刀,主轴低速正转
G00 X105 Z2	快速定位循环起点
G72 W2 R1	每次进刀量 2 mm,退刀 1 mm
G72 P10 Q20 U1.0 W0.2 F0.2	精加工余量 X,Z 方向 0.2 mm
N10 G00 Z-43	描述轮廓精加工轮廓程序
G01 X100 F0.1 S1000	
Z-12	
X96 W2	

续表

O0236	程序名
	描述轮廓精加工轮廓程序
X60	
W5	
X59 W0.5	
X44	
G03 X40 W2 R2	
G01 X38 W1	
N20 Z2	
G00 X50 Z50	退刀
G41 X105 Z2	快速定位循环起点
G70 P10 Q20	精车 *A*—*G* 的轮廓
G00 G40 X100 Z100	快速退刀,取消刀补
M05	主轴停止
M30	程序结束

任务思考

1. 简述 G72 的格式与各参数的含义,说明其应用场合。
2. 简述 G72 的应用特点与注意事项。
3. 如图 7.10 所示,毛坯规格为∅73 mm×70 mm,材料为 45#钢,编写程序并加工。

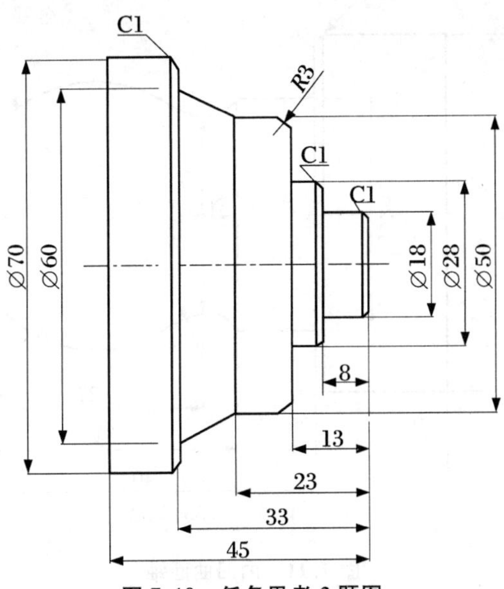

图 7.10　任务思考 3 题图

任务 7.3　复杂轴类零件仿形加工

G73 指令按照一定的切削形状经过多次切削逐渐地靠近最终形状，即每一次切削都按照零件的最终切削形状进行，最后只留下精加工余量。G73 指令可以有效地切削铸造成形、锻造成形或已粗车成形的工件。当工件形状有凹面，不适合用 G71 指令加工时，也可以先进行粗车，最后用 G73 指令加工。

任务目标

知识目标

- 掌握车外圆复合循环 G73 指令、精加工循环 G70 指令；
- 掌握车外圆复合循环 G71 编程方法与工艺处理方法。

能力目标

- 能利用 G73＋G70 复合循环加工指令加工典型轴类零件。

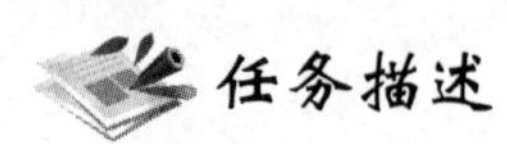

任务描述

图 7.11 所示轴件，毛坯为∅45 mm×60 mm 圆钢，材料为 45＃钢，试编写加工程序。

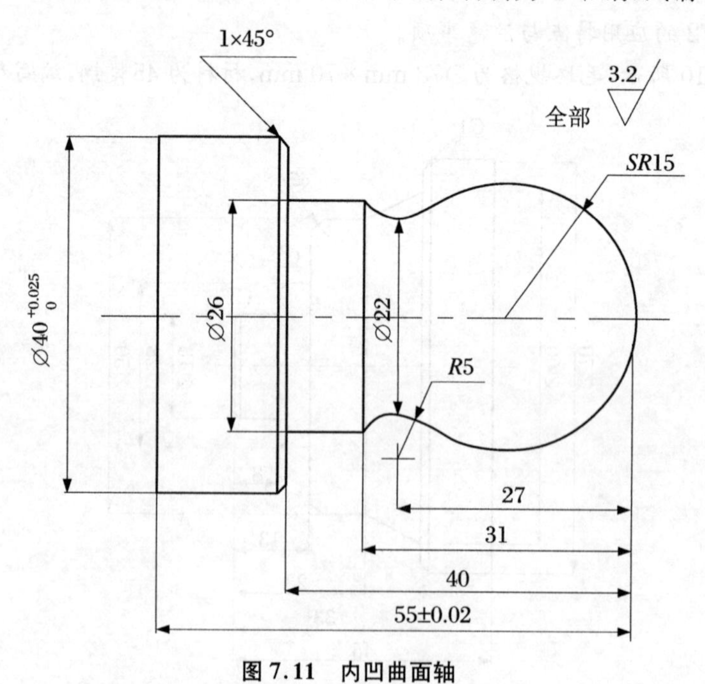

图 7.11　内凹曲面轴

知识与技能

下面我们来了解仿形切削循环(G73)。

1. 指令功能

G73 指令为复合粗车仿形循环,用于多次走刀完成加工的场合。利用 G73 指令,只要编写出最终走刀路线,给出每次切削背吃刀量,机床即可自动完成重复切削,直到加工完毕。它适用于切削铸造成形、锻造成形或已粗车成形的工件。也可以粗车工件形状有凹面的外径、内径。

2. 指令格式

G73 U(Δi) W(Δk) R(Δd);

G73 P(ns) Q(nf) X(Δu) Z(Δw) F(f) S(s) T(t);

　N(ns)

　…

　N(nf)

3. 指令说明

该指令适用于铸造、锻造毛坯,与最终零件有相似外形,其中:

Δd——每次切削深度(半径值),无正负号(沿垂直轴线方向即 AA'方向);

e——退刀量(半径值),无正负号;

ns——精加工路线第一个程序段的顺序号;

nf——精加工路线最后一个程序段的顺序号;

Δu——X 方向的精加工余量,直径值;

Δw——Z 方向的精加工余量。

4. 走刀路线

图 7.12 所示为 G73 粗车外圆的加工路线,刀具轨迹平行于工件的轮廓,切除棒料毛坯大部分加工余量,切削沿平行 Z 轴方向进行,A 为循环起点,切削始点 A',A—A'—B 为精

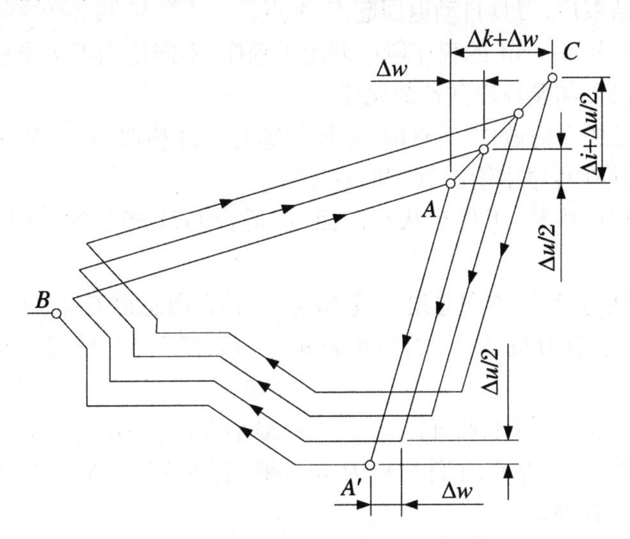

图 7.12　G73 粗车外圆的加工路线

加工路线。从循环起点 A 后退外圆精加工余量 $\Delta i+\Delta u/2$,端面精加工余量 $\Delta k+\Delta w$ 至 C 点,粗加工循环之后自动留出精加工余量 $\Delta u/2$,Δw。

5. 指令特点

(1) Δd 和 Δu 均由地址 U 指定,其区别在于该程序段中有无地址 P,Q。

(2) 在使用 G73 粗加工循环时,包含在段号“ns”和“nf”之间的所有 F 值、S 值和 T 功能对粗加工循环均是无效的。另外,也可以不加指定而沿用前面程序段中的 F 值、S 值和 T 功能,并可沿用至粗、精加工结束后的程序中去。

(3) 常用 G73 指令加工的工件形状,有如图 7.13 所示两种情况。

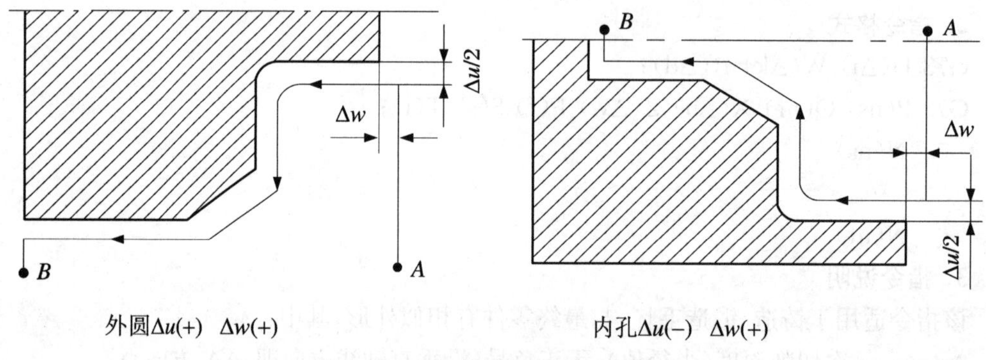

图 7.13 G73 指令加工的工件形状

(4) 用恒表面切削速度控制主轴时,顺序号 ns～nf 的程序段指令的 G96 或 G97 无效,而在 G71 程序段或之前的程序段中指令的 G96 或 G97 有效。

(5) A 和 A' 之间的刀具轨迹在包含 G00 或 G01 顺序号为 ns 的程序段中指定,在这个程序段中不能指定 Z 轴的运动指令,否则会出现程序报警。A—A'—B 精加工形状的移动指令,由顺序号 ns～nf 的程序段指令。

(6) A' 和 B 之间的刀具轨迹可以是直线,也可以是圆弧。在 X 和 Z 方向必须单调递增或单调递减。

(7) 粗车循环结束后,刀具自动退回起点 A 点。

(8) 不能从顺序号 ns～nf 的程序段中调用子程序,不能使用刀尖半径补偿。

6. 退刀量 Δi,Δk 和循环次数 d 的确定

(1) 当加工已经成型的锻件、铸件时,毛坯轮廓与零件相似,只是多一层粗加工余量,可以根据图纸余量直接在程序中给出 Δi 和 Δk 值。

(2) 当毛坯为圆钢棒料,工件形状有凹面,不适合 G71 指令加工时,可以用 G73 指令加工。

背吃刀量分别通过 X 轴方向总退刀量 Δi 和 Z 轴方向总退刀量 Δk 除以循环次数 d 求得,四舍五入取整。总退刀量 Δi 可以使用公式(7.1)计算,Δk 值可以根据毛坯情况直接给出。

$$\Delta i=[(\text{毛坯直径}\ \varnothing-\text{工件最小直径}\ \varnothing')/2]-1 \tag{7.1}$$

【例 7.3】 如图 7.14 所示,工件材料为 45＃钢,毛坯总加工余量为 10 mm(直径值),编写仿形粗车循环加工程序。

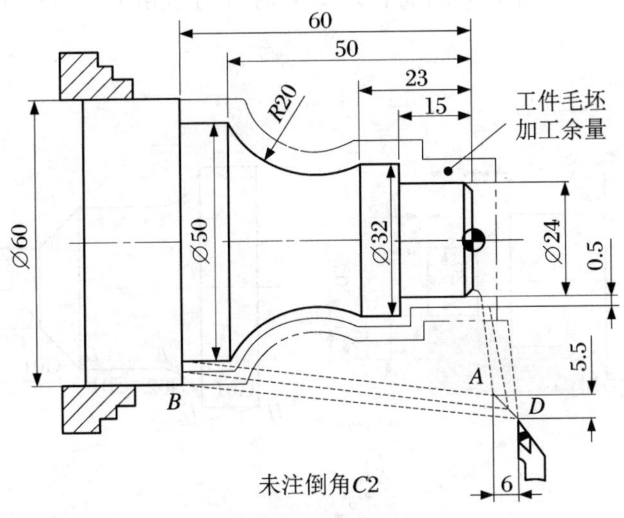

图 7.14　例 7.3 题图

【解析】　由于毛坯总加工余量半径值为 5 mm，即 $\Delta i = 5$ mm，$\Delta k = 5$ mm，按背吃刀量为 2 mm 计算，选择毛坯量的粗车次数 $d = 3$。参考程序如表 7.9 所示。

表 7.9　参考程序

O0233	程序名
G00 G40 G99 G97	程序初始化
M03 S600 T0101	调用粗车刀，主轴低速正转
G00 X65 Z10	快速定位循环起点
G73 U5 W5 R3	X 向总余量 10 mm(直径)循环次数退刀 3
G73 P10 Q20 U0.2 W0.2 F0.2	粗车加工，余量 X，Z 方向 0.2 mm
N10 G00 X20	精加工轮廓程序
G01 Z0 F0.1 S800	
X24 Z−2	
Z−15	
X32	
Z−23	
G02 X50 Z−50 R20	
G01 Z−60	
N20 X65	
G70 P10 Q20	精车轮廓
G00 X100 Z100	快速退刀
T0100 M05	取消刀补，主轴停止
M30	程序结束

【例 7.4】 如图 7.15 所示，工件材料为 45＃钢，毛坯规格为∅65 mm，编写仿形粗车循环加工程序。

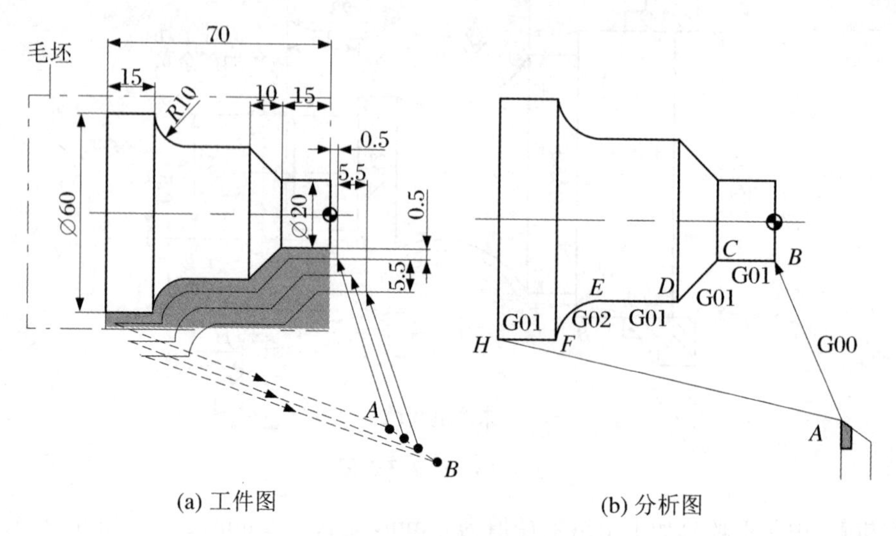

图 7.15　例 7.4 题图

【解析】 由于毛坯总加工余量 $\Delta i = (65-20)/2-1=16.5$ mm，$\Delta k=5$ mm，按背吃刀量为 2 mm 计算，选择毛坯量的粗车次数 $d=8$。参考程序如表 7.10 所示。

表 7.10　参考程序

O0233	程序名
G00 G40 G99 G97	程序初始化
M03 S600 T0101	调用粗车刀，主轴低速正转
G00 X70 Z10	快速定位循环起点
G73 U16.5 W5.5 R8	X 向总余量 10 mm(直径)循环次数退刀 3
G73 P10 Q20 U1.0 W0.5 F0.2	粗车加工，余量 X，Z 方向 0.2 mm
N10 G00 X20 Z5	精加工轮廓程序
G01 Z－15 F0.1 S800	
X40 W－10	
Z－45	
G02 X60 W－10 R10	
G01 W－15	
N20 X70	
G70 P10 Q20	精车轮廓
G00 X100 Z100	快速退刀
T0100 M05	取消刀补，主轴停止
M30	程序结束

注：1. G70 指令与 G73 指令的刀具定位一般相同，在一个位置。
2. G73 指令切削完毕返回到 G73 指令刀具定位点。

任务实施

1. 任务分析

如图7.11所示,图中外圆尺寸∅26 mm、∅22 mm,倒角 $C1$,球面 $SR15$ 都没有较高的精度要求,尺寸∅$40^{+0.025}_{0}$ mm、55±0.02 mm 精度要求较高,∅$40^{+0.025}_{0}$ mm 最大极限尺寸为∅40.025 mm,最小极限尺寸为∅40 mm,平均值为∅40.012 5 mm,一般数控机床最小编程单位为小数点后3位数,因此向其最大实体尺寸靠拢并圆整为∅40.013 mm。表面粗糙度 Ra 为3.2 μm,要求较高。因此需要先粗车,后精车加工。在加工时要分层切削,选择合适的切削用量。

2. 加工方案

(1) 装夹方案

根据零件图,用三爪自定心卡盘夹持毛坯一端,使工件伸出卡盘25 mm,一次装夹完成粗精加工∅$40^{+0.025}_{0}$ mm;调头后装夹工件∅$40^{+0.025}_{0}$ mm 的外圆,卡爪垫铜皮保护已加工面,粗精车右端外圆及端面,保证总长55 mm,零件伸出卡盘约43 mm,夹紧工件。

(2) 位置点

① 工件零点。设置在工件右端面上。

② 换刀点。为防止刀具与工件或尾座碰撞,换刀点设置在(X100,Z100)的位置上。

(3) 编程优化方案

加工工件右边时为了提高效率,先用G90粗车毛坯至∅30 mm,然后再用G73粗加工,G70精加工。毛坯总加工余量 $\Delta i=(45-0)/2-1=21.5$ mm,经过计算得到 $R5$ 与 $R15$ 圆弧切点坐标(24,-24)。因为零件有台阶和圆弧组成的轮廓,为了保证粗糙度 Ra 一致,使用恒切削速度G96。

3. 工艺路线的确定

(1) 平端面。如果毛坯端面比较平齐,可以用90°外圆车刀车平端面并对刀。如果不平且需要去除较大余量,则需要用45°端面车刀车平端面。

(2) 粗、精车∅$40^{+0.025}_{0}$ mm 外圆至符合图纸要求。

(3) 调头平端面,保证总长55 mm。

(4) 调头后装夹工件∅$40^{+0.025}_{0}$ mm 的外圆,粗、精车零件轮廓各部分至符合图纸要求。选用乳化液进行冷却。

4. 制订工艺卡

(1) 刀具选择如表7.11所示。

表7.11　刀具卡

产品名称或代号			零件名称	短轴	零件图号	
序号	刀具号	刀具名称及规格	数量	加工表面	刀尖半径(mm)	备注
1	T0101	90°外圆车刀	1	平端面、粗精车外轮廓	0.2	
2	T0202	45°端面车刀	1	平端面	0.2	

(2) 工艺卡如表7.12所示。

表 7.12　工艺卡

数控加工工序卡			产品名称		零件名	零件图号	
					短轴		
序号	程序编号	夹具	量具		机床设备	工具	车间
		三爪卡盘	游标卡尺(0～150 mm) 千分尺(0～25 mm,25～50 mm)		CAK6140	油石	数控
工步	工步内容	切削用量			刀具		备注
		主轴转速 n(r/min)	进给速度 f(mm/r)	背吃刀量 a_p(mm)	编号	名称	
1	平端面	500	0.2	0.5	T0101	90°外圆车刀	手动
2	粗车(左)	800	0.2	2	T0101	90°外圆车刀	自动
3	精车(左)	1 000	0.1	0.5	T0101	90°外圆车刀	自动
4	平端面(右)	500	0.1	2	T0202	45°端面刀	自动
5	粗车(右)	800	0.2	2	T0105	90°外圆车刀	自动
6	精车(右)	1 000	0.1	0.5	T0105	90°外圆车刀	自动

5. 参考程序

如表 7.13、如表 7.14 所示。

表 7.13　参考程序

O0762(左)	程序名
M03 S800	主轴 800 r/min,正转
T0101 M08	换 1 号刀,冷却液开
G00 X50 Z2	定位循环起点
G90 X41 Z−17 F0.2	G90 粗精加工∅$40^{+0.025}_{0}$ mm 外圆
X40.013 F0.1 S1000	
G00 X100 Z100	快速退刀
T0100	取消刀偏
M09	切削液关
M30	程序结束

表 7.14　参考程序

O0003(右)	程序名
M03 S500	主轴 500 r/min,正转
T0202 M08	换 2 号刀,冷却液开
G00 X50 Z10	定位循环起点

续表

O0003(右)	程序名
G94 X0 Z4 F0.2	G94 平端面
Z3	
Z1	
Z0 F0.1	
G00 X100 Z100	退刀
T0105 S800 M08	换 1 号刀,冷却液开
G90 X38 Z－40 F0.2	G90 粗车右端外圆
X34	
X31	
G00 X50 Z10	定位循环起点
G73 U21.5 W3 R11	外圆轮廓 G73 复合切削循环粗加工
G73 P10 Q20 U1.0 W0.1 F0.2	
N10 G00 X0	精加工程序描述
G01 Z0 F0.1 S1000	
G03 X24 Z－24 R15	
G02 X26 Z－31 R5	精加工程序描述
G01 Z－40	
X38	
X40.013 W－1	
N20 X50	
G00 X50 Z50	退刀
G42 G00 X50 Z15	定位起点,刀尖补偿
G50 S2000	限制最高转速 2 000 r/min
G96 S100	恒切速 100 mm/min
G70 P10 Q20	精加工轮廓
G97 S300	取消恒切削速度
G00 G40 X100 Z100 M09	切削液关,取消刀补
M30	程序结束

任务思考

1. 简述 G73 的格式与各参数的含义,说明其应用场合。
2. 简述 G73 的应用特点与注意事项。

3. 如图 7.16 所示,毛坯规格为∅60 mm×170 mm,材料为45♯钢,全部倒角为1×45°。编写程序并加工。

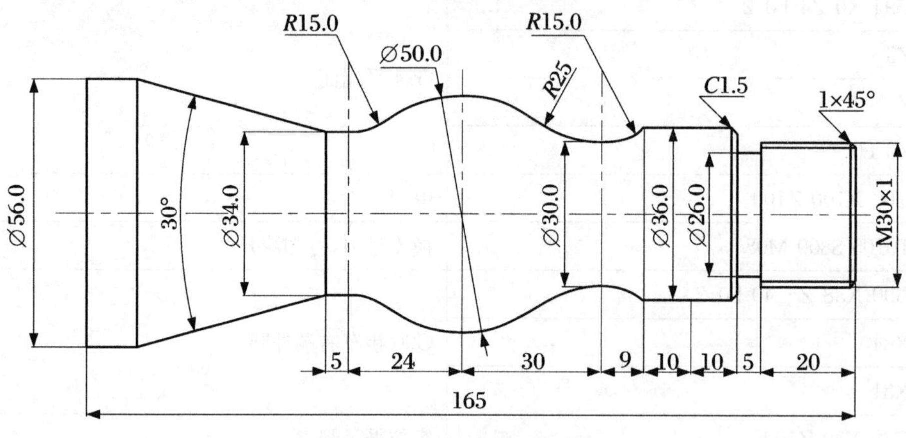

图 7.16　任务思考 3 题图

项目练习题

一、填空题

1. 当使用恒线速度功能 G96 车端面时,如果不限制最高转速,会出现＿＿＿＿＿现象。

2. 切削速度越大,表面粗糙度值越＿＿＿＿＿。

3. 当金属切削刀具的刃倾角为负值时,刃尖位于主刀刃的最高点,切屑排出时将流向工件的＿＿＿＿＿表面。

4. 对于加工余量均匀的锻件或铸件,使用＿＿＿＿＿指令编程较合适。

5. 车削普通工件,粗车可选择＿＿＿＿＿材料的车刀,精车选择＿＿＿＿＿车刀。

6. 数控削中的指令 G71 格式为:＿＿＿＿＿。

7. 程序执行结束,同时使记忆恢复到起始状态的指令是＿＿＿＿＿。

8. 数控车床主要采用＿＿＿＿＿夹具。

9. 在循环加工时,当执行有 M00 指令的程序段后,必须按＿＿＿＿＿按钮,继续执行下面的程序。

10. 对某些精度要求较高的凹曲面车削或大外圆弧面的批量车削,最宜选＿＿＿＿＿车刀加工。

二、选择题

1. 在运行宏程序时机床出现过切报警,可以采取措施＿＿＿。

A. 重新启动机床　　B. 程序用 G40 初始化

C. 按 RESET 键　　D. A 或 B

2. 若径向的车削量远大于轴向,则循环指令宜使用＿＿＿。

A. G71　　B. G72　　C. G73　　D. G70

3. 程序段 G70 P10 Q20 中,G70 的含义是＿＿＿加工循环指令。

A. 螺纹　B. 外圆　C. 端面　D. 精

4. 棒料毛坯粗加工时,使用______指令可简化编程。

A. G70　B. G71　C. G72　D. G73

5. 钢件精加工一般用______。

A. 乳化液　B. 压切削液　C. 切削油

6. 一般数控车床 X 轴的脉冲当量是 Z 轴脉冲当量的______。

A. 1/2　B. 相等　C. 2倍

7. 对于G71指令中的精加工余量,当使用硬质合金刀具加工45#钢材料内孔时,通常取______mm较为合适。

A. 0.5　B. −0.5　C. 0.05

8. G73 U＿W＿R＿,R表示______。

A. 半径　B. 退刀量

C. 锥螺纹大小端直径差　D. 重复加工次数

9. G71 U＿R＿,R表示______。

A. 半径　B. 退刀量

C. 锥螺纹大小端直径差　D. 重复加工次数

10. 前后两顶尖装夹工件车外圆的特点是______。

A. 精度高　B. 刚性好

C. 可大切削量切削　D. 安全性好

11. G71 U(Δd)R(e)

G71 P(ns) Q(nf) U(Δu) W(Δw) F(f) S(s) T(t)中的e表示______。

A. Z 方向精加工余量　B. 进刀量　C. 退刀量

12. G73 U(Δi) W(Δk) R(d)

G73 P(ns) Q(nf) U(Δu) W(Δw) F(f) S(s) T(t)中的Δu表示______。

A. Z 方向精加工余量

B. X 方向精加工余量

C. X 方向总加工余量的半径值

13. 关于固定循环编程,以下说法不正确的是______。

A. 固定循环是预先设定好的一系列连续加工动作

B. 利用固定循环编程,可大大缩短程序的长度,减少程序所占内存

C. 利用固定循环编程,可以减少加工时的换刀次数,提高加工效率

D. 固定循环编程,可分为单一形状与多重(复合)固定循环两种类型

14. 跟刀架适用于______。

A. 车削细长轴　B. 加工法兰盘　C. 车端面　D. 钻中心孔

15. 车床主轴锥孔中心线和尾座顶尖套锥孔中心线对拖板移动的不等高误差,允许______。

A. 车床主轴高　B. 尾座高　C. 两端绝对一样高　D. 无特殊要求

三、判断题

1. 加工顺序的确定一般遵循先粗后精、先近后远、内外交叉的原则。　(　　)

2. 在后置刀架数控车床上车锥时用G42编程,那么在前置刀架数控车上则用G41

编程。 ( )

3. 宏程序可以和 G73 指令结合编程，而 G71 指令不可以。 ( )

4. G71 指令不能使用刀具补偿功能，而 G73 指令可以。 ( )

5. 车削中心的 C 轴控制就是主轴的转速控制(S)。 ( )

6. 数控车床与普通车床用的可转位车刀，一般有本质的区别，其基本结构、功能特点都是不相同的。 ( )

7. 选择数控车床用的可转位车刀时，钢和不锈钢属于同一工件材料组。 ( )

8. 使用 G71 粗加工时，在 ns～nf 程序段中的 F,S,T 是有效的。 ( )

9. 45°倒角指令中不会同时出现 *X* 和 *Z* 坐标。 ( )

10. 用刀尖点编出的程序在进行倒角、锥面及圆弧切削时，则会产生少切或过切现象。 ( )

11. 恒线速控制的原理是工件的直径越大，进给速度越慢。 ( )

12. 粗车削应选用刀尖半径较小的车刀片。 ( )

13. 外圆粗车循环为适合毛坯棒料除去较大余量的切削方法。 ( )

14. 固定循环是预先给定一系列操作，用来控制机床的位移或主轴运转。 ( )

15. 安排数控车削精加工时，其零件的最终加工轮廓应由最后一刀连续加工而成。 ( )

16. 固定形状粗车循环方式适合于加工已基本铸造或锻造成形的工件。 ( )

17. 因为毛坯表面的重复定位精度差，所以粗基准一般只能使用一次。 ( )

18. 实际尺寸越接近基本尺寸，表明加工越精确。 ( )

19. 图样中没有标注形位公差的加工面，表示该加工面无形状、位置公差要求。 ( )

20. G72 是复合型车削固定循环的端面粗车循环，它的循环走刀是与 *X* 轴平行运动的，所以在设置 P(ns)起点定位值时，必须是 *Z* 方向值。 ( )

四、简答题

1. 如何使用恒线速功能、刀尖圆弧半径补偿控制数控车削工件时的精度？

2. 简述 G71,G72,G73 指令的应用场合有何不同。

五、编程题

1. 如图 7.17 所示，工件材料为 45＃钢，毛坯规格为∅35 mm×100 mm，使用 G73 仿形粗车循环编写加工程序，并使用 G70 精加工。

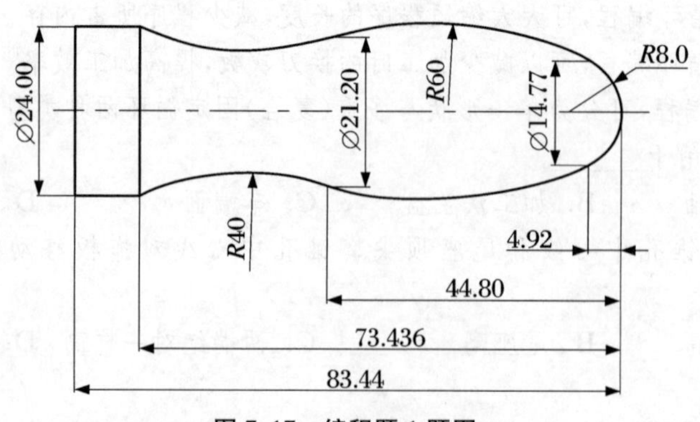

图 7.17 编程题 1 题图

2. 如图7.18所示,工件材料为45#钢,毛坯规格为∅25 mm×50 mm,使用G71外圆粗车循环编写加工程序,并使用G70精加工。

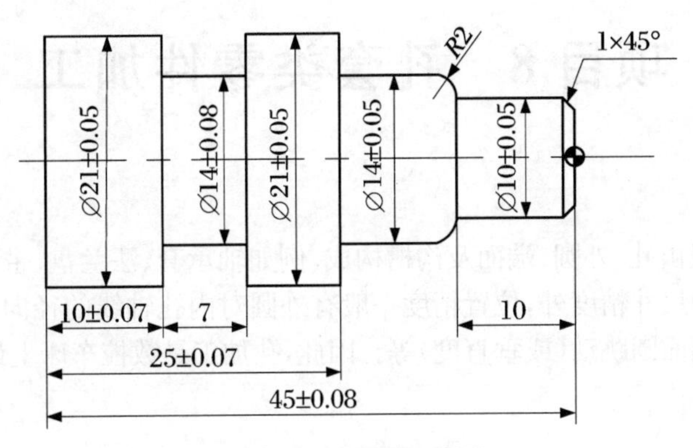

图7.18　编程题2题图

3. 如图7.19所示,工件材料为45#钢,毛坯规格为∅45 mm×45 mm,使用G72端面粗车循环编写加工程序,并使用G70精加工。

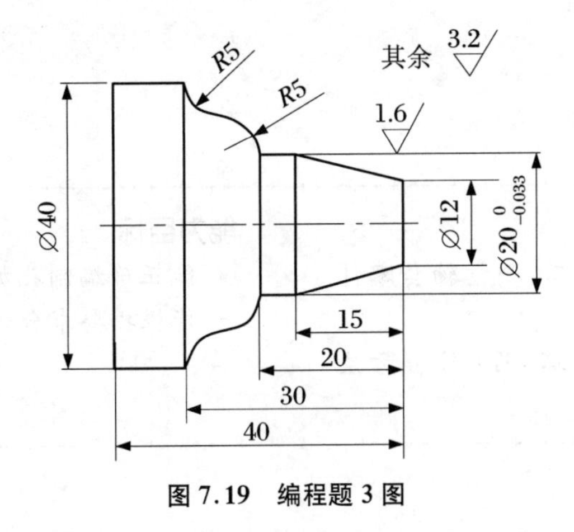

图7.19　编程题3题图

4. 如图7.20所示,工件材料为45#钢,毛坯规格为∅45 mm×100 mm,使用G73仿形粗车循环编写加工程序,并使用G70精加工。

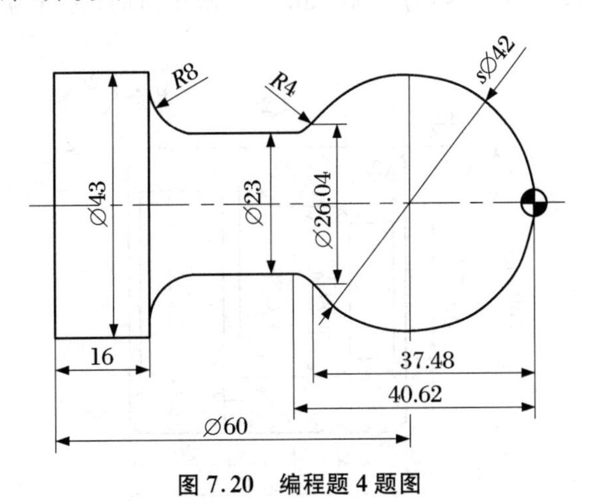

图7.20　编程题4题图

项目 8　孔套类零件加工

盘套类零件一般由孔、外圆、端面及沟槽构成，例如轴承套、法兰盘、带轮、齿轮等。其技术要求除表面粗糙度和尺寸精度外，位置精度一般有外圆对内孔轴线的径向圆跳动（或同轴度），端面对内孔轴线的端面圆跳动（或垂直度）等。因此，孔加工是数控车床上最常见的加工之一。

任务 8.1　轴套零件加工

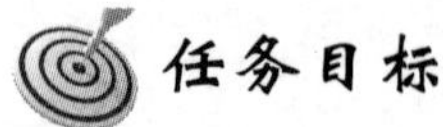

任务目标

知识目标

- 了解数控车床加工、测量轴套零件的方法；
- 了解深孔钻削循环 G74 编程方法与工艺处理方法。

能力目标

- 能正确编制孔加工的加工工艺；
- 能根据要求合理选择加工刀具。

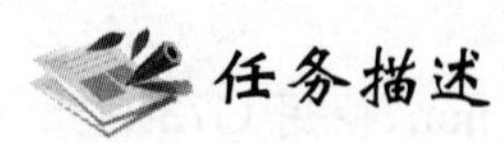

任务描述

如图 8.1 所示轴套零件，毛坯为∅55 mm×55 mm 圆钢，材料为 45＃钢，试编写加工程序。

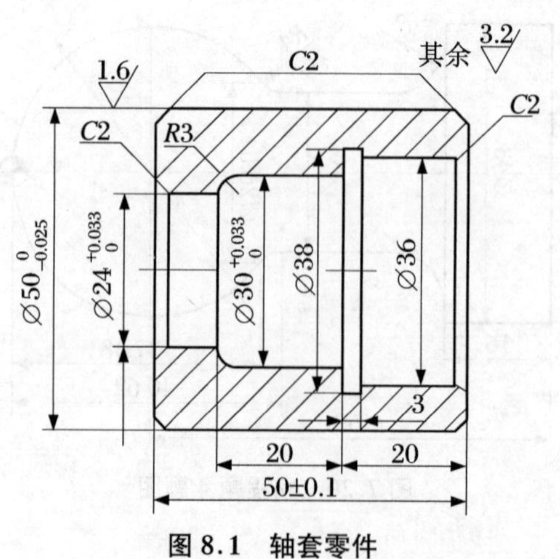

图 8.1　轴套零件

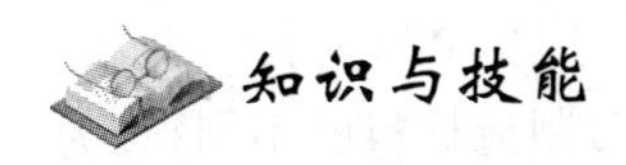

8.1.1 常见孔类零件的加工方法与刀具

孔加工刀具按其用途可分为两大类。一类是钻头，它主要用于在实心材料上钻孔(有时也用于扩孔)。根据钻头结构与用途不同，又可分为麻花钻、扁钻、扩孔钻、中心钻及深孔钻等。另一类是对已有孔进行再加工的刀具，如扩孔钻、铰刀及镗刀等。

1. 钻孔

在车床上加工的材料多为实体材料，在实体材料上加工出孔，主要方法就是钻孔。钻孔属于粗加工，加工后的尺寸精度可达 IT12～IT11，表面粗糙度 Ra 为 25～12.5 μm。钻削加工中最常用的刀具为麻花钻。按柄部形状分为直柄麻花钻和锥柄麻花钻，按制造材料分为高速钢麻花钻和硬质合金麻花钻。

(1) 钻孔的方法

① 钻孔前，必须先把工件端面车平，中心处不许留有凸台。

② 找正尾座，使麻花钻中心对准工件回转中心，以防孔径钻大或钻头折断。

③ 钻孔时，可先用中心钻钻中心孔定心，然后再用麻花钻进行加工。

④ 钻较深孔时，切屑不易排出，必须经常退出钻头以清除切屑。

⑤ 在实体上钻孔，小孔可以一次钻出，若孔径超过 30 mm，可分两次钻出，即先用小钻头钻出底孔，再用大钻头钻出所需要的尺寸。一般情况下，第一次钻孔用的钻头直径为第二次钻孔用的钻头直径的 1/2～7/10 倍。

⑥ 钻孔时会产生大量的热量，因此在钻钢材时必须予以充分的冷却。钻铸铁时一般不用冷却液；钻铝材时可用煤油冷却润滑；钻铜合金一般不用冷却，如需要可以使用乳化液；钻削镁合金时，只能用压缩空气来排屑和冷却。

(2) 切削用量的确定

① 钻孔时的进给量参考值如表 8.1 所示。

② 钻孔时的切削速度参考值如表 8.2 所示。

表 8.1　钻孔时的进给量参考值

钻头直径(mm)	<3	3～6	6～12	12～25	>25
进给量(mm/r)	0.025～0.05	0.05～0.10	0.10～0. 18	0.18～0.38	0.18～0.60

表 8.2　钻孔时的切削速度参考值

加工材料	切削速度(m/min)	加工材料	切削速度(m/min)
低碳钢	27～21	铸铁	90～75
中、高碳钢	22～12	铸钢	24～15
合金钢	18～10	其他合金	90～20

2. 铰孔

铰孔是精加工孔的方法之一，铰孔往往作为中小孔钻、扩后的精加工，也可以用于磨孔或研孔前的预加工，铰孔精度可达到 IT9～IT7 级，表面粗糙度 $Ra=1.6\sim0.8\ \mu m$。

铰刀根据结构的不同，可分为圆柱孔铰刀和锥孔铰刀；根据铰刀制造材料的不同，分为高速钢铰刀和硬质合金铰刀。

铰孔前，一般钻、扩或车孔，留一定铰削余量。粗铰余量为 0.1～0.3 mm，精铰余量为 0.04～0.15 mm。铰削时切削速度一般在 0.1 m/s 以下。

铰削时必须及时注入切削液，铰削钢件时可用硫化油或机油＋氯化石蜡，还可以选用豆油等植物油；铰削铸铁时用煤油或柴油；铰削铜件或铝合金时可选用专用锭子油或煤油。

3. 车孔

车孔是车削加工的主要内容之一。工件毛坯的铸孔、锻孔以及用麻花钻直接钻出的孔，精度都不高，很多情况下还需用车削的方法进行加工。数控车床上车孔的精度一般可达 IT6～IT7，表面粗糙度 Ra 为 $0.8\sim1.6\ \mu m$。

(1) 车孔刀的种类

① 通孔车刀，用于车削通孔，其切削部分的形状与外圆车刀相似。主偏角一般取 60°～75°，副偏角取 15°～30°，后角一般磨成双重后角。为了解决排屑问题，精车时要求切屑流向待加工表面（前排屑）。因此采用正刃倾角，如图 8.2 所示。

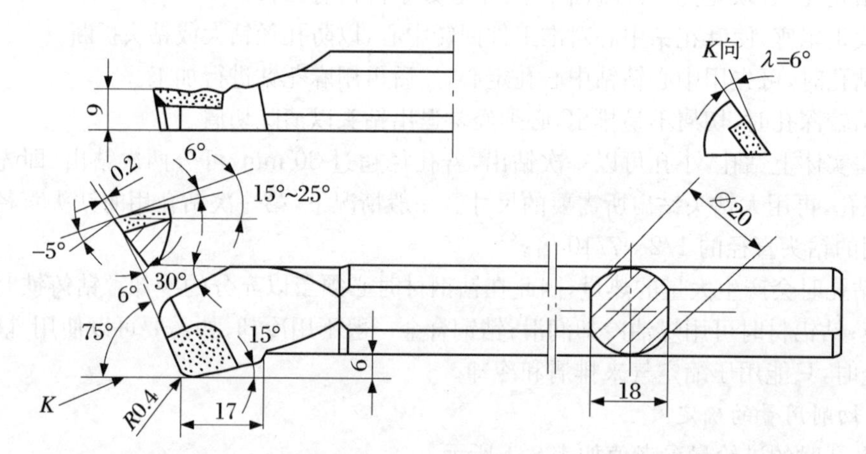

图 8.2　通孔车刀

② 不通孔车刀，用于车削不通孔或台阶孔。其切削部分的形状与偏刀相似。主偏角一般取 92°～95°，后角一般磨成双重后角。刀尖与刀柄外端的距离口要小于工件内孔半径 R。为了解决排屑问题，应采用负的刃倾角，使切屑从孔口排出（后排屑），如图 8.3 所示。

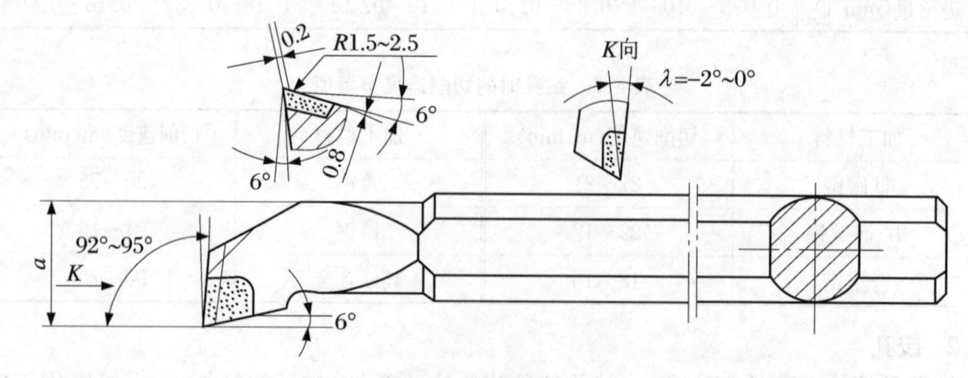

图 8.3　不通孔车刀

③ 可转位车刀。在数控车床上一般选用可转位车刀，如图 8.4 所示。

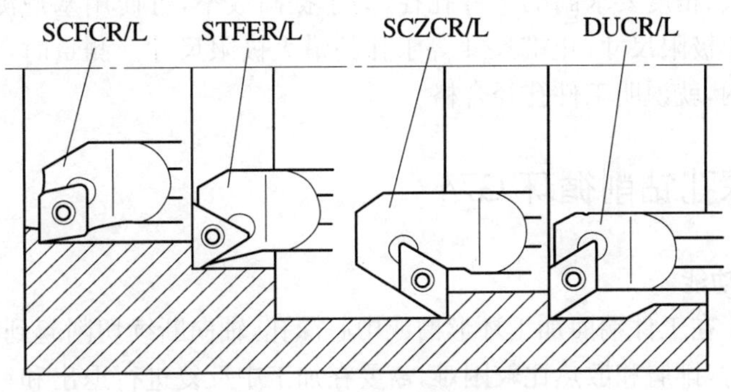

图 8.4　可转位内孔车刀

(2) 车孔刀的安装

① 刀尖应与工件旋转中心等高或稍高，这样就能防止由于切削力使刀尖扎进工件里（扎刀）。如果装得低于工件中心，就容易产生扎刀现象，把内孔车大。

② 内车刀伸出长度尽量要短，一般刀柄伸出刀架长度比被加工孔长 5～6 mm，以增强刀杆刚性，防止振动。

③ 刀柄要尽量与工件轴线平行。

(3) 车内孔的方法

① 车内孔时，循环起点坐标位置要选取适当，防止车刀后壁与孔壁发生碰撞。

② 车不通孔或台阶孔时，一般先用钻头钻孔，因为钻头顶角为 118°，所以内孔底面是不平的，若要沿孔壁进刀车孔底，车刀会切深加剧。可采用分层切削法或用平头钻锪平底面，再车不通孔。

③ 车直径较大的台阶孔时，一般先粗车大孔和小孔，再精车小孔和大孔。

4. 切削用量的选择

车内孔时由于工作条件不利，容易引起振动，因此切削用量要比车外圆时适当小些。一般粗车主轴转速选 600 r/min 左右，背吃刀量 1～3 mm，进给量 0.2～0.3 mm/r。精车时主轴转速选 800 r/min 左右，背吃刀量 0.1～0.2 mm，进给置 0.1～0.15 mm/r。

8.1.2　孔的测量方法

1. 用游标卡尺测量孔径

孔径的测量，应根据工件孔径尺寸的大小、精度以及工件数量，采用相应的量具进行，对于精度要求不高的孔，可用游标卡尺测量。

2. 用内径千分尺测量孔径

当孔的精度要求较高时，可用内测千分尺进行测量。内测千分尺是内径千分尺的一种形式，其线性方向与外径千分尺相反，测量精度为 0.01 mm，读数方法与外径千分尺基本相同。

3. 用内径百分表测量孔径

内径百分表是最常用的测量内径尺寸的高精度的量具。主要用比较法测量孔的直径或形状误差。内径百分表一次调整后可测量多个基本尺寸相同的孔。

4. 用塞规测量孔径

对于批量较大、精度要求高的工件孔径，为了提高效率，可使用塞规测量。塞规的通端尺寸等于孔的最小极限尺寸，止端尺寸等于孔的最大极限尺寸。测量时，通端能塞入孔内，止端不能进入孔内，就说明工件孔径合格。

8.1.3 深孔钻削循环 G74

1. G74 指令功能

G74 指令用于在工件端面加工环形槽或中心深孔，轴向断续切削起到断屑、及时排屑的作用。在钻深孔时，排屑和散热比较困难，需要在加工中反复进行退出和钻削动作。G74 指令能够自动完成断屑、排屑动作，适用于深孔的钻削加工。如果 X(U) 和 P 都忽略，则为端面深孔钻加工。

2. 指令格式

G74 R(e)；

G74 X(U) Z(W) P(Δi) W(Δk) R(Δd) F＿S＿T＿；

3. 走刀路线

图 8.5 所示为 G74 钻孔循环的加工路线。钻头先在循环起点 A，向 Z 向切削进给一定距离 Δk，再反向退刀一定距离 e，实现断屑，再 X 向移动Δk，为钻削下一个孔做准备。如果 X(U) 和 P 都忽略，则为端面深孔钻加工。重复以上动作，直到钻孔完成，最后 Z 向退刀至循环结束点 A 位置。

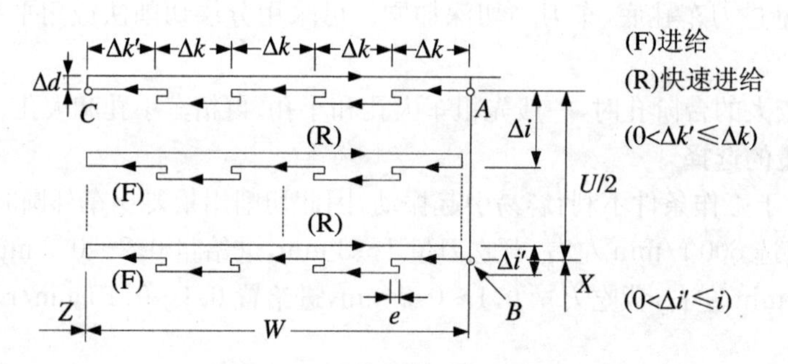

图 8.5 G74 钻孔循环的加工路线

4. 指令说明

X——终点的 X 坐标；

U——终点 X 增量；

Z——终点的 Z 坐标；

W——终点 Z 增量；

$P(\Delta i)$——X 方向的移动量，单位：μm；

$Q(\Delta k)$——Z 方向的移动量，单位：μm；

Δd——在切削底部的刀具退刀量，通常不指定或者其值为 0；

f——进给量；

$R(e)$——回退量，模态值。在钻头时才用退刀量（断屑、冷却），切削内孔时尽量不要用退刀量，如要使用，应尽量小些。

【例 8.1】 如图 8.6 所示，毛坯材料为 45＃钢的棒料，编写钻孔加工编程。

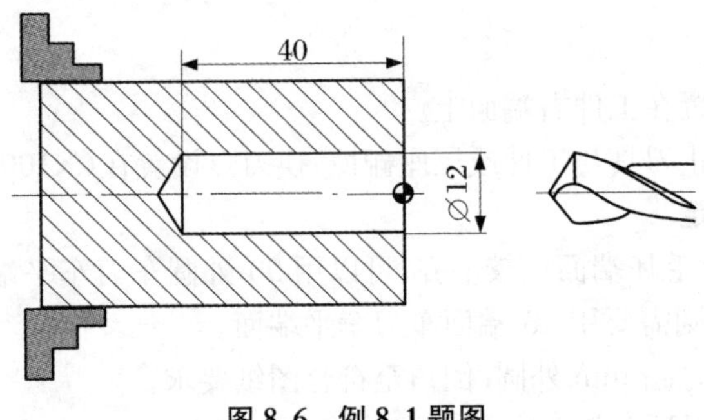

图 8.6 例 8.1 题图

【解析】 孔的有效深度为 40 mm，钻尖坐标距离经过计算为 43.6 mm。以钻头的钻尖为刀位点，由于标准麻花钻的顶角为 118°。工件原点在右端面中心。参考程序如表 8.3 所示。

表 8.3 参考程序

O2211	程序名
G00 G40 G99 G97	程序初始化
M03 S500 T0303	主轴正转，300 r/min，换麻花钻
M08	切削液开
G00 X0 Z3	快速定位到循环起点
G74 R1.5	Z 向每次退刀 1.5 mm
G74 Z－43.6 Q5000 F0.1	每次进刀 5 mm，深钻有效长度至 40 mm
G00 X100 Z100 M09	快速退刀，切削液关
M30	程序结束

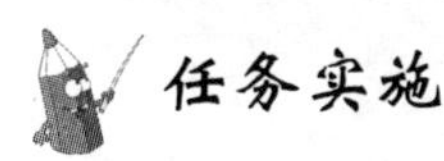

1. 任务分析

如图 8.1 所示的轴套零件，包括端面、内外圆柱面、内圆角、倒角、内沟槽、切断等加工。材料 45＃钢，毛坯为∅55 mm×100 mm 棒料。本零件精度要求较高的尺寸有：外圆$\varnothing 50_{-0.025}^{0}$ mm，内孔$\varnothing 24_{0}^{+0.033}$ mm、$\varnothing 30_{0}^{+0.033}$ mm，长度 50±0.1 mm 等。一般数控机床最小编程单位为小数点后 3 位数，因此向其最大实体尺寸靠拢并圆整精度较高的尺寸取其均值分别为：∅49.988 mm，∅24.017 mm，∅30.017 mm，∅50 mm。加工后的外圆$\varnothing 50_{-0.025}^{0}$ mm 表面粗糙度 Ra 为 1.6 μm，内孔及其他表面的粗糙度 Ra 为 3.2 μm。表面粗糙度要求较高，因此需要先粗车，后精车加工。在加工时要分层切削，选择合适的切削用量。

2. 加工方案

(1) 装夹方案

根据零件图，用三爪自定心卡盘夹持毛坯一端，使工件伸出卡盘70 mm，一次装夹完成粗、精加工外圆$\varnothing 50_{-0.025}^{0}$ mm，内孔$\varnothing 24_{0}^{+0.033}$ mm，$\varnothing 30_{0}^{+0.033}$ mm，倒角 $C2$；调头后切断后保证总长 56 mm，装夹工件$\varnothing 50_{-0.025}^{0}$ mm 的外圆，卡爪垫铜皮保护已加工面，一次装夹完成粗、

精加工内孔$\varnothing 24^{+0.033}_{0}$ mm、$\varnothing 30^{+0.033}_{0}$ mm 倒角 $C2$,平端面,车槽,保证总长 50 mm,夹紧工件。

(2) 位置点

① 工件零点。设置在工件右端面上。

② 换刀点。为防止刀具与工件或尾座碰撞,换刀点设置在(X100,Z100)的位置上。

3. 工艺路线的确定

(1) 平端面。如果毛坯端面比较平齐,可以用90°外圆车刀车平端面并对刀。如果不平且需要去除较大余量,则需要用45°端面车刀车平端面。

(2) 粗、精车$\varnothing 50^{0}_{-0.025}$ mm 外圆、倒角至符合图纸要求。

(3) 调头平端面,保证总长 50 mm。

(4) 调头后装夹工件$\varnothing 50^{0}_{-0.025}$ mm 的外圆,粗、精车零件内孔、倒角、车槽各部分至符合图纸要求。选用乳化液进行冷却。

4. 制订工艺卡

(1) 刀具选择如表 8.4 所示。

表 8.4 刀具卡

产品名称或代号			零件名称	轴套	零件图号	
序号	刀具号	刀具名称及规格	数量	加工表面	刀尖半径(mm)	备注
1	T0101	93°外圆车刀	1	粗精车外轮廓	0.2	
2	T0606	∅20 麻花钻	1	钻∅20 孔		
3	T0202	75°内孔刀	1	粗精加工内孔	0.2	
4	T0303	内槽车刀	1	切槽	$B=3$	
5	T0404	切断刀	1	车断	$B=3$	
6	T0505	45°端面车刀	1	平端面	0.2	
7	T0707	∅4 中心钻	1	钻中心孔		

(2) 工艺卡如表 8.5 所示。

表 8.5 工艺卡

数控加工工序卡			产品名称		零件名	零件图号	
					短轴		
序号	程序编号	夹具	量具		机床设备	工具	车间
		三爪卡盘	游标卡尺(0~150 mm) 千分尺(0~25 mm,25~50 mm)		CAK6140	油石	数控
工步	工步内容	切削用量			刀具		备注
		主轴转速 n(r/min)	进给速度 f(mm/r)	背吃刀量 a_p(mm)	编号	名称	
1	平端面	500			T0505	45°端面刀	手动
2	钻中心孔	600			T0707	∅4 mm 中心钻	手动

续表

工步	工步内容	切削用量			刀具		备注
		主轴转速 n(r/min)	进给速度 f(mm/r)	背吃刀量 a_p(mm)	编号	名称	
3	钻孔	400			T0606	∅20 mm 麻花钻	手动
4	粗车外圆	800	0.2	2	T0101	93°外圆车刀	自动
5	精车外圆	1 000	0.1	0.5	T0101	90°外圆车刀	自动
6	粗车内孔	600	0.2	1.5	T0202	75°内孔车刀	自动
7	精车内孔	800	0.1	0.5	T0202	75°内孔车刀	自动
8	车内沟槽	500	0.05		T0303	B=3 mm(左)	自动
9	倒角	500	0.2	2	T0505	45°端面刀	手动
10	切断	300	0.05		T0404	B=3 mm(左)	手动
11	平端面(调头)	500	0.1	2	T0505	45°端面刀	自动
12	倒角	500			T0505	45°端面刀	手动

5. 参考程序

参考程序如表 8.6、表 8.7 所示。

表 8.6　参考程序

O0044(右)	程序名
S600 T0202 M03	主轴正转 800 r/min,选 2 号刀
G00 X18 Z5 M08	定位循环起点,切削液开
G71 U1.5 R1	G71 粗加工参数设置
G71 P10 Q20 U1.0 W0.1 F0.1	
N10 G00 X40	描述内孔精加工程序
G01 Z0 F0.1 S800	
X36 W-2	
Z-20	
X30.017	
W-17	
G03 X24.017 W-3 R3	
G01 Z-60	
N20 X18	
G00 X50 Z50	快速退刀
G00 G41 X18 Z5	快速定位,刀尖半径补偿

续表

O0044(右)	程序名
G70 P10 Q20	G70 精加工内孔
G00 G40 X100 Z100	快速退刀,取消刀补
T0303 S500	换 3 号刀,500 r/min
G00 X25	快速定位于槽附近
Z－20	
G01 X38 F0.1	加工内沟槽
G04 X2	
G01 X25	
G00 Z100	退刀,切削液关
G00 X100 M09	
S800 T0101	换 1 号刀,800 r/min
G00 X60 Z2	定位循环起点
G90 X55 Z－60 F0.2	G90 粗加工$\varnothing 50_{-0.025}^{0}$ mm
X51	
G00 X46	快速定刀倒角起点
G01 Z0	
X49.988 W－2 F0.1 S1000	精车$\varnothing 50_{-0.025}^{0}$ mm 外圆
Z－60	
X55	
G00 X100 Z100	快速退刀
M30	程序结束

表 8.7　参考程序

O0045(左)	程序名
M03 S500 T0505	主轴正转,选 5 号刀
G00 X60 Z5	定位循环起点
G94 X10 Z5 F0.2	G94 平端面(切断后)
Z3	
Z2	
Z1	
Z0 F0.05	
G00 X46	定位于$\varnothing 50_{-0.025}^{0}$ mm 倒角起点倒角
G01 Z0 F0.1	

续表

O0045(左)	程序名
X50 W－2	倒角
T0207 S800	换 2 号刀,800 r/min
G00 X28	定位于$\varnothing 24^{+0.033}_{0}$ mm 倒角起点
G01 Z0 F0.1	
G01 X24.017 W－2	内孔倒角
X18 F0.5	径向退刀
G00 X100 Z100	快速退刀
M30	程序结束

任务思考

1. 简述加工孔类零件的常用方法与刀具各有何特点。
2. 简述 G74 的格式与各参数的含义以及其应用场合。
3. 简述测量与检验孔的方法。

任务 8.2　薄壁孔零件加工

薄壁孔零件的加工是车削中比较棘手的问题,原因是薄壁零件刚性差、强度弱,在加工中极容易变形,使零件的形位误差增大,不易保证零件的加工质量。为此本任务对工件的装夹、刀具几何参数、程序的编制、加工工艺处理等方面进行介绍。

任务目标

知识目标

- 了解薄壁套零件的加工方法;
- 了解薄壁套零件的工艺处理方法。

能力目标

- 能正确编制薄壁套加工的加工工艺;
- 能根据要求合理选择加工刀具。

任务描述

薄壁套零件的加工如图 8.7 所示,毛坯规格为$\varnothing$55 mm、壁厚为 12 mm 的热轧钢管,材料为 45＃钢,调质处理 220～260 HBS,试编写加工程序。

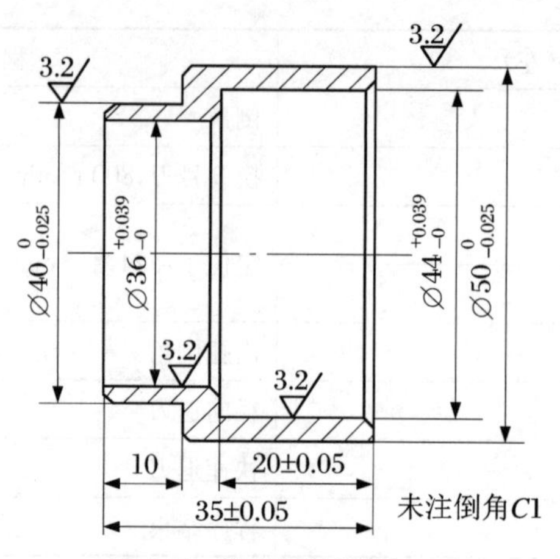

图 8.7　薄壁套零件的加工

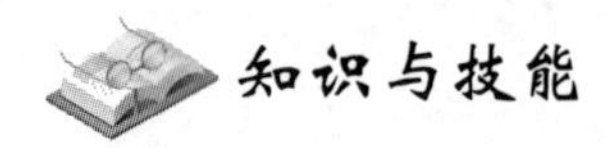

8.2.1　薄壁零件的加工

1. 加工薄壁工件时易产生的问题

(1) 由于工件壁薄、刚性差,在夹紧力的作用下极易产生变形。

(2) 工件在切削力的作用下,极易产生振动和变形。

(3) 因为工件壁薄、质轻,在切削热的作用下,零件本身的温度上升较快,对于线膨胀系数较大的材料更容易引起热变形。

(4) 由于应力释放而引起变形。

2. 薄壁工件的装夹方法

针对薄壁工件加工时易出现的问题,合理选择装夹方法、刀具几何角度、切削用量以及充分加注切削液,都是保证薄壁工件加工精度的关键。常用的装夹方法有以下几种:

(1) 使用开缝套筒装夹。使用这种方法装夹薄壁工件,可以增大装夹时的接触面积,使夹紧力均匀地分布在工件表面上,如图 8.8 所示。

(2) 使用扇形软卡爪装夹。使用特制的扇形软卡爪装夹薄壁工件,可以增大装夹时的接触面积,使夹紧力均匀地分布在工件表面上,如图 8.9 所示。使用前,应在卡爪下装夹相应的圆形工件,将卡爪车削成形。

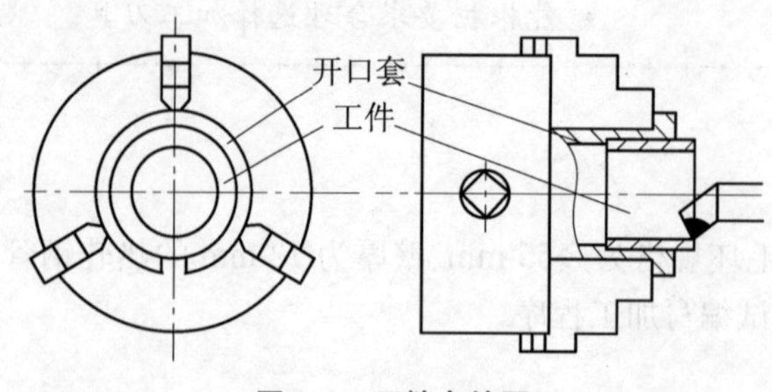

图 8.8　开缝套筒图

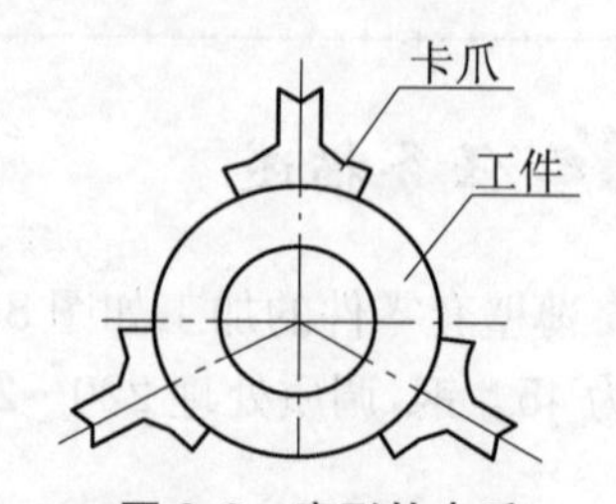

图 8.9　扇形软卡爪

(3) 使用轴向夹紧夹具装夹。用轴向夹紧夹具装夹薄壁工件,可有效地防止工件变形,如图 8.10 所示。

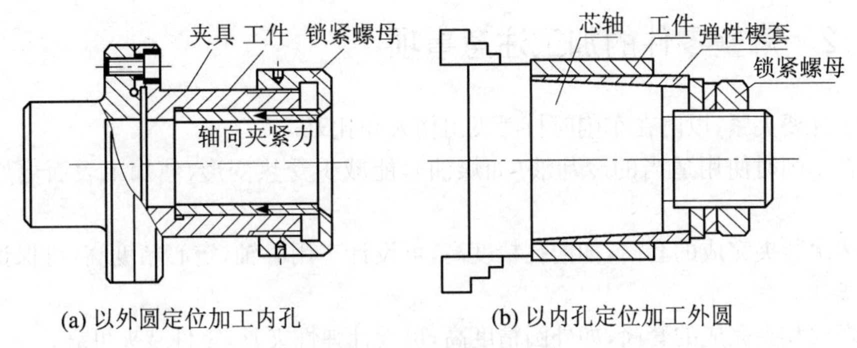

(a) 以外圆定位加工内孔　　(b) 以内孔定位加工外圆

图 8.10 轴向夹具装夹

(4) 使用膨胀芯轴装夹。根据套类薄壁零件的特点,可以采用膨胀芯轴的夹紧方式,如图 8.11 所示,芯轴装夹是将工件变形的轴向夹紧力改为径向夹紧力,且径向夹紧力由内向外分布,防止装夹变形。

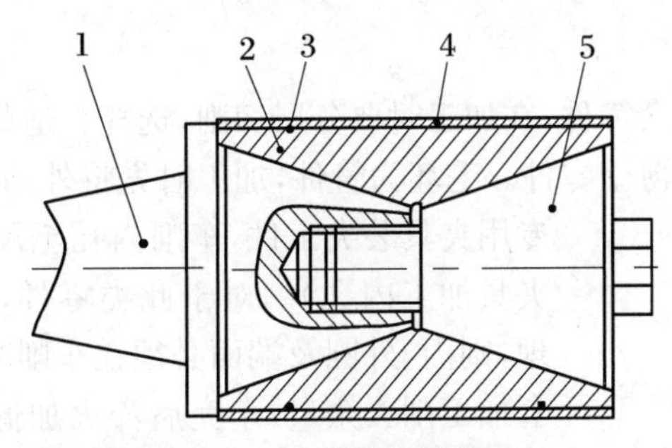

图 8.11 膨胀芯轴装夹

1. 夹具主体件; 2. 锯成三块的锥套件; 3. 橡皮筋;
4. 工件; 5. 锥螺杆件

3. 车削薄壁工件车刀

车削薄壁工件时,针对工件刚性差、易变形的特点,合理选择车刀角度是非常重要的。内孔车刀可以使用机夹车刀;外圆车刀均选用 90°硬质合金车刀,90°可以减小径向力,避免振动,刀片 YT15 适合精车削薄壁钢件,如图 8.12 所示。车刀前角为 48°～50°,刃口锋利,减

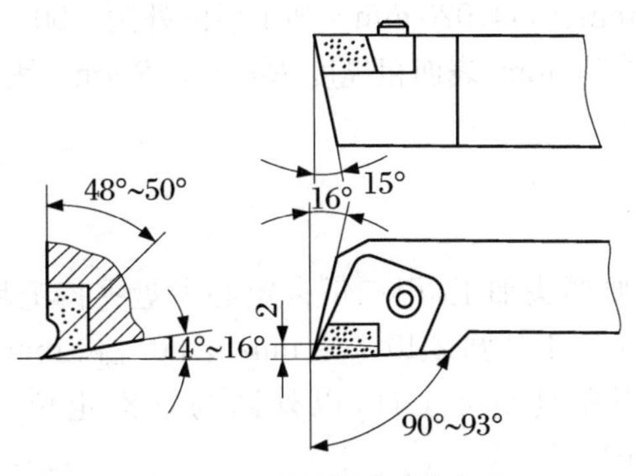

图 8.12 车削薄壁工件车刀

小挤压作用,减小切削力。后角为 14°～16°,可以减小车刀后面与工件表面的摩擦。断屑槽不易过宽,以 2 mm 左右为宜。

8.2.2　薄壁零件的加工注意事项

(1) 工件要夹紧,以防在车削时打滑飞出伤人和扎刀;

(2) 在车削时使用适当的冷却液(如煤油),能减少受热变形,使加工表面更好地达到要求;

(3) 多次装夹完成的套筒,如内孔精度高,可设计车用心轴,定心精度高,可保证较高的形位公差要求;

(4) 多次装夹完成的套筒,如外圆精度高,可设计弹性夹具,零件装夹可靠;

(5) 如果套筒壁薄,精度要求高还可以精加工后再留 0.02 mm,卸下零件自然时效 1～2 天后,再重新装夹加工防止加工变形。

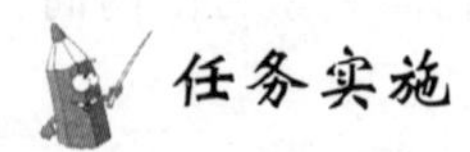

任务实施

1. 任务分析

如图 8.7 所示的薄壁套零件,在加工时要分层切削,选择合适的切削用量。该零件精度要求较高,壁厚较薄,属于薄壁零件。毛坯为管件,加工时先将外圆和端面加工出来,然后用专用夹具装夹工件,车削内孔至尺寸(如图 8.13 所示专用夹具加工内孔)。对于此类零件,如果加工后需要淬火处理,则内、外圆及端面必须在车削时留有磨削余量。薄壁衬套加工削去余量,车完后淬火加低温回火。然后以内孔为基准,把工件套在高精度的心轴上,心轴锥度为1∶1 000～1∶5 000,然后磨削外圆和内端面。

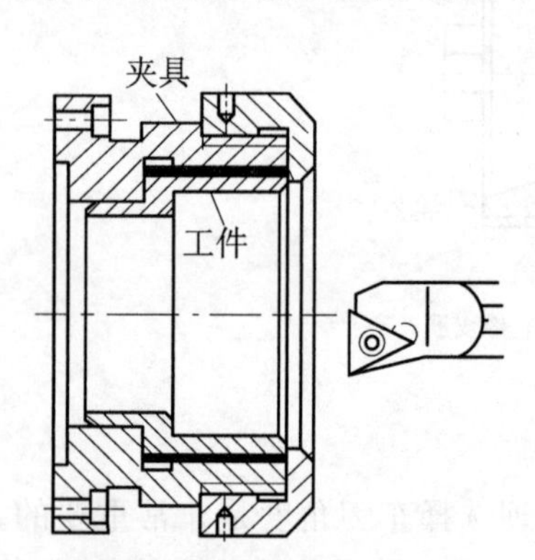

图 8.13　专用夹具加工内孔

本零件精度要求较高的尺寸有:外圆 $\varnothing 40_{-0.025}^{\ 0}$ mm、$\varnothing 50_{-0.025}^{\ 0}$ mm,内孔 $\varnothing 36_{-0}^{+0.039}$ mm、$\varnothing 44_{-0}^{-0.039}$ mm,长度 20 ± 0.05 mm、35 ± 0.05 mm 等。一般数控机床最小编程单位为小数点后 3 位数,因此向其最大实体尺寸靠拢并圆整精度较高的尺寸取其均值分别为:$\varnothing$39.988 mm、$\varnothing$49.988 mm、$\varnothing$36.015 mm、$\varnothing$44.020 mm。加工后的外圆 $\varnothing 50_{-0.025}^{\ 0}$ mm、$\varnothing 40_{-0.025}^{\ 0}$ mm 和内孔 $\varnothing 36_{-0}^{+0.039}$ mm、$\varnothing 44_{-0}^{-0.039}$ mm,表面粗糙度 Ra 为 3.2 μm。表面粗糙度要求较高,因此需要先粗车,后精车加工。

2. 加工方案

(1) 装夹方案

根据零件图,工件需要调头加工,用三爪自定心卡盘夹持毛坯一端,使工件伸出卡盘 50 mm,一次装夹完成粗精加工外圆 $\varnothing 40_{-0.025}^{\ 0}$ mm、$\varnothing 50_{-0.025}^{\ 0}$ mm,倒角 $C1$;调头后切断后保证总长 35 mm,用专用夹具装夹工件,以外圆为基准定位。车内孔 $\varnothing 36_{-0}^{+0.039}$ mm、$\varnothing 44_{-0}^{+0.039}$ mm,倒角 $C1$ 至尺寸。

(2) 位置点

① 工件零点。设置在工件右端面上。

② 换刀点。为防止刀具与工件或尾座碰撞,换刀点应设置在(X100,Z100)的位置上。

3. 工艺路线的确定

(1) 平端面。如果毛坯端面比较平齐,可以用90°外圆车刀车平端面并对刀。如果不平且需要去除较大余量,则需要用45°端面车刀车平端面。

(2) 粗、精车外圆$\varnothing 40_{-0.025}^{\ 0}$ mm、$\varnothing 50_{-0.025}^{\ 0}$ mm,倒角 $C1$ 至符合图纸要求。

(3) 调头平端面,保证总长35 mm。

(4) 调头后用专用夹具装夹工件,以外圆$\varnothing 50_{-0.025}^{\ 0}$ mm、左端面为基准定位。车内孔$\varnothing 36_{-0}^{+0.039}$ mm、$\varnothing 44_{-0}^{+0.039}$ mm,倒角 $C1$ 至尺寸。选用乳化液进行冷却。

4. 制订工艺卡

(1) 刀具选择如表8.8所示。

表8.8　刀具卡

产品名称或代号			零件名称	薄壁套	零件图号	
序号	刀具号	刀具名称及规格	数量	加工表面	刀尖半径(mm)	备注
1	T0101	90°外圆车刀	1	粗精车外轮廓	0.2	
2	T0202	90°内孔刀	1	粗精加工内孔	0.2	
3	T0404	切断刀	1	车断	$B=3$	

(2) 工艺卡如表8.9所示。

表8.9　工艺卡

数控加工工序卡			产品名称		零件名	零件图号	
					薄壁套		
序号	程序编号	夹具	量具		机床设备	工具	车间
		三爪卡盘 专用夹具	游标卡尺(0～150 mm) 千分尺(0～25 mm,25～50 mm)		CAK6140	油石	数控
1	平端面	500			T0101	90°端面刀	手动
2	粗车外圆	800	0.2	2	T0101	93°外圆车刀	自动
3	精车外圆	1 000	0.1	0.5	T0101	90°外圆车刀	自动
4	粗车内孔	600	0.2	1.5	T0202	75°内孔车刀	自动
5	精车内孔	800	0.1	0.5	T0202	75°内孔车刀	自动
6	切断	300	0.05		T0404	$B=3$ mm(左)	手动

5. 参考程序

参考程序如表8.10所示。

表 8.10 参考程序

O0044	程序名	O0066	程序名
S800 T0101 M03	主轴 800 r/min,正转	S600 T0202 M03	主轴正转,选 2 号刀
G00 X60 Z5 M08	定循环起点,切削液开	G00 X28 Z5 M08	定位循环起点
G71 U2 R1	G71 粗加工参数设置	G71 U1.5 R1	G71 粗加工参数设置
G71 P10 Q20 U1.0 W0.1 F0.1		G71 P10 Q20 U-1.0 W0.1 F0.1	
N10 G00 X38	描述外圆精加工程序	N10 G00 X46	描述内孔精加工程序
G01 Z0 F0.1 S1000		G01 Z0 F0.1 S800	
X39.988 W-1		X44.020 W-1	
Z-10		Z-20	
X48		X38	
X49.988 W-1		X36.020 W-1	
Z-40		Z-40	
N20 X60		N20 X28	
G70 P10 Q20	G70 精加工外圆	G70 P10 Q20	G70 精加工内孔
G00 X100 Z100 M09	快速退刀,切削液关	G00 X100 Z100 M09	快速退刀,切削液关
M30	程序结束	M30	程序结束

任务思考

1. 简述加工薄壁零件容易产生的问题和困难。
2. 简述加工薄壁零件的装夹方法、刀具的选择要求。

项目练习题

一、填空题

1. 铰孔一般加工精度可达________,表面粗糙度可达________。
2. 深孔是指孔的深度是孔直径________倍的孔。
3. 车不通孔时为了排屑,应采用________的刃倾角,使切屑从孔口排出。
4. 车通孔时为了排屑,精车时要求切屑流向待加工表面,因此采用________刃倾角。
5. 车孔刀如果装得________工件中心,就容易产生扎刀现象,把内孔车大。
6. 数控车床上加工套类零件时,夹紧力的作用方向应为________。
7. 套的加工方法是:孔径较小的套一般采用________方法,孔径较大的套一般采用________方法。

8. 工件以内孔定位时,其定位元件应选用__________。

9. 用塞规测量工件,若通过端(G0)不通过,不通过端(NOG0)也不通过,则工件尺寸__________。

10. 标准麻花钻有2条主切削刃和__________条副切削刃。

二、选择题

1. 套的加工方法是:孔径较小的套一般采用钻、扩、铰的方法,孔径较大的套一般采用______的方法。

A. 钻、铰　B. 钻、半精镗、精镗　C. 扩、铰　D. 钻、精镗

2. 钢材工件铰削余量小,铰刀刃口不锋利,会产生较大的______,使孔径缩小。

A. 切削力　B. 弯曲　C. 弹性恢复

3. ______加工孔是起钻孔定位和引正作用的。

A. 麻花钻　B. 中心钻　C. 扩孔钻　D. 锪钻

4. 车内孔时车削用量要比车外圆时适当______。

A. 大一些　B. 小一些　C. 相同

5. 在车床上钻深孔,由于钻头刚性不足,钻削后______。

A. 孔径变大,孔中心线不弯曲　B. 孔径不变,孔中心线弯曲

C. 孔径变大,孔中心线平直　D. 孔径不变,孔中心线不变

6. 增大装夹时的接触面积,可采用特制的软卡爪和______,这样可使夹紧力分布均匀,减小工件的变形。

A. 套筒　B. 夹具

C. 开缝套筒　D. 定位销

7. ______由百分表和专用表架组成,用于测量孔的直径和孔的形状误差。

A. 外径百分表　B. 杠杆百分表

C. 内径百分表　D. 杠杆千分尺

8. 钻孔一般属于______。

A. 精加工　B. 半精加工

C. 粗加工　D. 半精加工和精加工

9. 欲加工∅6 mm H7深30 mm的孔,合理的用刀顺序应该是______。

A. ∅2.0 mm麻花钻、∅5.0 mm麻花钻、∅6.0 mm微调精镗刀

B. ∅2.0 mm中心钻、∅5.0 mm麻花钻、∅6 mm H7精铰刀

C. ∅2.0 mm中心钻、∅5.8 mm麻花钻、∅6 mm H7精铰刀

D. ∅1.0 mm麻花钻、∅5.0 mm麻花钻、∅6.0 mm H7麻花钻

10. 最好用______来校正内径百分表零位。

A. 游标卡尺　B. 千分尺　C. 标准环规

11. 铰孔时对孔的______的纠正能力较差。

A. 表面粗糙度　B. 尺寸精度　C. 形状精度　D. 位置精度

12. 车削薄壁零件的关键是解决______问题。

A. 车削　B. 刀具　C. 夹紧　D. 变形

13. 数控车床的______通过镗刀座安装在转塔刀架的转塔刀盘上。

A. 外圆车刀　B. 螺纹　C. 内孔车刀　D. 切断刀

14. 利用 G74 执行循环指令时，主轴应______。

A. 正转　　B. 反转

C. 正转、反转都可以　　D. 以上皆错

15. 千分尺读数时______。

A. 不能取下　　B. 必须取下

C. 最好不取下　　D. 先取下，再锁紧，然后读数

三、判断题

1. 单孔加工时应遵循先中心钻领头后钻头钻孔，接着镗孔或铰孔的路线。（　）
2. 内孔车刀的刀杆，在适用的前提下最好选择尺寸较小的刀杆。（　）
3. 用内径百分表(或千分表)测量内孔时，必须摆动内径百分表，所得最大尺寸是孔的实际尺寸。（　）
4. 数控车床上加工套类零件时，夹紧力的作用方向应为径向。（　）
5. 采用固定循环编程，可以加快切削速度，提高加工质量。（　）
6. 粗加工阶段的关键问题是精加工余量的确定。（　）
7. 对于 G71 指令中的精加工余量，当使用硬质合金刀具加工 45＃钢材料内孔时，通常取负值。（　）
8. 数控加工中，对于易发生变形、毛坯余量较大、精度要求较高的零件，常以粗、精加工划分工序。（　）
9. 热处理调质工序一般安排在粗加工之后、半精加工之前进行。（　）
10. 内径百分表用比较法测量孔的直径或形状误差。（　）
11. 麻花钻的切削刃由主切削刃、副切削刃和横刃各两条组成。（　）
12. 内径百分表一次调整后可测量多个基本尺寸相同的孔。（　）
13. 内测千分尺可以用来测量孔距尺寸。（　）
14. 在数控车床上铰孔时，铰刀一般采用浮动装置装夹。（　）
15. 固定形状粗车循环方式适合于加工已基本铸造或锻造成型的工件。（　）
16. 主轴误差包括径向跳动、轴向窜动、角度摆动。（　）
17. 车削薄壁工件时，工件的强度较差，装夹和加工易产生变形，尺寸不易控制。（　）
18. 判定机床坐标系时，应首先确定 X 轴。（　）
19. 系统操作面板上复位键的功能为接触报警和数控系统的复位。（　）
20. 麻花钻有 2 条主切削刃、2 条副切削刃和 3 条横刃。（　）

四、简答题

1. 工件以内孔定位，常用哪几种心轴？
2. 简述使用内径百分表测量孔径的方法。
3. 简述在实体毛坯上加工内孔的步骤和方法。

五、编程题

1. 如图 8.14 所示，工件材料为 45＃钢，毛坯规格为∅45 mm×100 mm，使用合适指令编写加工程序，并加工。

2. 如图 8.15 所示，工件材料为 45＃钢，毛坯规格为∅80 mm×50 mm，使用 G72＋G70 指令编写加工程序，并加工。

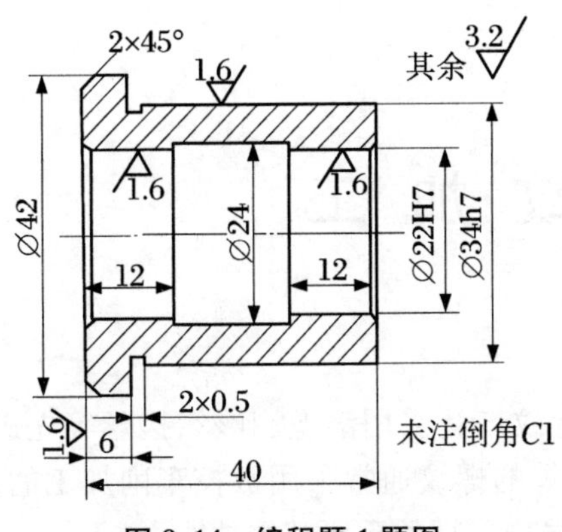

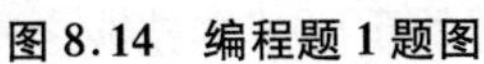

图 8.14　编程题 1 题图

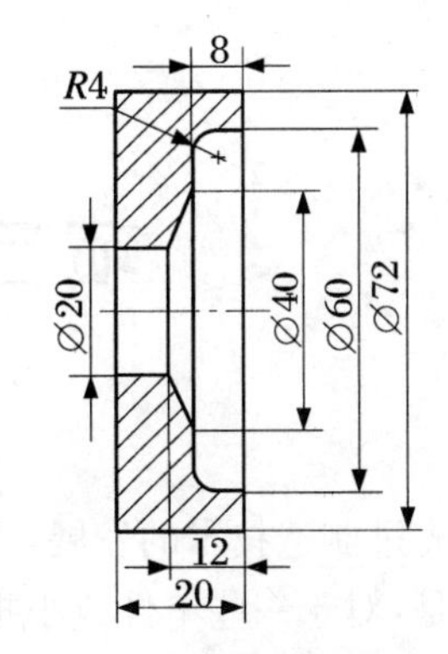

图 8.15　编程题 2 题图

3. 如图 8.16 所示，工件材料为 45＃钢，毛坯规格为∅55 mm×80 mm，使用 G73＋G70 指令编写加工程序，并加工。

4. 如图 8.17 所示，工件材料为 45＃钢，毛坯规格为∅100 mm×60 mm，使用合适指令编写加工程序，并加工。

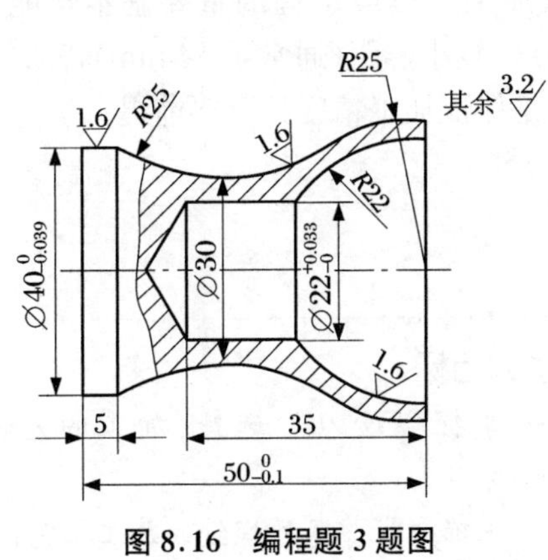

图 8.16　编程题 3 题图

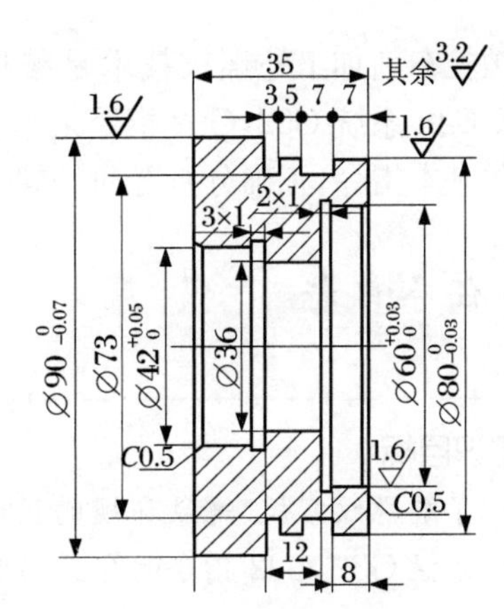

图 8.17　编程题 4 题图

项目9　螺 纹 加 工

随着先进制造技术的发展，大批量专业加工螺纹广泛采用滚丝、扎丝、搓丝等先进制造技术。但是，对于一些单件或小批量、加工精度中等的螺纹通常采用数控车削加工的方法。数控车削加工螺纹技术是编程人员和机械加工人员应掌握的重要基本技能之一。

任务 9.1　普通外螺纹零件加工

数控车削加工外螺纹技术是编程人员和机械加工人员应掌握的重要基本技能之一，FANUC-0i 系统 G32，G92 指令是车削加工较高精度、较小螺距（通常 1～4 mm）普通三角形螺纹的基本指令，正确分析普通外螺纹的加工工艺是保证加工精度的重要前提。

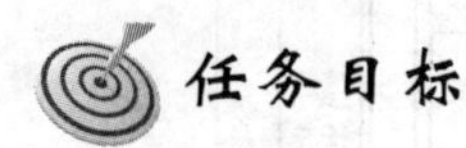

任务目标

知识目标

- 了解螺纹塞规、螺纹环规的用途；
- 掌握 G32，G92 指令的含义与应用。

能力目标

- 掌握螺纹刀的选择、加工的基本方法；
- 正确分析普通外螺纹的加工工艺；
- 正确进行普通外螺纹零件、内孔螺纹零件检测。

任务描述

如图 9.1 所示，车削阶梯螺纹轴，已知毛坯规格为∅30 mm×80 mm，材料为 45＃钢，分析加工工艺，并编写程序加工。

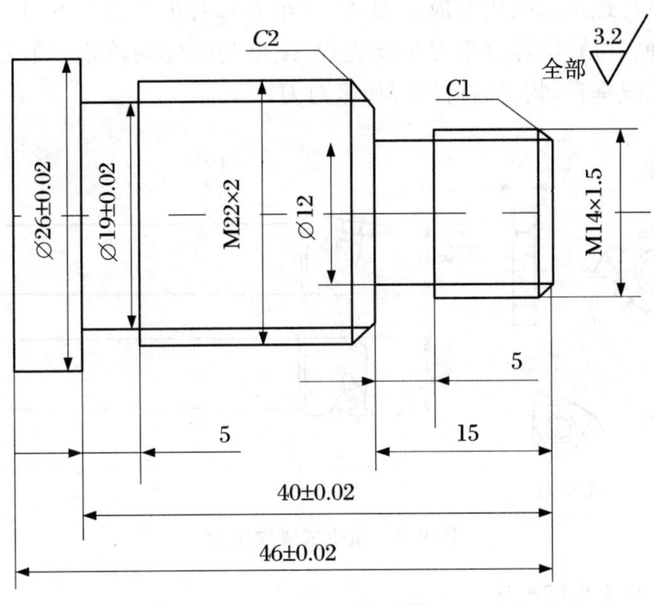

图 9.1　阶梯螺纹轴

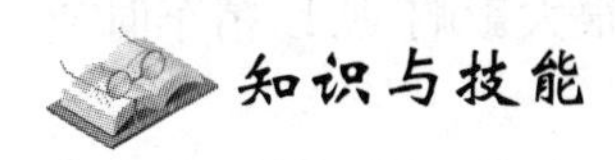

9.1.1　螺纹加工的基础知识

1. 螺纹加工简述

螺纹加工是在圆柱、圆锥的内外圆表面上加工出特殊形状螺旋连续凸起或沟槽的过程。数控车床编程加工最多的是普通螺纹，螺纹牙型为三角形，牙型角为 60°。普通螺纹分粗牙普通螺纹和细牙普通螺纹。粗牙普通螺纹的螺距是标准螺距，其代号用字母“M”及公称直径表示，如 M16，M12 等。细牙普通螺纹代号用字母“M”及公称直径×螺距表示，如 M24×1.5，M27×2 等。

螺纹按其母体形状分为圆柱螺纹和圆锥螺纹；按其在母体所处位置分为外螺纹、内螺纹；按其截面形状（牙型）分为三角形螺纹、矩形螺纹、梯形螺纹、锯齿形螺纹及其他特殊形状螺纹。

2. 螺纹车削加工刀具

(1) 螺纹车削刀具材料

螺纹刀的材料有高速钢和硬质合金两种。高速钢螺纹车刀的优点是刃磨方便，切削刃锋利，韧性好，刀尖不易崩裂，加工螺纹的表面粗糙度值小。缺点是不宜采用高速车削，适用于低速切削，或作为螺纹精车刀。硬质合金螺纹车刀硬度高，耐磨性好，耐高温，适用于高速车削螺纹。在高速车削螺纹时，由于硬质合金刀具对螺纹牙型有挤压作用，所以刀尖角磨得稍小一点，由于高速钢车刀刃磨时易退火，在高温下易磨损，所以在加工脆性材料（如铸铁）或高速切削塑性材料及加工批量较大的螺纹工件时，要选用硬质合金螺纹刀。

图 9.2 所示为机夹式螺纹车刀。螺纹车刀的刀杆和刀片的参数已处理为标准值，可直

接按参数选用。每种螺距选用相对应的刀片,左车刀和右车刀刀片不同。分为外螺纹车刀和内螺纹车刀两种。可转位螺纹车刀是弱支撑,刚度与强度均较差。车刀刀尖角的对称中心线必须与工件轴线垂直,装刀时可用样板来对刀。

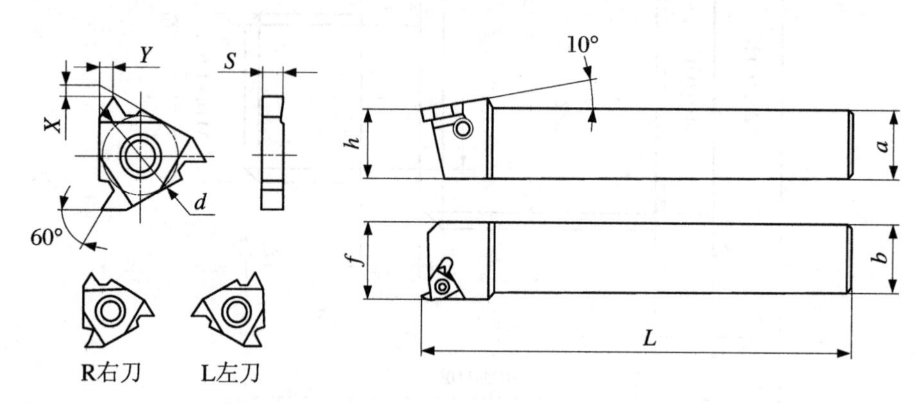

图 9.2 机夹式螺纹车刀

(2) 螺纹车削刀具几何角度

① 刀尖角应等于牙型角,车普通螺纹时为 60°。

② 前角一般为 0°~15°,因为螺纹车刀的纵向前角对牙型角有很大影响,所以精车时或精度要求高的螺纹,径向前角取值略小,约 0°~5°。

③ 后角一般为 5°~10°,因受螺纹升角的影响,进刀方向一面的后角应稍大些,但大直径、小螺距的三角螺纹,这种影响可忽略不计。

(3) 螺纹车削刀具的安装

① 装夹车刀时,刀尖位置一般应对准工件中心或车床主轴轴线等高(通过刀尖对比工件的旋转中心,车床尾座顶尖),特别是内螺纹车刀的刀尖高必须严格保证,以免出现"扎刀""阻刀""让刀"及螺纹面不光滑等现象。当高速车削螺纹时,为防止振动和"扎刀",其硬质合金车刀的刀尖应略高于车床轴线 0.1~0.3 mm。

② 车刀刀尖角的对称中心线必须与工件轴线垂直,装刀时可用样板来对刀,如果把车刀装歪,就会产生牙型歪斜。

③ 刀头伸出一般为 20~25 mm(约为刀杆厚度的 1.5 倍)。

3. 螺纹的测量

螺纹的主要测量参数有螺纹牙型角、螺距、大径、小径和中径尺寸。

(1) 大、小径的测量

外螺纹的大径和内螺纹的小径,可用游标卡尺和千分尺测量。

(2) 螺距的测量

如图 9.3 所示,螺距一般可用钢直尺或螺距规测量。由于普通螺纹的螺距较小,采用钢直尺测量时,可测量多个螺距的长度,求其平均螺距尺寸。用螺距规测量时,应将螺距规沿着工件轴线的平面方向嵌入槽中,如完全吻合,则说明被测螺距正确。

(3) 用螺纹千分尺测量中径

中径是检验精密螺纹是否合格的一个重要指标。螺纹千分尺的结构和使用方法与一般千分尺相似,其读数原理与一般千分尺相同,只是它有两个可以调整的测量头(上测量头、下测量头),有一系列的测量触头可供不同的牙型角和螺距选用。在测量时,两个与螺纹牙型相同的测量头正好卡在螺纹牙侧，所得到的千分尺读数就是螺纹中径的实际尺寸。如图9.4所示。

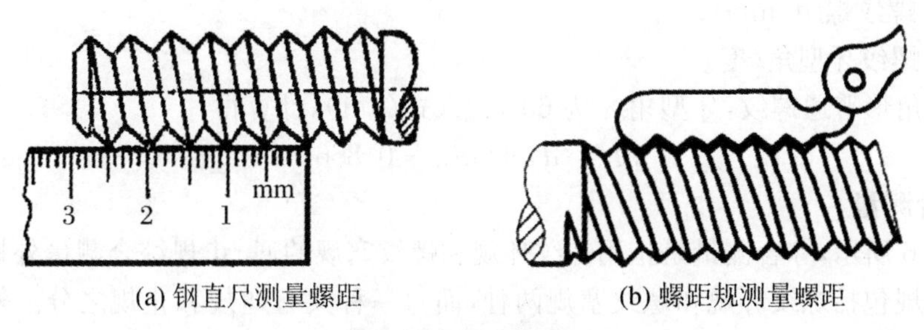

(a) 钢直尺测量螺距　　(b) 螺距规测量螺距

图9.3　螺距的测量

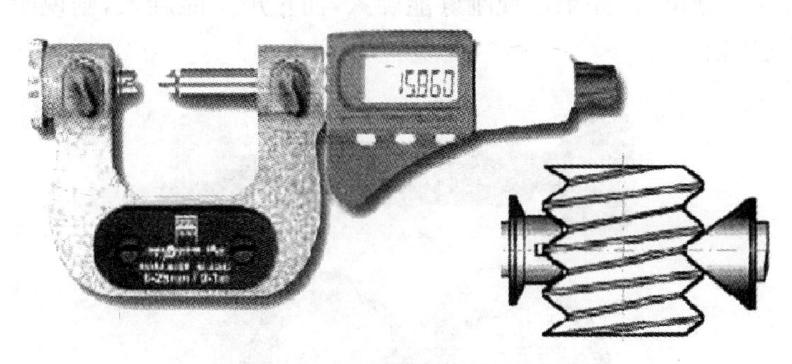

图9.4　螺纹千分尺测量螺纹中径

4. 用三针测量法测量中径

如图9.5所示，三针测量法是一种间接测量中径的方法，适用于精度高、螺旋升角小于4°的螺纹工件测量。测量时将直径相同的三根量针放在被测螺纹的沟槽里。用测量外尺寸的计量器具如千分尺，测出量针外廓最大距离 M 值，然后通过特定公式计算，求出被测螺纹的中径。

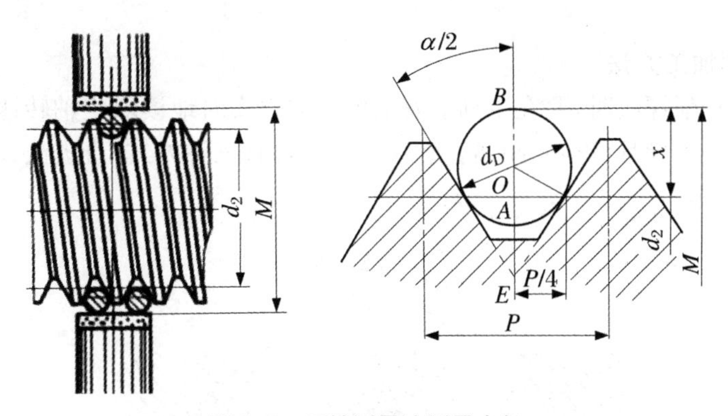

图9.5　三针测量法测量中径

$$M = d_2 + d_D\left(1 + \frac{1}{\sin\frac{\alpha}{2}}\right) - \frac{P}{2}\cot\frac{\alpha}{2} \tag{9.1}$$

式中：M——千分尺测量距离(mm)；

d_2——螺纹中经尺寸(mm);

d_D——钢针直径(mm);

P——螺纹螺距(mm);

α——螺纹牙型角(度)。

对于三角形普通螺纹,牙型角 α 为 60°,代入式(9.1),计算得

$$M = d_2 + 3d_D - 0.866P \tag{9.2}$$

5. 综合测量

如图 9.6 所示,综合测量是指用螺纹环规和螺纹塞规的通、止规综合测量外螺纹是否合格。螺纹量规包括螺纹环规和螺纹塞规两种,而每一种又有通规和止规之分。外螺纹使用螺纹环规检测,内螺纹使用螺纹塞规测量。它只能判断加工的螺纹是否合格,不能测量出螺纹参数的具体尺寸。测量时,如果通规刚好能旋入,而止规不能旋入,则说明螺纹精度合格,内螺纹的测量方法同上。

图 9.6 螺纹环规与塞规

9.1.2 螺纹车削方法

1. 螺纹车削加工方法

用数控车床车削螺纹时,要在主轴上安装编码器以实时地读取主轴转速,保证主轴转一圈关联刀架移动一个导程(螺距)距离。螺纹车削通常有三种方式:直进法、斜进法和左右切削法,如图 9.7 所示。

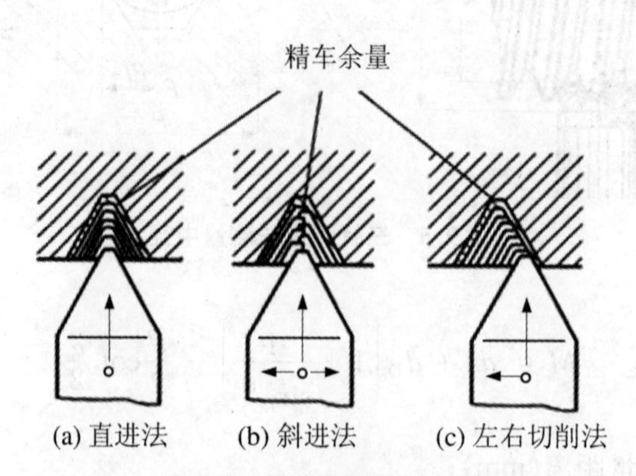

图 9.7 螺纹车削进刀方式

(1) *直进法*

如图9.7(a)所示，螺纹切削指令G32和G92采用直进式进刀。直进法切入方式是刀具沿X方向进给，采取多次车削完成螺纹的加工，直进式车削螺纹时车刀左、右两侧刃同时参与切削，刀具两侧对称受力，两侧刃磨损均匀，能够保证螺纹牙型精度。在切削螺距较大的螺纹时，由于刀具两刃同时参加切削，切削深度较深，切削力大，加工排屑较困难，切削刃易磨损等问题，容易产生"扎刀"和"爆刀"现象，从而造成螺纹中径产生误差。因此多用于切削小螺距、高精度螺纹，可以得到比较精确的牙型。

(2) *斜进法*

如图9.7(b)所示，螺纹切削指令G76采用斜进式进刀方式。刀尖上产生的切削热更少，加工大螺距螺纹时可以降低振动。由于单侧刀刃切削工件，刀刃容易损伤和磨损，使加工的螺纹面不直，刀尖角发生变化，而造成牙型精度较差。刀具负载较小，切屑从刀刃上卷开，容易形成条状屑，排屑、散热较好；并且切削深度为递减式，因此，此加工方法一般适用于大螺距、低精度螺纹的加工。

(3) *左右切削法*

图9.7(c)所示为左右车削的加工螺纹方法。兼顾了直进法与斜进法的优点，主要用于大牙型螺纹的加工。可以交替地对螺纹牙型的左右侧进行切削，直到切削完整个牙型为止，刀片磨损均匀，刀具寿命受影响较小。采用左右切削法时，车刀左、右进刀量不能过大，而且编程较为复杂。

2. 车削螺纹时主轴转速的选择

车削螺纹时主轴转速不可过高，如果过高则可能会产生"乱牙"现象。主轴转速可按下面经验公式计算：

$$n \leqslant \frac{1\,200}{P} - K \tag{9.3}$$

式中：n——主轴转速(r/min)；

P——螺纹的导程(mm)；

K——保险系数，一般取80。

3. 螺纹尺寸的计算

在用车削螺纹指令编程前，需对螺纹的相关尺寸进行计算，以确定车削螺纹程序段中的有关参数。

(1) *螺纹牙型高度*

车削螺纹时，车刀总的切削深度是牙型高度，即螺纹牙顶到牙底之间垂直于螺纹轴线的距离。根据GB/T 196—2003普通螺纹国家标准规定，普通螺纹的牙型理论高度$H = 0.866P$，实际加工时，由于螺纹车刀刀尖半径的影响，螺纹牙型实际高度为

$$h = H - 2 \cdot \frac{H}{8} = 0.6495P \tag{9.4}$$

式中：H——牙型理论高度(mm)；

h——牙型实际高度(mm)；

P——螺距(mm)。

(2) *螺纹进刀与退刀距离*

在加工螺纹时，沿螺距方向(Z向)刀具进给速度与主轴转速有严格的匹配关系。由于

螺纹加工开始有一个加速过程，结束有一个减速过程，在加减速过程中主轴转速保持不变，因此，在这两段距离内螺距是变化的，如图 9.8 所示。车削螺纹时，为了避免在进给机构加减速过程中切削，应留有一定的升速进刀距离 δ_1 和减速退刀距离 δ_2。其数值与进给系统的动态特性、螺纹精度和螺距有关，一般 δ_1 不小于 2 倍导程，δ_2 不小于 1 倍导程。刀具实际 Z 向行程包括螺纹有效长度 L，以及升降速段距离 δ_1 和 δ_2。

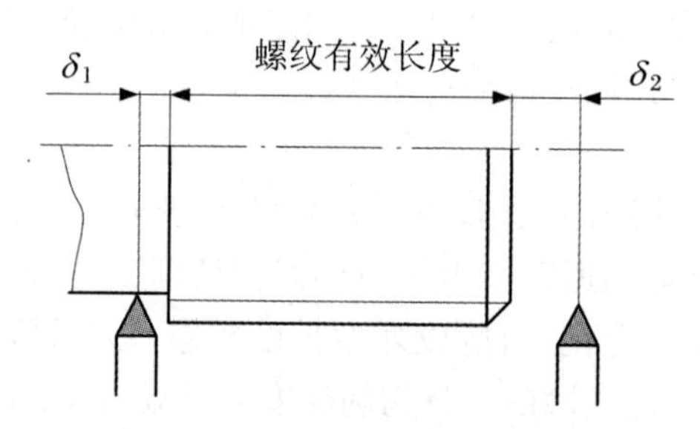

图 9.8 螺纹的进刀和退刀距离

升速进刀段和降速退刀段可用下面的经验公式计算：

$$\delta_1 = \frac{nP}{180}, \quad \delta_2 = \frac{nP}{400} \tag{9.5}$$

式中：n——主轴转速(r/min)；

P——螺纹导程(mm，单线螺纹螺距等于导程)。

(3) 螺纹顶径控制

① 外螺纹实际大径计算。

塑性材料如普通碳素钢，在加工外螺纹时由于牙顶受到挤压产生塑性变形而变大。在螺纹切削前的圆柱加工中，先多切除一部分材料，将外圆车小，所以在实际加工中，外螺纹大径一般应比公称直径稍小 0.2～0.4 mm，考虑到这个问题，车削外螺纹的实际大径可根据下列近似公式计算：

$$D = D_1 - 0.13P \tag{9.6}$$

式中：D_1——螺纹公称大径(mm)；

D——实际螺纹大径(mm)；

P——螺距(mm)。

② 内螺纹实际小径计算。

在车削内螺纹时，一般先钻孔或扩孔或车内孔。由于车削时的挤压作用，内孔直径会缩小，所以车削内螺纹的底孔直径略大于小径的基本尺寸，一般可按下列公式计算。

(a) 当切削塑性材料时，底孔孔径计算公式：

$$D = D_1 - P \tag{9.7}$$

(b) 当切削脆性材料时，底孔孔径计算公式：

$$D = D_1 - 1.05P \tag{9.8}$$

式中：D_1——螺纹公称大径(mm)；

D——实际螺纹大径(mm)；

P——螺距(mm)。

4. 螺纹切削的进给次数与切削深度

加工螺纹时一般采用多次递减式走刀切削、分层切削的方法加工。表 9.1 为常用螺纹的走刀次数与被吃刀量。加工材料强度较大时,径向走刀次数要增加,重要的是减少第一刀螺纹的切削深度。最后走一次空刀修光,以消除加工过程中的反弹。

表 9.1　常用进给次数与背吃刀量

螺　距		1.0	1.5	2.0	2.5	3.0	3.5	4.0
牙　深		0.649	0.974	1.299	1.624	1.949	2.273	2.598
背吃刀量和切削次数	1 次	0.7	0.8	0.9	1.0	1.2	1.5	1.5
	2 次	0.4	0.6	0.6	0.7	0.7	0.7	0.8
	3 次	0.2	0.4	0.6	0.6	0.6	0.6	0.6
	4 次		0.16	0.4	0.4	0.4	0.6	0.6
	5 次			0.1	0.4	0.4	0.4	0.4
	6 次				0.15	0.4	0.4	0.4
	7 次					0.2	0.2	0.4
	8 次						0.15	0.3
	9 次							0.2

9.1.3　螺纹切削 G32 指令应用

G32 是 FANUC 控制系统中最简单的螺纹加工代码,该螺纹加工运动期间,控制系统自动使进给率倍率无效。

1. 指令格式

G32 X(U)_ Z(W)_ F_ Q_;(等螺距螺纹切削指令)

X(U) Z(W)——直线螺纹的终点坐标;

F——直线螺纹的导程,如果是单线螺纹,则为直线螺纹的螺距;

Q——螺纹起始角,该值为不带小数点的非模态值,其单位为 0.001°,如果是单线螺纹,则该值不用指定,这时该值为 0。

2. 指令功能

图 9.9 所示为 G32 的走刀轨迹,刀具以导程的进给速度从起点位置沿直线移动到目标

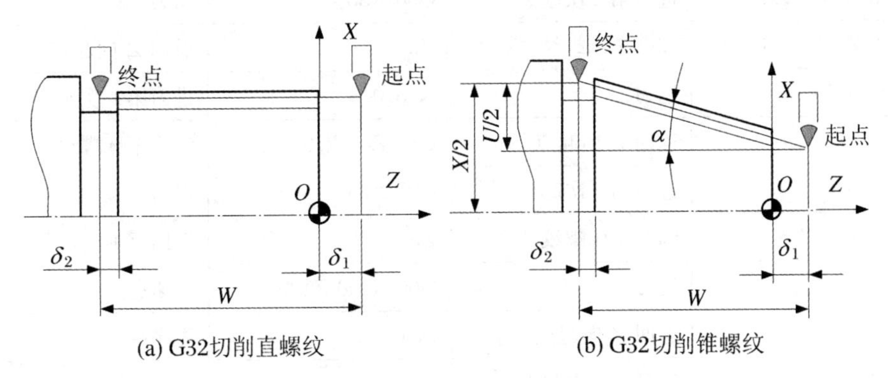

图 9.9　G32 的走刀轨迹

点(终点)位置。F指定的进给速度一直有效,直到指定新值。因此,如果程序开始没有指令F代码,不必对每个程序段都指定F。G32指令适用于加工内外圆柱面、内外圆锥面的螺纹等。

【例9.1】 如图9.10所示,零件的外圆与槽已经加工完毕,使用G32编写螺纹加工程序并加工。

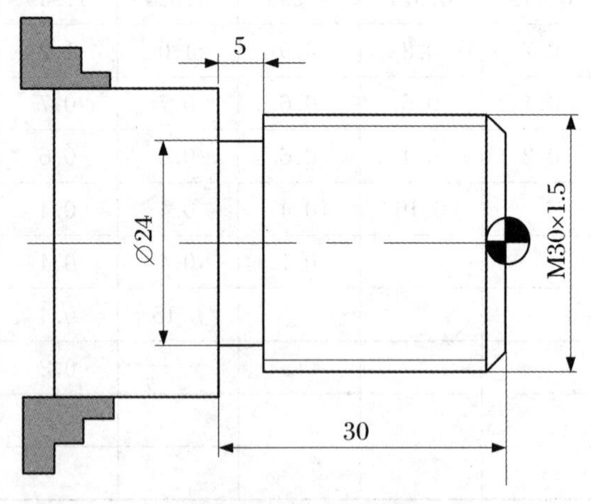

图9.10 例9.1题图

【解析】

(1) 相关工艺。

设计螺纹切削导入距离6 mm;导出距离2.5 mm。

外螺纹前外圆直径 = 公称直径 $D - 0.13P = 30 - 0.13 \times 1.5 \approx 29.8$ (mm);

螺纹牙高 = $0.6495P \approx 0.6495 \times 1.5 \approx 0.974$ (mm)。

参考表9.1,分层切削的余量分配,依次切削每刀直径量分别为0.8 mm、0.6 mm、0.4 mm、0.16 mm。根据式(9.3)拟定主轴转速使用恒定转速500 r/min,进给量则是导程1.5 mm/r。

(2) 参考程序如表9.2所示。

表9.2 参考程序

O2233	程序名	O2233	程序名
M03 S500 T0303	主轴正转,换3号刀	G32 Z−27.5	G32车床螺纹
G00 X29.2 Z6	进刀第1次起点	G00 X35	退刀
G32 Z−27.5 F1.5	G32车床螺纹	Z6	返回Z向起点
G00 X35	退刀	X28.04	进刀第4次起点
Z6	返回Z向起点	G32 Z−27.5	G32车床螺纹
X28.6	进刀第2次起点	G00 X35	退刀
G32 Z−27.5	G32车床螺纹	Z6	返回Z向起点
G00 X35	退刀	G00 X100 Z100	快速退刀
Z6	返回Z向起点	M30	程序结束
X28.2	进刀第3次起点		

【注意】

① 加工螺纹时,数控车床操作面板上的进给速度倍率、主轴速度倍率无效。

② 加工螺纹时,进给方式是以每转进给。

③ 加工螺纹时,为了避免因车刀升降速对螺距的影响,必须选择合理的 δ_1,δ_2。

④ 因受机床结构及数控系统的影响,车螺纹时主轴的转速有一定的限制。

⑤ 加工螺纹时,走刀次数和背吃刀量会直接影响螺纹的加工质量。

⑥ 车削螺纹时,主轴的转向(正反转)与螺纹的旋向有关。

由程序 O2233 可见,用 G32 编写螺纹多次分层切削程序比较繁琐,每一层切削要用五个程序段,多次分层切削程序中包含大量重复的信息。FANUC-0i 系统可用 G92 指令的一个程序段代替每一层螺纹切削的五个程序段,可避免重复信息的书写,方便编程。

9.1.4 螺纹切削 G92 指令应用

1. 指令格式

G92 X(U)__ Z(W)__ R__ F__;

X,*Z*——螺纹终点的坐标值;

U,*W*——螺纹终点相对起点的增量值;

F——螺纹导程;

R——螺纹部分半径之差,即螺纹切削起点与切削终点的半径差。加工圆柱螺纹时,$R=0$,可省略。加工圆锥螺纹时,当切削起始点 *X* 坐标小于切削终点 *X* 坐标时,*R* 为负;反之为正。

2. 指令功能

图 9.11 所示为 G92 走刀轨迹,G92 螺纹切削循环把“切入→螺纹切削→退刀→返回”四个动作作为一个循环,用一个程序段来指定。其中只有一段是车螺纹的工进段,其余都是快速空行程段。第一步:刀具沿 *X* 轴进刀至螺纹计划切削深度 *X* 坐标;第二步:沿 *Z* 轴切削螺纹;第三步:启动 45°倒角螺纹(斜线切出);第四步:刀具沿 *X* 轴退刀至 *X* 初始坐标;第五步:沿 *Z* 轴退刀至 *Z* 初始坐标。在 G92 程序段里,须给出每一层切削动作相关参数,必须确定螺纹刀的循环起点位置,螺纹切削的终止点位置。

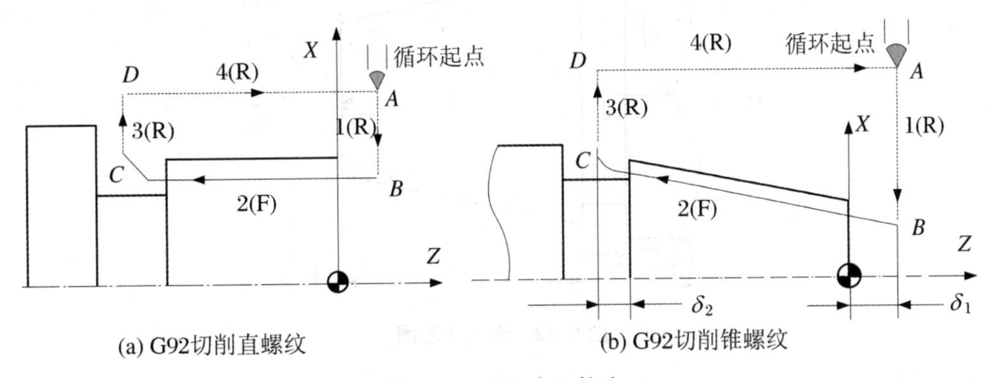

图 9.11 G92 走刀轨迹

G92 指令能在螺纹车削结束时,按要求有规则退出(称为螺纹退尾倒角功能),因此可在没有退刀槽的情况下车削螺纹。

【注意】 *R* 为退尾长度，由系统参数设定，一般为 1 个螺距长度。循环起点 *A* 的 *X* 轴坐标值要大于工件外径。其他注意事项与 G32 指令相同。

【例 9.2】 如图 9.10 所示，零件的外圆与槽已经加工完毕，使用 G92 编写螺纹加工程序并加工。

【解析】

(1) 相关工艺。

设计螺纹切削导入距离 6 mm；导出距离 2 mm。参考表 9.1 分层切削的余量分配，依次切削每刀直径量分别为 0.8 mm、0.6 mm、0.4 mm、0.16 mm。根据式(9.3)拟定主轴转速使用恒定转速 500 r/min，进给量则是导程 1.5 mm/r。

(2) 参考程序如表 9.3 所示。

表 9.3 参考程序

O2234	程序名
M03 S500 T0303	主轴正转，转速 500 r/min，换 3 号刀
G00 X32 Z6	快速进刀循环起点
G92 X29.2 Z-27.5 F1.5	G92 车床螺纹
X28.6	
X28.2	
X28.04	
G00 X100 Z100	快速退刀
M30	程序结束

【例 9.3】 如图 9.12 所示，零件的外圆与槽已经加工完毕，使用 G92 编写圆锥螺纹加工程序并加工。

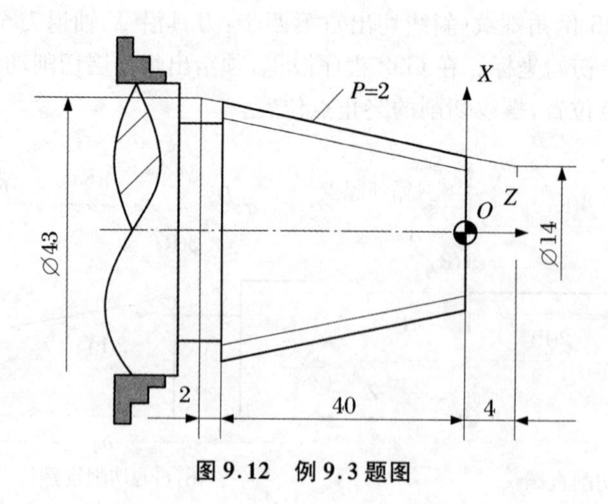

图 9.12 例 9.3 题图

【解析】

(1) 相关工艺。

设计螺纹切削导入距离 6 mm，导出距离 2.5 mm。螺纹牙高 $=0.6495P\approx0.6495\times2\approx$

1.299 mm；参考表 9.1 分层切削的余量分配，依次切削每刀直径量分别为 0.9 mm、0.6 mm、0.6 mm、0.4 mm、0.1 mm。根据式(9.3)拟定主轴转速使用恒定转速 500 r/min，进给量则是导程1.5 mm/r。

(2) 参考程序如表 9.4 所示。

表 9.4　参考程序

O2090	程序名
M03 S500 T0303	主轴正转，转速 500 r/min，换 3 号刀
G00 X50 Z6	快速进刀循环起点
G92 X42.1 Z－42 R－14.5 F2	G92 车床螺纹
X41.5	
X40.9	
X40.5	
X40.4	
G00 X100 Z100	快速退刀
M30	程序结束

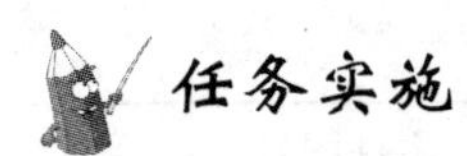

任务实施

1. 任务分析

如图 9.1 所示的零件，包括端面、外圆柱面、倒角、沟槽、螺纹、切断等加工。材料为 45＃钢，毛坯为∅30 mm×80 mm 棒料。本零件精度要求较高的尺寸有：外圆∅26±0.02 mm，槽∅19±0.02 mm，长度 40±0.02 mm、46±0.02 mm 等。精度较高的尺寸取其均值分别为∅26 mm、∅19 mm。加工后的零件表面的粗糙度 Ra 为 3.2 μm。表面粗糙度要求较高，因此需要先粗车，后精车加工。在加工时要分层切削，选择合适的切削用量。

2. 加工方案

(1) 装夹方案

根据零件图，用三爪自定心卡盘夹持毛坯一端，使工件伸出卡盘 60 mm，一次装夹完成粗、精加工外圆∅26±0.02 mm，槽∅19±0.02 mm、∅12 mm，倒角 $C2$、$C1$，螺纹实际大径外圆∅21.8 mm、∅13.8 mm；车削 M22×2、M14×1.5 螺纹，手工切断后保证总长 46 mm。M22×2 螺纹牙高＝0.649 5P≈0.6495×2≈1.299 (mm)；M14×1.5 螺纹牙高＝0.649 5P≈0.649 5×1.5≈0.974 (mm)。参考表 9.1 分层切削的余量分配，根据式(9.3)拟定主轴转速计算最佳主轴转速。

(2) 位置点

① 工件零点。设置在工件右端面上。

② 换刀点。为防止刀具与工件或尾座碰撞，换刀点设置在(X100，Z100)的位置上。

③ 设计螺纹切削导入距离 6 mm，导出距离 2.5 mm。

3. 工艺路线的确定

(1) 平端面。如果毛坯端面比较平齐,可以用90°外圆车刀车平端面并对刀。如果不平且需要去除较大余量,则需要用45°端面车刀车平端面。

(2) 粗、精车∅26±0.02 mm外圆,倒角,槽∅19±0.02 mm,螺纹实际大径外圆∅21.8 mm、∅13.8 mm至符合图纸要求。

(3) 车削M22×2、M14×1.5螺纹,手工切断后保证总长46 mm。

(4) 选用乳化液进行冷却。

4. 制订工艺卡片

(1) 刀具选择如表9.5所示。

表9.5　刀具卡

产品名称或代号			零件名称	轴套	零件图号	
序号	刀具号	刀具名称及规格	数量	加工表面	刀尖半径(mm)	备注
1	T0101	90°外圆车刀	1	粗精车外轮廓	0.2	
2	T0202	切槽车刀	1	切槽	$B=5$	
3	T0303	外螺纹车刀	1	车削螺纹	0.2	
4	T0404	切断刀	1	车断	$B=4$	

(2) 工艺卡如表9.6所示。

表9.6　工艺卡

数控加工工序卡			产品名称		零件名	零件图号	
					短轴		
序号	程序编号	夹具	量具		机床设备	工具	车间
		三爪卡盘	游标卡尺(0～150 mm) 千分尺(0～25 mm,25～50 mm)		CAK6140	油石	数控
工步	工步内容	切削用量			刀具		备注
		主轴转速 n(r/min)	进给速度 f(mm/r)	背吃刀量 a_p(mm)	编号	名称	
1	平端面	500			T0505	45°端面刀	手动
2	粗车外圆	800	0.2	2	T0101	93°外圆车刀	自动
3	精车外圆	1 000	0.1	0.5	T0101	90°外圆车刀	自动
4	车槽	300	0.1		T0202	$B=5$ mm(左)	自动
5	车削M22螺纹	500	2		T0303	外螺纹车刀	自动
6	车削M14螺纹	500	1.5		T0303	外螺纹车刀	自动
7	切断	300	0.05		T0404	$B=4$ mm(左)	手动

5．参考程序

参考程序如表9.7所示。

表9.7　参考程序

O0045	程序名	O0045	程序名
S600 T0101 M03	主轴800 r/min,正转	G01 X25 F0.5	定位于槽附近
G00 X35 Z5 M08	循环起点,切削液开	G00 Z－40	
G71 U2 R1	G71粗加工参数设置	G01 X19	加工∅19 mm外沟槽
G71 P10 Q20 U1.0 W0.1 F0.2		G04 X2	进给暂停2 s
N10 G00 X12	描述外圆精加工程序	G01 X25 F0.5	退刀
G01 Z0 F0.1 S800		G00 X100 Z100	快速退刀
X13.8 W－1		S500 T0303	400 r/min,选3号刀
Z－15		G00 X20 Z6	循环起点
X18		G92 X13.2 Z－12.5 F1.5	M14×1.5螺纹切削
X21.8 W－2		X12.6	
Z－40		X12.2	
X26		X12.04	
Z－46		G00 X25 Z－9	循环起点
N20 X35		G92 X21.1 Z－37.5 F2	M22×2螺纹切削
G70 P10 Q20	G70精加工外圆	X20.5	
G00 X100 Z100	快速退刀	X19.1	
T0303 S300	换3号刀,300 r/min	X18.7	
G00 X25	快速定位于槽附近	X18.6	
Z－15		G00 X100 Z100	快速退刀
G01 X12 F0.1	加工∅12 mm外沟槽	M09	切削液关
G04 X2	进给暂停2 s	M30	程序结束

任务思考

1．简述加工外螺纹的常用进刀方法。

2．简述G92的格式与各参数的含义及其应用场合。

3．简述测量与检验螺纹的方法。

任务9.2　普通内螺纹零件加工

加工螺纹常用的方法有车、攻、碾压、螺纹铣削等，而车、铣削螺纹对于批量不大、精度要求一般的螺纹仍然是应用较广泛的一种加工内螺纹的有效方法。随着数控机床的发展，螺纹车削作为一种可选工艺被引入内螺纹加工。加工时，利用工件特定的圆周运动和刀具进给运动，螺纹在孔中被车削成形。

任务目标

知识目标

- 了解内螺纹车刀的选择与装夹；
- 掌握使用G32，G92指令加工多线螺纹的方法。

能力目标

- 掌握螺纹刀的选择、加工的基本方法；
- 正确分析普通内螺纹的加工工艺；
- 正确进行普通内螺纹零件检测。

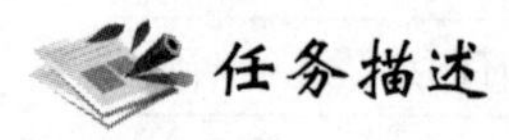

任务描述

如图9.13所示，车削内螺纹轴，已知毛坯规格为∅35 mm×55 mm，材料为45＃钢。生产纲领：单件分析加工工艺，并编写程序加工。

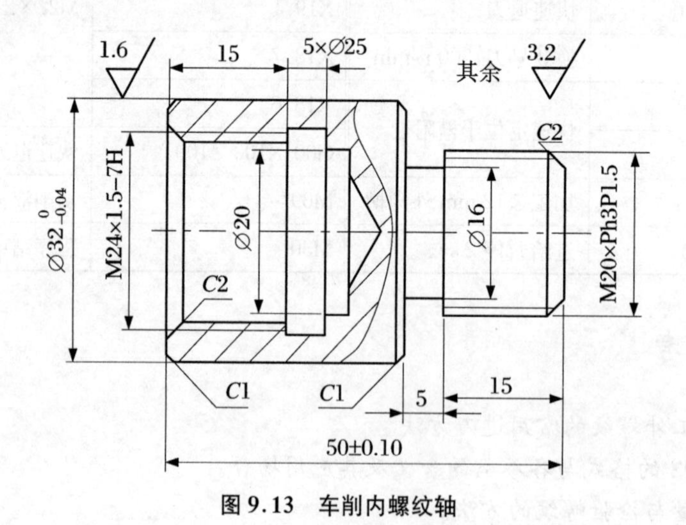

图9.13　车削内螺纹轴

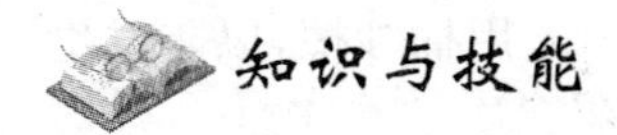

知识与技能

9.2.1　普通内螺纹的车削加工

1. 普通内螺纹的车削加工方法

车削内螺纹一般先加工内孔。内孔加工需要先钻孔、车内孔、车内退刀槽，然后用 G32，G92 指令加工螺纹。内孔直径可以用游标卡尺检查，螺纹用螺纹塞规检查。内螺纹车削与外螺纹的加工基本相同，但是进、退刀方向相反。车削内螺纹时，由于刀杆细长、刚度差、切屑不易排出、切削液不易进入以及观察不方便等原因，比车外螺纹要困难。车削内螺纹，在进刀和退刀时要注意防止刀具与工件相撞。在工件轴向，内螺纹车刀在孔底（特别是盲孔时）要留有一定安全距离，避免与孔底碰撞；在工件径向，退刀时防止与孔壁碰撞。

2. 内螺纹车刀的选择与装夹

车削内螺纹时的编程方法与加外螺纹相似，一般常用固定循环指令 G92 加工内螺纹。

(1) 三角形内螺纹车刀几何参数

在高速车削内螺纹时，应选择硬度和耐磨性较高的硬质合金车刀；在低速车削时，选用高速钢内螺纹车刀。

机夹式螺纹车刀的刀杆和刀片的参数已处理为标准值，可直接按参数选用。每种螺距选用相对应的刀片，左车刀和右车刀刀片不同。如图 9.14 所示。

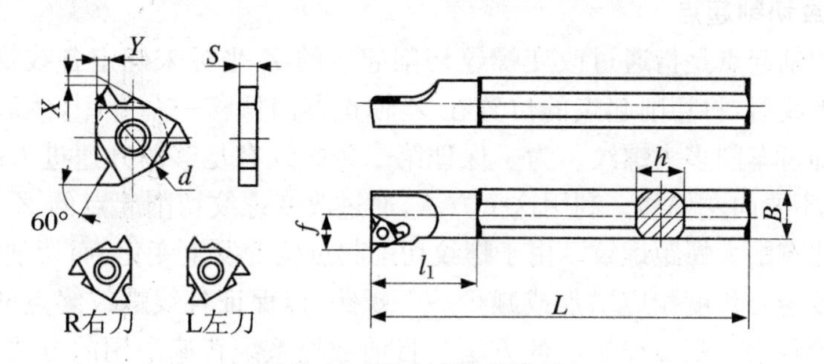

图 9.14　机夹式内螺纹刀

(2) 普通内螺纹车刀的装夹

车削内螺纹与车削外螺纹方法基本相同，但由于加工是在内孔中进行的，不容易观察和控制，所以难度要比车削外螺纹大得多。特别是退刀时，需要精确计算，以防止刀具与工件发生碰撞。

① 安装内螺纹车刀时，车刀刀尖要对准工件回转中心。装得过高，车削时易振动；装得过低，刀头下部与工件发生摩擦，车刀切不进去。

② 保证车刀两刃夹角中心线垂直于工件轴线，如果外螺纹刀装歪，所车螺纹会产生牙型的歪斜而影响正常旋合。可以用角度样板校正。安装上以后，用手摇移动刀架检查刀杆与内孔是否干涉。

③ 内螺纹车刀的径向尺寸大小受到螺纹孔径的限制，一般刀头径向长度比孔径小 3～5 mm。内螺纹车刀刀杆不能选得太细，否则在切削力作用下，易引起车刀振动和变形，出现“扎刀”“啃刀”“让刀”及振纹现象。

④ 车削内螺纹过程中，工件在旋转时，不得将手伸入孔内，更不能用棉纱擦，以防发生事故。

⑤ 刀具安装好后，将刀具插进孔内检查径向与轴向安全距离，防止工件与刀具以及刀座碰撞。

9.2.2 多线螺纹的切削

圆柱体上只有一条螺旋槽的螺纹，称为单线螺纹。沿两条或两条以上的螺旋线所形成的螺纹，且该螺旋线在轴向等距分布，称为多线螺纹。同一条螺旋线上的相邻两牙在中径上对应两点间的轴向距离称为导程。单线螺纹的导程与螺距相等；多线螺纹的导程等于螺距与线数的乘积：

$$Ph = P \times n \tag{9.9}$$

式中：Ph——螺纹导程(mm)；

n——螺纹线数；

P——螺纹螺距(mm)。

多线螺纹的标注按照国家标准 GB/T 197—2003《普通螺纹公差》的规定，多线螺纹的尺寸代号为"公称直径×Ph 导程 P 螺距"。例如，M30×Ph4P2，表示普通三角形螺纹公称直径 30 mm，导程 4 mm，螺距 2 mm。

多线螺纹的加工方法有两种：改变螺纹切削起点和改变螺纹切削初始角。

1. 改变螺纹切削起点

改变螺纹切削起点是指通过改变螺纹切削起点的 Z 坐标来确定各线螺纹的位置。当加工完第一条螺纹后，将切削起点的位置在 Z 轴正方向偏移一个螺距，然后加工第二条螺纹，依此类推，即可车削多头螺纹。为了保证第二条螺纹有足够的升速进刀距离，切削起点最好向右偏移，不要向左偏移。利用这个方法，通过改变螺纹切削起点的 Z 坐标位置，可以采用左右切削法车削大螺距螺纹。由于螺纹切削起点位置发生变化，而切削终点不变，所以编程时每线螺纹走刀长度相应增加或减少一个螺距，以保证各线螺纹终点的一致。这种以轴向移动一个螺距来车削多线螺纹的方法是目前数控系统普遍采用的方法。但是，这种方法编程比较繁琐，而且可能无法加工有顶尖或轴肩的螺纹。

【例 9.4】 如图 9.15 所示，零件的外圆与槽已经加工完毕，使用 G92 采用改变切削起点的方法编写双线螺纹加工程序并加工。

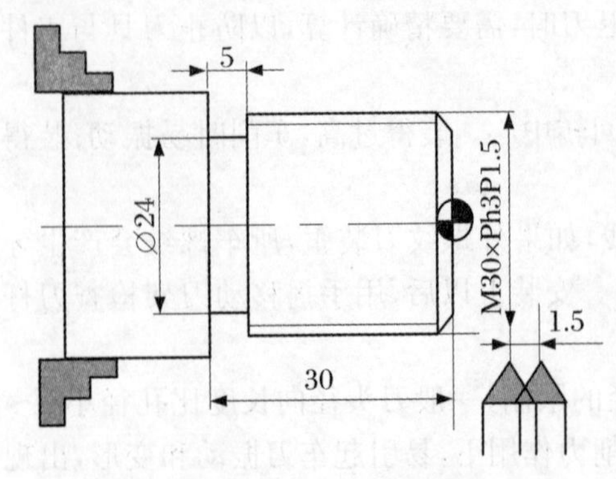

图 9.15 例 9.4 题图

【解析】

(1) 相关工艺。

设计第一条螺纹切削导入距离 5 mm，第二条螺纹切削导入距离 6.5 mm；导出距离 2.5 mm。螺纹牙高 = 0.6495P≈0.6495×1.5≈0.974 (mm)；参考表 9.1 分层切削的余量分配，依次切削每刀直径量分别为 0.8 mm、0.6 mm、0.4 mm、0.16 mm。根据式(9.3)拟定主轴转速使用恒定转速 500 r/min，进给量则是导程 3 mm/r。

（2）参考程序如表 9.8 所示。

表 9.8 例 9.4 参考程序

O2234	程序名
M03 S500 T0303	主轴正转，转速 500 r/min，换 3 号刀
G00 X32 Z5	快速进刀循环起点
G92 X29.2 Z－27.5 F1.5	G92 车削第一条螺纹
X28.6	
X28.2	
X28.04	
G00 X32 Z6.5	快速进刀循环起点（比第一次循环起点右偏 1.5 mm）
G92 X29.2 Z－27.5 F1.5	G92 车削第二条螺纹
X28.6	
X28.2	
X28.04	
G00 X100 Z100	快速退刀
M30	程序结束

2．改变螺纹切削初始角

改变螺纹切削初始角方法加工多线螺纹是根据螺纹的线数将圆周方向进行分度，每加工完一线螺纹后，主轴的圆周方向旋转一定角度，而起刀点轴向位置不变，进行下一线螺纹的加工。当换线切削另一条螺纹时，主轴周向切削起点 C 坐标应先转过一个角度再进行螺纹切削，换线时主轴应转动的角度为 $360°/n$，其中 n 为螺纹的线数。

在 FANUC-0i 系统的数控车床上，可以采用地址 Q 指定主轴一转信号与螺纹切削起点的偏移角度，可以很容易地切削出多头螺纹。用地址 Q 指令多线螺纹的切削方法也适合于 G92 指令。

编程格式：

G32 X(U)__ Z(W)__ F__ Q__；　　第一条螺纹
G32 X(U)__ Z(W)__ Q__；　　第二条螺纹
G92 X(U)__ Z(W)__ R__ Q__ F__；　第一条螺纹
G92 X(U)__ Z(W)__ R__ Q__；　　第二条螺纹

对于第二条螺纹 F 可以省略。

其中，Q 为螺纹起始角，该值为不带小数点的非模态值，即增量为 0.001°，如起始角为 180°，则 Q180000，单线螺纹可以不用指定，此时该值为 0，Q180000 不可以省略，假如不写，则被认为起始角为 0°，即为第一条螺纹。其余参数含义同单线螺纹指令 G32，G92。多头螺纹可按头数将圆周等分，比如，三线螺纹就是 0°，120°，240°，…，以此类推，可以车出任何线数的螺纹。在车多头螺纹时，粗、精切削的 Z 轴起刀点必须相同，否则会产生乱牙。

【例 9.5】 如图 9.16 所示，零件的外圆与槽已经加工完毕，使用 G92 采用改变初始角的方法编写双线螺纹加工程序并加工。

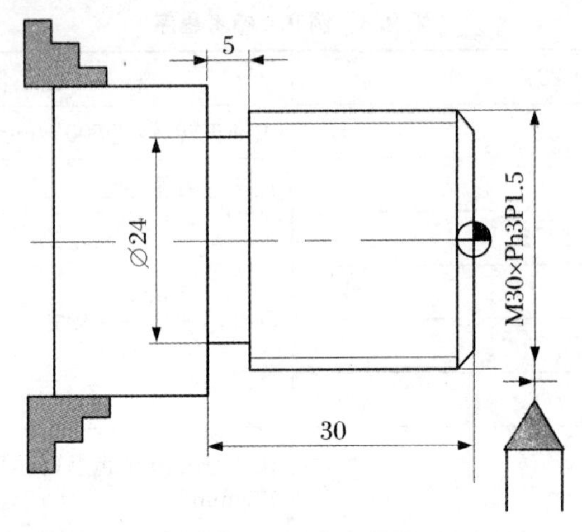

图 9.16 例 9.5 题图

【解析】

(1) 相关工艺。

设计第一条螺纹切削导入距离 5 mm,第二条螺纹切削导入距离 6.5 mm;导出距离 2.5 mm。螺纹牙高 = $0.6495P \approx 0.6495 \times 1.5 \approx 0.974$ (mm);参考表 9.1 分层切削的余量分配,依次切削每刀直径量分别为 0.8 mm、0.6 mm、0.4 mm、0.16 mm。根据式(9.3)拟定主轴转速使用恒定转速 500 r/min,进给量则是导程 3 mm/r。

(2) 参考程序如表 9.9 所示。

表 9.9 例 9.4 参考程序

O2299	程序名
M03 S500 T0303	主轴正转,转速 500 r/min,换 3 号刀
G00 X32 Z5	快速进刀循环起点
G92 X29.2 Z-27.5 F1.5 Q0	G92 车削第一条螺纹
X28.6	
X28.2	
X28.04	
G00 X32 Z5	快速进刀循环起点(和第一次循环起点相同)
G92 X29.2 Z-27.5 F1.5 Q180000	G92 车削第二条螺纹
X28.6	
X28.2	
X28.04	
G00 X100 Z100	快速退刀
M30	程序结束

【注意】

① 多线螺纹的导程一般较大，为避免伺服系统的滞后效应对累距精度的影响，螺纹的升降速段应取较大的值。

② 选取较低的主轴转速，防止主轴编码器出现过冲现象。

③ 注意选择适合螺纹螺旋升角的刀具，避免刀具后角与工件发生干涉。

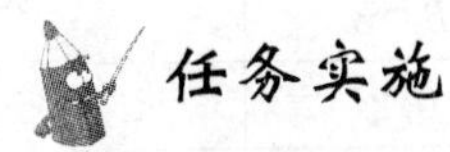

任务实施

1. 任务分析

图 9.13 所示的内螺纹轴套零件，包括端面、内外圆柱面、内沟槽、倒角、内外螺纹、切断等加工。材料为 45＃钢，毛坯为∅35 mm×55 mm 棒料。本零件精度要求较高的尺寸有：外圆$\varnothing 32_{-0.04}^{\ 0}$ mm、内螺纹 M24×1.5-7H、长度 50±0.10 mm 等。一般数控机床最小编程单位为小数点后 3 位数，因此向其最大实体尺寸靠拢并圆整精度较高的尺寸取其均值分别为∅31.980 mm、∅50 mm。内螺纹 M24×1.5-7H 经过查螺纹公差表可得小径上下偏差分别为 $ES=0.375$ mm，$EI=0$ mm。实际小径：$\varnothing 22.04_{\ 0}^{-0.375}$ mm，根据式(9.7)可得加工前的孔实际孔径为：$D=D_1-P=24-1.5=22.5$ (mm)。加工后的外圆$\varnothing 32_{-0.04}^{\ 0}$ mm 表面粗糙度 Ra 为1.6 μm，内孔及其他表面的粗糙度 Ra 为 3.2 μm。表面粗糙度要求较高，因此需要先粗车，后精车加工。在加工时要分层切削，选择合适的切削用量。

2. 加工方案

(1) 装夹方案

根据零件图，用三爪自定心卡盘夹持毛坯一端，使工件伸出卡盘35 mm，一次装夹完成粗精加工外圆$\varnothing 32_{-0.04}^{\ 0}$ mm、螺纹实际孔径∅22.5 mm、倒角、车沟槽、内螺纹 M24×1.5-7H；调头后平端面保证总长 50 mm，装夹工件$\varnothing 32_{-0.04}^{\ 0}$ mm 的外圆，卡爪垫铜皮保护已加工面，一次装夹完成粗精加工螺纹 M20 的外圆、车外沟槽、倒角 $C2$，保证总长 50 mm，伸出长 25 mm 左右，夹紧工件。

(2) 位置点

① 工件零点。设置在工件右端面上。

② 换刀点。为防止刀具与工件或尾座碰撞，换刀点应设置在(X100，Z100)的位置上。

3. 工艺路线的确定

(1) 平端面。如果毛坯端面比较平齐，可以用 90°外圆车刀车平端面并对刀。如果不平且需要去除较大余量，则需要用 45°端面车刀车平端面。

(2) 粗、精车$\varnothing 32_{-0.04}^{\ 0}$ mm 外圆、螺纹实际孔径∅22.5 mm、倒角、车内沟槽、内螺纹 M24×1.5-7H至符合图纸要求。

(3) 调头平端面，保证总长 50 mm。

(4) 调头后装夹工件$\varnothing 32_{-0.04}^{\ 0}$ mm 的外圆，粗精加工螺纹 M20 的外圆、车外沟槽、倒角 $C2$ 各部分至符合图纸要求。选用乳化液进行冷却。

4. 制订工艺卡

(1) 刀具选择如表 9.10 所示。

表 9.10　刀具卡

产品名称或代号			零件名称	轴套	零件图号	
序号	刀具号	刀具名称及规格	数量	加工表面	刀尖半径(mm)	备注
1	T0101	90°外圆车刀	1	粗精车外轮廓	0.2	
2	T0202	90°内孔刀	1	粗精加工内孔	0.2	
3	T0303	内槽车刀	1	切槽	$B=3$	
4	T0404	内螺纹刀	1	车内螺纹	0.2	
5	T0505	45°端面车刀	1	平端面	0.2	
6	T0606	外沟槽刀	1	车外沟槽	0.2	
7	T0707	外螺纹刀	1	车外螺纹	0.2	
8	T0808	∅20 mm 麻花钻	1	钻∅20 mm 孔		
9	T0909	∅4 mm 中心钻	1	钻中心孔		

(2) 工艺卡如表 9.11 所示。

表 9.11　工艺卡

数控加工工序卡			产品名称		零件名 短轴	零件图号	
序号	程序编号	夹具	量具		机床设备	工具	车间
		三爪 卡盘	游标卡尺(0～150 mm) 千分尺(0～25 mm,25～50 mm)		CAK6140	油石	数控
工步	工步 内容	切削用量			刀具		备注
		主轴转速 n(r/min)	进给速度 f(mm/r)	背吃刀量 a_p(mm)	编号	名称	
1	平端面	500			T0505	45°端面刀	手动
2	钻中心孔	600			T0909	∅4 mm 中心钻	手动
3	钻孔	400			T0808	∅20 mm 麻花钻	手动
4	粗车内孔	600	0.2	1.5	T0202	90°内孔车刀	自动
5	精车内孔	800	0.1	0.5	T0202	90°内孔车刀	自动
6	车内沟槽	500	0.1		T0303	$B=3$ mm(左)	自动
7	车内螺纹	500	1.5		T0404		
8	粗车外圆	800	0.2	2	T0101	90°外圆车刀	自动
9	精车外圆	1 000	0.1	0.5	T0101	90°外圆车刀	自动
10	平端面 (调头)	500	0.1		T0505	45°端面刀	手动
11	粗车外圆	800	0.2	2	T0105	90°外圆车刀	自动
12	精车外圆	1 000	0.1	0.5	T0105	90°外圆车刀	自动
13	车外沟槽	500	0.1		T0606	$B=3$ mm(左)	自动
14	车外螺纹	500	1.5		T0707		

5. 参考程序

左端，如表9.12所示；右端，如表9.13所示。

表9.12 参考程序

O0044(左端)	程序名
S600 T0202 M03	800 r/min，选2号刀
G00 X18 Z5 M08	定循环起点，切削液开
G71 U1.5 R1	G71内孔粗加工参数设置
G71 P10 Q20 U-1.0 W0.1 F0.2	
N10 G00 X26.5	描述内孔精加工程序
G01 Z0 F0.1 S800	
X22.5 W-2	
Z-20	
N20 X18	
G70 P10 Q20	G70精加工内孔
G00 X100 Z100	快速退刀
T0303 S500	换6号刀，500 r/min
G00 X18	快速定位于槽附近
Z-18	
G01 X25 F0.1	加工内沟槽
G04 X2	
G01 X18 F0.5	
W-2	
G01 X25 F0.1	
G04 X2	
G01 X18 F0.5	

O0044(左端)	程序名
G00 X100	快速退刀
G00 Z100	
S500 T0404	换4号刀，500 r/min
G00 X20 Z5	定位螺纹循环起点
G92 X22.84 Z-17.5 F1.5	车削M24的内螺纹
X23.44	
X23.84	
X24	
G00 X100 Z100	快速退刀
S800 T0101	换1号刀，800 r/min
G00 X35 Z2	定位外圆循环起点
G71 U2 R1	G71外圆粗加工参数设置
G71 P30 Q40 U1.0 W0.1 F0.1	
N30 G00 X30	描述外圆精加工程序
G01 Z0 F0.1 S1000	
X31.980 W-1	
Z-32	
N40 X35	
G70 P30 Q40	G70精加工外圆
G00 X100 Z100 M09	快速退刀，切削液关

表 9.13　参考程序

O0046(右端)	程序名	O0046(右端)	程序名
S800 T0101 M03	800 r/min,选 2 号刀	G01 X18 F0.1	快速退刀
G00 X35 Z5 M08	定循环起点,切削液开	G04 X2	
G71 U2 R1	G71 内孔粗加工参数设置	G01 X25 F0.5	
G71 P10 Q20 U1.0 W0.1 F0.1		G00 Z100 X100	
N10 G00 X16	描述内孔精加工程序	S500 T0707	换 7 号刀,500 r/min
G01 Z0 F0.1 S1000		G00 X25 Z5	定位第一条螺纹循环起点
X19.8 W-2		G92 X19.2 Z-17.5 F1.5	车削 M20 第一条的外螺纹
Z-20		X18.6	
X30 W-1		X18.2	
N20 X35		X18.04	
G70 P10 Q20	G70 精加工内孔	G00 X25 Z6.5	定位第二条螺纹循环起点
G00 X100 Z100	快速退刀	G92 X19.2 Z-17.5 F1.5	车削 M20 第二条的外螺纹
T0303 S500	换 3 号刀,500 r/min	X18.6	
G00 Z-18	快速定位于槽附近	X18.2	
X25		X18.04	
G01 X16 F0.1	加工外沟槽	G00 X100 Z100 M09	快速退刀,切削液关
G04 X2			
G01 X25 F0.5			
W-2			

任务思考

1. 简述加工内螺纹方法与刀具。
2. 简述 G32,G92 加工单线、多线螺纹的方法与指令格式及其各个参数的含义。
3. 简述测量与检验螺纹的方法。

任务 9.3　梯形螺纹零件加工

梯形螺纹是最常用的传动螺纹,如车床的丝杠和中、小滑板的丝杆等。梯形螺纹牙型为等腰梯形,牙型角为 30°。内外螺纹以锥面贴紧不易松动。与矩形螺纹相比,传动效率略低,但工艺性好,牙根强度高,对中性好。如用剖分螺母,还可以调整间隙。梯形螺纹是常用的传动螺纹,精度要求比较高。

任务目标

知识目标

- 了解梯形螺纹的基础知识；
- 了解梯形螺纹的测量方法；
- 掌握 G76 指令的含义与应用。

能力目标

- 掌握梯形螺纹刀的选择与安装方法；
- 正确分析梯形螺纹的加工工艺。

任务描述

如图 9.17 所示，车削梯形螺纹轴，已知毛坯规格为∅50 mm×82 mm，材料为 45＃钢，生产纲领：单件。分析加工工艺，并编写程序加工。加工前先钻出∅20 mm、深度为 30 mm 的预孔。

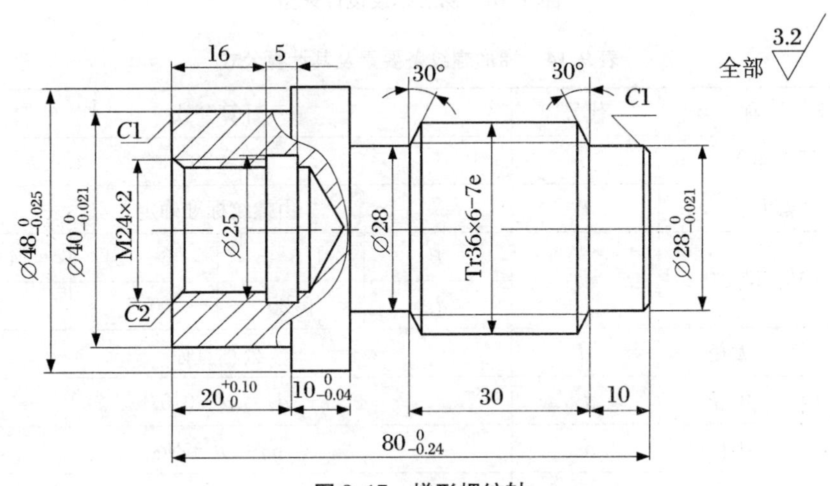

图 9.17　梯形螺纹轴

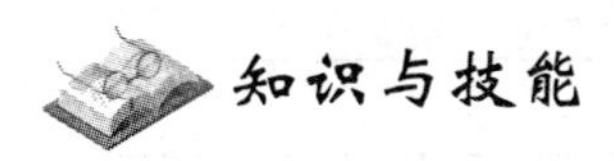

知识与技能

9.3.1　梯形螺纹的基础知识

1. 梯形螺纹的基本要素及其计算公式

2005 年国家颁布的梯形螺纹新标准规定了两种梯形螺纹牙型，即基本牙型和设计牙型。基本牙型即理论牙型，牙型是由顶角为 30°的原始等腰三角形，截去顶部和底部所形成的内、外螺纹共有的牙型。设计牙型与基本牙型的不同点是大径和小径间都留有一定间隙，牙顶和牙底给出了制造所需要的圆弧。设计牙型及基本尺寸代号如图 9.18 所示，计算公式见表 9.14。

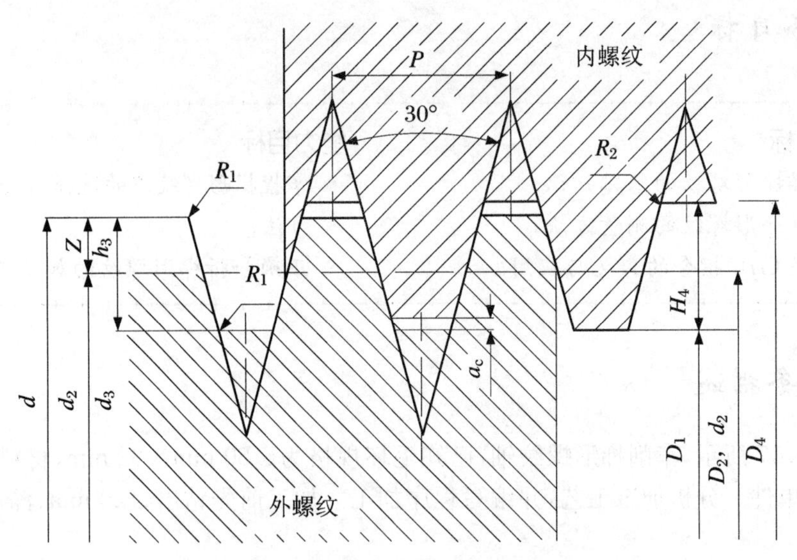

图 9.18　梯形螺纹设计牙型

表 9.14　梯形螺纹各要素及其计算公式

<table>
<tr><th colspan="2">名　称</th><th>代号</th><th colspan="4">计算公式</th></tr>
<tr><td colspan="2">牙型角</td><td>α</td><td colspan="4">$\alpha = 30^\circ$</td></tr>
<tr><td colspan="2">螺距</td><td>P</td><td colspan="4">由螺纹标准确定</td></tr>
<tr><td colspan="2" rowspan="2">牙顶间隙</td><td rowspan="2">a_c</td><td>P</td><td>1.5～5</td><td>6～12</td><td>14～44</td></tr>
<tr><td>a_c</td><td>0.25</td><td>0.5</td><td>1</td></tr>
<tr><td rowspan="4">外螺纹</td><td>大径</td><td>d</td><td colspan="4">公称直径</td></tr>
<tr><td>中径</td><td>d_2</td><td colspan="4">$d_2 = d - 0.5P$</td></tr>
<tr><td>小径</td><td>d_3</td><td colspan="4">$d_3 = d - 2h_3$</td></tr>
<tr><td>牙高</td><td>h_3</td><td colspan="4">$h_3 = 0.5P + a_c$</td></tr>
<tr><td rowspan="4">内螺纹</td><td>大径</td><td>D_4</td><td colspan="4">$D_4 = d + 2a_c$</td></tr>
<tr><td>中径</td><td>D_2</td><td colspan="4">$D_2 = d_2$</td></tr>
<tr><td>小径</td><td>D_1</td><td colspan="4">$D_1 = d - P$</td></tr>
<tr><td>牙高</td><td>H_4</td><td colspan="4">$H_4 = h_3$</td></tr>
<tr><td colspan="2">牙顶宽</td><td>f, f'</td><td colspan="4">$f = f' = 0.366P$</td></tr>
<tr><td colspan="2">牙槽底宽</td><td>W, W'</td><td colspan="4">$W = W' = 0.366P - 0.536a_c$</td></tr>
<tr><td colspan="2">螺旋升角</td><td>φ</td><td colspan="4">$\tan \varphi = np/\pi d_2$</td></tr>
</table>

2. 梯形螺纹代号及其标注

梯形螺纹的标记由螺纹特征代号、尺寸代号、公差带代号及旋合长度代号组成。梯形螺纹代号用字母“Tr”及“公称直径×导程”表示，螺距代号“P”和螺距值用圆括号括上。左旋螺纹旋向为“LH”，右旋不标。梯形螺纹公差带代号仅标注中径公差带，公差代号由公差等级数字和公差带位置字母(内螺纹用大写字母，外螺纹用小写字母)组成。螺纹尺寸代号与公差带代号间用“-”分开。如 7H,7e,大写为内螺纹,小写为外螺纹。梯形螺纹的旋合长度代号分“N”“L”两组,“N”表示中等旋合长度,“L”表示长旋合长度。表示内、外螺纹配合时,内螺纹的公差代号在前,外螺纹的公差代号在后,中间用斜线分开。

标记示例:

① 公称直径为 40 mm、导程和螺距为 7 mm 的右旋单线梯形螺纹:Tr40×7。

② 公称直径为 40 mm、导程为 14 mm、螺距为 7 mm 的右旋双线梯形螺纹:Tr40×14(P7)。

③ 中径公差带为 7H 的内螺纹:Tr40×7-7H。

④ 中径公差带为 7e 的双线、左旋外螺纹:Tr40×14(P7)LH-7e。

⑤ 公差带为 7H 的双线内螺纹与公差带为 7e 的双线外螺纹配合:Tr40×14 (P7)-7H/7e。

3. 梯形螺纹的车削方法

由于梯形螺纹比三角螺纹的螺距和牙型都大,且精度高,牙型两侧面表面粗糙度值较小,致使梯形螺纹车削时,吃刀深,走刀快,切削余量大,切削抗力也大。在车削梯形螺纹时,根据螺距大小以及梯形螺纹的精度要求,然后决定它的车削方法。

(1) 螺距 $P \leqslant 4$ mm 的梯形螺纹加工

螺距 $P \leqslant 4$ mm 时,可用一把刀头宽等于牙槽底宽的梯形螺纹车刀,采用直进法(G32 指令、G92 指令)或斜进法(G76 指令)粗、精车削完成,如图 9.19(a)、(b)所示。直进法车削螺纹时,只进行横向进刀,在几次行程中完成螺纹车削。它只适用于螺距较小的梯形螺纹车削。

(2) 螺距 $P > 4$ mm 的梯形螺纹加工

螺距 $P > 4$ mm 时,可采用左右切削法、车槽法或分层法加工。

① 左右切削法。用梯形螺纹粗车刀,采用左右切削法粗车、半精车螺纹,每边牙侧留 0.1～0.2 mm 的精车余量,最后用精车刀车削螺纹至要求,精车时尽量选择低速($v = 4 \sim 7$ m/min),并浇注切削液,一般可获得很好的表面质量。但左右切削法编程比较复杂。如图 9.19(c)所示。也可在数控车床上采用 G76 指令来实现。

② 车直槽法。用刀头宽度稍小于牙槽底宽的车槽刀或矩形螺纹车刀,采用直进法精车螺纹小径至尺寸。然后用梯形螺纹车刀采用斜进法或左右切削法车削螺纹,每边牙侧留 0.1～0.2 mm 的精车余量,最后用精车刀车削螺纹至合格,如图 9.19(d)所示。

这种方法简单、易懂、易掌握,但是在车削较大螺距的梯形螺纹时,刀具因其刀头狭长,强度不够而易折断。切削的沟槽较深,排屑不顺畅,致使堆积的切屑易把刀头折断,进给量较小,切削速度较低,因而很难满足梯形螺纹的车削需要。

③ 车阶梯槽法。为了降低“直槽法”车削时刀头的损坏程度,我们可以采用车阶梯槽法,如图 9.19(e)所示。用刀头宽度小于牙槽底宽的车槽刀或矩形螺纹车刀,采用直进法进行车槽,不是直接切至小径尺寸,而是分成若干刀切削成阶梯槽,然后用梯形螺纹车刀采用斜进法或左右切削法车削螺纹,每边牙侧留 0.1～0.2 mm 的精车余量,最后用精车刀车削螺纹至要求。这样切削排屑较顺畅,方法也较简单。但换刀时难以对准螺旋直槽,不能保证正确的牙型,容易产生倒牙现象。这种方法的编程与加工在数控车床上较难实现。

④ 分层切削法。分层切削法车削梯形螺纹实际上是直进法和左右切削法的综合应用。在车削较大螺距的梯形螺纹时,分层切削法通常不是一次性就把梯形槽切削出来,而是把牙槽分成若干层,每层深度根据实际情况而定。转化成若干个较浅的梯形槽来进行切削,可以

降低车削难度。每一层的切削都采用左右交替车削的方法，背吃刀量很小，刀具只需沿左右牙型线切削，梯形螺纹车刀始终只有一个侧刃参加切削，从而使排屑比较顺利，刀尖的受力和受热情况有所改善，因此能加工出较高质量的梯形螺纹，如图 9.19(f)所示。

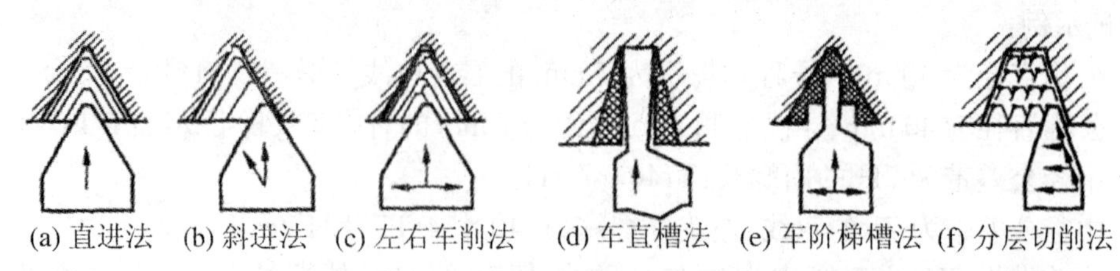

图 9.19 梯形螺纹的加工方法

梯形内螺纹的车削与三角形内螺纹车削基本相同。车削梯形内螺纹时，进刀深度不易掌握，可先车准螺纹孔径尺寸，然后精车。精车时应不进刀车削 2～3 次，以消除刀杆的弹性变形，保证螺纹的精度要求。

4. 梯形螺纹测量

梯形螺纹的测量分综合测量、三针测量和单针测量 3 种。

三针测量法是测量外螺纹中径的一种比较精密的方法。适用于测量一些精度要求较高、螺纹升角小于 4°的螺纹工件。测量时把 3 根直径相等的量针放在螺纹相对应的螺旋槽中，用千分尺量出两边量针顶点之间的距离 M，如图 9.20 所示。要求所用的钢针直径尺寸，最大不能在放入螺旋槽时被顶在螺纹牙尖上，最小不能放入螺旋槽时和牙底相碰。计算公式如下：

$$M = d_2 + 4.864d_D - 1.866P \tag{9.10}$$

式中：M——千分尺读数；

d_D——测量用量针的直径；

P——螺距；

d_2——梯形螺纹螺纹中径。

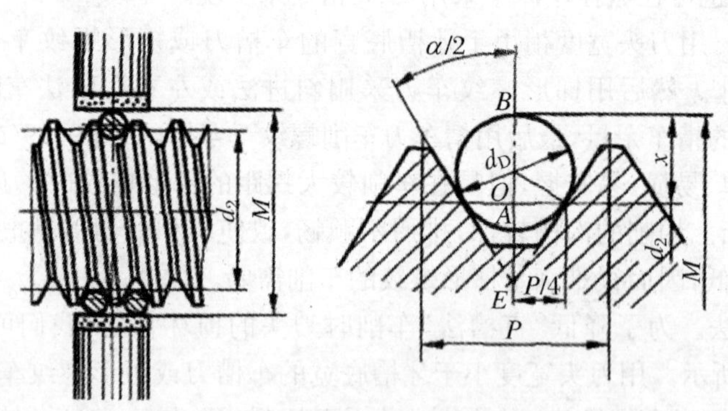

图 9.20 梯形螺纹螺纹中径测量

5. 梯形螺纹车刀与安装

(1) 梯形螺纹车刀的选择

梯形螺纹车刀一般分为高速钢车刀和硬质合金车刀两大类。低速车削时一般选用高速钢车刀，而加工一般精度的梯形螺纹时可采用硬质合金车刀进行高速车削。由于梯形螺纹的牙型较深，车削时切削抗力较大，粗车时常用弹性刀排，如图 9.21 所示。

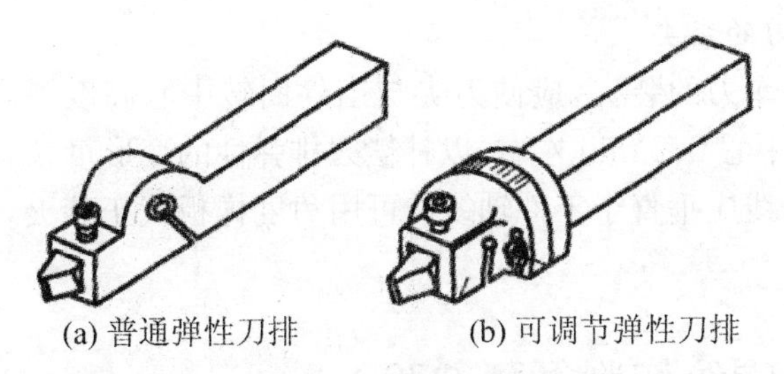
(a) 普通弹性刀排　(b) 可调节弹性刀排

图 9.21　弹性刀排

(2) 梯形螺纹刀的几何角度

车削螺纹，由于螺距不同，所以螺纹升角 φ 也不一致，而出现车刀两侧刃后角对车削螺纹产生不同影响。即螺纹升角使车刀在车削中的实际后角发生变化，左切削刃上的后角，因为螺纹升角 φ 的关系，使实际后角减少了，而右切削刃上的后角，使实际后角增大了。出于这个原因，车削右旋螺纹，在确定梯形车刀的后角时，左边切削刃上的后角还要加上一个 φ 角，而右切削刃上的后角要减去一个 φ 角。这样做才能在实际切削中保证两边的后角相等。车削左旋螺纹时与此相反。

① 高速钢梯形螺纹车刀的几何角度。车削外螺纹时，为了减小切削力，高速钢梯形外螺纹车刀分为粗车刀和精车刀，如图 9.22 所示。

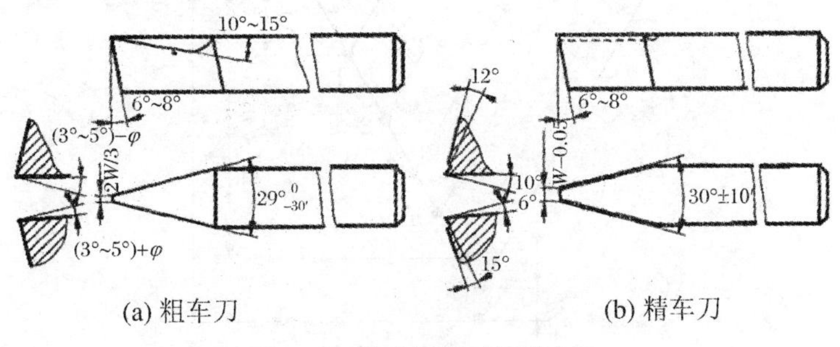

(a) 粗车刀　(b) 精车刀

图 9.22　高速钢梯形螺纹车刀

② 硬质合金梯形螺纹车刀的几何角度。硬质合金梯形外螺纹车刀的几何角度如图 9.23(a)所示。加工时，由于 3 个刃同时参与切削，切削力较大，容易引起振动。

③ 内梯形螺纹车刀的几何角度。梯形内螺纹车刀与三角形内螺纹车刀基本相同，只是刀尖角等于 30°，如图 9.23(b)所示。

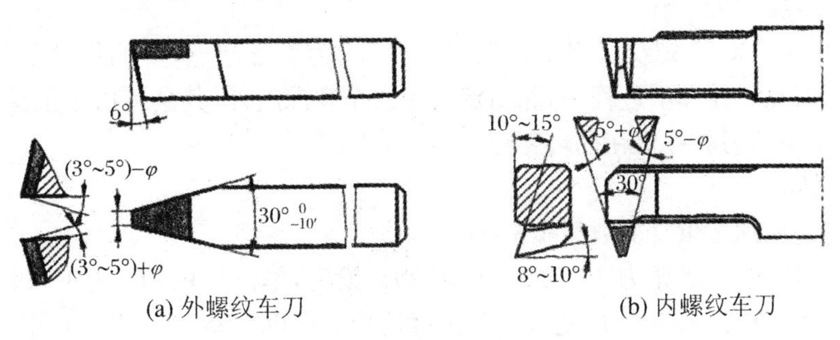

(a) 外螺纹车刀　(b) 内螺纹车刀

图 9.23　硬质合金梯形螺纹车刀

(3) 梯形螺纹车刀的装夹

① 普通梯形螺纹车刀的装夹,应使刀尖与工件回转中心高度等高。采用弹性刀排时,刀尖略高于工件回转中心 0.2 mm 左右,以补偿刀排弹性的变形量。

② 刀头的角平分线应垂直于工件轴线。可用角度样板找正装夹,以免产生螺纹半角的误差。

9.3.2 复合螺纹切削循环 G76

1. G76 指令功能

如图 9.24 所示,G76 进刀方式为斜进式,通过多次螺纹粗车、螺纹精车完成规定牙高(总切深)的螺纹加工,如果定义的螺纹角度不为 0°,螺纹粗车的切入点由螺纹牙顶逐步移至螺纹牙底,使得相邻两牙螺纹的夹角为规定的螺纹角度。G76 指令可加工带螺纹退尾的直螺纹和锥螺纹,可实现单侧刀刃螺纹切削,吃刀量逐渐减少,有利于保护刀具、提高螺纹精度。G76 指令不能加工端面螺纹。

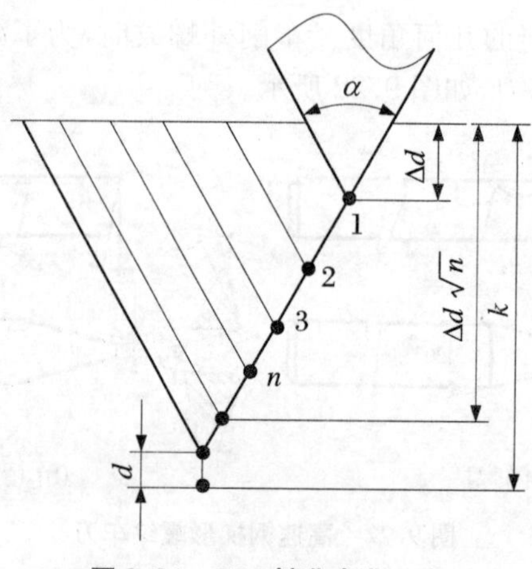

图 9.24 G76 斜进式进刀法

2. 指令格式

G76 P(m)(r)(a) Q(Δd_{min}) R(d)

G76 X(U)_ Z(W)_ R(i) P(k) Q(Δd) F(L)

3. 走刀路线

图 9.25 所示为 G76 螺纹切削复合循环路线,*A* 为循环起点,*C* 为螺纹的切削起点,*D* 为螺纹的切削终点。在车削过程中,除指定第 1 次车削深度外,其余各次车削深度由系统自动计算,循环结束后刀具停留在循环起点 *A*。

4. 指令说明

m——最终精加工重复次数为 1~99;

r——螺纹退尾量,螺距为 *L*,从 0.0*L* 到 99*L* 设定,单位为 0.1*L*,为 1~99 的两位数;

a——刀尖的角度(螺牙的角度),刀尖角度选择 80°、60°、55°、30°、29°、0°中的一种,由两位数规定;

m,*r*,*a*——同用地址 P 一次指定,*m*,*r*,*a* 必须输入两位数字,即使值为 0 也不能省略;

Δd_{min}——X 轴方向最小切深(用半径值指定)切深小于此值时,切深钳在此值;

d——精加工余量(μm),内螺纹精加工余量取负值;

$X(U)$ $Z(W)$——X,Z:螺纹切削的终端的绝对坐标,U,W:螺纹切削的终端的增量坐标;

i——螺纹部分的切削起点与切削终点半径差,圆柱直螺纹切削省略,正负符号与 G92 判断方法相同;

k——螺牙的高度,牙高,半径值,正值(μm),k = (大径 - 小径)/2;

Δd——第一次切深量,半径值,正值(μm),此后,每次粗切深计算公式:$\Delta d_n = \sqrt{n}\Delta d - \sqrt{n-1}\Delta d$;

L——螺纹导程。

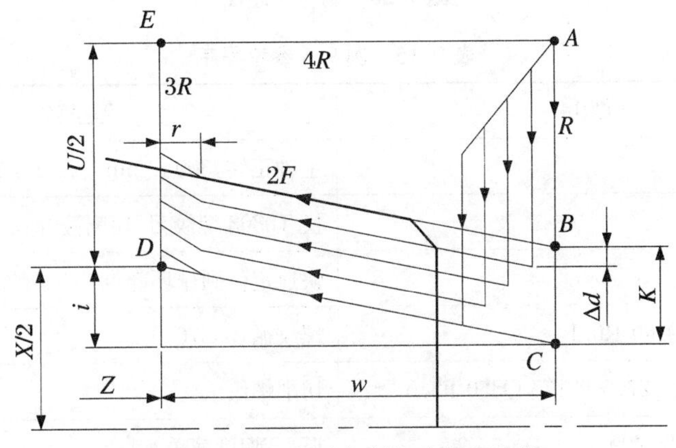

图 9.25 G76 螺纹切削复合循环路线

5. 指令特点

螺纹切削复合循环 G76 是多次自动循环切削螺纹的一种加工方式,使编程更加简化。在车削过程中,除指定第 1 次车削深度外,其余各次车削深度系统自动计算。此循环加工中,进刀方式为斜进式,即单刃切削,从而使刀尖的负荷减轻,避免出现"啃刀现象"。该循环适用于螺距较大、精度较低的螺纹切削。

【注意】

① 斜进法进刀方式适用于具有中小型螺距的三角形或梯形螺纹的加工,不适合加工截面尺寸过大的螺纹。

② 加工时要选择与螺纹截面形状相同、角度一致的螺纹刀具。

③ 由于 G76 指令较为复杂,不易记忆,应用时需参阅编程说明书。

④ 刀尖半径补偿不能用于 G76,其余同 G32,G92。

【例 9.6】 如图 9.26 所示的工件,材料为 45 # 钢,外形已加工,使用 G76 编写螺纹的加工程序。

【解析】 根据螺纹标准,M30 粗牙螺纹的螺距为 3.5 mm。由于工件为 45 # 钢材料,在车削外螺纹时,由于螺纹牙型受到挤压产生塑性变形使直径变大,因此要使实际大径比公称大径稍小一些,取 d = 29.8 mm。实际小径按公式 $d = d - 1.299P = 30 - 1.299 \times 3.5 \approx 25.45$ (mm)。实际牙高 $h = (29.8 - 25.45)/2 = 2.175$ (mm),升速段取 8 mm。参考程序如表 9.15 所示。

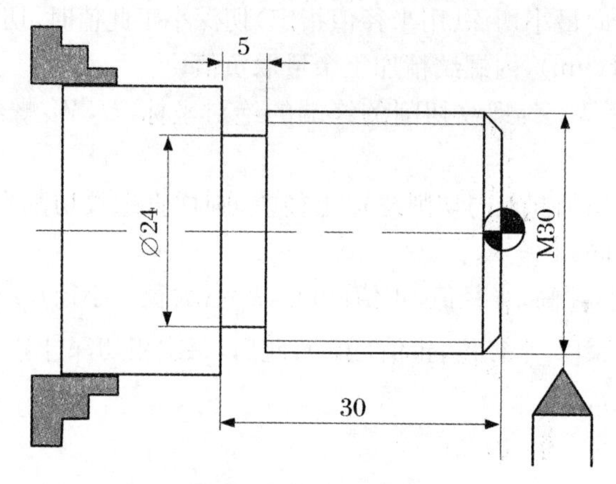

图 9.26　例 9.5 题图

表 9.15　例 9.5 参考程序

O2014	程序名
M03 S300	主轴正转,300 r/min
T0303 M08	换 T0303 螺纹刀,切削液开
G00 X40 Z8	快速定位到循环起点
G76 P021060 Q100 R0.1	螺纹循环 G76
G76 X25.45 Z-27.5 P2175 Q350 F3.5	切削螺纹
G00 X100 Z100 M09	退刀,切削液关
M30	程序结束

任务实施

1. 任务分析

(1) 图 9.13 所示的梯形螺纹轴零件,包括端面、内外圆柱面、内沟槽、倒角、内外螺纹等加工。材料为 45 钢,毛坯为⌀50 mm×82 mm 棒料。本零件精度要求较高的部位有:外圆⌀$48_{-0.025}^{0}$ mm、⌀$40_{-0.021}^{0}$ mm、⌀$28_{-0.021}^{0}$ mm,梯形螺纹 Tr36×6-7e,长度 $20_{0}^{+0.10}$ mm、$10_{-0.01}^{0}$ mm、$80_{-0.24}^{0}$ mm 等。一般数控机床最小编程单位为小数点后 3 位数,因此向其最大实体尺寸靠拢并圆整,精度较高的尺寸取其均值分别为⌀47.988 mm、⌀39.990 mm、⌀27.990 mm、⌀20.05 mm、⌀9.995 mm、⌀79.88 mm。加工后零件表面粗糙度要求为 Ra 为3.2 μm。表面粗糙度要求较高,因此需要先粗车,最后精车加工。在加工时要分层切削,选择合适的切削用量。

(2) 计算梯形螺纹尺寸并查表确定其公差。

大径 $d=36_{0.375}^{0}$ mm;

中径 $d_2=d-0.5P=36-3=33$ (mm),查表确定其公差,故 $d_2=33_{-0.453}^{-0.118}$ mm;

牙高 $h_3=0.5P+a_c=3.5$ (mm);

小径 $d_3=d-2h_3=29$ (mm),查表确定其公差,故 $d_3=29_{-0.375}^{0}$ mm;

牙顶宽 $f=0.366P=2.196$ (mm)；

牙底宽 $W=0.366P-0.536a_c=2.196-0.268=1.928$ (mm)。

用3.1 mm的测量棒测量中径，则其测量尺寸 $M=d_2+4.864d_D-1.866P=32.88$ (mm)，根据中径公差确定其公差，则 $M=32.88_{-0.453}^{-0.118}$ mm。

2. 加工方案

(1) *装夹方案*

根据零件图，用三爪自定心卡盘夹持毛坯一端，使工件伸出卡盘35 mm，一次装夹完成粗精加工螺纹实际孔径∅22 mm，倒角，车沟槽，内螺纹 M24×2，外圆∅$48_{-0.025}^{0}$ mm、∅$40_{-0.021}^{0}$ mm；调头后平端面保证总长 80 mm，装夹工件∅$40_{-0.021}^{0}$ mm 的外圆，卡爪垫铜皮保护已加工面，一次装夹完成粗精加工梯形螺纹 Tr36×7-7e 及其外圆、车外沟槽、倒角 $C2$，保证总长 80 mm，伸出长 60 mm 左右，以∅$48_{-0.025}^{0}$ mm 外圆台阶作为轴向定位，夹紧工件。

(2) *位置点*

① 工件零点。设置在工件右端面上。

② 换刀点。为防止刀具与工件或尾座碰撞，换刀点设置在(X100，Z100)的位置上。

3. 工艺路线的确定

(1) 平端面。如果毛坯端面比较平齐，可以用 90°外圆车刀车平端面并对刀。如果不平且需要去除较大余量，则需要用 45°端面车刀车平端面。

(2) 粗、精车∅$48_{-0.025}^{0}$ mm、∅$40_{-0.021}^{0}$ mm 外圆，螺纹实际孔径∅22 mm，倒角，车内沟槽，内螺纹 M24×2 至符合图纸要求。

(3) 调头平端面，保证总长 80 mm。

(4) 调头后装夹工件∅$40_{-0.021}^{0}$ mm 的外圆，粗精加工螺纹 Tr36×6-7e 外圆，车外沟槽、倒角、粗精加工螺纹 Tr36×6-7e 各部分达到图纸要求。选用乳化液进行冷却。

4. 制订工艺卡

(1) 刀具选择如表 9.16 所示。

表 9.16 刀具卡

产品名称或代号			零件名称	轴套	零件图号	
序号	刀具号	刀具名称及规格	数量	加工表面	刀尖半径(mm)	备注
1	T0101	90°外圆车刀	1	粗精车外轮廓	0.2	硬质合金
2	T0202	90°内孔刀	1	粗精加工内孔	0.2	硬质合金
3	T0303	内槽车刀	1	切槽	$B=3$	硬质合金
4	T0404	内螺纹刀	1	车内螺纹	0.2	硬质合金
5	T0505	45°端面车刀	1	平端面	0.2	硬质合金
6	T0606	外沟槽刀	1	车外沟槽	$B=5$	硬质合金
7	T0707	外梯形螺纹刀	1	车梯形外螺纹	$W=1.5$	高速钢
8	T0808	∅20 mm 麻花钻	1	钻∅20 mm 孔		高速钢
9	T0909	∅4 mm 中心钻	1	钻中心孔		高速钢

(2) 工艺卡如表 9.17 所示。

表 9.17　工艺卡

数控加工工序卡			产品名称		零件名	零件图号	
					短轴		
序号	程序编号	夹具	量具		机床设备	工具	车间
		三爪卡盘	游标卡尺(0～150 mm) 千分尺(0～25 mm,25～50 mm)		CAK6140	油石	数控
工步	工步内容	切削用量			刀具		备注
		主轴转速 n(r/min)	进给速度 f(mm/r)	背吃刀量 a_p(mm)	编号	名称	
1	平端面	500			T0505	45°端面刀	手动
2	钻中心孔	600			T0909	∅4 mm 中心钻	手动
3	钻孔	400			T0808	∅20 mm 麻花钻	手动
4	粗车内孔	600	0.2	1.5	T0202	90°内孔车刀	自动
5	精车内孔	800	0.1	0.5	T0202	90°内孔车刀	自动
6	车内沟槽	500	0.1		T0303	$B=3$ mm(左)	自动
7	车内螺纹	500	2		T0404	内螺纹车刀	自动
8	粗车外圆	800	0.2	2	T0101	90°外圆车刀	自动
9	精车外圆	1 000	0.1	0.5	T0101	90°外圆车刀	自动
10	平端面(调头)	500	0.1		T0505	45°端面刀	手动
11	粗车外圆	800	0.2	2	T0105	90°外圆车刀	自动
12	精车外圆	1 000	0.1	0.5	T0105	90°外圆车刀	自动
13	车外沟槽	500	0.1		T0606	$B=5$ mm(左)	自动
14	车外螺纹	500	6		T0707	外螺纹车刀	自动

5. 参考程序

左端,如表 9.18 所示;右端,如表 9.19 所示。

表 9.18 参考程序

O0044(左端)	程序名	O0044(左端)	程序名
S600 T0202 M03	800 r/min,选 2 号刀	S500 T0404	换 4 号刀,500 r/min
G00 X18 Z5 M08	定循环起点,切削液开	G00 X20 Z5	定位螺纹循环起点
G71 U1.5 R1	G71 内孔粗加工参数设置	G92 X22.3 Z-18.5 F2	车削 M24 的内螺纹
G71 P10 Q20 U-1.0 W0.1 F0.2		X22.9	
N10 G00 X26	描述内孔精加工程序	X23.5	车削 M24 的内螺纹
G01 Z0 F0.1 S800		X23.9	
X22 W-2		X24	
Z-20.05		G00 X100 Z100	快速退刀
N20 X18		S800 T0101	换 1 号刀,800 r/min
G70 P10 Q20	G70 精加工内孔	G00 X55 Z2	定位外圆循环起点
G00 X100 Z100	快速退刀	G71 U2 R1	G71 外圆粗加工参数设置
T0303 S500	换 6 号刀,500 r/min	G71 P30 Q40 U1.0 W0.1 F0.1	
G00 X18	快速定位于槽附近	N30 G00 X38	描述外圆精加工程序
Z-19		G01 Z0 F0.1 S1000	
G01 X25 F0.1	加工内沟槽	X39.990 W-1	
G04 X2		Z-20.05	
G01 X18 F0.5		X48.988	
W-2		N40 Z-32	
G01 X25 F0.1		G70 P30 Q40	G70 精加工外圆
G04 X2		G00 X100 Z100 M09	快速退刀、切削液关
G01 X18 F0.5		M05	主轴停止
G00 Z100	快速退刀	M30	程序结束

表 9.19　参考程序

O0046(右端)	程序名	O0046(右端)	程序名
S800 T0101 M03	800 r/min,选 2 号刀	G01 X40 F0.5	
G00 X55 Z5 M08	定循环起点,切削液开	W-5	
G71 U2 R1	G71 内孔粗加工参数设置	X28 F0.1	
G71 P10 Q20 U1.0 W0.1 F0.1		G04 X2	
N10 G00 X26		G01 X40 F0.5	加工外沟槽
G01 Z0 F0.1 S800		W7.31	
X27.990 W-1	描述内孔精加工程序	X36	
Z-10		X28 W-2.31	
X36 W-2.31		W-5	
Z-50	G70 精加工内孔	X40 F0.5	
N20 X55	快速退刀	G00 Z100 X100	快速退刀
G70 P10 Q20	换 3 号刀,500 r/min	S500 T0707	换 7 号刀,500 r/min
G00 X100 Z100	快速定位于槽附近	G00 X40 Z0	
T0606 S500		G76 P020630 Q50 R0.1	车削梯形螺纹
G00 X50		G76 X28.75 Z-45 P3500 Q600 F6	
Z-45		G00 X100 Z100 M09	快速退刀、切削液关
G01 X28 F0.1		M05	主轴停转
G04 X2		M30	程序结束

以上程序在螺纹切削过程中采用沿牙型角方向斜向进刀的方式,在梯形螺纹的实际加工中,由于刀尖宽度并不等于槽底宽,因此通过一次 G76 循环切削无法正确控制螺纹中径等各项尺寸。为此可采用刀具 Z 向偏置后再次进行 G76 循环加工来解决以上问题,为了提高加工效率,只进行一次偏置加工,因此必须精确计算 Z 向的偏置量,Z 向偏置量的计算方法如图 9.27 所示,计算如下:

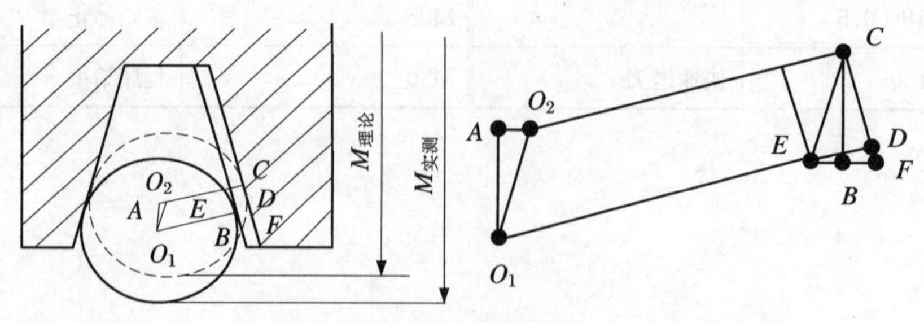

图 9.27　Z 向刀具偏置值的计算

设 $M_{实测} - M_{理论} = 2AO_1 = \delta$,则 $AO_1 = \delta/2$,四边形 O_1O_2CE 为平行四边形,则

$\triangle AO_1O_2 \cong \triangle BCE$，$AO_2 = EB$。$\triangle CEF$ 为等腰三角形，则 $EF = 2EB = 2AO_2$。

$$AO_2 = AO_1 \times \tan\angle AO_1O_2 = \tan 15^\circ \times \delta/2$$

Z 向偏置量

$$EF = 2AO_2 = \delta \times \tan 15^\circ = 0.268\delta$$

实际加工时，在一次循环结束后，用三针测量实测 M 值，计算出刀具 Z 向偏置量，然后在刀长补偿或磨耗存贮器中设置 Z 向刀偏量，再次用 G76 循环加工就能一次性精确控制中径等螺纹参数值。

任务思考

1. 简述加工梯形螺纹的方法与刀具。
2. 简述 G76 加工单线、多线螺纹的方法与指令格式及其各个参数的含义。
3. 简述测量与检验梯形螺纹的方法。

项目练习题

一、填空题

1. 螺纹种类按用途可分为__________、__________和__________ 3 种。
2. G92 指令有__________功能，可以切削没有退刀槽的轴件。
3. 国标规定，普通螺纹的公称直径是指__________的基本尺寸。
4. 螺纹螺距 P 与导程 L 的关系是：导程等于__________和__________的乘积。
5. 普通螺纹的理论型角 α 等于__________。
6. 影响螺纹互换性的 5 个基本几何要素是螺纹的大径、中径、小径、__________和__________。
7. 对螺纹旋合长度，规定有 3 种。短旋合长度用代号__________表示，中等旋合长度用代号__________表示，长旋合长度用代号__________表示。
8. 完整的螺纹标记由螺纹代号、公称直径、螺距、__________代号和__________代号（或数值）组成，各代号间用“-”隔开。
9. 车削螺纹时如果主轴转速过高，可能会产生__________。
10. 加工螺纹时常采用多次走刀、分层切削的方法，一般采用__________切削。

二、选择题

1. ______是影响螺纹松紧程度的主要尺寸，是控制螺纹精度最关键的参数。

A. 大径　　B. 小径　　C. 中径　　D. 螺距

2. 数控车床能进行螺纹加工，其主轴上一定安装了______。

A. 三爪自定心卡盘　　B. 主轴编码器　　C. 位置检测装置

3. 梯形螺纹测量一般是用三针测量法测量螺纹的______。

A. 大径　　B. 小径　　C. 中径　　D. 底径

4. 传动螺纹一般采用______。

A. 普通螺纹 B. 管螺纹 C. 梯形螺纹 D. 矩形螺纹

5. 三角形普通螺纹的牙型角是______。

A. 30° B. 40° C. 55° D. 60°

6. 高速车螺纹时,硬质合金车刀刀尖角应______螺纹的牙型角。

A. 小于 B. 等于 C. 大于

7. 管螺纹螺纹的牙型角为______。

A. 30° B. 40° C. 55° D. 60°

8. 用带有径向前角的螺纹车刀车普通螺纹,磨刀时必须使刀尖角______牙型角。

A. 大于 B. 等于 C. 小于

9. 在车削加工螺纹时,进给功能字 F 后的数字表示______。

A. 每分钟进给量(mm/min) B. 每秒钟进给量(mm/s)

C. 每转进给量(mm/r) D. 螺纹螺距(mm)

10. 螺纹加工时,为了减少切削阻力,提高切削性能,刀具前角往往较大,此时,如用焊接螺纹刀磨制出 60°刀尖角,精车出的螺纹牙型角______。

A. 大于 60° B. 小于 60° C. 等于 60° D. 以上都可能

11. 有一普通螺纹的公称直径为 12 mm,螺距为 1 mm,单线,中径公差代号为 6 g,顶径公差代号为 6 g,旋合长度为 L,左旋。则正确标记为______。

A. M12X1-66g-LH B. M12X1 LH-6g6g-L

C. M12X1-66g-L 左

12. 加工螺纹时,应适当考虑车削开始时其上的导入距离,该值一般取______较为合适。

A. 1～2 mm B. 1*P* C. 2*P*～3*P*

13. 数控车床能进行螺纹加工,其主轴上一定安装了______。

A. 测速发电机 B. 脉冲编码器 C. 温度控制器 D. 光电管

14. 麻花钻有 2 条主切削刃和______条副切削刃。

A. 1 B. 2 C. 3 D. 4

15. 高速车螺纹时,硬质合金车刀刀尖角应______螺纹的牙型角。

A. 小于 B. 等于 C. 大于

三、判断题

1. 螺纹中径是影响螺纹互换性的主要参数。 ( )

2. 普通螺纹的配合精度与公差等级和旋合长度有关。 ( )

3. 国标对普通螺纹除规定中径公差外,还规定了螺距公差和牙型半角公差。 ( )

4. 当螺距无误差时,螺纹的单一中径等于实际中径。 ( )

5. 作用中径反映了实际螺纹的中径偏差、螺距偏差和牙型半角偏差的综合作用。 ( )

6. 普通螺纹精度标准对直径、螺距、半角规定了公差。 ( )

7. G32 指令、G92 指令中的 F 值是螺纹的螺距。 ( )

8. 用 G76 指令切削螺纹后可以用 G92 指令修正,但两者起刀点必须相同。 ( )

9. 粗、精车螺纹时,如果起刀点不同有可能产生乱扣。 ( )

10. 用螺纹环规检查螺纹时,只要通规能通过就说明螺纹合格。 ( )

11. 可转位螺纹车刀每种规格的刀片只能加工一个固定的螺距。 ( )

12. 螺旋面上沿牙侧各点的螺纹升角都不相等。 ( )

13. 加工右旋螺纹时,车床主轴必须反转,用 M04 指令。 ( )

14. 分多层切削加工螺纹时,应尽可能平均分配每层切削的背吃刀量。 ( )

15. 加工多线螺纹时,加工完一条螺纹后,加工第二条螺纹的起点应与第一条螺纹的起点相隔一个导程。 ( )

16. 利用 G92 指令既可以加工英制螺纹,又可以加工米制螺纹。 ( )

17. 外螺纹的公称直径是指螺纹的大径。 ( )

18. 对于所有的数控系统,其 G、M 功能的含义与格式完全相同。 ( )

19. 数控车床刀尖圆弧半径补偿参数包括刀尖圆弧半径 R 和刀尖方位代码 T。( )

20. 加工多线螺纹时,加工完一条螺纹后,加工第二条螺纹的起点应与第一条螺纹的起点相隔一个螺距。 ( )

四、简答题

1. 车削螺纹时为什么要设置升速进刀段和降速退刀段?
2. 简述如何加工左旋螺纹。
3. 车螺纹时主轴转速应如何选取?
4. G92 指令与 G76 指令有何区别?
5. 车螺纹为何要分多次吃刀?

五、编程题

1. 如图 9.28 所示,螺纹配合零件毛坯为∅40 mm×80 mm 棒料,材料为 45#钢,编制加工程序并加工。

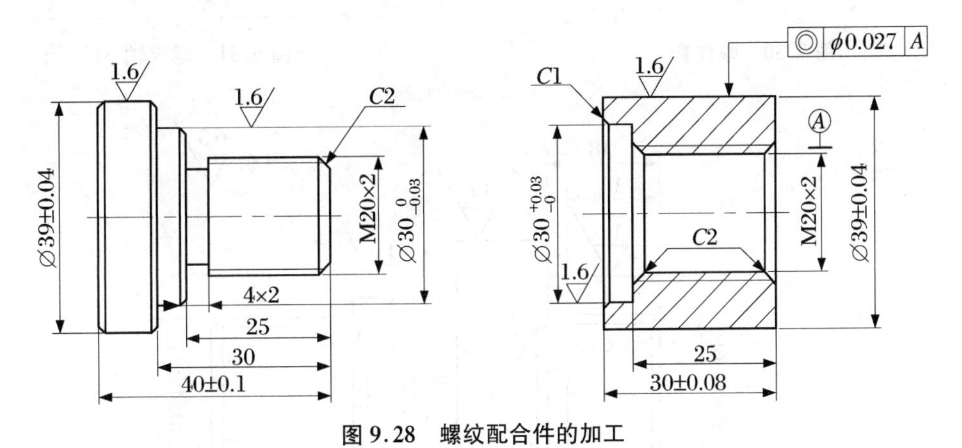

图 9.28 螺纹配合件的加工

2. 如图 9.29 所示,双头螺柱零件毛坯为∅40 mm×142 mm 棒料,材料为 45#钢,编制加工程序并加工。

3. 如图 9.30 所示,螺纹套零件毛坯为∅35 mm×32 mm 棒料,材料为 45#钢,编制加工程序并加工。

4. 如图 9.31 所示,螺纹轴零件毛坯为∅45 mm×82 mm 棒料,材料为 45#钢,编制加工程序并加工。

5. 如图 9.32 所示,螺纹轴零件毛坯为∅50 mm×78 mm 棒料,材料为 45#钢,编制加工程序并加工。

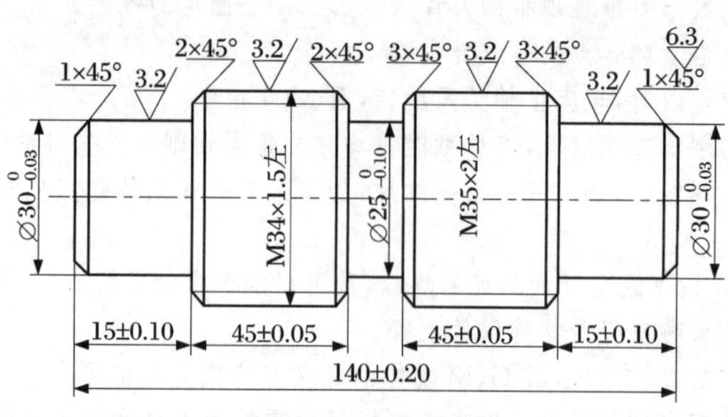

图 9.29　双头螺柱

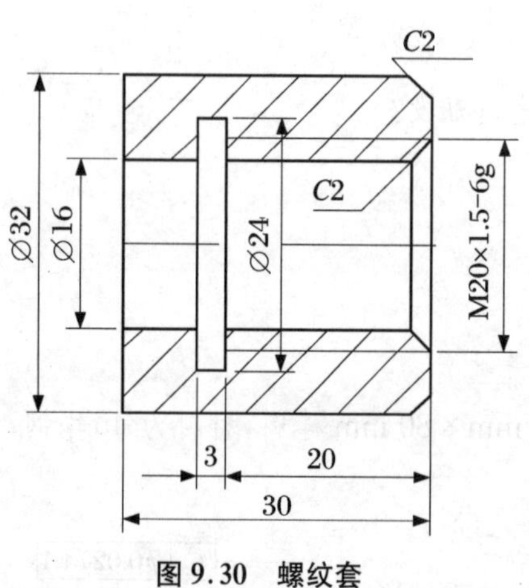

图 9.30　螺纹套

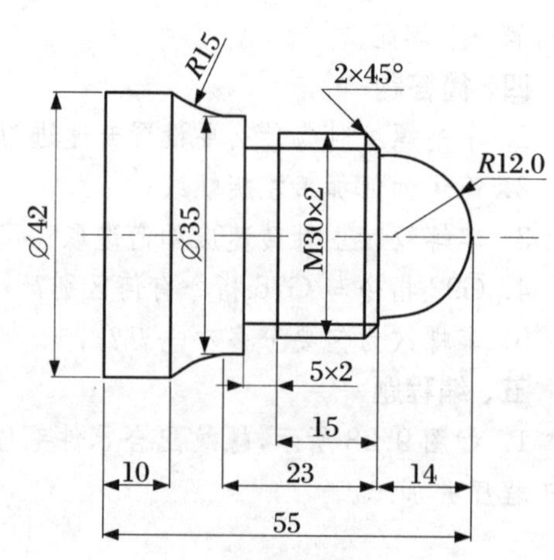

图 9.31　螺纹轴

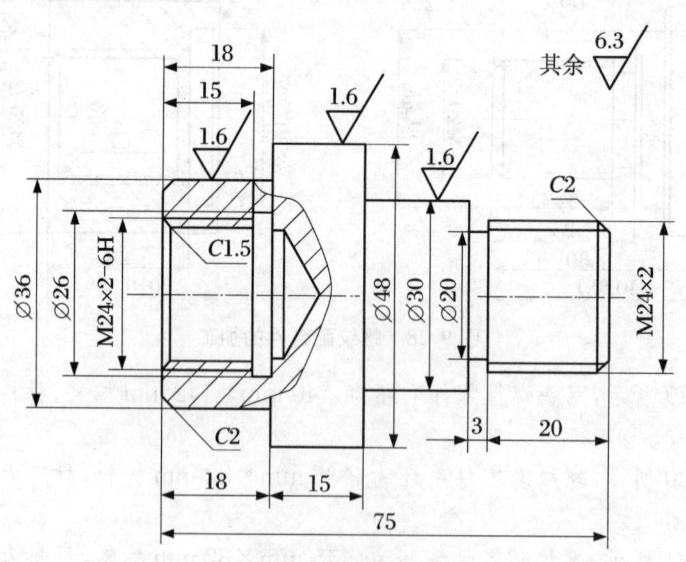

图 9.32　螺纹套轴

项目 10　非圆曲面零件加工

机械加工中常有由复杂曲线所构成的非圆曲线(如椭圆曲线、抛物线、双曲线和渐开线等)零件,随着工业产品性能要求不断提高,非圆曲线零件的作用日益重要,其加工质量往往成为生产制造的关键。数控机床的数控系统一般只具有直线插补和圆弧插补功能,非圆曲线形状的工件在数控车削中属于较复杂的零件类别,如果能灵活运用宏程序,则可以方便简捷地进行编程,从而提高加工效率。本项目以 FANUC-0i 系统为例介绍 B 类宏程序设计的内容。

任务 10.1　椭圆手柄轴零件加工

宏程序与子程序类似,对编制相同的加工操作内容可以使程序简化,同时宏程序中可以使用变量、算术和逻辑运算及转移指令,还可以方便地实现循环程序设计,使相同加工操作的程序更方便灵活。B 类宏程序可在程序中直接应用变量和公式等宏指令来编程,目前 FANUC-0i 系列中一般采用 B 类宏程序。

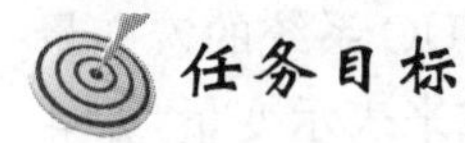

任务目标

知识目标

- 了解常用宏变量与常量;
- 识记运算符及表达式;
- 理解赋值语句及循环语句。

能力目标

- 能利用宏指令编写有规则的非圆曲线类零件的程序并加工。

任务描述

如图 10.1 所示,车削椭圆手柄轴,已知毛坯为$\varnothing 28\times 100$ mm,材料为 45＃钢,分析加工工艺,并编写程序加工。

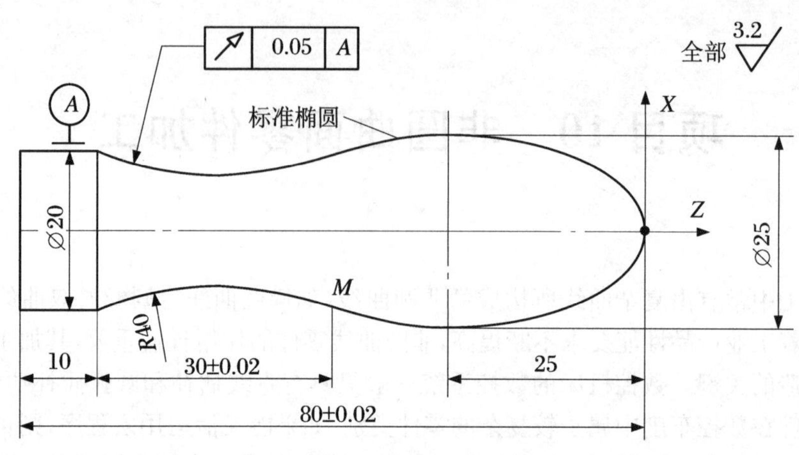

图 10.1　椭圆手柄零件

10.1.1　宏程序变量

1. 数控宏程序的分类

数控宏程序分为A类和B类宏程序，其中A类宏程序比较老，编写起来也比较费时费力，B类宏程序类似于C语言的编程，编写起来比较方便。不论是A类还是B类宏程序，它们运行的效果都是一样的。

2. 变量

用一个可赋值的代号代替具体的数值，这个代号就称为变量。FANUC系统的宏变量用变量符号＃和后面的变量号指定，如＃1、＃2、＃3等；也可以用表达式来表示变量，如＃[＃1＋＃2－12]等。

(1) 变量表示方法

B类宏程序可以用表达式进行表示，但其表达式必须全部写在“[　]”中。例：F＃103，设＃103＝150，则为F150。

(2) 变量引用

B类宏程序可以用表达式进行表示，但是程序号、顺序号和任选程序段跳转号不能使用变量。例：＃[＃30]，设＃30＝3，则为＃3。

(3) 变量赋值

变量赋值可以在操作面板上用MDI方式直接赋值，也可在程序中用“＝”直接赋值，但“＝”左边不能用表达式。

3. 变量的类型

变量根据变量号可以分为4种类型，功能如表10.1所示。

表 10.1　变量的类型和功能

变量号	变量类型	功　　能
＃0	空变量	该变量值总为空
＃1～＃33	局部变量	只能在一个宏程序中存储数据使用,如运算结果,当断电时,变量数值被清除,可以赋值
＃100～＃199 ＃500～＃999	公共变量	公共变量在不同的宏程序中的意义相同,＃100～＃199在断电时;＃500～＃999数据被清除;＃500～＃999的数据在断电时被保存,不会丢失
＃1000～	系统变量	系统变量用于读和写CNC运行时的各种数据,例如:刀具的当前位置和补偿值

在编写宏程序时,通常可以用局部变量＃1～＃33或公共变量＃100～＃199。而公共变量＃500～＃999和＃1000以后的系统变量通常是留给机床厂家进行二次开发的,不能随便使用。若使用不当,会导致整个数控系统的崩溃。变量＃0为空变量,它不能被赋任何值。

10.1.2　B类宏程序运算指令

1. 算术、逻辑运算

宏程序具有赋值、算术运算、逻辑运算、函数运算等功能。运算符右边的表达式可包含常量或由函数或运算符组成的变量。表达式中的变量＃j和＃k可以用常数赋值。左边的变量也可以用表达式赋值。变量的各种运算如表10.2所示。

表 10.2　算术与逻辑运算

类型	功　　能	格　　式	举　　例	备　　注
算术运算	加法	＃i=＃j+＃k	＃1=＃2+＃3	常数可以代替变量
	减法	＃i=＃j-＃k	＃1=＃2-＃3	
	乘法	＃i=＃j*＃k	＃1=＃2*＃3	
	除法	＃I=＃j/＃k	＃1=＃2/＃3	
三角函数运算	正弦	＃i=SIN[＃j]	＃1=SIN[＃2]	角度单位为度(°),如90°30′表示为90.5°
	反正弦	＃i=ASI[＃j]	＃1=ASIN[＃2]	
	余弦	＃i=COS[＃j]	＃1=COS[＃2]	
	反余弦	＃i=ACOS[＃j]	＃1=ACOS[＃2]	
	正切	＃i=TAN[＃j]	＃1=TAN[＃2]	
	反正切	＃i=ATAN[＃j]	＃1=ATAN[＃2]	

续表

类型	功　能	格　式	举　例	备　注
其他函数运算	平方根	#i=SQRT[#j]	#1=SQRT[#2]	取整后数值的绝对值比原来数值大称为上取整,否则称为下取整。例:设#1=1.2,#2=-1.2时,若#3=FUP[#1],则#3=2.0;若#3=FIX[#1],则#3=1.0;若#3=FUP[#2],则#3=-2.0;若#3=FIX[#2],则#3=-1.0
	绝对值	#i=ABS[#j]	#1=ABS[#2]	
	舍入	#i=ROUN[#j]	#1=ROUN[#2]	
	上取整	#i=FIX[#j]	#1=FIX[#2]	
	下取整	#i=FUP[#j]	#1=FUP[#2]	
	自然对数	#i=LN[#j]	#1=LN[#2]	
	指数对数	#i=EXP[#j]	#1=EXP[#2]	
逻辑运算	与	#i=#jAND#k	#1=#2AND#2	二进制逻辑运算
	或	#i=#j OR #k	#1=#2OR#2	
	异或	#i=#j XOR #k	#1=#2XOR#2	
转换运算	BCD 转 BIN	#i=BIN[#j]	#1=BIN[#2]	
	BIN 转 BCD	#i=BCD[#j]	#1=BCD[#2]	

【注意】 运算的优先顺序如下:

① 函数。函数的优先级最高。

② 乘、除、与运算。乘、除、与运算的优先级次于函数的优先级。

③ 加、减、或、异或运算。加、减、或、异或运算的优先级次于乘、除、与运算。

④ 关系运算。关系运算的优先级最低。

⑤ 可以用"[ ]"来改变顺序。例如,#1—SIN[[[#2-#3]*#4+#5]/#6];包括函数括号在内最多可用到5重,超过5重时则出现报警。

2. 运算符

如表10.3所示。

表10.3　运算符

条件式	意　义	条件式	意　义
EQ	等于=	GE	大于或等于≥
NE	不等于≠	LT	小于<
GT	大于>	LE	小于或等于≤

10.1.3　转移和循环指令

1. 转移语句

在宏程序中,使用GOTO语句和IF语句改变控制的流向,有3种转移和循环操作可供使用。

(1) 无条件转移

编程格式:GOTO n;(n:程序段号(1～9999))

如:GOTO 100;当执行到该语句时,将无条件转移到N100程序段执行。

(2) 条件转移

IF[〈条件表达式〉] GOTO n;

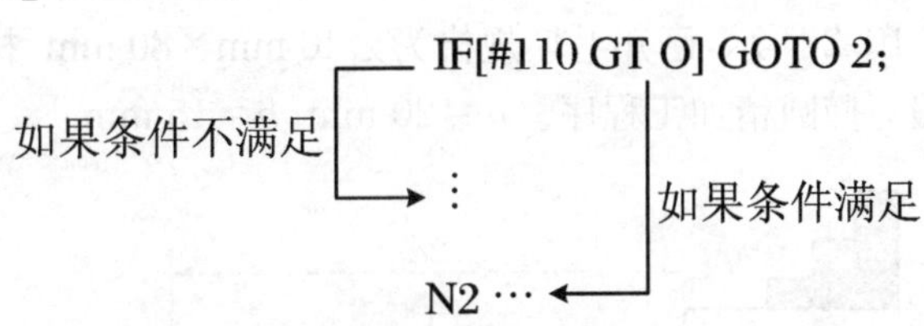

这种格式表示当表达式指定的条件满足时,转移到标有顺序号 n 的程序段。如果指定的条件不满足,执行下个程序段。

2. 循环语句

编程格式:WHILE[〈条件表达式〉] DO m;(m = 1,2,3)

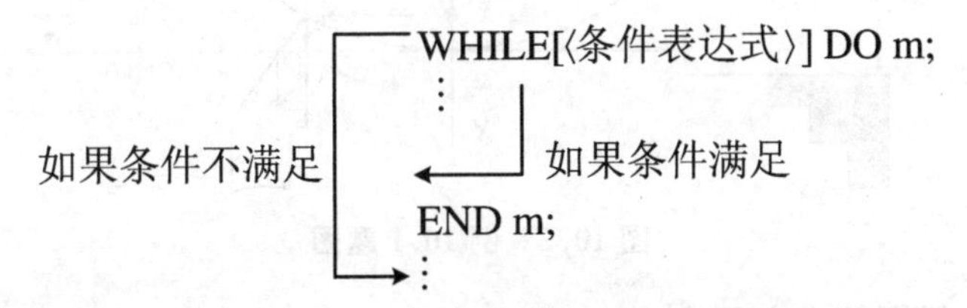

当指定的条件满足时,执行 WHILE 从 DO 到 END 之间的程序。否则转而执行 END 之后的程序段。DO 后的号和 END 后的号是指定程序执行范围的标号。

3. 循环嵌套

在编制较复杂的宏程序时,往往采用循环嵌套,但一定要注意嵌套规则和要求。DO — END 循环嵌套:

(1) 在 DO m 到 END m 之间的循环识别号 m(1,2,3)可以使用任意次,但不能交叉循环。

```
WHILE[条件式] DO 1;
  ⋮
END 1;
⋮
WHILE[条件式] DO 1;
  …
END 1;
⋮
```

(2) DO 可以最多可以重复嵌套 3 重,但不能交叉循环。

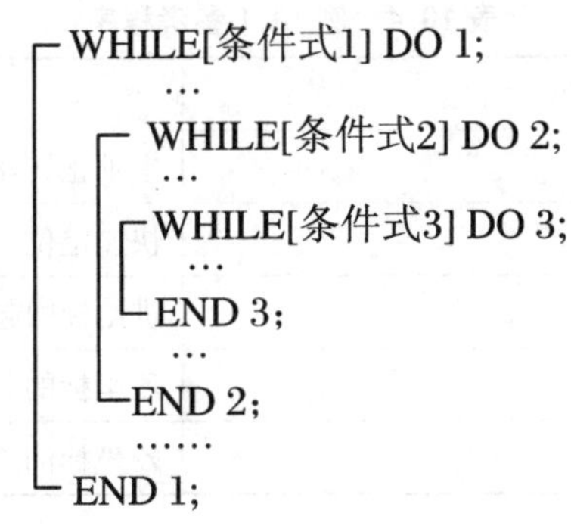

在条件转移和循环宏程序中经常要使用“条件表达式”，条件表达式必须包含运算符。运算符在两个变量中间或变量和常量中间，并且用“[ ]”封闭。表达式可以替代变量。

【例 10.1】 如图 10.2 所示，已知毛坯规格为∅40 mm×80 mm，材料为 45＃钢，圆柱面已经加工，用宏程序编写椭圆精加工程序。$a = 20$ mm，$b = 15$ mm。

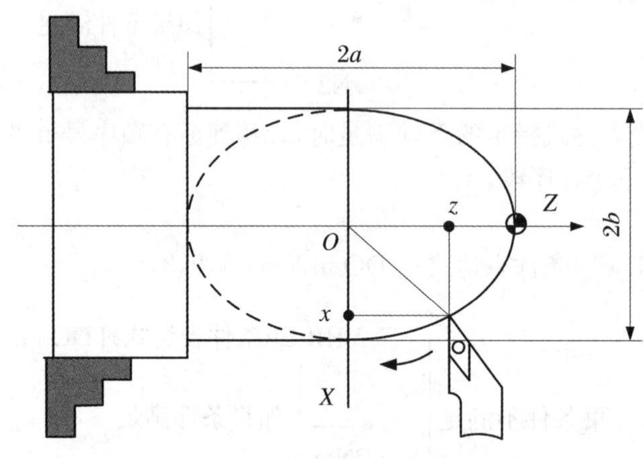

图 10.2　例 10.1 题图

【解析】 因为椭圆标准方程为

$$\frac{z^2}{a^2} + \frac{x^2}{b^2} = 1 \tag{10.1}$$

式中：a——长轴半径；

b——短轴半径；

x——半径值。

因为目前坐标原点在右端中心，所以实际椭圆方程为

$$\frac{(z+a)^2}{a^2} + \frac{x^2}{b^2} = 1 \tag{10.2}$$

以 z 为自变量，可求得 X(直径值)。经推导得

$$X = 2b\sqrt{1 - \frac{(z+a)^2}{a^2}} \tag{10.3}$$

$$X = 2 \times 15\sqrt{1 - \frac{(z+a)^2}{400}} \tag{10.4}$$

以 z 为自变量，X 为因变量，则 $X \in [0,30]$，$z \in [0,-20]$。

参考程序如表 10.4 所示。

表 10.4　例 10.1 参考程序

O1266	程序名
M03 S800 T0101	主轴正转，800 r/min，换 1 号外圆刀
G00 X0 Z2	快速定位于工件附近
G01 Z0 F0.1	进给椭圆起点
＃1＝0	Z 坐标的起始值 0
＃2＝－20	Z 坐标的终点值－20

续表

O1266	程序名
N1 IF[#1 LT #2] GOTO 2	IF GOTO 宏程序逻辑语句
#3=30*SQRT[1-[[#1+20]*[#1+20]]/400]	
G01 X[#3] Z[#1]	
#1=#1-0.1	
GOTO 1	
N2 G01 Z-40	
X40	退刀
G00 X100 Z100	快速退刀
M30	程序结束

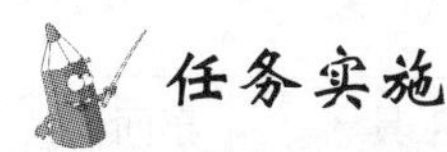

任务实施

1．任务分析

图10.1所示的椭圆手柄轴零件，图中外圆尺寸∅25 mm、∅20 mm、弧面 $R40$ 都没有较高的精度要求，长度尺寸 80±0.02 mm、30±0.02 mm 精度要求较高，表面粗糙度 Ra 为 3.2 μm，要求较高。零件右边部分是椭圆面，需要采用宏程序编程。因此需要先粗车，后精车加工。由于零件较细、较长，因此在加工时要分层切削，选择较小的切削用量。

2．加工方案

(1) 装夹方案

根据零件图，用三爪自定心卡盘夹持毛坯一端，使工件伸出卡盘 85 mm，一次装夹完成粗精加工工件轮廓。

(2) 位置点

① 工件零点。设置在工件右端面上。

② 换刀点。为防止刀具与工件或尾座碰撞，换刀点设置在(X100，Z100)的位置上。

(3) 编程优化方案

加工工件用G73粗加工，G70精加工。毛坯总加工余量 $\Delta i=(28-0)/2-1=13$ mm，根据式(10.3)，M 点的 X 坐标为

$$X = 25\sqrt{1-\frac{(z+25)^2}{25^2}}$$

因为零件有台阶和圆弧组成的轮廓，为了保证粗糙度 Ra 一致，使用恒切削速度 G96。

3．工艺路线的确定

(1) 平端面。如果毛坯端面比较平齐，可以用90°外圆车刀车平端面并对刀。如果不平且需要去除较大余量，则需要用45°端面车刀车平端面。

(2) 粗、精零件轮廓至符合图纸要求。

(3) 切断，保证总长 80 mm。

选用乳化液进行冷却。

4. 制订工艺卡

(1) 刀具选择如表 10.5 所示。

表 10.5 刀具卡

产品名称或代号			零件名称	短轴	零件图号	
序号	刀具号	刀具名称及规格	数量	加工表面	刀尖半径(mm)	备注
1	T0101	90°外圆车刀	1	平端面、粗精车外轮廓	0.2	硬质合金
2	T0202	45°端面车刀	1	平端面	0.2	硬质合金
3	T0303	切断刀	1	切断工件	$B=4$	硬质合金

(2) 工艺卡片如表 10.6 所示。

表 10.6 工艺卡

数控加工工序卡			产品名称		零件名	零件图号	
					短轴		
序号	程序编号	夹具	量具		机床设备	工具	车间
		三爪卡盘	游标卡尺(0～150 mm) 千分尺(0～25 mm,25～50 mm)		CAK6140	油石	数控
工步	工步内容	切削用量			刀具		备注
		主轴转速 n(r/min)	进给速度 f(mm/r)	背吃刀量 a_p(mm)	编号	名称	
1	平端面	500	0.2	0.5	T0202	45°外圆车刀	手动
2	粗车(左)	800	0.2	1.5	T0101	90°外圆车刀	自动
3	精车(左)	1000	0.1	0.5	T0101	90°外圆车刀	自动
4	切断	300	0.1	2	T0303	$B=4$ mm 切断刀	手动

5. 参考程序

如表 10.7 所示。

表 10.7 参考程序

O0232	程序名
M03 S800	主轴 800 r/min,正转
T0101 M08	换 1 号外圆刀,冷却液开
G00 X35 Z5	定位循环起点
G73 U1.5 W5 R11 G73 P10 Q20 U1.0 W0.1 F0.2	外圆轮廓 G73 复合切削循环粗加工参数设置

续表

O0232	程序名	
N10 G00 X0	定位于椭圆起点	精加工程序描述
G01 Z0 F0.1 S1000		
#1=0	椭圆 Z 轴初始值	
#2=-40	椭圆 Z 轴终止值	
N1 IF[#1 LT #2] GOTO 2	如果#1<#2,转到 N2 程序段	
#3=25*SQRT[1-[[#1+25]*[#1+25]]/625]	椭圆上 X 的坐标值	
G01 X[#3] Z[#1]	拟合拟合曲线	
#1=#1-0.1	变量递减 0.1	
GOTO 1	转到 N1 程序段	
N2 G02 X20 W-30 R40	车 R40 mm 圆弧	
G01 W-10	车∅20 mm 外圆	
N20 X30	退刀	
G00 X50 Z50	定位起点,刀尖补偿	
G42 G00 X30 Z5	重新定刀,引入刀尖半径补偿	
G50 S2000	限制最高转速 2 000 r/min	
G96 S100	恒切速 100 mm/min	
G70 P10 Q20	精加工轮廓	
G97 S300	取消恒切削速度	
G00 G40 X100 Z100 M09	切削液关,取消刀尖半径补偿,切削液关	
M30	程序结束	

任务思考

1. 比较条件转移指令和循环指令的使用方法。

2. 简述宏程序使用的变量的分类及功能。

3. 用 B 类宏程序编写图 10.3 所示的椭圆阶梯轴的车削加工程序(图中椭圆长轴为 100 mm,短轴为 48 mm,毛坯规格为∅55 mm×90 mm)。

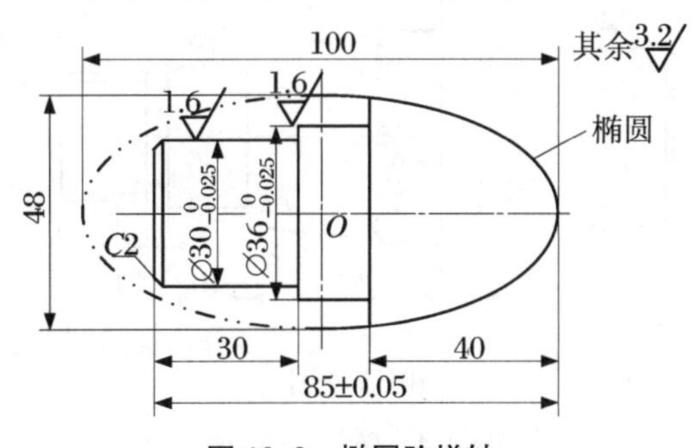

图 10.3　椭圆阶梯轴

任务 10.2　椭圆轴套配合件加工

圆锥轴套配合件为典型的轴类零件，该零件结构形状简单，但为了保证相互配合，有严格的尺寸要求，加工难度较大。本任务讲述了轴类配合件的加工工艺过程、工艺分析、程序编写、切削参数选取等内容。

任务目标

知识目标

- 了解非圆曲线类零件加工方法；
- 了解轴类配合件的加工工艺过程与加工方法；
- 了解轴类配合件的加工精度控制方法。

能力目标

- 掌握轴类配合件的加工工艺过程、工艺分析、切削参数选取、编写技巧与精度控制。

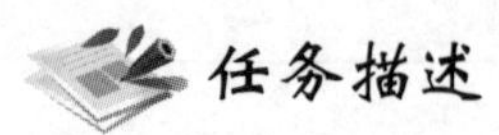

如图 10.4 所示，车削椭圆手柄轴，已知毛坯为∅40 mm×160 mm 棒料，材料为 45＃钢，分析加工工艺，并编写程序加工。

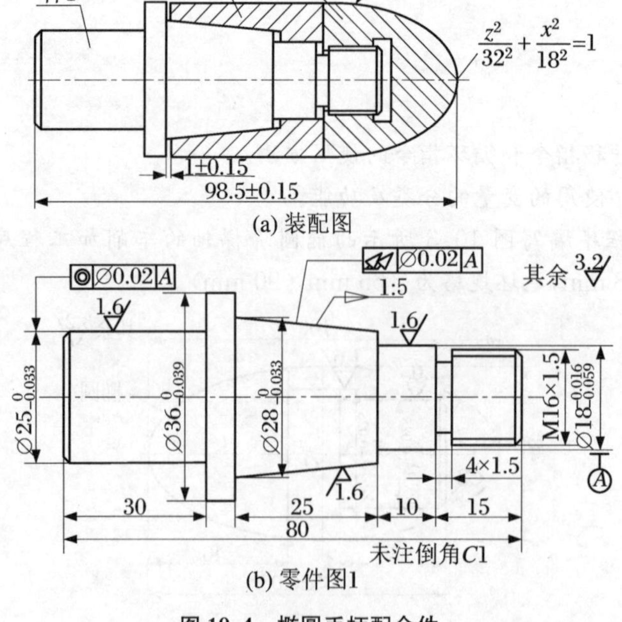

(a) 装配图

(b) 零件图1

图 10.4　椭圆手柄配合件

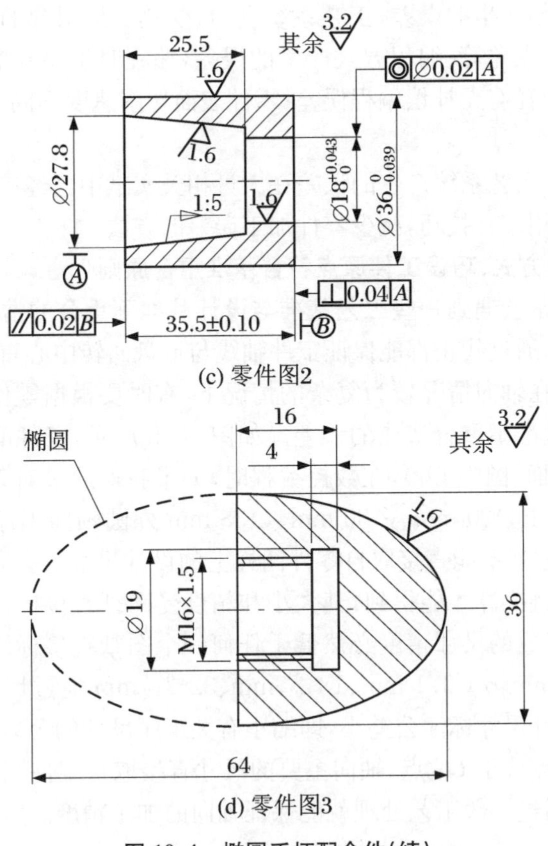

(c) 零件图2

(d) 零件图3

图 10.4　椭圆手柄配合件(续)

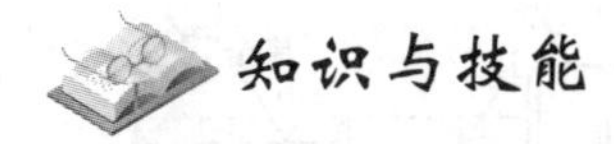

10.2.1　配合件的基础知识

配合件是指若干个不同的零件加工后，按图样组合(装配)达到一定的技术要求，其由多个零件组合而成。不管组合件的件数多少，复杂程度如何，配合件的组合类型不外乎以下几种：圆柱配合、圆锥配合、偏心配合、螺纹配合。应从影响组合件配合的因素着手分析，并针对这些因素在加工过程中提出具体的应对措施，减少各个因素对配合的影响，使加工更加容易、快捷，保证工件满足精度要求及配合要求，从而实现组合件的装配并满足装配精度。锥面配合是斜线方向，如果锥面相差一点点，在端面就会造成很大的垂直方向差异；反过来，如果端面已经接触了，如果锥端不走到位，就会造成锥面之间的间歇和悬空，导致锥面配合失效。涂色检查互配部分接触面积通常不得小于 60%。

10.2.2　精度控制方法

数控车削零件加工时，形成误差的种类很多，归纳起来不外乎几大类：由于机床、刀具等工艺系统产生的误差，主要有加工原理误差；机床几何误差及其部件磨损所产生的误差；刃、夹具的制造、装夹、磨损产生的误差；工艺系统受力、受热变形引起的误差；工件内应力变化引起的误差；操作测量误差等；编程方式产生的误差，编程时工序基准与设计基准不重合造成的误差；刀尖圆弧半径有无补偿编程误差；零件表面切削速度不同产生的粗糙度不一致误差等。

由于机床、刀具等工艺系统产生的误差在大量相关文献中已经有叙述，本文主要探讨数控车削编程中如何利用编程技巧，减少零件加工误差的方法。

1．灵活应用编程方式，巧设工件原点符合基准重合原则

在实际生产中经常会遇到一些工艺基准与设计基准不重合的情况，一般数控车削使用三爪卡盘自定心夹紧，通过找正都能保证工件轴线与卡盘回转中心重合，保证径向设计基准与工艺基准重合。但在轴向情况较为复杂的情况下，有时要根据零件图的尺寸形式合理选择编程原点，以减少基准不重合造成的误差。如图 10.5 所示，工件的轴向主要设计基准在 ∅20 mm 外圆的右端面（图中 O_1），在数控编程时，如果我们通过对刀操作把工件坐标原点放在 O_2 位置，造成加工∅20 mm、∅30 mm、∅38 mm 外圆轴向工序基准与设计基准不重合，则工序尺寸及公差就不能直接取自零件图样上的设计尺寸及公差。自然间接形成的工艺尺寸需要通过尺寸链换算才能得到，其大小和精度受图纸直接标注的尺寸大小和公差的影响，并且自然间接形成的尺寸精度必然低于任何一个图纸直接标注的尺寸的精度。如果将工序尺寸 10±0.1 mm、6±0.1 mm、$18_{-0.3}^{\ 0}$ mm、$32_{-0.02}^{\ \ 0}$ mm 通过尺寸链换算，公差要比直接按零件图样上的设计尺寸标注公差小，即缩小有关工序尺寸的公差，增加了工艺难度。此时我们把工件坐标原点放于 O_1 点，轴向主要的尺寸直接取自零件图上的设计尺寸与公差，不仅编程方便，而且通过一般工艺处理就能保证轴向的加工精度。

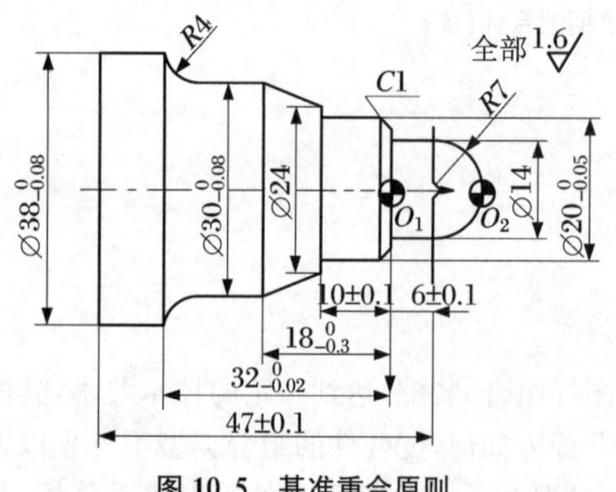

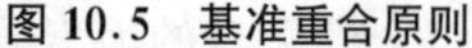
图 10.5　基准重合原则

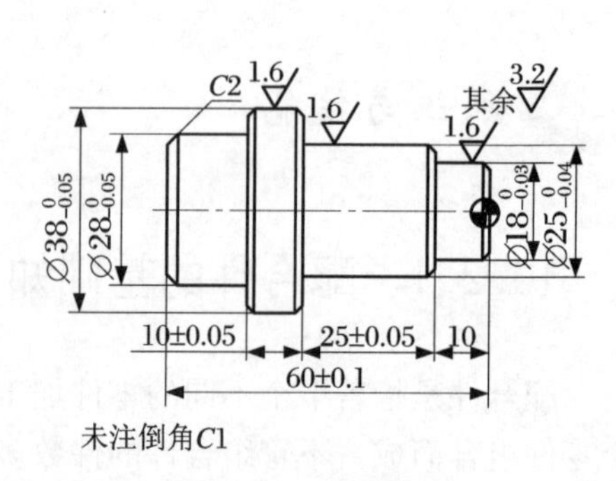

图 10.6　台阶轴

如图 10.6 所示，在工件原点不变时，可以根据尺寸的标注形式，采用绝对编程、增量编程或者混合编程。这些编程方式优点在于不用计算累计坐标与尺寸链换算。比如：Z 向只要输入 W 就可以了，不去考虑上道序和下道序的 Z 向累计长度，直接保证本道工序尺寸精度。如图 10.5 所示坐标式尺寸（10±0.1 mm、6±0.1 mm、$18_{-0.3}^{\ 0}$ mm、$32_{-0.02}^{\ \ 0}$ mm）通常采用绝对编程；如图 10.6 所示链式尺寸（10 mm、25±0.05 mm、10±0.05 mm）通常采用增量编程，符合工序基准和设计基准重合，以避免尺寸换算和压缩公差，降低加工难度，提高了加工精度。表 10.8 所示为台阶轴右面的精加工程序。

表10.8　台阶轴右面的精加工程序

O1234	程序名	O1234	程序名
G00 G40 G99 G97	程序初始化	W－25	加工∅25 mm(须增量编程)
M03 S800 T0101	启动主轴、选刀	X36	退刀
G00 X16 Z3	快速定位	X37.975 W－1	倒角(须增量编程)
G01 Z0.F 0.1	移动到倒角起点	W－10	加工∅38 mm(须增量编程)
X17.985 Z－1	倒角(绝对或增量编程)	X40	退刀
Z－10	加工∅18 mm外圆	G00 X100 Z100	快速退刀
X23	退刀	M30	程序结束
X24.98 W－1	倒角(须增量编程)		

2. 有效地利用“G41,G42,G40刀尖圆弧半径补偿”功能

实际加工中的车刀刀尖不是理想的尖锐刀尖,它总有个小圆弧,刀具磨损还会改变圆角半径。但是,编程是根据理论刀尖(假想刀尖)A来进行计算的,如图10.7所示。数控车削轮廓时实际起作用的切削刃是圆弧的各切点,车内孔、外圆或端面时,只会在切削终点产生少许残留,并无形状、尺寸误差产生;车削时加工圆锥和圆弧时,编程轨迹或理想刀尖轨迹与实际轨迹不重合,加工表面就会产生尺寸、形状误差。采用数控车床的刀尖圆弧半径补偿功能可以有效消除加工圆锥、圆弧误差。通过操作面板在刀偏或刀补界面上手工输入刀尖圆弧半径值R和刀具方位号T,数控系统便能自动计算出刀尖圆弧圆心的轨迹,并按刀尖圆弧圆心的轨迹运动。利用刀尖圆弧半径补偿功能,编程时只要按工件轮廓进行编程,即执行刀具半径补偿后,刀具自动偏离工件轮廓一个刀具半径值,便可消除刀尖圆弧半径对工件形状的影响。

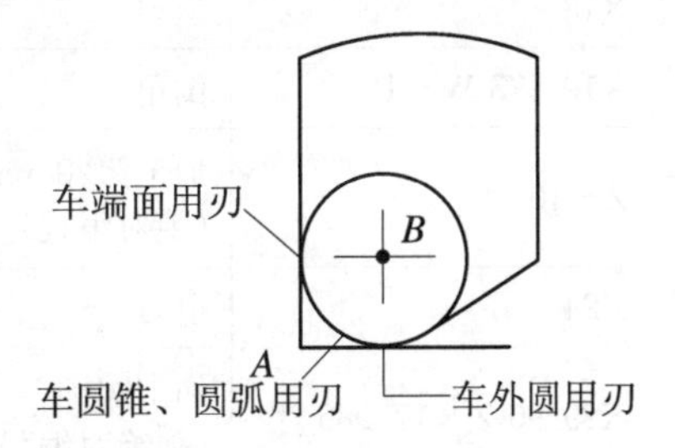

图10.7　理论刀尖与实际刀尖

3. 有效地利用“恒线速切削”功能

在主轴转速一定时,通常切削速度越高,表面粗糙度越小。如图10.5所示,零件全部表面粗糙度Ra为1.6 μm,当加工锥面或端面时,因外径大小发生变化,所以切削速度产生变化,引起粗糙度变化。可以通过改变转速来控制相应的工件直径变化时维持稳定的恒定的切削线速度,以便保证零件锥面或端面的粗糙度一致。可以使用恒线速G96来完成该切削功能。

4. 有效地利用“M00”功能

如图10.5所示,利用数控机床加工时,当刀具出现磨损或更换刀片后或者自动加工前进行对刀操作时都难免会产生误差,因此在加工过程中应及时消除误差,以保证零件的加工精度。在粗加工后精加工前修改刀偏值或者磨耗值,可以提高加工精度。

通过M00暂停功能在粗加工之后精加工之前进行一次刀偏值或者磨耗值的修补,可以保证产品的尺寸精度。编程时增加了“主轴停转、暂停、主轴重新启动以及调用新刀补值”4个程序段,程序从开始运行至粗加工完成后机床暂停,测量尺寸、修改刀补或磨耗值,然后按“循环启动”键继续加工。具体程序如表10.9所示。

表 10.9　零件的综合加工程序

O1234	程序名	O1234	程序名
G00 G40 G99 G97	程序初始化	G02 X37.96 Z−31.99 R4	加工 $R4$ 圆弧
M03 S800 T0101	启动主轴，选刀	Z−47	加工∅38 mm 外圆
G00 X45 Z16	快速定位循环启动	N2 X45	退刀
G71 U2 W1	定义进刀、退刀量	M05	主轴停转
G71 P1 Q2 U0.5 W0.1 F0.2	定义精加工余量	M00	暂停（测量、修改刀补）
G00 X0		M03 S1000	重新启动主轴
G01 Z13 F0.1	描述精加工首行	T0101	重新调用 1 号刀补
G03 X14 Z−6 R7	加工 $R7$ 圆弧	G00 X50 Z30	快速退刀
G01 Z0	加工∅14 mm 外圆	G42 G00 X45 Z16	重新定刀（刀尖补偿）
X18	退刀	G50 S2000	限制主轴最高转速
X19.975 W−1	倒角	G96 S100	恒切削速度 100 m/min
Z−10	加工∅20 mm 外圆（绝对编程）	G70 P1 Q2	精加工轮廓
X24	退刀	G40 G00 X100 Z100	快退（取消刀尖补偿）
X29.96 Z−17.985	加工圆锥（须绝对编程）	M05	主轴停
Z−28	加工∅30 mm 外圆	M30	程序停止

任务实施

1. 任务分析

图 10.4 所示的椭圆手柄轴零件，包括端面、内外圆柱面、椭圆曲面、内沟槽、倒角、内外螺纹等加工。材料为 45＃钢，毛坯为∅40 mm×160 mm 棒料。

(1) *尺寸精度*

本零件精度要求较高的尺寸有：轴外圆∅$25_{-0.033}^{\ 0}$ mm、∅$36_{-0.039}^{\ 0}$ mm、∅$28_{-0.033}^{\ 0}$ mm、∅$18_{-0.059}^{-0.016}$ mm；套内外圆∅$18_{\ 0}^{+0.043}$ mm、∅$36_{-0.039}^{\ 0}$ mm；长度尺寸 35.5±0.10 mm、1±0.15 mm、98.5±0.15 mm 等。一般数控机床最小编程单位为小数点后 3 位数，因此向其最大实体尺寸靠拢并圆整，精度较高的尺寸取其均值分别为∅24.984 mm、∅35.980 mm、∅27.984 mm、∅27.984 mm、∅17.993 mm、∅18.022 mm、∅35.980 mm、∅35 mm、∅98.5 mm。内、外表面的精度通过调整切削余量多次测量来保证。

(2) *表面粗糙度*

主要孔的内表面和轴外表面的粗糙度会影响到连接面的配合性质或接触刚度，此零件主要孔的粗糙度 Ra 为 1.6 μm。加工后零件表面粗糙度最高要求 Ra 为 1.6 μm，一般要求 Ra 为 3.2 μm。而且粗糙度的一致性要求同样较高，需要使用刀尖半径补偿和恒线速切削功能。因此需要先粗车,最后精车加工。在加工时要分层切削,选择合适的切削用量。

(3) 形位精度

为保证装配时的配合精度,孔轴线间的尺寸精度、孔轴线间的平行度、同一轴线上的误差和孔与轴的同轴度的误差,均有较高的精度要求。同轴度|◎|∅0.02|A|、垂直度|⊥|0.04|A|、平行度|//|0.02|B|、全跳动|⌰|∅0.02|A|、轮廓度|⌓|0.1|。

2. 加工方案

(1) 装夹方案

① 零件1的装夹。根据图10.4(b)所示零件图,工件需要调头加工,将毛坯安装在三爪自定心卡盘上,同时也能保证轴线和主轴中心线相一致,无需进行找正。先用三爪自定心卡盘夹持毛坯一端,使工件伸出卡盘35 mm,一次装夹完成粗精加工$\varnothing 25_{-0.033}^{\ 0}$ mm、$\varnothing 36_{-0.039}^{\ 0}$ mm外圆(车至∅36.5 mm);切断调头后平端面保证总长80 mm,装夹工件$\varnothing 25_{-0.033}^{\ 0}$ mm的外圆,以$\varnothing 36_{-0.039}^{\ 0}$ mm外圆台阶作为轴向定位,卡爪垫铜皮保护已加工面,夹紧工件。一次装夹完成粗精加工螺纹M16×1.5及其外圆、车外沟槽、倒角*C*1,保证总长80 mm。

② 零件2的装夹。根据图10.4(c)所示零件图,剩余毛坯安装在三爪自定心卡盘上,同时也能保证轴线和主轴中心线相一致,不需进行找正。先用三爪自定心卡盘夹持毛坯一端,使工件伸出卡盘45 mm,一次装夹完成粗、精加工内孔$\varnothing 18_{\ 0}^{+0.043}$ mm、外圆$\varnothing 36_{-0.039}^{\ 0}$ mm;切断工件保证总长35.5 mm。

③ 零件3的装夹。根据图10.4(d)所示零件图,剩余毛坯安装在三爪自定心卡盘上,同时也能保证轴线和主轴中心线一致,不需进行找正。先用三爪自定心卡盘夹持剩余毛坯一端,使工件伸出卡盘5 mm,一次装夹完成粗精加工螺纹内孔和螺纹M16×1.5、车内沟槽;切断工件保证总长33 mm。三件装配,旋紧螺纹,装夹工件$\varnothing 25_{-0.033}^{\ 0}$ mm的外圆,夹持长度20 mm左右,卡爪垫铜皮保护已加工面,夹紧工件。手动平端面,保证总长98.5 mm,一次装夹完成粗精加工椭圆面及装配后工件外圆$\varnothing 36_{-0.039}^{\ 0}$ mm至图纸要求。

(2) 位置点

① 工件零点。设置在工件右端面上。

② 换刀点。为防止刀具与工件或尾座碰撞,换刀点设置在(X100,Z100)的位置上。

(3) 组合件配合后编程优化方案

加工工件用G73粗加工,G70精加工。毛坯总加工余量$\Delta i=(40-0)/2-1=19$ (mm),根据图10.4的椭圆方程和式(10.3),设z为自变量,以组合件右端中心为工件原点,则X坐标为

$$X = 36\sqrt{1-\frac{(z+32)^2}{32^2}}$$

因为零件有台阶和圆弧组成的轮廓,为了保证粗糙度*Ra*一致,使用恒切削速度G96。

3. 工艺路线的确定

该任务是用一根圆钢加工成3个零件,然后3个零件之间有配合关系,毛坯总长减去3个零件的长度之和,剩余长度为160−80−35.5−32=12.5 (mm)。毛坯两端不平整,每端需要切除约0.5 mm,共1 mm。毛坯需要切断为3段,切2刀,选择切刀宽度为4 mm,两刀需要8 mm。这样还剩余12.5−1−8=3.5 (mm)。因此每个零件长度上加工余量可以分配1 mm左右,便于平端面。

(1) 零件1工艺路线

① 平端面。如果毛坯端面比较平齐,可以用90°外圆车刀车平端面并对刀。如果不平且需要去除较大余量,则需要用45°端面车刀车平端面。

② 使用∅4 mm 中心钻钻中心孔定位，使用∅12 mm 麻花钻钻孔，钻孔深度为各加工余量和 35.5 + 16 + 4 + 4 + 1 + 1 = 61.5 (mm)。

③ 一次装夹完成粗、精加工 $\varnothing 25_{-0.033}^{\ 0}$ mm 至图纸要求、$\varnothing 36_{-0.039}^{\ 0}$ mm 外圆至∅36.5 mm。

④ 调头平端面，保证总长 80 mm。

⑤ 调头后装夹工件$\varnothing 25_{-0.033}^{\ 0}$ mm 的外圆，一次装夹完成粗精加工螺纹 M16×1.5 及其外圆、车外沟槽、倒角 *C*1，保证总长 80 mm。至图纸要求。选用乳化液进行冷却。

(2) 零件 2 工艺路线

① 平端面。如果毛坯端面比较平齐，可以用 90°外圆车刀车平端面并对刀。如果不平且需要去除较大余量，则需要用 45°端面车刀车平端面。

② 平端面保证总长 35.5 mm；一次装夹完成粗精加工内孔 $\varnothing 18_{\ 0}^{+0.043}$ mm、外圆 $\varnothing 36_{-0.039}^{\ 0}$ mm。

③ 零件 1 和零件 2 是配合，修配件 2 保证配合间隙达到 1 ± 0.15 mm。

④ 加工中的尖角用油石去除，用乳化液进行冷却。

(3) 零件 3 工艺路线(图 10.8)

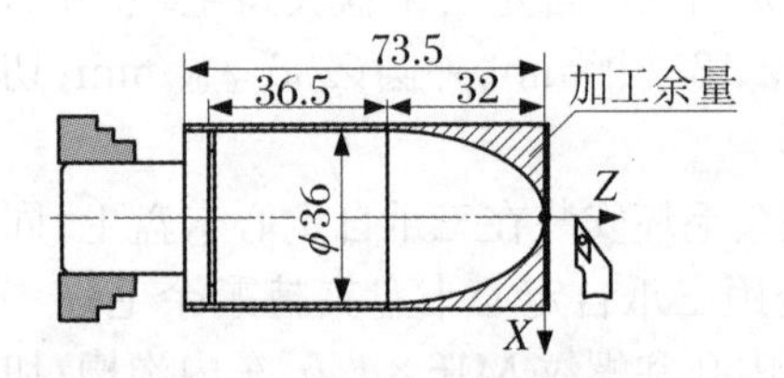

图 10.8　零件 2 的走刀路线

① 平端面。如果毛坯端面比较平齐，可以用 90°外圆车刀车平端面并对刀。如果不平且需要去除较大余量，则需要用 45°端面车刀车平端面。

② 一次装夹完成粗精加工螺纹内孔、螺纹 M16×1.5、车内沟槽；切断工件保证总长33 mm。手动平端面，保证总长 98.5 mm，一次装夹完成粗精加工椭圆面及装配后工件外圆$\varnothing 36_{-0.039}^{\ 0}$ mm 至图纸要求。

③ 加工中的尖角用油石去除，选用乳化液进行冷却。

4. 制订工艺卡

(1) 刀具选择如表 10.10 所示。

表 10.10　刀具卡

产品名称或代号			零件名称	轴套	零件图号	
序号	刀具号	刀具名称及规格	数量	加工表面	刀尖半径(mm)	备注
1	T0101	90°外圆车刀	1	粗精车外轮廓	0.2	硬质合金
2	T0202	90°内孔刀	1	粗精加工内孔	0.2	硬质合金
3	T0303	内槽车刀	1	切槽	*B* = 4	硬质合金
4	T0404	内螺纹刀	1	车内螺纹	0.2	硬质合金
5	T0505	45°端面车刀	1	平端面	0.2	硬质合金
6	T0606	外沟槽刀	1	车外沟槽	*B* = 4	硬质合金
7	T0707	外螺纹刀	1	车外螺纹	0.2	硬质合金
8	T0808	切断刀	1	切断	*B* = 4	硬质合金
9	T09	∅4 mm 中心钻	1	钻中心孔		高速钢

续表

产品名称或代号			零件名称	轴套	零件图号	
序号	刀具号	刀具名称及规格	数量	加工表面	刀尖半径(mm)	备注
10	T10	∅12 mm 麻花钻	1	钻∅12 mm 孔		高速钢
11	T11	∅18 mm 扩孔钻	1	钻∅18 mm 孔		高速钢

(2) 工艺卡如表10.11所示。

表10.11　工艺卡

数控加工工序卡			产品名称			零件名	零件图号	
						短轴		
序号	程序编号		夹具	量具		机床设备	工具	车间
			三爪卡盘	游标卡尺(0～150 mm) 千分尺(0～25 mm,25～50 mm) 锥度量规(1∶5) M16×1.5 螺纹环规 塞尺、椭圆样板		CAK6140	油石、铜皮	数控
工步	工步内容		切削用量			刀具		备注
			主轴转速 n(r/min)	进给速度 f(mm/r)	背吃刀量 a_p(mm)	编号	名称	
1	平端面	毛坯	500			T0505	45°端面刀	手动
2	钻中心孔	毛坯	600			T09	∅4 mm 中心钻	手动
3	钻孔	毛坯	400			T10	∅12 mm 麻花钻	手动
4	粗车外圆	毛坯	800	0.2	1.5	T0101	90°外圆车刀	自动
5	切断	毛坯	400			T0808	$B=4$ 切断刀	手动
6	粗车外圆	零件1左	800	0.2	1.5	T0101	90°外圆车刀	自动
7	精车外圆	零件1左	1 000	0.1	0.5	T0101	90°外圆车刀	自动
8	平端面(调头)		500	0.1		T0505	45°端面刀	手动
9	粗车外圆	零件1右	800	0.2	2	T0105	90°外圆车刀	自动
10	精车外圆	零件1右	1 000	0.1	0.5	T0105	90°外圆车刀	自动
11	车外沟槽	零件1右	500	0.1		T0606	$B=5$ mm(左)	自动
12	车外螺纹	零件1右	500	1.5		T0707	外螺纹车刀	自动
13	平端面	零件2	500	0.1		T0505	45°端面刀	手动
14	扩孔	零件2	400			T11	∅18 mm 扩孔钻	手动
15	粗车内孔	零件2	600	0.2	1.0	T0202	90°内孔车刀	自动
16	精车内孔	零件2	800	0.1	0.5	T0202	90°内孔车刀	自动

续表

工步	工步内容		切削用量			刀具		备注
			主轴转速 n(r/min)	进给速度 f(mm/r)	背吃刀量 a_p(mm)	编号	名称	
17	平端面	零件3	500	0.1		T0505	45°端面刀	手动
18	粗车内孔		600	0.2	1.0	T0208	90°内孔车刀	自动
19	精车内孔		800	0.1	0.5	T0208	90°内孔车刀	自动
20	车内沟槽		500	0.1		T0303	$B=4$ mm(左)	自动
21	车内螺纹		500	1.5		T0404	内螺纹车刀	自动
22	粗车外圆	组件	800	0.2	1.5	T0109	90°外圆车刀	自动
23	精车外圆		1 000	0.1	0.5	T0109	90°外圆车刀	自动

5. 参考程序

参考程序如表10.12～表10.15所示。(由于零件1左端较简单省略编程。)

表10.12 参考程序(零件1右)

O0385(右端)	程序名	O0385(右端)	程序名
S800 T0105 M03	800 r/min,选2号刀	G50 S2000	最高转速2 000 r/min
G00 X45 Z5 M08	定循环起点,切削液开	G96 S100	恒线速度100 m/min
G71 U1.5 R1	G71内孔粗加工参数设置	G70 P10 Q20	精加工外圆
G71 P10 Q20 U1.0 W0.1 F0.2		G97	取消恒线速
N10 G00 X14	描述外圆精加工程序	G00 G40 X100 Z100	快速退刀,取消刀尖补
G01 Z0 F0.1 S1000		T0606 S500	换6号刀,500 r/min
X15.8 W-1		G00 X45	快速定位于槽附近
Z-15		Z-15	
X17.963		G01 X13 F0.1	加车削外沟槽
Z-25		G04 X2	
X23	描述外圆精加工程序	G00 X100	快速退刀
X27.984 W-25		Z100	
X35.981		S500 T0707	换7号刀,500 r/min
N20 X45		G00 X20 Z5	
		G92 X15.2 Z-13 F1.5	车削M16的外螺纹
M00	暂停,测量,修改磨耗	X14.6	
M03 S1000	重启主轴转速1 000 r/min	X14.2	
T0105	重新调1号刀补	X14.04	
G00 X50 Z50	退刀	G00 X100 Z100 M09	快速退刀,切削液关
G00 G42 X45 Z5	重新定刀,带刀尖补	M30快速退刀	程序结束

表 10.13　参考程序(零件 2)

O0446	程序名	O0446	程序名
S800 T0202 M03	800 r/min,选 2 号刀	M03 S1000	重启主轴 1 000 r/min
G00 X16 Z3 M08	定循环起点,切削液开	T0202	重新调 2 号刀补
G71 U1.0 R1	G71 内孔粗加工参数设置	G00 X50 Z50	退刀
G71 P10 Q20 U-1.0 W0.1F0.1		G00 G42 X45 Z5	重新定刀,带刀尖补
N10 G00 X27.8	描述内孔精加工程序	G50 S2000	限最高转速 2 000 r/min
G01 Z0 F0.1		G96 S100	恒线速度 100 m/min
X22.7 W-22.5		G70 P10 Q20	G70 精加工内孔
X18.022		G97	取消恒线速
Z-37		G00 G40 X100 Z100	快速退刀、取消刀尖补
N20X16		M09	切削液关
M00	暂停,测量,修改磨耗	M30	程序结束

表 10.14　参考程序(零件 3)

O6666	程序名	O6666	程序名
S600 T0208 M03	800 r/min,选 2 号刀	G01 X12 F0.5	径向退刀
G00 X12 Z5 M08	定循环起点,切削液开	G00 Z100	快速退刀
G90 X13 Z-16 F0.2	G90 粗加工内孔	S500 T0404	换 4 号刀,500 r/min
X14		G00 X12 Z5	定位螺纹循环起点
14.5 F0.1 S800	G90 精加工内孔	G92 X14.84 Z-14.5 F1.5	车削 M16 的内螺纹
G00 Z100	快速退刀	X15.44	
X100		X15.84	
T0303 S500	换 6 号刀,500 r/min	X16	
G00 X12	快速定位于槽附近	G00 X100 Z100 M09	定位外圆循环起点
Z-16		M05	主轴停止
G01 X19 F0.1	加工内沟槽	M30	程序结束
G04 X2			

表 10.15　参考程序(组合件)

O0280	程序名	
M03 S800	主轴 800 r/min,正转	
T0109 M08	换 1 号外圆刀,冷却液开	
G00 X55 Z5	定位循环起点	
G73 U19 W2 R11	外圆轮廓 G73 复合切削循环粗加工参数设置	
G73 P10 Q20 U1.0 W0.1 F0.2		
N10 G00 X0	定位于椭圆起点	精加工程序描述
G01 Z0 F0.1 S1000		
#1=0	椭圆 Z 轴初始值	
#2=-32	椭圆 Z 轴终止值	
N1 IF[#1 LT #2] GOTO 2	如果#1<#2,转到 N2 程序段	
#3=36*SQRT [1-[[#1+32]*[#1+32]]/1024]	椭圆上 X 的坐标值	
G01 X[#3] Z[#1]	拟合拟合曲线	
#1=#1-0.1	变量递减 0.1	
GOTO 1	转到 N1 程序段	
N2 G01 Z-75	车∅36 mm 外圆	
N20 X40	径向退出	
G00 X50 Z50	退刀	
G42 G00 X55 Z5	重新定刀,引入刀尖半径补偿	
G50 S2000	限制最高转速 2 000 r/min	
G96 S100	恒切速 100 mm/min	
G70 P10 Q20	精加工轮廓	
G97 S300	取消恒切削速度	
G00 G40 X100 Z100 M09	取消刀尖半径补偿,切削液关	
M30	程序结束	

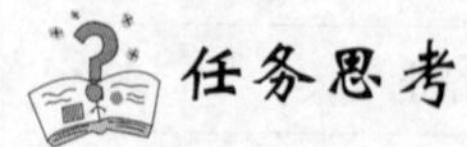

任务思考

1. 简述数控车削加工精度控制方法。

2. 简述轴套配合件加工时的注意事项。

3. 如图 10.9 所示,车削轴套配合件,已知毛坯为∅45 mm×135 mm 棒料,材料为 45#钢,分析加工工艺,并编写程序加工。

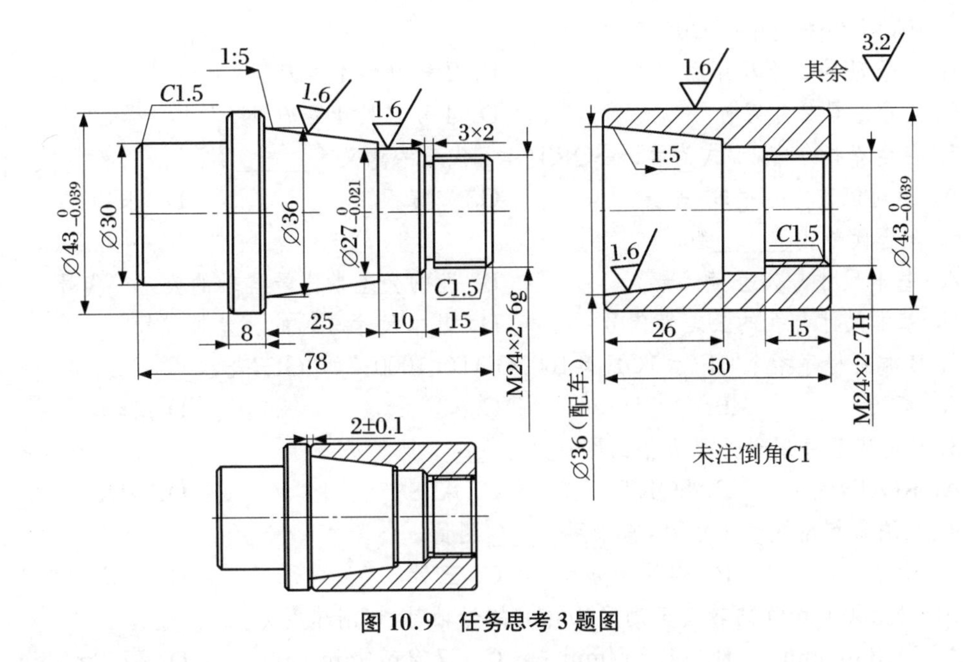

图10.9 任务思考3题图

项目练习题

一、填空题

1. 在断电时，局部变量的数值会__________。
2. 局部变量的变量号是__________。
3. 采用布置恰当的6个支承点来消除工件6个自由度的方法，称为__________。
4. 在运算指令中，形式为＃i＝ACOS[＃j]代表的意义是__________。
5. 循环指令中的DO m，m只能是__________。
6. 在运算指令中，形式为＃i＝LN[＃j]代表的意义是__________。
7. 在运算指令中，形式为＃i＝ABS[＃j]代表的意义是__________。
8. 在运算指令中，形式为＃i＝ROUND[＃j]代表的意义是__________。
9. 在运算指令中，形式为＃i＝FIX[＃j]代表的意义是__________。
10. 在运算指令中，形式为＃i＝FUP[＃j]代表的意义是__________。

二、选择题

1. 宏程序可以进行______。

A. 插补运算　　B. 逻辑运算　　C. 对变量进行赋值　　D. 以上都是

2. 宏指令GOTO n，其中n是______。

A. 变量　　B. 程序号　　C. 程序段号

3. 下列指令正确的是______。

A. IF[＃2≥＃3] GOTO 2　　B. IF[＃2 GT 0] GOTO 2

C. G65 P7100 L2 ＃1＝1 ＃2＝2　　D. WHILE[＃I GE ＃2] D04

4. FANUC 系统中 T0204 表示______。

A. 2 号刀具 2 号刀补　B. 2 号刀具 4 号刀补

C. 4 号刀具 2 号刀补　D. 4 号刀具 4 号刀补

5. 在运算指令中,形式为＃i－SQRT[＃j]代表的意义是______。

A. 绝对值　B. 平方　C. 平方根　D. 求和

6. 配合代号由______组成。

A. 基本尺寸与公差带代号　B. 孔的公差带代号与轴的公差带代号

C. 基本尺寸与孔的公差带代号　D. 基本尺寸与轴的公差带代号

7. B 类宏程序指令“IF〈＃1GE ＃100〉GOTO 1000;”的“GE”表示______。

A. ＜　B. ＝　C. ≤　D. ≥

8. B 类宏程序用于开平方根的字符是______。

A. ROUND　B. SQRT　C. ABS　D. FIX

9. 在测量精密螺纹中径时,常采用______测量。

A. 千分尺　B. 螺纹千分尺　C. 三针　D. 轮廓测量仪

10. 用 450 r/min 的转速车削∅40 mm 的光轴时,切削速度为______。

A. 14.3 m/min　B. 14.3 r/min　C. 57.2 m/min　D. 57.2 r/min

11. 主要成分为三氧化二铝的车刀是一种______车刀。

A. 陶瓷　B. 高速钢　C. 硬质合金　D. 碳化物

12. 为了得到基轴制配合,相配合孔、轴的加工顺序应该是______。

A. 先加工孔,后加工轴　B. 先加工轴,后加工孔

C. 孔和轴同时加工　D. 与孔轴加工顺序无关

13. B 类宏程序指令“IF〈＃1GT ＃100〉GOTO 1000;”的“GT”表示______。

A. ＞　B. ＜　C. ≥　D. ≤

14. 下列变量中,属于局部变量的是______。

A. ＃10　B. ＃100　C. ＃500　D. ＃1000

15. 指令“＃1＝＃2＋＃3＊SIN[＃4];”中最先进行的是______。

A. 等于号赋值　B. 加减乘运算　C. 乘和除运算　D. 正弦函数

三、判断题

1. B 类宏程序函数中的括号允许嵌套使用,但最多只允许嵌套 5 级。　(　　)

2. 表面粗糙度参数 *Ra* 值愈大,表示表面粗糙度要求愈高;*Ra* 值愈小,表示表面粗糙度要求愈低。　(　　)

3. 宏程序的特点是可以使用变量,变量之间不能进行运算。　(　　)

4. 宏程序只能用来加工非圆二次曲线。　(　　)

5. 宏程序可以和 G73 指令结合编程。　(　　)

6. 子程序中不能使用宏程序。　(　　)

7. 当使用宏程序时,数值可以直接指定或用变量指定。　(　　)

8. 当指定 DO 没有指定 WHILE 语句时,将产生从 DO 到 END 之间的无限循环(死循环)。　(　　)

9. 当宏程序 A 调用宏程序 B 而且都有变量＃100 时,A 中的＃100 与 B 中的＃100 是同一个变量。　(　　)

10. 类宏程序函数中的括号允许嵌套使用，但最多只允许嵌套5级。　(　)

11. 表达式"30+20=#100;"是一个正确的变量赋值表达式。　(　)

12. B类宏程序的运算指令中函数SIN、COS等的角度单位是度，分和秒要换算成带小数点的度。　(　)

13. 采用软件进行自动编程属于语言式自动编程。　(　)

14. 检验一般精度的圆锥面角度时，常采用万能角度尺测量。　(　)

15. 数控车削加工钢质阶梯轴，若各台阶直径相差很大，宜选用锻件。　(　)

16. 在车床上钻深孔，由于钻头刚性不足，钻削后孔径不变，孔中心线弯曲。　(　)

17. 在加工过程中，数控车床的主轴转速应根据工件的直径进行调整。　(　)

18. 在轮廓加工中，主轴的径向和端面圆跳动精度对工件的轮廓精度没有影响。　(　)

19. 若径向的车削量远大于轴向，则循环指令宜使用G72。　(　)

20. 中心钻加工孔是起钻孔定位和引正作用的。　(　)

四、简答题

1. 宏程序在编程中有何作用？

2. 宏程序变量有几种赋值方法？

3. 如何使用宏程序简化编程？

五、编程题

1. 如图10.10所示，车削椭圆曲面轴，已知毛坯为∅50 mm×95 mm棒料，材料为45#钢，分析加工工艺，并编写程序加工。

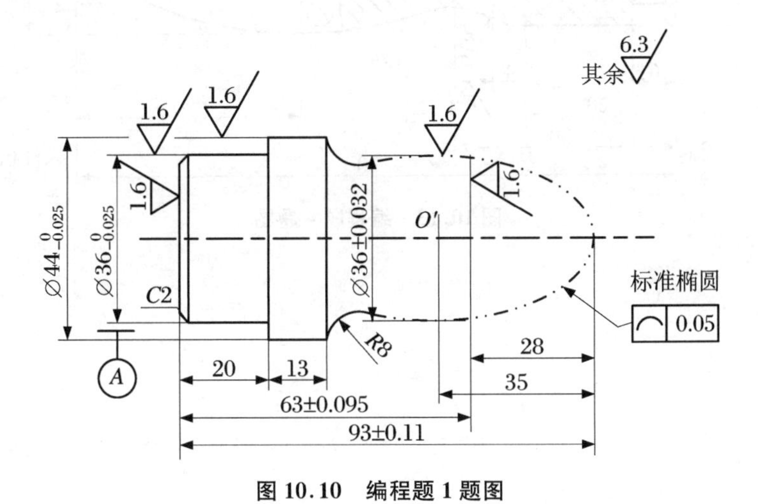

图10.10　编程题1题图

2. 如图10.11所示，车削椭圆曲面套，已知毛坯为∅125 mm×105 mm棒料，材料为45#钢，分析加工工艺，并编写程序加工。

3. 如图10.12所示，车削抛物面轴，已知毛坯为∅50 mm×65 mm棒料，材料为45#钢，分析加工工艺，并编写程序加工。

4. 如图10.13所示，车削椭圆轴，已知毛坯为∅35 mm×85 mm棒料，材料为45#钢，分析加工工艺，并编写程序加工。

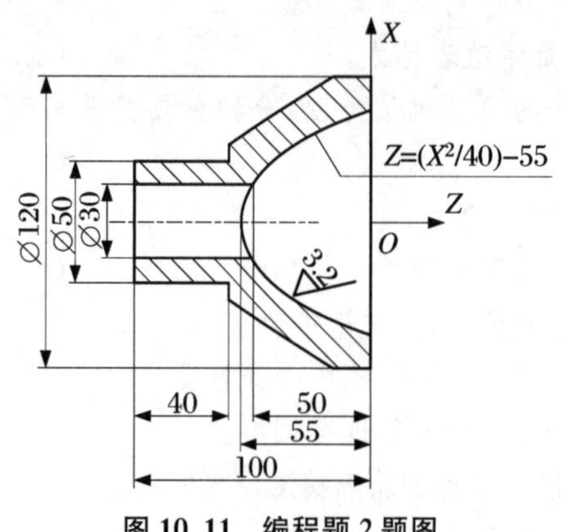

图 10.11　编程题 2 题图

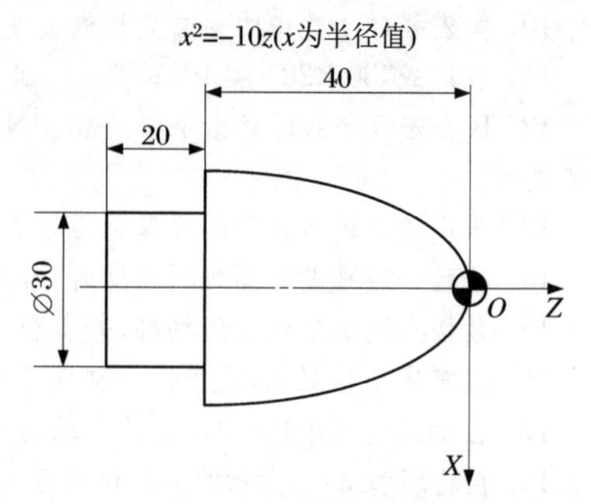

图 10.12　编程题 3 题图

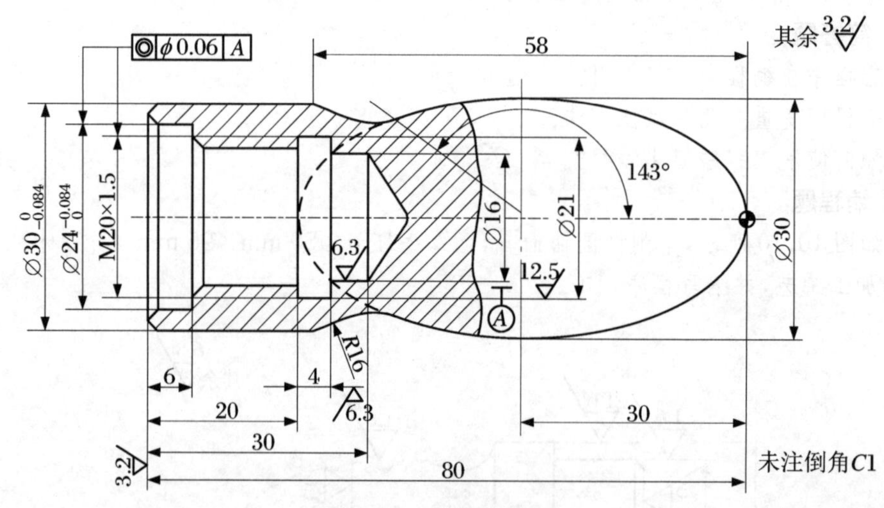

图 10.13　编程题 4 题图

参 考 文 献

[1] 赵太平.数控车削编程与加工技术[M].北京:北京理工大学出版社,2009.

[2] 耿国卿.数控车削编程与加工[M].北京：清华大学出版社,2011.

[3] 侯先勤,杨海琴,向成刚,等.华中系统数控车床编程与实训[M].北京:清华大学出版社,2011.

[4] 北京法那科机电有限公司.FANUC Series 0i Mate-TC 操作说明书[Z].2006.

[5] 顾京.数控加工编程及操作[M].北京:高等教育出版社,2009.

[6] 陈华,滕冠.数控车床编程与操作实训[M].重庆:重庆大学出版社,2006.

[7] 张士印,孔建.数控车床加工应用教程[M].北京:清华大学出版社,2011.

[8] 刘蔡保.数控车床编程与操作[M].北京:化学工业出版社,2009.

[9] 崔元刚,黄荣金.FANUC 数控车削高级工理实一体化教程[M].北京:北京理工大学出版社,2010.

[10] 吴福贵,刘立群.数控加工编程与操作[M].合肥:中国科学技术大学出版社,2013.

[11] 王禾玲.G76 指令在梯形螺纹加工中的应用制造[J].机械制造,2008(12).